农作物栽培领域
研究的新进展

张明龙　　张琼妮　编

知识产权出版社
全国百佳图书出版单位
—北京—

图书在版编目（CIP）数据

农作物栽培领域研究的新进展 / 张明龙，张琼妮编 . —北京：知识产权出版社，2022.10
ISBN 978-7-5130-8381-2

Ⅰ.①农… Ⅱ.①张… ②张… Ⅲ.①作物—栽培技术—研究进展 Ⅳ.① S31

中国版本图书馆 CIP 数据核字（2022）第 173743 号

内容提要

本书以现代生物工程与技术理论为指导，系统考察国内外农作物栽培领域的研究成果，着手从国内外农业创新活动中搜集、整理有关资料，细加考辨，取精用宏，在充分占有原始资料的基础上，抽绎出典型材料，同时博览与之相关的论著，精心设计出反映农作物栽培研究信息的全书框架。本书分析了国内外在植物生理、植物生态和农作物栽培及利用等农作物栽培基础研究的新信息；分析了粮食概况，以及粮食作物栽培研究的新信息；还分析了蔬菜、花卉、瓜类、果品、纤维作物、油料作物、糖料作物、饮料作物、嗜好作物、药用作物以及其他经济作物栽培研究的新信息。本书以通俗易懂的语言，阐述农作物栽培领域的前沿学术知识，宜于雅俗共赏。

本书适合农林科技人员、生物技术人员、高校师生、经济管理人员和政府工作人员等阅读。

责任编辑：王　辉　　　　　　　责任印制：孙婷婷

农作物栽培领域研究的新进展
NONGZUOWU ZAIPEI LINGYU YANJIU DE XINJINZHAN

张明龙　张琼妮　编

出版发行：知识产权出版社有限责任公司	网　　址：http://www.ipph.cn
电　　话：010-82004826	http://www.laichushu.com
社　　址：北京市海淀区气象路 50 号院	邮　　编：100081
责编电话：010-82000860 转 8381	责编邮箱：wanghui@cnipr.com
发行电话：010-82000860 转 8101	发行传真：010-82000893
印　　刷：北京虎彩文化传播有限公司	经　　销：新华书店及相关销售网点
开　　本：720 mm×1000 mm　1/16	印　　张：26.5
版　　次：2022 年 10 月第 1 版	印　　次：2022 年 10 月第 1 次印刷
字　　数：480 千字	定　　价：158.00 元

ISBN 978-7-5130-8381-2

前　言

　　农作物栽培活动，大约产生于新石器时代的原始社会后期。人们经过以往长期的采集作业，渐渐摸清植物的一些生长规律，学会开垦土地进行种植，通过人工培育的方式获取粮食、蔬菜、饲料和工业原料等植物性产品。此后，随着社会生产力的发展，农作物栽培活动不断向前推进。其主要表现是：适于种植的农作物种类增多，用来耕种的土地范围扩大，单位面积的投入产出率提高，能够获取的成品总量增加，产品营养价值及口味品质改善等。人们每天必须摄入一定量的糖、脂肪、蛋白质和维生素等营养物质，才能健康地生存下去。然而，这些营养物质无论来自植物性食品，还是动物性食品，其最初来源都或多或少与农作物栽培相关。亘古以来，农作物栽培领域一直是人类社会得以存在和发展的基础。21世纪期间，国内外学者高度重视农作物栽培领域的研究，有力地向前推进了学术探索的步伐，搜集和梳理这方面取得的创新成果，可以发现主要有以下特色。

（一）注重农作物基因组测序原理研究

　　自从基因技术出现以来，农作物栽培领域的学术成果，大量集中到基因组测序及其相关分析方面，使其迅速成为该领域研究的重点和热点。

　　基因组测序选择的研究对象，表现出由重点向全面的运行迹象。早期进行基因组测序的多是重要粮食作物，如水稻、小麦、大麦、玉米和马铃薯，以及常见经济作物，如黄瓜、番茄、葡萄、柑橘、棉花、黄麻、茶叶、青蒿和杨树等，时至今日已经全面铺开，凡有栽培价值或发展前景的农作物，几乎都已经完成或列入基因组测序计划。

　　基因组测序涉及的研究内容，表现出由简单到复杂的发展过程。早期通常在某个农作物中选择有代表性的一条染色体展开测序，用以揭示其典型形态特征的有关基因位点，为农作物保持和发扬特有功能指明方向。接着，对某个农作物包含的多条染色体展开全面测序，用以系统了解其生化特性、细胞形态或动态过程、解剖构造、器官功能，以及抗病性、抗旱性和耐寒性等生理特征，通过步步为营的方式全面破译其遗传密码，为该农作物保持和发扬优良性状打开通道。近来，对一些重要农作物，不仅对其栽培型品种的基因展开测序，而且对其野生近亲的基因也展开测序，用来获得高质量的基因组参考序列，促进野生种资源的高效利用，拓宽农作物育种的遗传基础。

基因组测序使用的分析方法，表现出不断换代升级的创新趋势。它已经从起始的第一代测序系统，升级到第三代测序系统。最新的全基因组第三代测序系统（PacBio），融合了新颖的单分子测序技术和高级的分析技术，在测序历史上首次实现人类观测单个 DNA 聚合酶的合成过程，它可以大幅度降低染色体精细图谱的拼图难度。目前，农作物全基因组测序常见的方法是，把第三代测序系统，与第二代因美纳（Illumina）测序平台结合在一起，并运用高通量染色体构象捕获技术等方法，获得农作物基因组各条染色体的精细图谱。

（二）注重农作物器官性状研究

1. 农作物营养器官性状研究取得的新进展

（1）研究根的主要成果：发现从根部到枝叶存在畅达的信息传输通道，发现根部具有感知光线的传输机制，发现根部能通过分泌机制改变土壤微生物群，发现气生根能够分泌富含碳水化合物的黏液。发现巨型稻发达的根系能深入土层30厘米。通过植物磷吸收途径揭示菌根共生的自我调节机制，揭开豆科植物与根瘤菌共生体系的调控机制，发现豆科植物与根瘤菌共生固氮使其躲过大灭绝时期。发现已知最古老植物根尖干细胞群，发现植物根部是靠逐步进化形成的。

（2）研究茎的主要成果：发现决定植物茎部分枝或曲直的基因，发现调节植物茎部淀粉积累的基因，发现能够有效增加水稻茎枝数和产量的基因，发现能使小麦茎秆更硬从而能更好地抵抗茎蛀害虫锯蝇的基因。发现库克松树干会向赤道地区倾斜，揭示竹子茎秆快速生长特性的遗传机制。培育出茎中含有更多糖分的玉米，培育出高含钙量的马铃薯块茎，利用植物自然长势把树木直接"种"成家具，利用香蕉秆和茎提取纤维织布。

（3）研究叶的主要成果：发现决定叶片形状的基因群，发现控制叶子黄化的遗传基因，发现叶子能用神经系统传递伤口疼痛，通过离体叶片揭示植物再生的伤口信号转导机制，分析叶片捕食虫子的功能机制，观察叶片吸取水分的运作方式，揭示叶片光合作用的新原理。利用叶子中胞间连丝功能提高粮食作物产量，揭示大麦叶绿体超分子复合体的空间结构，培育出具有更繁茂叶子的玉米，利用日光诱导叶绿素荧光估测粮食作物产量。

2. 农作物生殖器官性状研究取得的新进展

（1）研究花的主要成果：发现一种能让花开得更鲜艳的蛋白质，剖析植物在特定时间开花的原因，发现调控花期的基因组结构及枢纽，发现控制花期的叶脉生物钟基因，探索花朵传播花粉的不同方式，寻找花儿产生的源头，破解矮牵牛花蓝色之谜。发现气温升高会破坏花朵和蜜蜂的共生关系，在空间站育出"第一朵太空花"，培育成世界首株蓝色玫瑰花。发现可导致水稻花序分生组织累积的基因，揭示水稻小穗内小花数目的发育调控机制，发现控制大麦开花期的基因，发现韭菜花中 S- 烃基半胱氨酸亚砜积累量最高，发现对玫瑰花香形成至关重要的水解酶，揭示合成梅花花香重要成分的基因家族，发现决定兰花花朵形状的蛋白，揭示干旱和低温对荔枝成花的综合影响。

（2）研究果实的主要成果：发现控制米粒大小和分量的关键基因，发现香米"致香"的基因，揭示影响稻谷口感和食味品质的基因，培育出可加工成免煮即食的稻米；培育出高蛋白质的紫小麦颗粒，发现大麦粒中一种全新的碳水化合物，从高粱中提取出光致变色材料。开发出具有防病保健功能的蔬菜水果果实。公布胡萝卜中产生类胡萝卜素的基因，发现长豇豆超长豆荚形成的遗传主因，揭示形成蟠桃扁平果形的遗传基础，发现草莓基因组不同位点可以控制性别，揭示猕猴桃丰富营养成分的基因组学机制。

（3）研究种子的主要成果：发现自花受精的种子也能长成健康植物，发现植物种子带来的繁殖模式越来越繁荣，探索蒲公英种子的高超飞行功能，发现植物种子具有运输和积累铁的功能。开发双层包衣以提高种子的抗旱能力，成功复活三万年前的远古植物种子，成功恢复大蒜有性繁殖能力而获得成熟种子。研究显示多种粮食作物种子受驯化影响而体积变大，借助种子成功实现水稻的无性繁殖，首次克隆油菜种子含油量调控基因。发现牵牛花种子可胜任星际旅行，推进植物种子资源库建设。

（三）注重农作物优异抗逆特质研究

1. 农作物抵抗不利环境特质研究的新进展

（1）研究农作物抗盐碱特质的主要成果：建成首个以耐盐碱植物为主的种质资源库。测定耐盐植物小盐芥基因的全序列，运用基因技术提高谷物耐盐性，发现乙醇可提高农作物的耐盐性，发现菟丝子转运可移动信号提高寄主耐盐性。推进在沙漠地区利用微咸水种植农作物的探索，利用盐地碱蓬改良盐碱地，筛选和改良适合盐碱地生长的农作物，培育出有望把盐碱地变粮仓的海水稻，10万亩海水稻产量测评平均亩产超千斤；培育出可在盐碱地维持高产的小麦新品种，培育出抗盐碱性的高产玉米新品种，获得野生大豆耐盐基因并成功用于新品种培育，揭示玫瑰耐盐和耐旱等特性的分子遗传基础。

（2）研究农作物抗干旱特质的主要成果：使用基因组学探索沙漠中植物韧性的进化历程，沙漠科考发现逾百年树龄天然胡杨，开发出预测植物响应干旱地区气候影响的模型，在沙漠地区用滴灌方式试种粮食作物。培育出可抗短期干旱的作物品种，发现乙酸可帮助农作物增强耐旱能力，发现植物耐旱非编码核糖核酸，发现水稻抗旱性的调控基因，实验证明海藻糖-6-磷酸前体分子能增强小麦抗旱能力，发现谷子具有突出的抗旱耐瘠薄特性，发现木豆所特有的耐干旱基因，力图破解木薯抗旱耐贫瘠的分子调节机制，发现适合干旱和半干旱地区栽培的辣木，发现花苜蓿具有极强的抗旱耐寒和耐贫瘠特性。

（3）研究农作物耐高温抗严寒特质的主要成果：发现叶片断裂后生成的2-己烯醛可助农作物耐高温，发现热休克蛋白是植物响应高温逆境胁迫的重要物质，发现蓖麻种子富含高温下不易挥发的蓖麻油酸，发现耐热藻类有助于白化珊瑚获得恢复。同时，从南极草中发现一种抗冻基因，开发出抗寒转基因水稻新品种，成功培育抗冷和抗旱的双季早粳稻新品种；发现糖苷态挥发性物质可能是蜡梅花抗寒的关键因素，发掘控制桃抗寒性的关键基因及其变异机制，探索青稞和苦荞麦适应高海拔冷凉区域的驯化基因。

（4）研究农作物抗污染特质的主要成果：发现柳树能在受到铅、锌、镍、铬和铜污染的酸性土壤中生存，发现蜈蚣草可在短时间内迅速把污染物砷从土壤中转移出来。培育出几乎不吸收重金属镉的水稻新品种。发现变异植物具有更强大的抗化学毒品能力，发现南瓜胶质可以吸附并带走人体内的某些重金属，发现软枣猕猴桃或有抗辐射功能，发现绿茶活性物质既能解毒又能防毒，

2. 农作物抵抗病虫害特质研究的新进展

（1）研究农作物抵抗病害特质的主要成果：发现栎树等树木可依靠抗病基因延长寿命，发现单宁是植物抵御病毒而形成的次生代谢产物，研究表明植物能通过良好的空间联结来抵抗疾病。发现泥炭藓可提取保护农作物的抗病生物制剂，发现植物会通过减少可供糖分来击退病原体，揭示植物免疫系统中的抗病蛋白，揭示植物与敌共存的免疫抗病策略。揭示激活稻瘟病防卫基因的机制，成功克隆出一个抗稻瘟病新基因，成功克隆水稻白叶枯病"克星"基因。利用沙伦山羊草

基因培育抗病小麦,发现小麦抗条锈病新基因,分离出小麦赤霉病抗性基因,发现小麦抗穗发芽病基因,确定小麦抗黑锈病基因的具体位置,发现小麦抗秆锈病基因。开发出能抵抗条纹病毒的玉米新品种,培育出抗芽腐病大豆新品种。克隆出黄瓜抗黑星病基因,利用野生香蕉克隆出抗病基因,选育出世界首个抗黄萎病棉花品种,获得花生抗晚斑病和锈病的 R 基因簇,研究油桐树抗枯萎病的基因及其机制,发现甲藻发光是抵御食草动物的防御机制。

(2)研究农作物抵抗虫害特质的主要成果:发现叶绿素能帮助植物加强抗虫防御机制,发现植物能通过装病躲避虫害进攻,发现植物能用沙粒作"盔甲"对虫害进行自卫,发现番茄属植物能让毛虫同类相食,发现并利用香蕉中的抗线虫基因,着手培育可抵抗气候变化与害虫的咖啡新品种。

(四)注重主要农作物物种栽培研究

1. 主要粮食作物栽培研究的新进展

(1)研究水稻栽培的主要成果:试验并推广水稻水气平衡栽培法,创建能使水稻生长周期缩短一半的植物工厂,在太空开展水稻栽培实验。开发具有抗寒冷、抗干旱、抗洪或节水、耐盐碱、早熟高产,以及金属元素含量符合健康要求等优异特质的水稻新品种。培育高产水稻品种业绩辉煌,研究增加水稻粒重、提高水稻穗粒数、增加水稻分蘖和优化水稻株型等水稻高产的影响因素。研究稻瘟病和水稻白叶枯病的防治方法。实施水稻全基因组测序工作,完成水稻 5 个"近亲"全基因组测序,通过大规模基因组重测序确认亚洲栽培稻起源,基因研究表明东南亚水稻种植源自中国。异源四倍体野生稻快速从头驯化获得新突破;诞生全球首张水稻全基因组育种芯片,成功克隆出杂交稻种子;通过基因改造让水稻实现无性繁殖。

(2)研究麦类作物栽培的主要成果:培育有抗病功能、耐涝或耐盐碱、更有利于健康,以及拥有多基因聚合的小麦新品种。研究无须改变基因而大幅度提高小麦产量的新方法,创造全国超强筋小麦单产最高纪录。研究防治小麦真菌病害和小麦穗发芽病。绘出首幅小麦基因组物理图谱,绘出普通小麦基因组草图,完成小麦野生远祖基因组测序,公布最完善的小麦基因组图谱。成功绘制出大麦基因组草图,推出高质量的大麦基因组参考序列。成功绘制出首幅青稞基因组图谱,公布首个藜麦高质量参照基因组,研究燕麦的利用方式,探索荞麦属物种多样性及应用价值,构建苦荞麦基因组变异图谱。

2. 主要经济作物栽培研究的新进展

经济作物栽培研究的涉及面宽，信息量大，探索对象包括蔬菜、花卉、瓜类和果品等园艺类作物，以及纤维作物、油料作物、糖料作物、饮料作物、嗜好作物、药用作物和其他经济作物。其中以园艺类作物为主体，研究内容大多又集中于这些作物的基因组测序及相关分析方面。从研究对象来看，主要集中在以下各领域。

（1）蔬菜作物领域：主要研究过根菜类的萝卜，白菜类的白菜、甘蓝、西兰花和榨菜，绿叶蔬菜类的菠菜、香菜、芹菜和莴苣，葱蒜与生姜类的洋葱、韭菜、大蒜和生姜，茄果类的番茄、辣椒和茄子，豆类的长豇豆和豌豆，食用菌类的松乳菇、白块菌和松露，水生蔬菜的水芹、菱角，还研究过芦笋等。

（2）花卉作物领域：主要研究过蔷薇科的玫瑰花、月季花、梅花和樱花，兰科的玉龙杓兰、贡山小红门兰和小兰屿蝴蝶兰，菊科大丽花和杭白菊，毛茛目的牡丹、荷花和蓝星睡莲，百合目的郁金香、秋水仙和水仙，还研究过杜鹃花和木槿花等木本花卉，牵牛花、矮牵牛花和金鱼草花等草本花卉。

（3）瓜类作物领域：主要研究过黄瓜、甜瓜与西瓜、南瓜与冬瓜、丝瓜与蛇瓜、苦瓜与佛手瓜、瓠瓜及葫芦等。

（4）果品作物领域：主要研究过蔷薇科梨果的苹果、枇杷和梨，蔷薇科核果的杏、樱桃、桃、扁桃、蟠桃和李，蔷薇科瘦果的草莓，芸香科的柑橘属水果，葡萄科水果，热带水果的香蕉、菠萝、荔枝、龙眼、番木瓜、榴莲、火龙果，还研究过石榴、中华猕猴桃、枣、杨梅、柿等水果，以及辣木科与壳斗科坚果、胡桃科与银杏科坚果。

本书包括3章内容。第一章农作物栽培基础研究的新信息，从考察植物生理开始，接着分析植物生态、农作物栽培及利用等方面的创新进展状况。第二章粮食作物栽培研究的新信息，从研究粮食作物栽培概况出发，进而阐述水稻、小麦、大麦、青稞、藜麦、燕麦、荞麦、玉米、谷子、糜子、高粱、大豆、木豆、豌豆、马铃薯、红薯、木薯、山药与芋等粮食作物栽培研究的新成果。第三章经济作物栽培研究的新信息，其新成果的研究对象，主要涉及蔬菜、花卉、瓜类和果品等园艺类作物，同时还涉及棉花、桑蚕丝、黄麻、苎麻、香蕉纤维和木质纤维等纤维作物，花生、油菜、向日葵、油用亚麻、芝麻、蓖麻、油橄榄树、油棕榈、油桐树、桉树、阿甘树等油料作物，甘蔗、甜菜、果糖和木糖等糖料作物，茶叶、咖啡和可可等饮料作物，青蒿、人参、灵芝、铁皮石斛、延胡索、甘草等药用作物，以及藻类、牧草与竹子、杨树和橡胶树等其他经济作物。

　　本书密切跟踪国内外农作物栽培领域创新活动的运行轨迹，所选材料主要是近 15 年来的创新成果，可为遴选农作物栽培领域科研项目和制定发展规划或政策提供重要参考。

张明龙　张琼妮

2022 年 3 月 15 日

目　录

第一章　农作物栽培基础研究的新信息 ·············· 1

第一节　植物生理研究的新进展 ················· 1

第二节　植物生态研究的新进展 ··············· 56

第三节　农作物栽培及利用研究的新进展 ········· 94

第二章　粮食作物栽培研究的新信息 ·············· 139

第一节　粮食作物栽培概况研究的新进展 ········· 139

第二节　水稻栽培研究的新进展 ··············· 149

第三节　麦类作物栽培研究的新进展 ··········· 171

第四节　玉米及其他谷物栽培研究的新进展 ······· 192

第五节　豆类作物栽培研究的新进展 ···········211

第六节　薯类作物栽培研究的新进展 ··········· 220

第三章　经济作物栽培研究的新信息 ·············· 230

第一节　蔬菜作物栽培研究的新进展 ··········· 230

第二节　花卉作物栽培研究的新进展 ··········· 259

第三节　瓜类作物栽培研究的新进展 ··········· 275

第四节　果品作物栽培研究的新进展 ··········· 286

第五节　纤维作物栽培研究的新进展 ··········· 314

第六节　油料作物栽培研究的新进展 ··········· 328

第七节　糖料作物栽培研究的新进展 …………………………… 340

第八节　饮料作物栽培研究的新进展 …………………………… 346

第九节　药用作物栽培研究的新进展 …………………………… 365

第十节　其他经济作物栽培研究的新进展 ……………………… 381

参考文献和资料来源………………………………………… 398

后　记……………………………………………………………… 408

第一章　农作物栽培基础研究的新信息

农作物通常指农业生产过程中栽培的各种植物，主要包括粮食作物与经济作物两大类。植物是农作物的天然始祖，是农作物的产生基础，也是农作物的驯化来源。择优选育农作物、科学种植农作物、合理布局农作物，都得从研究植物的生理性状开始。21 世纪以来，国内外在植物生理领域的研究主要集中于：探索植物基因、植物蛋白质及酶、植物细胞与干细胞；植物生长与衰亡机制；同时探索植物根、茎和叶三项营养器官的生理现象，以及花、果实和种子三项生殖器官的生理现象。在植物生态领域的研究主要集中于：分析植物适应环境的表现，植物与合作动物的生态互动现象，草木个体与集体的生态表现，以及采取多种措施保护植物生态环境；研究植物与大气的关系，分析气候对植物的影响，气候对农作物的影响；研究生物多样性与生态的关系，并想方设法恢复与维护植物多样性。在农作物栽培及利用领域的研究主要集中于：探索农作物耕作、植保和施肥，以及提高产量和品质的新技术；探索在盐碱与干旱区域、偏高或偏低气温、遭受污染土壤、失重或高辐射条件等严苛环境下栽培农作物；探索农作物病虫害防治，农作物综合利用；同时，探索发展高科技现代农业，创建高水平先进农场。

第一节　植物生理研究的新进展

一、植物生命基础研究的新成果

（一）探索植物基因的新信息

1. 研究植物基因的新发现

（1）发现古老橡树具有年轻基因。2017 年 6 月，瑞士洛桑大学植物生物学家菲利普·雷蒙德带领研究团队，在生物医学科技论文预印本网络版发表研究成果称，瑞士洛桑大学校园里有一棵已矗立234年的古老橡树，他们采集了树木不同分枝的样本进行基因组测序，没想到的是，它的基因组依然"年轻"。

研究人员说，当1800年拿破仑军队经过洛桑城时，它还只是一棵小树，这棵橡树现在已经成长为这座城市的地标。但令人惊讶的是，一路走来，它的基因组几乎没有变化。

每次细胞分裂时，如果复制基因组发生错误，就会产生突变。动物通过在发育早期分离这些突变保护其生殖细胞，以免出错。之后这些细胞会遵循不同的发育途径，通常具有较低的细胞分裂率。

但植物并非如此，它们的干细胞不仅生成花的繁殖部分，也会生成植物的茎和叶。因此，科学家认为这些干细胞将会积累许多突变，长寿树木顶端的新分枝应该与旧的分枝存在差异。

于是，雷蒙德研究团队采集了这棵珍贵橡树的多个样品。他们从较低较老的枝条和上部较新枝干的枝条上收集叶片进行基因组测序，计算单碱基突变率。结果发现，真正得出的数字，要比基于细胞分裂数量计算后的数字小得多。这项研究结果表明，植物在生长过程中能防止干细胞突变。

（2）揭示"巨型真菌"破坏森林的基因家族。2017年11月，西匈牙利大学与匈牙利科学院联合组成的一个研究团队，在《自然·生态与进化》杂志发表论文，报告了蜜环菌4个物种的基因组。该研究成功揭示这些真菌扩散并感染植物的基因家族及其运作机理，为制定策略以控制它们破坏森林提供宝贵资源。

蜜环菌属囊括了地球上最大的陆生生物体，以及最具破坏性的森林病原体。一种被称为"巨型真菌"的蜜环菌，个体覆盖面积达9.65平方千米，重达544吨，是目前地球上最大的陆生生物体之一。蜜环菌属于真菌病原体，在全球各森林和公园中的500多种植物上，都可见到它们。它们会先杀死宿主的根，然后分解根部组织，引起烂根病。蜜环菌会在受感染的植物周围成群产生大量子实体，还会生成菌索，即1~4毫米宽的绳索状组织，它们在地下生长，搜寻新根，最后长成难以匹敌的庞然大物。

此次，该研究团队对包括奥氏蜜环菌、粗柄蜜环菌等在内的4种蜜环菌进行了基因组测序。研究人员把这些蜜环菌基因组，与22种亲缘真菌进行对比，发现蜜环菌的某些基因家族扩增了。这些扩增的基因家族，与多个病原性相关基因和可以分解植物组织的酶存在联系。

研究人员还在菌索中鉴定出大量与菌索扩散及新植物定殖相关的基因。对于复杂多细胞生物相关的基因，菌索和子实体表现出类似的基因表达。研究人员认为，它证明这两种结构具有共同的发育起源。他们指出，该成果为制定策略以控制蜜环菌蔓延、抗击森林和公园中植物烂根病奠定了重要基础。

2. 运用基因技术研究植物的新进展

（1）利用基因编辑技术加快作物驯化进程。2017 年 3 月，丹麦哥本哈根大学植物学家迈克尔·帕尔格伦为通信作者的研究小组，在《植物学趋势》期刊上发表论文称，他们利用 CRISPR 基因编辑技术，可以让有营养、可持续种植的野生豆科植物、藜麦或苋属植物更适合种植。

目前，在 30 多万种现存植物物种中，仅水稻、小麦和玉米 3 种占据着人们的食谱。部分原因是在农业历史上，突变让这些农作物容易收割。现在，该研究小组用基因编辑技术，也能做到这一点，这样，人们就不必再等待大自然协助植物驯化了。

帕尔格伦说："在理论上，你如今能获得几千年农作物驯化挑选出来的性状，例如苦味下降和容易收割等，并且可以诱导其他植物发生这些突变。"

目前，基因编辑技术已被成功用于加快驯化被低估的农作物。例如，科学家利用化学突变诱导垂枝的水稻植物发生随机突变，从而使得它在成熟后能够紧紧抓住种子。

帕尔格伦说："人们如今吃的所有植物都是突变体，但这些作物是人类经过几千年挑选出来的，而且它们的突变是随机的。不过，利用基因编辑，我们能培育出'生物启发的有机体'，即我们不想改进大自然，我们想要从大自然已制造出的东西中获得启发，培育出所需的有机体。"研究人员表示，该方法还有潜力解决与杀虫剂使用和大规模农业生产对环境影响相关的问题。例如，过量氮元素是一种常见的污染物，然而，野生豆科植物通过与细菌共生，能将大气中的氮转化为自身肥料。

这种加速作物驯化的策略也面临伦理、经济和法律等问题。然而，公众意见在一定程度上可能存在差异，因为这种方法并不从另一种有机体中获得基因，而是剔除现存的基因。

（2）使用基因组学探索沙漠中植物韧性的进化历程。2021 年 10 月，智利天主教大学分子遗传学和微生物学系古铁雷斯教授与纽约大学生物系暨基因组学和系统生物学中心卡罗尔·彼得里教授共同领导的一个国际研究团队，在美国《国家科学院学报》上发表论文称，他们通过研究能在地球上最恶劣环境之一的智利阿塔卡马沙漠中生存的植物，确定与其适应能力相关的基因，以期有助于科学家培育出能在日益干旱的气候中茁壮成长的韧性作物。

彼得里说："在气候变化加速的时代，揭示遗传基础，以在干旱和营养贫乏的条件下，提高作物产量和恢复力至关重要。"该研究展现了植物学家、微生物学家、生态学家、进化和基因组科学家之间的国际合作。这种独特的专业知识组合，使研究团队能够识别出植物、相关微生物以及使阿塔卡马植物适应极端沙漠条件并茁壮成长的基因，这最终可能有助于促进作物生长，降低粮食不安全风险。

古铁雷斯说："我们对阿塔卡马沙漠植物的研究，与世界各地日益干旱的地区直接相关，干旱、极端气温以及水和土壤中的盐分等因素，对全球粮食生产构成了重大威胁。"智利北部的阿塔卡马沙漠夹在太平洋和安第斯山脉之间，是地球上最干燥的地方之一。然而，那里生长着数十种植物，包括草、一年生植物和多年生灌木。除了有限的水之外，阿塔卡马沙漠中的植物还必须应对海拔高、土壤中养分可用性低，以及极高的阳光辐射等不利因素。

智利研究人员历时10年，在阿塔卡马沙漠建立了一个无与伦比的"天然实验室"。在这个实验室中，他们收集并表征了沿塔拉布雷—莱贾横断面的不同植被区和海拔（每100米海拔）的22个地点的气候、土壤和植物。通过测量各种因素，他们记录了昼夜波动超过50℃的温度、非常高水平的辐射、缺乏养分的土壤（主要是沙子）以及极少的降雨（大部分年降雨都在几天之内完成）。

智利研究人员把保存在液氮中的植物和土壤样本，带回1600千米外的实验室，对阿塔卡马地区32种优势植物中表达的基因进行测序，并根据DNA序列评估与植物相关的土壤微生物。他们发现，一些植物物种在其根部附近发育出促进生长的细菌，这是一种优化氮摄入的适应性策略，氮是阿塔卡马贫氮土壤中对植物生长至关重要的营养素。

为了确定其蛋白质序列在阿塔卡马物种中适应的基因，纽约大学研究人员使用一种称为系统基因组学的方法进行分析，该方法旨在使用基因组数据重建进化历史。他们把32种阿塔卡马植物的基因组，与32种未适应但基因相似的"姐妹"物种，以及几个模型物种的基因组，进行了分析比较。研究人员表示，他们的目标是，使用这种基于基因组序列的进化树，来识别在支持阿塔卡马植物适应沙漠条件的进化基因中氨基酸序列编码的变化。

新研究利用纽约大学高性能计算集群进行分析。这种计算密集型基因组分析，涉及比较70多个物种的1 686 950个蛋白质序列。研究人员使用生成的8 599 764个氨基酸的超级矩阵，来重建阿塔卡马物种的进化史。

该研究确定了 265 个候选基因，其蛋白质序列变化是由多个阿塔卡马物种的进化力量选择的。这些适应性突变发生在植物适应沙漠条件的基因中，包括与光和光合作用相关的基因，这可能使植物适应阿塔卡马的极端强光辐射。同样，研究人员发现了参与调节应激反应、盐分、解毒和金属离子的基因，这可能与这些阿塔卡马植物适应压力大、营养贫乏的环境有关。

大多数关于植物应激反应和耐受性的科学知识，都是通过使用少数模型物种，在传统实验室研究获得的。此类分子研究虽然有益，但可能忽略了植物进化的生态背景。智利天主教大学古铁雷斯实验室的薇薇安娜·阿劳斯说："通过研究其自然环境中的生态系统，我们能够识别出面临共同恶劣环境的物种之间的自适应基因和分子过程。"

古铁雷斯表示："我们在这项研究中涉及的大多数植物物种，以前都没有研究过。由于一些阿塔卡马植物与谷物、豆类和马铃薯等主食作物密切相关，因此我们确定的候选基因代表了一个'基因金矿'，可用来设计更具韧性的作物。鉴于我们星球的荒漠化程度加剧，这是十分必要的。"

（二）探索植物蛋白及酶的新信息

1. 研究植物蛋白的新进展

（1）从豌豆中分离出微小蛋白结晶。2010 年 3 月，特拉维夫大学生物系的研究人员从豌豆植物光合系统 I 超复合体中，分离出微小的蛋白结晶。这种微小蛋白晶体，既能像小蓄电池那样充电使用，也能用作高效人造太阳能电池的核心部件。

植物为了产生有效能源，进化出了异常精密的"纳米机器"，它以光为能量来源，光能转化率达到了完美的 100%。

研究者介绍说，植物拥有生物界最复杂的膜结构，现在人们已经破译了一种复杂膜蛋白的结构，这种结构正是新模型的核心部分可以利用这种新模型来开发环保能源。植物通过叶片把太阳能转化为糖，本项研究的目标，就是试图模拟植物的这一能量产出过程。

光合系统 I 反应中心是一种色素蛋白复合体，负责将光能转换为类似化学能的能量形式。如果有上千个这样的反应中心被精确地装进光合系统 I 复合体晶体中，这样的晶体就可以用来将光能转化为电能，或者当作电子元件安在多个不同的装置上。

（2）发现一种能促进植物"深呼吸"的蛋白质。2011 年 7 月，日本名古屋大学木下俊则教授领导的研究小组，在《当代生物学》杂志网络版上撰文称，他们利用十字花科植物拟南芥进行实验时，首次发现催促植物开花的 FT 蛋白质，还具有调整叶片气孔开闭的作用。增加 FT 蛋白质可促进植物"深呼吸"，从而吸收更多的二氧化碳。

通常状态下，植物感受到蓝光后，为进行光合作用会打开气孔，吸收二氧化碳。但日本研究人员找到一株即使感受不到蓝光也会打开气孔的拟南芥。经过分析，研究人员发现，它遏制 FT 蛋白质生成的功能遭到了破坏。

研究人员猜测，有可能是生成的 FT 蛋白质过剩导致这株变异的拟南芥的气孔一直张开。于是研究人员在野生拟南芥中的气孔部分增加了 FT 蛋白质，结果发现气孔大大张开，而减少 FT 蛋白质后，气孔就会变得难以打开。有关专家指出，如果操作 FT 蛋白质，就可人为打开植物气孔，此法或许能用来使植物更多地吸收大气中的二氧化碳，防止地球变暖。

（3）发现一种能让花开得更鲜艳的蛋白质。2014 年 3 月，日本自然科学研究机构基础生物学研究所的研究人员，在英国《植物杂志》上发表论文称，他们对牵牛花进行研究后发现，有一种蛋白质能够增加花青素含量。这一发现有望促进开发出更加艳丽的花卉和水果品种。

花朵的缤纷色彩、果实的艳丽颜色主要是由花青素决定的。花青素属于水溶性色素，是构成花瓣和果实颜色的主要色素之一，含量越高颜色越鲜艳。牵牛花中的花青素可使其呈现深紫色或者深蓝色。不过，牵牛花非常容易发生突然变异，导致花青素减少，所开花朵的颜色变淡。研究人员把花色很淡的牵牛花基因与花色很深的牵牛花基因进行比对，结果发现，一种蛋白质能够促进花青素的生产，使花色更深。这种蛋白质发挥作用时，花青素的产生效率提高了两倍，而花色很淡的牵牛花则缺乏这种蛋白质。

花青素是一种生物类黄酮，因此研究小组将这种蛋白质命名为"EFP"（类黄酮生产促进因子）蛋白质。他们发现，除了旋花科的牵牛花之外，茄科的矮牵牛和母草科的蝴蝶草中也存在 EFP 蛋白质，如果遏制其发挥作用，矮牵牛和蝴蝶草就只能开颜色很淡的花。

2. 研究植物酶的新进展

（1）培育出一种能有效分解玉米秸秆的新酶。2009 年 6 月，《科学美国人》网站报道，美国生物学家克利夫·布拉德利和化学工程师鲍伯·卡恩斯，培育出一种新酶，它可以让目前的玉米乙醇工厂更便宜地处理价格低廉的玉米秸秆等木质材料，从而降低成本。

研究人员挑选出以很难分解的纤维素为食的土壤真菌，并在腐败的植物中进行培植，得到了某些功能强大的酶。这些特殊的酶，可以分解价格更便宜的玉米秸秆废物，如叶子、叶柄、壳和玉米棒子等，在减少玉米使用量的同时，也降低了生产纤维素乙醇的成本。

研究人员说，这些玉米废料可以取代 35% 的玉米，并将成本降低 1/4。这个将淀粉和纤维素进行整合的基本处理过程，也适用于在巴西生产的生物燃料。

富含纤维素乙醇的非食用植物原料，成为生物燃料公司的"新宠"。但是，如何分解这些植物原料，则是令生物燃料公司头疼的问题。在过去的几十年内，布拉德利和卡恩斯一直致力于寻找有效的方式，来喂养能够分泌这种关键酶，但很难培育的土壤细菌。他们在固体营养颗粒潮湿的表面种植细菌，而其他标准的大规模发酵过程在水箱内进行。卡恩斯解释说："其他研究人员把有机物放在装满水的水箱中，然后想方设法提供充足的氧气来使这些需要氧气的细菌高兴，他们让这种有机物适应环境，而不是制造出使有机物满意的环境。"

这两个研究人员，找到的其中一种酶，能够很好地对纤维素进行降解，另一种酶有独特的分解玉米淀粉的能力，使用这些酶，可以让当前的玉米乙醇工厂把纤维素材料整合进标准的淀粉发酵过程。布拉德利说："这个整合过程使用同样的设备，在目前很难获得资金的现状下，这一点相当重要。"

（2）发现在植物去甲基化中有重要作用的酶。2012 年 6 月 15 日，中国科学院上海生命科学研究院植物生理生态研究所朱健康研究员主持的研究小组，在《科学》杂志网络版发表论文称，他们揭示出编码一个组蛋白的乙酰化酶 IDM1 在植物去甲基化作用机制中的重要作用。这被认为是表观遗传领域的一项重大突破。

DNA 甲基化修饰是一种重要的表观遗传学标志，也是植物逆境响应的重要机制。DNA 甲基化的水平主要由甲基化和去甲基化这两个方向来协同调控。目前，在植物中对甲基化途径的研究已经比较清楚，但是对 DNA 去甲基化的调控机制仍然不很明确。

2002 年，该研究小组通过遗传学的方法，第一个克隆植物体内的去甲基化酶 ROS1，并提出在植物中 DNA 去甲基化是通过 ROS1 家族介导的碱基切除修复机制来实现的。后续的研究进一步证明，DNA 磷酸酶 ZDP 能和 ROS1 相互作用，并影响其中一部分 ROS1 调控位点的甲基化水平。但是，通过对 ROS1 功能缺失突变体的研究发现，ROS1 只调控某些特殊位点的甲基化水平，而对全基因组的甲基化水平影响不大。所以，ROS1 如何调控成为去甲基化领域一个很重要的问题。

该研究通过对 ROS1 突变体全基因组甲基化的分析和 CHOP PCR 分子标记的应用，建立起一种新的突变体筛选方法，发现了一个组蛋白的乙酰化酶 IDM1 对调控 ROS1 的去甲基化具有重要作用。IDM1 是一个编码多个功能域的酶。这个蛋白能识别多个表观遗传学的标志，包括组蛋白的甲基化及 DNA 的甲基化等，同时能对相应位点的组蛋白进行乙酰化，从而改变这个特定区域的染色体结构。ROS1 本身或相互作用的蛋白，能够识别这种染色体结构的改变，接着对这个区域的 DNA 进行去甲基化。

这项研究工作，填补了植物去甲基化调控机制的一个重要空白，为进一步研究 ROS1 在植物生长发育及对环境响应过程中的作用奠定基础。

（3）发现有助于直接从植物中提取燃料的酶。2016 年 4 月，美国得克萨斯州农工大学一个研究小组，在《自然·通讯》杂志上发表论文称，他们研究绿色微藻布朗葡萄藻时，发现了一种能够产生碳氢化合物的酶，利用这种酶，可实现直接从植物中提取燃料。

布朗葡萄藻可产生大量的液态碳氢化合物，用于生产汽油、煤油和柴油。目前在地下储藏的石油大多也是由这些海藻产生的。

葡萄藻在世界分布十分广泛，无论海洋、池塘、湖泊，还是高山、沙漠，均可以发现它们的踪影，但其最大问题是生长极为缓慢。在自然状态下，无法依靠其获取具有经济意义的生物质能燃料。一个葡萄藻细胞变成两个细胞大约需要一个星期，而生长较快的藻类 6 个小时就可以翻番。研究人员试图利用基因技术改造葡萄藻，使其可像其他藻类一样能够快速生长，或像陆地植物一样可以大量种植，这样才可以利用其生产燃料。

研究人员首先对哪些基因能够生产燃料进行了研究，并发现由 LOS 基因编码的合成酶，能够启动油料的生产。他们确定布朗葡萄藻的 LOS 酶，可以生产数种不同的碳氢化合物。该酶可以利用三种不同的分子作为基质，并且可以将这些分子组合在一起。如将两个 20 碳基质分子合成出 40 碳分子；将两个 15 碳基质分子合成出 30 碳的分子；15 碳基质分子与 20 碳基质分子合成 35 碳的分子。LOS 酶的这一特性十分重要，因为大多数与 LOS 酶相类似的酶，只能利用 15 碳基质分子。而对于燃料来说，碳数越高越好。

研究人员确定，几乎所有与碳氢化合物生产相关的活性基因序列，经过生物信息学分析后，精确找到了一个启动碳氢化合物生物合成的基因。但了解这些基因后，他们还须找到合适的宿主，来优化这些基因表达，以便利用其来产生更多油料，而这还需要大量的基础研究。通过对基因组进行挖掘，并对相关的酶进行研究，可广泛将之应用于医疗、农业、化工或生物燃料的生产。

（三）探索植物细胞与干细胞的新信息

1. 研究植物细胞的新进展

（1）研究揭示海藻细胞发光的原因。2018年4月，英国一个研究小组在《科学进展》杂志发表论文称，退潮时，英国康沃尔郡和德文郡海岸边的潮汐池里，填满的棕色海藻看起来有些不太一样。当潮水上涨覆盖它们后，这些"彩虹般的海藻"，就会闪烁着耀眼的蓝色和绿色光泽。现在，他们已经发现了这些海藻是如何闪闪发光的。

研究人员通过在电子显微镜下观察冷冻样本，能够把目标对准海藻细胞的纳米级结构，这些细胞的大小尚不到人类头发直径的1/1000。报告称，囊链藻细胞中产生蓝色和绿色是通过一种常规方式把微小的油粒紧密地包裹在一起。这种结构类似于猫眼石紧密包裹着的硅球体，它会产生衍射光，并形成令人渴望的宝石般的颜色。

这些类似于猫眼石的光子晶体的功能尚不清楚。一条线索是：在强烈的光线下，这种有序的结构会进入无序状态，让颜色很快消失。但当黑暗条件回归时，颜色也会回归。科学家表示，这可能有助于植物细胞应对低光照条件。在涨潮时，当较少量的光线到达藻类时，细胞中的晶体会捕捉到一些阳光，并将其传递到周围的叶绿体进行光合作用。

（2）采用单细胞转录组学方法开展植物组织再生研究。2020年1月，俄罗斯科学院西伯利亚分院网站报道，该分院细胞和遗传所一个研究小组，在《西伯利亚科学报》上发表论文称，他们采用单细胞转录组学方法，开展植物组织再生的单细胞研究。

此项研究结果表明，除干细胞外，遭受伤害区域附近的其他类型细胞的非对称（再生）分裂也参与再生过程，细胞层面上对植物再生过程的认知对制定农作物个性化损伤修复策略，具有非常重要的意义。

单细胞转录组学方法是用于单细胞类型及每一时刻细胞功能研究的新兴生物方法，可确定所研究生物体（例如，植物的根或鼠胚胎）所有细胞中的活性基因组，之后采用生物信息处理方法，找到不同组织的生物标识，由此认定每一个细胞的类型。

研究小组采用该方法进行动植物组织再生问题研究时发现，在无干细胞的情况下植物远端根尖（即干细胞池所在处）的修复，可由周边组织非干细胞来完成，之后再采用生物信息方法，对单细胞转录组学数据进行处理，则可确定组织再生的时间和空间过程。

（3）揭示植物单细胞的再生机制。2021年8月11日，中国科学院遗传与发育生物学研究所焦雨铃课题组与中国科学院大学生命科学学院汪颖课题组联合组成的研究团队，在《科学进步》杂志发表论文称，他们通过模式植物研究，发现两个转录因子能促进单细胞再生，是植物单细胞再生所必需的，这为探索植物单细胞再生机制拓展了新视野。

不同于高等动物，高等植物细胞命运可塑性高，分化的植物体细胞可以获得全能性，再生出完整可育植株。植物单细胞再生在农业、园艺上具有广泛应用价值，是遗传转化的常用途径。虽然很多种类的植物均实现了单个分化体细胞的再生，获得了完整植株，但关于植物单细胞再生机制目前仍然知之甚少。

该研究团队以模式植物拟南芥为研究对象，发现WUS与DRN是拟南芥叶肉细胞再生所必需的两个转录因子，并能促进其细胞再生。研究人员结合活体成像结果、单细胞转录组数据和单细胞核转录组数据，发现伴随着细胞壁消化的原生质体化过程在全基因组水平增加基因的随机表达。他们还发现，原生质体化后染色质开放程度增加，与基因随机表达增加相关。人为增加染色质开放程度，可以提升原生质体再生效率。

在此基础上，该研究提出了单细胞再生的"转录组选择"模型：原生质体化后的基因随机表达在单细胞水平创造了演化的基础，培养条件选择出能够再生的基因表达组合。这一研究为植物单细胞再生机制提供了新思路。该机制可能在哺乳动物多能干细胞的诱导中发挥作用，也为动物体细胞再生研究提供借鉴。

2.研究植物干细胞的新进展

揭示调控植物干细胞命运的新机制。2021年8月16日，中国科学技术大学赵忠教授率领的研究团队，在《自然·植物》杂志网络版发表研究成果称，他们首次确定调控干细胞命运内源逆境信号的含义，并揭示出内源逆境信号调控植物干细胞命运决定的新机制。

绝大部分植物器官都是在胚后由位于植物茎尖的茎顶端分生组织，或根尖的根顶端分生组织中的干细胞分裂和分化而来的。这种独特的胚后发育模式，赋予植物适应环境变化的极强发育可塑性。

植物干细胞存在于特殊的微环境中，受到复杂的内源性信号和外源性信号的共同调控。WUS和CLV3基因之间形成的负反馈循环，以及细胞分裂素和生长素的调控，是目前已知维持干细胞稳定的关键机制。除上述信号外，是否存在其他信号分子参与植物干细胞命运的调控，特别是整合环境信号调控干细胞发育的可塑性，目前尚不清楚。

在本次研究中，研究人员通过对植物干细胞富集突变体进行转录组测序，建立起植物茎顶端分生组织高分辨率的基因表达谱，预测了3017个在植物干细胞及其微环境特异表达的基因。结果发现，正常生长条件下，多种与逆境相关的信号在干细胞微环境中大量富集，绝大部分干细胞及其微环境特异表达基因，能够响应多种胁迫与逆境激素的处理。

因此，研究人员把这种在正常生长条件下存在，且在干细胞微环境中富集的逆境相关信号，定义为内源逆境信号。通过对其中主要的逆境信号乙烯的进一步研究，研究团队发现乙烯信号转导途径中的关键转录因子 EIN3 及其同源基因，在干细胞微环境中能直接激发 AGL22 的表达，而 AGL22 则通过直接抑制 CLV1/CLV2，维持了干细胞重要调控基因 WUS 的表达。

这项研究表明，当植物遭受外界逆境胁迫后，AGL22 作为植物早期响应胁迫的中心转录因子，一方面能够启动植物对逆境胁迫的响应，另一方面能够阻断植物干细胞分化和推迟开花，调控了植物在逆境条件下的可塑性发育，平衡了植物的发育和抗逆进程。

二、植物生长与衰亡机制研究的新成果

（一）探索植物生长发育机制的新信息

1. 研究植物生长素合成与作用的新发现

（1）发现阻碍植物生长素合成的抑制剂。2010 年 3 月，日本理化学研究所和农业食品产业技术研究机构，以及东京大学组成的联合研究小组在《植物和细胞生理学》杂志上发表论文称，植物生长素是一种植物激素，能够促进植物根系和果实生长，控制植物发育的所有阶段。他们首次发现阻碍植物"生长素"生物合成的抑制剂。

联合研究小组对模型植物拟南芥的遗传发现类型进行大规模的破解，并对获得的数据进行分析，以寻找可控制植物荷尔蒙作用药剂，结果发现了妨碍生长素生物合成的候补化合物 AVG 和 AOPP。联合研究小组通过对这些化合物的功能进行深入研究后，确认了阻碍生长素生物合成的物质。

研究人员表示，利用植物生长素生物合成抑制剂，可培育出以前无法实现的

生长素缺乏状态的植物，这将为研究生长素的机能及其复杂的生物合成路径提供思路。目前，植物生长素的研究，尚限定于模型植物，未来可将研究范围扩展至农作物等高实用性作物。有朝一日，如果能开发出控制植物生长的新药和技术，开拓出崭新的农业栽培技术，将对促进农业生产起到关键作用。

（2）阐明植物生长素调控植物差异性生长的分子机制。2019年4月3日，福建农林大学海峡联合研究院园艺中心徐通达教授率领的研究团队，在《自然》杂志上发表论文，阐明植物类受体蛋白激酶介导的生长素信号途径，调控植物差异性生长的分子机制。

生长素作为植物最重要的激素之一，调控了复杂的植物发育过程。生长素的不对称分布对顶端弯钩的形成和维持至关重要。但生长素是如何激活顶端弯钩处两侧的生长素信号通路，导致两侧细胞不对称生长的，相关研究仍然不清楚。不同浓度的生长素对植物的调控完全不同，但其浓度效应的作用机制目前也尚不清楚。

该项研究阐明了一条新的生长素信号通路，一方面揭示了生长素通过 TMK 蛋白剪切的方式，从细胞膜向细胞质和细胞核传递信号的新模式，另一方面也揭示了生长素通过非典型 IAA 蛋白调控植物生长发育的分子机制。该信号通路解释了局部高浓度生长素抑制生长的分子机制，从而解释了顶端弯钩维持阶段内外侧差异性生长的调控机制。这项研究成果，为生长素信号通路的探索阐明了新的思路，拓展了新的方向。

2.研究植物激素及其作用机制的新发现

（1）发现植物激素脱落酸信号转导新机制。2012年2月，清华大学医学院颜宁教授主持的研究小组，在《生物化学期刊》上发表研究成果，报道了拟南芥脱落酸信号通路中一种关键调控因子的激酶位点结晶结构，并从中发现一种脱落酸信号转导新机制，这将加深我们对于脱落酸下游信号通路的理解。

脱落酸是植物体内最重要的植物激素分子之一，它具有控制气孔关闭、影响种子发芽等重要的生理功能，对于保护植物抗逆性状具有至关重要的作用。脱落酸受体的研究近年来获得广泛关注。2009年4月，《科学》杂志同期发表两个研究小组的独立成果，他们发现了同一家族蛋白（PYLs）是脱落酸的潜在受体。半年之后，包括清华大学颜宁教授领导的研究小组在内，来自中国、美国、日本和欧洲的5个研究小组，几乎同时报道了有关脱落酸受体的结构生物学研究，证实了 PYL 家族蛋白是脱落酸的直接受体，并揭示了脱落酸调控 PYL 蛋白抑制下游 PP2C 的分子机制。这一系列对于脱落酸受体发现并鉴定的工作，入选2009

年科学评选的该年度"科学十大进展"。

在这些成果的基础上，研究人员又深入分析脱落酸信号通路的下游调控元件。研究表明，蔗糖非酵解型蛋白激酶是广泛存在于植物中的类蛋白激酶，也是脱落酸信号转导通路中一种关键正调控因子。这种激酶能通过多种途径激活，比如脱落酸渗透胁迫，或者磷酸化胁迫相关转录因子，以及离子通道，这些将保护植物免于脱水，或者高盐化。

研究证明，在无胁迫情况下，蔗糖非酵解型蛋白激酶能通过适当调控，发挥自身功能，但其中的机理目前还并不清楚。在这篇文章中，研究人员报道了蔗糖非酵解型蛋白激酶的酶活性位点晶体结构，通过结构导向的生化分析，他们发现在该蛋白激酶与磷酸酶 ABI1 之间存在两个不同的连接处。这两个连接处把该蛋白激酶与 ABI1 锁在一个方向上，从而这种蛋白激酶的活性环，对着 ABI1 脱磷酸催化位点。

这项研究成果，说明了蔗糖非酵解型蛋白激酶的新作用机制，这对于解析脱落酸下游信号通路具有重要意义。

（2）揭示植物激素独脚金内酯分解代谢机制。2021 年 11 月，中国科学院植物研究所胡玉欣研究员领导的研究团队，在《自然·植物》杂志上发表论文称，他们发现拟南芥羧酸酯酶家族成员 AtCXE15 及其直系同源蛋白，是一种独脚金内酯分解代谢的关键酶。

独脚金内酯是一类由类胡萝卜素衍生的植物激素，在调控植物分枝、促进植物与丛枝菌根真菌共生，以及诱导根寄生植物种子萌发等方面，起着重要作用。独脚金内酯的代谢及其作用机制，是近年来植物发育生物学的重要研究领域之一。以拟南芥、水稻等植物为研究材料，目前已鉴定到超过 30 种不同结构的独脚金内酯分子，并且在独脚金内酯的生物合成、转运及信号传导等方面，取得一系列重要进展。然而，由于一些独脚金内酯分子稳定性差，且测定困难，所以它的分解代谢机制仍不清楚。

本次研究发现，AtCXE15 的表达，在根和茎外植体中，对生长素呈现出完全相反的反应模式。在拟南芥中，过量表达 AtCXE15 基因能够显著增加分枝数目，而这种分枝数目增加是由于体内独脚金内酯缺乏造成的。通过进一步研究，他们发现，AtCXE15 能够结合并在体内外高效水解不同类型的独脚金内酯分子，此外，该基因在苜蓿、大豆等双子叶植物，单子叶植物水稻和裸子植物双子铁中的直系同源蛋白功能高度保守。有趣的是，与独脚金内酯合成和信号基因不同，AtCXE15 转录水平受到独脚金内酯和多种外界环境信号调控，这暗示了 CXE15

介导的独脚金内酯稳态，可能是植物整合环境信号和分枝发育的一种机制。

该研究揭示了植物独脚金内酯分解代谢和稳态调控的新机制，为通过时空操纵体内独脚金内酯分布，进而优化作物及观赏植物株型，提供了新的策略。

3. 研究植物寄生机制的新发现

破解一种灌木植物的寄生机制。2018年5月，两个独立团体同时在《当代生物学》发表论文称，一般认为，植物为了产生能量，细胞中的线粒体会利用电子转移链，把电子转化为三磷酸腺苷，形成细胞的能量流通，这个过程像汽车组装线一样环环紧扣。但是，他们在研究欧洲槲寄生时却有惊人发现，由于进化缺陷的原因，严重扰乱了它的电子转移链组装线。

槲寄生是桑寄生科槲寄生属灌木植物，通常寄生于麻栎树、苹果树、白杨树、松树等树木，有害于宿主，茎柔韧，呈绿色，它可以从寄主植物上吸取水分和无机物，进行光合作用制造养分。研究人员在进行槲寄生基因组测序时，发现它的编码蛋白质亚单位（或亚基）的线粒体基因缺失，而这是构成电子转移链的第一个基站，也被称为复合体Ⅰ。在多细胞生物中，缺少这样的关键片段闻所未闻。研究人员推测，或许这些基因只是从线粒体转移到核基因组。但考虑到消失的基因数量，这似乎并不可能。

为了找出组装线中的哪些部分消失了，研究人员从槲寄生叶片的线粒体中提取了蛋白质，并将其与芥菜家族中一种叫作拟南芥的小型开花植物进行比较。研究人员说，尽管他们在槲寄生的转移链中找到了其他基站的运行机制证据，但两个团队都没有发现任何复合体Ⅰ的迹象。此外，其他的转移链基站，即从复合体Ⅱ到复合体Ⅴ中的蛋白质，比拟南芥中的含量低14%~44%，这表明槲寄生无法利用该系统产生所需的所有能量。

那么，槲寄生是如何调整的呢？科学家表示，这种植物对其新陈代谢作了一些极端的调整，从而形成有助于自己依靠寄生生活的功能。它们可以通过分解从宿主那里"偷"来的糖，制造三磷酸腺苷。那些偷来的糖，或足以弥补其电子转移链组装线的缺陷。

（二）探索植物衰亡机制的新信息

1. 研究植物衰老机制的新发现

揭开调控植物衰老的分子机制。2019年1月，西北农林科技大学郁飞教授领导的研究小组，在《自然·植物》杂志上发表论文称，在植物发育过程中，细胞的死亡受到生命体的严格控制。当衰老过程启动时，植物会根据自身的需要及环境因素加速或减缓整个衰老过程，而不是任其自生自灭。他们经过多年研究，发现了这种调控植物衰老的内在机制。

当秋季来临，植物叶片逐渐变黄，叶绿体中的蛋白被降解，氮素等营养元素会被输送到其他生长中心，这一过程对植物顺利完成生命周期至关重要。而有些基因在正常情况下并不表达，只有在衰老死亡时才会表达。这些基因还经常发生突变，在突变作用下，有时叶片会加速变黄，有时又会出现"滞绿"。比如发生了滞绿的青菜，十天半个月过去还是绿油油的。

在植物家族里，快速变黄和滞绿的叶片都是"异类"，但就是这些特殊植物突变体，成为研究小组开展研究的理想材料。他们就发现，普遍存在于植物中的MATE 转运蛋白中的 ABS3 亚家族基因，对衰老有促进作用。

通过对 ABS3 亚家族基因调控衰老的分子机制进行进一步研究发现，它需要与 ATG8 发生物理互作，两者结合在一起才能促进衰老。而 ATG8 是自噬过程中的一个关键蛋白，它末尾会被另一个蛋白切割，再接上一个脂类分子，完成自噬过程。

2. 研究植物死亡机制的新进展

发现最大、最古老猴面包树经历不明原因死亡。2018 年 6 月 13 日，罗马尼亚巴比什·波雅依大学一个生物学者组成的研究团队，在《自然·植物》杂志网络版发表论文称，非洲最大、最古老的猴面包树正在经历神秘的死亡事件，而猴面包树是植物界著名的"寿星"，并不会轻易死亡。他们现在仍无法确定其具体原因。

猴面包树是地球上最具辨识性的植物之一，也是非洲的标志性树种。它原产非洲热带，又名波巴布树、猢狲木，其树干粗壮无枝，形似柱子，部分树拥有大型中空树干，而果实巨大如足球，是猴子、猩猩等动物最喜欢的食物，因此得名。非洲猴面包树是植物界著名的"老寿星"，即使在热带草原那种干旱的恶劣环境中，至少也能活几百年，有的甚至可以存活达到数千年。罗马尼亚巴比什·波雅依大学研究团队此次分析了 60 多棵较大、也可能是最古老的非洲猴面包树，以便从生物学和结构角度理解该树为何能长得如此之大。他们提取每棵树的树干的不同部分的样本，使用放射性碳测年法进行测年。

结果意外地发现，在 13 棵最古老的树中，有 8 棵从 2005 年起或已彻底死亡，或者其中最古老的树体部分已经枯萎；在 6 棵较大的树中，有 5 棵也出现了这种情况。猴面包树拥有一种环形结构：通常由不同年龄的多个树干组成，这些树干可能融为一体形成封闭的环形状态，或保持敞开。封闭的环形结构内部通常包含一个中空结构，这也被称为假穴，它是猴面包树所独有的。

就本研究中的最古老的那些树而言，这样的环形结构，都由存在了几百年的树干组成，而其中几棵的所有树干都已突然死亡。研究团队认为，气候变化可能影响了猴面包树的生存能力，不过目前还没有数据支持这一结论。

三、植物根部生理现象研究的新成果

（一）研究植物根部传输与分泌机制的新信息

1. 研究植物根部传输机制的新发现

（1）发现植物从根部到枝叶存在畅达的信息传输通道。2014 年 10 月，日本名古屋大学松林嘉克教授领导的研究小组，在《科学》杂志上报告称，他们研究发现，看起来一动不动的植物，实际上其体内从根部到枝叶之间存在强有力的"信息通道"，能帮助它巧妙地适应环境。如果植物一部分根周围的养分不足，觉得"饥饿"了，就会通知其他部分的根抓紧吸收养分，从而使植物整体获得充足养分。

氮是植物从土壤中吸收的一种重要无机养分，植物通过根部从土壤中吸收硝酸离子等物质并分解出氮，从而制作出对生长来说不可或缺的蛋白质。但是，由于土壤中硝酸离子的分布并不均匀，植物有必要根据每条根所处的环境，调整吸收量，从而使整个植株吸收的硝酸离子量保持最佳水平。

通过分析植物拟南芥的基因，发现在拟南芥根部，有一种被称为 CEP 的肽类激素分子，而在拟南芥的叶片中，则存在着 CEP 的受体。研究人员发现，如果拟南芥根部感觉到氮特别少，出现"饥饿感"，CEP 激素的表达就会随之急剧上升，并通过植物体内的导管传递给地上部分的叶片，叶片中的 CEP 受体接收了 CEP 激素后，就会向整个植株发出"缺氮"的信号，这种信号传递到根部，促使周围环境中尚存留着氮的根更好发挥作用，加紧吸收硝酸离子中的氮，从而弥补因一部分根的"氮饥饿"导致的养分不足。

研究人员说，所有植物都应该具备这种适应氮环境变化的巧妙机制。氮对植物的生长和收获有很大的影响，一些农场经常施加过多的氮肥，不仅导致环境问题，还导致食物价格上涨。如果能够加强植物体内这种信号传递的功能，就能够使植物更好地吸收氮，从而培育出以最小限度的氮肥，就能实现正常生长的农作物。

（2）揭示植物根部感知光线的传输机制。2016 年 11 月，韩国首尔国立大学李浩君领导的研究小组，在《科学·信号》杂志上发表研究成果称，他们的研究表明，植物似乎会把阳光直接输送到地下根部，以帮助它们生长。

众所周知，茎部、叶子和花朵中的光受体能调控植物生长。虽然根部也拥有这些受体，但至今尚不明确它们如何在黑暗的土壤深处感知光线。

该研究小组利用一种来自十字花科的小型开花植物拟南芥作为模型，研究了这种现象。他们发现，拟南芥的茎会像纤维光缆一样发挥作用，把光线向下传导给被称为光敏色素的根部受体。这触发了一种促使根部健康生长的蛋白 HY5 产生。

当这些植物被改造成拥有光敏色素突变时，HY5 的产量开始下降。而当它们拥有 HY5 突变时，其根部生长受到阻碍，并且伸展的角度非常怪异。为证实光线是在植物体内直接传输，而不理由光线激活穿行至根部的信号化学物质，研究人员通过光纤把一个光源连接到植物茎部。位于根部末端的地面探测器证实，光线被直接传输至此。

更重要的是，当他们用诸如蔗糖等常见的植物信号化学物质处理黑暗中的拟南芥样本时，并未观察到根部生长有明显增快的迹象。这表明，此类化学物质并不能驱动生长。

研究还发现，红色光线在植物体内移动的效率最高。李浩君介绍说，此类光线波长较长可能是有利的，因为和较短的蓝色和绿色波长相比，它们能穿行得更远。他同时表示，大多数植物都拥有光敏色素，而这表明，直接把光线通过茎干输送至根部，是一种被用于优化根部生长的常见机制。

2. 研究植物根部分泌机制的新发现

发现根部能通过分泌机制改变土壤微生物群。2019 年 5 月，瑞士伯尔尼大学植物科学研究所一个研究团队，在《自然·通讯》杂志发表论文称，他们发现小麦和玉米等谷物根部能通过分泌机制，产生出苯并噁嗪类物质，这是植物的防御性次生代谢产物，它可以改变与根相关的土壤真菌和细菌群落，减少植物生长，增加茉莉酮酸信号和植物防御，抑制食草动物。

研究人员发现，在植物与土壤的互动关系中，植物可以通过根部分泌生物活性分子来改变土壤微生物群，从而影响其后代的表现。根系分泌物除了为微生物生长提供碳和氮底物外，还作为信号分子、引诱剂、刺激剂、抑制剂和排斥剂来影响根际微生物。

植物与土壤反馈，是决定植物演替、植物种群、群落结构和植物多样性的重要因素。植物土壤反馈通常与土壤生物群的变化有关。特别是土壤微生物群落的组成，被认为是这方面的一个重要因素。虽然有研究团队研究了几种微生物对植物生长性能的影响，但整个土壤微生物群对植物土壤反馈的机制更广泛作用仍有待于揭示。

瑞士研究团队在探索中，发现了根系分泌物在植物与土壤反馈中的上述作用。另外，他们指出，反馈效应不需要较大的土壤动物，相反，微生物或其代谢物可能会被传播，并可能决定下一代微生物群的组成。

此研究揭示了植物决定下一代根际微生物群组成、植物表现和植物与食草动物相互作用的机制，植物通过改变土壤中细菌和真菌群落的组成，来决定下一代的生长和防御；明确了植物通过根系分泌物来改变土壤微生物群决定其后代的表现；说明并强调了根际微生物群对受一代植物的影响，并对利其后代影响至深。

（二）研究植物菌根共生关系的新信息

1.分析植物根部与固氮细菌结合的维持成本

2018年6月，一个由植物生物学家组成的研究小组，在《科学》杂志发表论文称，有些植物为获取最重要的营养素，会在其根部隆起处招募一些土壤细菌，以便从空气中获取氮，但他们的研究表明，维持这些搭档的成本很高，以至于一些物种放弃了这些微生物园丁。

来自10个植物家族的物种，包括花生、豆类都能够在贫瘠的土壤中茁壮成长，因为它们的根部与所谓的固氮细菌结合在一起。但植物生物学家一直困惑，为什么这个王国里的另外18个家族，甚至是这10个植物家族中的一些物种，并未进化出这种有益植物根部的特性。

为了找到答案，研究人员对7种固氮植物物种基因组，及其3个不固氮的近亲物种进行测序。他们把这些植物的基因构成，与其他27种植物（其中18种是固氮植物）的基因组进行比较。分析表明，形成这种搭档关系的能力，从可固氮的10个植物家族的共同祖先进化而来，但由于该植物的一个关键基因与变异细菌结合或一起消失，这种能力至少丢失了8次。

这些损失表明，固氮植物在这些搭档关系中投入了大量能量，以至于如果土壤中有足够的氮，它们就会停止形成这种搭档关系，最终完全失去形成它的能力。

固氮是一个极具价值的特征，农民每年都要花费数百万美元让农作物拥有这种能力。新研究表明，植物学家需要将这些潜在的植物价值的成本纳入考量。

2. 通过植物磷吸收途径揭示菌根共生的自我调节机制

2021年10月12日，中国科学院分子植物科学卓越创新中心王二涛研究员领导的研究团队，在《细胞》期刊上发表的封面论文显示，他们首次绘制了水稻与丛枝菌根共生的转录调控网络，发现植物直接磷营养吸收途径（根途径）和共生磷营养吸收途径（共生途径），均受到植物的磷信号网络统一调控，回答了菌根共生领域"自我调节"这一科学问题。

磷是植物生长发育必需的三大营养元素之一，植物根据自身的磷营养状态调控其与丛枝菌根真菌之间的共生，称为菌根共生的"自我调节"。菌根共生"自我调节"的分子机制究竟是什么，一直困扰着科学家。

论文审稿人认为，这项研究结果具有原创性且非常有趣，是菌根共生研究领域的一次重大突破。有关专家指出，解析主要作物水稻中菌根共生调控机制，可产生重要的社会影响。希望这项研究能够促进根瘤共生领域开展类似的研究，来揭示氮信号和根瘤共生的关系。

（三）研究植物根部演变历程的新发现

1. 研究发现已知最古老植物根尖干细胞群

2016年6月，英国牛津大学科学家赫瑟林顿参与的一个研究小组，在《当代生物学》杂志上发表报告称，他们在一块历经3.2亿年岁月洗礼的化石中，发现了已知最古老的植物根尖干细胞群。

赫瑟林顿说，他在观察牛津大学标本馆中来自古代雨林的土壤化石时，发现其中包含的植物根尖中存在这些干细胞。这块化石将3.2亿年前还在生长中的植物根茎干细胞，完整保存了下来。植物干细胞群又称分生组织，是具有持续或周期性分裂能力的细胞群。分生组织是产生和分化其他各种植物组织的基础，一小部分能持续保持高度分裂的能力，大部分则陆续长大并分化为具有一定形态特征和生理功能的细胞。

据介绍，牛津大学标本馆中发现的这些古老植物干细胞，与如今的植物干细胞有很多不同，比如细胞分裂的规律，这说明以往控制植物根尖生长的一些机制如今已不复存在。

研究人员表示，这块化石中，包含了古老地球上热带雨林植物的根茎结构信息，他们能够通过这些信息，研究古代地球经历的重大气候变化事件。他们认为，随着根尖体系的进化，岩石中硅酸盐矿物的化学风化作用也会提升。在这一作用过程中，大气中的二氧化碳会被吸收，最终导致地球温度下降。地球上出现的冰期或许与这个因素有关。

2. 发现植物根部是靠逐步进化形成的

2018 年 8 月，英国牛津大学科学家桑迪·赫瑟林顿和莱姆·多兰等人组成的一个研究团队，在《自然》杂志上发表论文称，他们研究发现，现代植物的根部是逐步发展进化而来的，且至少经历过两次演化事件，逐步形成了它们的标志性特征。这项结论，来自于已知最早的陆地生态系统中的过渡性根化石。

现代植物根部的标志性特征是分生组织。这是一种自我更新的结构，顶端覆盖有根冠。但是，零散的化石记录缺少根分生组织的踪迹，因此要破解根的演化起源，颇具挑战性。

英国研究团队研究了莱尼埃燧石层一个具有 4.07 亿年历史的沉积层，其中包含了一些保存极为完好、已知为最古老的陆地生态系统遗迹。莱尼埃燧石层位于苏格兰阿伯丁郡，这里产出了各种各样的化石，包括植物、地衣和各类节肢动物。研究人员使用显微镜对这些样本进行检查后，发现了属于石松纲植物星木的根分生组织。现今以石松为代表的石松纲植物属维管植物，即含有可以运输体内资源的组织，其谱系分化早于真叶植物等高等植物。

赫瑟林顿等人针对分生组织化石建立了三维模型，发现星木的分生组织缺少根毛和根冠，取而代之的是连续的表面组织层。这一结构使这些根在维管植物中显得独一无二。

研究人员在论文中表示，星木的根代表了现代维管植物根的一个过渡形态。鉴于无根冠过渡结构已经出现在石松纲植物中，这印证了一种观点，即在石松纲植物和真叶植物中，含根冠的根独立于它们共同的无根祖先而演化。这项研究表明，植物器官是在长久的进化中一步一步形成的。科学家认为，植物根部进化对地球来说非常重要，原因是这大幅减少了大气中的碳。新发现有助进一步了解植物根部的真正起源。

四、植物茎部生理现象研究的新成果

（一）研究控制植物茎部生长基因的新信息

1. 发现决定植物茎部分枝或曲直的基因

（1）发现决定植物茎部何时何处抽新枝的基因。2004 年 10 月，英国媒体报道，大树伸展出许多枝条在风中摇曳，这些树枝并不是随意生长出来的，而是受到基因的控制。英国约克大学和美国佛罗里达大学联合组成的一个国际研究小组，在《现代生物学》杂志上发表研究成果称，他们发现了一个基因，它决定植物什么时候在什么部位抽出新枝。

研究人员称，这个基因名叫MAX3，它决定着植物在特定条件下是否要长出一条旁枝，对决定植物的最终形状非常重要。调整这个基因，有可能培育出新品种植物，使园艺作物形状更美，或使农作物和树木生长更有效率，避免浪费养分。

科学家在研究一种称为拟南芥的植物时，发现了这个基因。该基因发生变异的拟南芥，会长出特别多的旁枝。这显示，MAX3基因编码的蛋白质，可能在植物主干生长时，起到抑制旁枝生长的作用。目前，还不清楚该基因起作用的具体机制，科学家猜测，MAX3蛋白质可能与一种称为类胡萝卜素的分子结合，再把类胡萝卜素分子"切"成碎片，从而向生长中的细胞发出信号，告诉它们如何分裂。

以前人们已经发现，一些称为植物生长激素和细胞因子的激素类物质，能影响植物新枝的生长，但这些物质还会对植物发育起到许多其他作用。科学家认为，要精确地控制植物的形状而不影响其他特征，目前的最佳方法是从MAX3基因着手。许多观赏花木的枝条越多越好看，而小麦等农作物和用作木材的树木，就要尽量少长旁枝，把养分集中在谷粒、果实或主干上。科学家称，发现MAX3基因，有助于培育更好的农作物新品种。

（2）发现决定植物茎部呈现笔直还是弯曲状态的基因。2015年3月，日本京都大学植物学家组成的一个研究小组，在《自然·植物》杂志网络版上报告称，很多植物都是笔直生长的，有时会由于重力或光照而弯曲，但只要有条件就会恢复原来的生长方向，不会一直弯下去。他们发现，植物茎部细胞里的一个基因，起到了给弯曲过程"刹车"的作用。

研究人员说，这个基因控制生产一种称为"肌动蛋白-肌球蛋白XI细胞骨架"的物质，作用于植物茎部特定的纤维细胞，影响茎部的弯曲特性。

研究人员使用常见的实验植物拟南芥，破坏其细胞中的上述基因，导致拟南芥的茎部无法笔直生长，非常容易弯曲，微小的环境变化也会导致它严重弯曲，并且会一直弯曲生长，不像普通拟南芥那样在倒伏后还能恢复向上生长。

植物在外界环境发生变化时，需要弯曲生长以进行适应，但这种反应必须适度，而且应当在环境正常时及时切换回原来的状态，否则不利于继续生长。上述研究显示，该基因起到了一种"弯曲拉力传感器"的作用，能适时地阻止植物的茎在不必要的情形下继续弯曲。研究人员认为，通过详细分析这一机制，将有助于开发出能够适应严酷环境的作物。

2. 发现调节植物茎部淀粉积累的基因

发现一种能调节水稻茎中淀粉合成的基因。2015年2月26日，日本神户大学研究生院深山浩助教负责的研究小组，在美国科学杂志《植物生理学》上发表论文称，他们在世界上首次发现了调节水稻茎中淀粉合成的基因。这一成果，将有助于通过改良品种，让作物产生更多淀粉，从而提高收获量。

大气中二氧化碳浓度不断升高已成为社会问题，而对植物来说，二氧化碳是光合作用合成淀粉的必要原料。此前研究显示，在二氧化碳浓度高的条件下培养的农作物，淀粉合成更多，农作物生长更旺盛，收获量也会增加。但是，植物如何在基因层面适应二氧化碳浓度的变化，淀粉的合成能力又是如何受到调节的，则一直不清楚。

研究小组在二氧化碳浓度很高的条件下培育植物，然后详细分析了植物体内的各种基因，发现有一种基因在二氧化碳浓度越高的情况下越活跃，他们将其命名为"二氧化碳响应CCT结构域基因（CRCT基因）"，并详细调查了其功能。

研究人员发现，通过基因操作降低水稻体内CRCT基因的功能，则水稻茎中积累的淀粉量降至正常水平1/5以下，而加强这种基因的功能，水稻茎中的淀粉量急剧增加，达到正常水平的3~4倍，几乎达到了马铃薯的水平。因此证实，CRCT基因发挥了"主开关"功能，负责调节与合成淀粉有关的基因。

由于目前大气中二氧化碳浓度不断升高，这一成果将有助于开发能更多吸收二氧化碳的作物。例如，水稻收获时秸秆本来是无用的部位，如能增强水稻茎中CRCT基因的功能，使水稻茎大量积累淀粉，就有可能成为制造生物乙醇的原料。深山浩指出："很多植物都拥有CRCT基因，这种基因应该能应用到其他作物的品种改良上。"研究人员计划今后通过对该基因的进一步研究，改善作物生产效率，并开发出新型农作物。

（二）研究植物茎部独特性状的新信息

1. 探索植物茎部倾斜特性的新进展

发现库克松树干会向赤道地区倾斜。2017年6月，美国媒体报道，松树里也有一座"比萨斜塔"。高高的库克松，曾仅生长在太平洋上的新喀里多尼亚群岛。虽然，经过培育后已经在全世界的热带、亚热带和温带地区扎根，但它们仍"思念家园"。这些树通常会略微倾斜树干，而且如果它们位于北半球就会向南倾斜，位于南半球则会向北倾斜。

美国加州州立理工大学的学者马特·里特，无意间发现了这一现象。他说："这可能是库克松在朝自己曾生长的赤道地区倾斜。"为了找出答案，里特及其同事研究了分布在 5 个大陆的 256 棵库克松。他们还收集了北纬 7~35 度、南纬 12~42 度的 18 个区域的树木数据。研究人员估计库克松的平均斜度为 8.55 度，大约是比萨斜塔的 2 倍。而且，距离赤道越远，树的斜度越大。一棵生长在南澳大利亚的库克松甚至倾斜了 40 度。

通常，树木如果出现这样的不对称情况是可以进行校正的，但出于未知原因，库克松无法校正。里特表示："我们或许只能通过调整其基因来处理。"或者，这种倾斜让库克松能够在高纬度地区获得更多阳光。

美国林业局的史蒂文·沃伦说："这种倾斜并非与众不同。"2016 年，他就曾报告丝兰的花朵朝南开，这样能减少向花朵运输营养的成本。而且，一些仙人掌也有趋光性。他接着说："但这是我第一次听说树也有这种特性。"

2. 探索植物茎部快速生长特性的新进展

揭示竹子茎秆快速生长特性的遗传机制。2021 年 9 月，中国科学院昆明植物研究所研究员李德铢课题组、章成君课题组与美国芝加哥大学教授龙漫远等联合组成的研究团队，在《分子生物学与进化》杂志网络版发表论文称，他们对毛竹基因组数据进行深入分析，由此揭示出在竹子快速茎生长中，新基因与全基因组重复相互作用的奥秘。

竹子是禾本科在森林生态系统中多样化的竹亚科植物的总称，全世界共有 1600 多个物种。在我国南方的亚热带地区，广泛栽培的毛竹可高达 20 米，而另一些物种，如云南热带地区的巨龙竹，高度超过 30 米，可与热带雨林的"高个子"树木争夺阳光雨露。相对其他禾本科植物而言，竹子具有木质化且高大的茎秆。竹子的茎秆生长迅速，如毛竹幼嫩茎秆（笋）一天生长可达 1 米。这种快速生长作为竹子的关键创新性状，使其能够与其他树木竞争，从而适应森林环境。

近年来，我国科学家先后破解了毛竹（四倍体）、芸香竹（六倍体）和草木竹子莪莉竹（二倍体）的基因组。基因组学研究表明，竹子经历了全基因组加倍事件，使竹子成为研究全基因组加倍、新基因和演化创新的重要模式系统。

演化创新贯穿于整个生命之树，如被子植物的花和鸟类的羽毛，分别为植物和鸟类开拓和适应新的生态位提供了重要前提，其如何产生是演化与发育生物学研究的基本问题和主要挑战之一。越来越多研究表明，新基因是演化创新的主要驱动力之一。几乎所有物种都包含一定数量的孤儿基因（特有新基因），而孤儿基因有多种起源方式，其中从头起源基因引起广泛关注，因为从头起源基因是驱动演化创新的关键角色。

该研究团队推进了竹子新基因功能演化的研究，通过基因组系统发育地层学和演化转录组学分析，鉴定到1622个竹子特有的孤儿基因。进一步研究表明，这些孤儿基因中有19个是从头起源基因，其中4个基因还得到了蛋白质证据的支持。

以往研究表明，新基因主要是在繁殖器官中高表达，如被子植物的花粉中。然而，本次研究发现，在竹子中，无论是孤儿基因还是从头起源基因，都在快速生长的竹笋中高表达，尤其是在其快速生长的转折点表达量达到最高，快速生长的竹笋可能是竹子新基因产生的"孵化器"。研究还发现，WGD重复基因也在竹笋中有偏好性的特异高表达。大多数WGD基因的形成时间，与竹子基因组的加倍时间吻合。这些WGD基因中的一个拷贝发生了表达特异性分化，另一个拷贝则保留了其母基因广谱表达的特征。

研究人员称，包括从头起源基因在内的孤儿基因与表达分化的WGD基因，都在茎秆快速生长的共表达模块中富集，它们可能通过共同作用，重塑茎秆生长的表达网络，从而驱动竹子茎秆快速生长这一创新性状的形成。该研究为解析竹子快速生长这一独特性状起源演化的遗传基础提供新视角，也为新基因如何作用新性状起源提供新例证。

五、植物叶子生理现象研究的新成果

（一）研究决定植物叶片生长基因的新信息

1.发现决定植物叶片形状的基因群

2011年1月，日本京都大学植物分子生物学专家小山知嗣率领的研究小组，在《植物细胞》上撰文称，他们发现了一些决定植物叶片形状的基因。这一发现，有望应用于园艺或开发口感不同的绿叶蔬菜。

研究人员分析了十字花科植物拟南芥的"TCP"基因群作用，发现植物都拥有这一基因群。他们发现，在这一基因群的24种基因中，如果让越多的基因不发挥作用，叶片边缘的褶皱就变得越深，成为锯齿状。反之，如果让基因群中更多基因活跃，叶片边缘的锯齿状部分就变得平滑。另外，如果过度加强或抑制"TCP"基因群的作用，则植物生长会受到不良影响。

2.发现控制叶子黄化的遗传基因

2015年12月，日本理化学研究所环境资源科学研究中心篠崎一雄研究员、日本东京大学大学院农学生命科学研究科篠崎和子教授和国际农林水产业研究中心的中岛一雄研究员组成的联合研究小组宣布，他们发现了控制长期干燥引起植物叶子黄化的遗传基因。该研究成果，有望应用于改良农作物的品质和产量。

研究人员称，植物荷尔蒙之一的脱落酸，在水分不足发生干燥压力时，会在叶片中蓄积，在植物获得干燥压力耐性过程中起着重要作用。脱落酸会引发叶绿素分解，促使叶片变黄。但至今为止，尚未发现这种来自外部刺激，引发的生理适应反应的机理。

利用植物特异的转录因子之一 NAC（NAM、ATAF and CUC）遗传基因，对脱落酸进行了研究。他们利用植物模型荠菜，制作了至少 100 多个 NAC 遗传基因构成的大规模基因家族，之后在 NAC 基因群中挑选了与压力反应有关的 7 种基因（SNAC-As），制作出破坏了全部 SNAC-As 基因的 7 种变异体。通过仔细分析，研究人员发现了 SNAC-As 转录因子群，在脱落酸处理条件下控制黄化的相关遗传基因。

（二）研究植物叶片伤口信号传递机制的新信息

1. 发现植物叶子能用神经系统传递伤口疼痛

2018 年 9 月，一个由植物生物学家组成的研究小组，在《科学》杂志发表论文称，植物或许没有大脑，但它们在某种程度上拥有神经系统。现在，他们发现，当一片叶子被吃掉时，它会用一些与动物相同的信号警告其他叶子。这项新研究正在揭开一个长期存在的谜团，即植物不同部位之间是如何相互沟通的。

动物的神经细胞，会在一种叫作谷氨酸的氨基酸帮助下相互交流，在神经细胞受到刺激释放出谷氨酸后，有助于在相邻细胞中引发一批钙离子波。钙离子波沿着下一个神经细胞向下传播，将信号传递给下一个神经细胞，使远距离沟通成为可能。

研究小组在进行本项研究时，偶然发现植物对重力的反应。他们开发了一种分子传感器，可以检测钙的增加，并认为这可能起作用。研究人员培育出一种当钙水平升高时会发出更亮光的传感器，接着把它植入到拟南芥中。然后，他们切下拟南芥的一片叶子，看它能否被检测到钙的活性。

研究人员立刻看到伤口旁边有一道光，先是变亮，然后变暗。他们说，在钙波到达其他叶片之前，光会在更远的地方出现和消失。经过进一步研究确定，谷氨酸是诱发钙波的因素。

尽管植物生物学家已经知道，植物某一部分的变化会被其他部分感知到，但他们不知道信息是如何传递的。现在，研究人员已经看到了钙波和谷氨酸的作用，从而能更好地进行监测，也许有一天甚至可以操纵植物的内部交流。

2. 通过离体叶片揭示植物再生的伤口信号转导机制

2019 年 4 月 22 日，中国科学院植物生理生态研究所徐麟研究员领导的研究团队，联合南通大学、美国佐治亚大学、中国科学院上海有机化学研究所等机构有关专家，在《自然·植物》发表研究成果称，他们通过离体叶片研究，发现了植物再生的伤口信号转导机制。

植物再生是指植物受到伤害后，可以通过自我修复或自我替换方式再生出各种器官的过程，它是一种自然现象。受伤是引发再生的原因，但伤口信号如何控制再生，目前知之甚少，研究人员对此进行研究，他们利用植物根再生的特性，建立起有效的再生体系：把模式植物拟南芥的离体叶片，放置于湿润的不添加外源激素的培养基表面，离体叶片完全依靠内源激素，可以在伤口处自发再生不定根。

研究人员以拟南芥离体叶片再生体系为研究模型发现，伤口产生后，叶片内部会暴发一种重要的伤口激素——茉莉素。茉莉素能够通过一系列的分子转导机制，并协同表观遗传调控机制，激活生长素的合成，促进叶片中生长素的积累。高浓度生长素可以促使伤口处干细胞命运转变为根的细胞，从而发育成不定根。

研究人员表示，在伤口产生之前，植物体就处于随时"待命"的状态。因为伤口信号转导的过程非常迅速，几分钟到两个小时之内必须完成。这个"待命"状态，受表观遗传调控机制控制。在伤口产生前，生长素合成通路重要基因 ASA1 被表观修饰，使 ASA1 处于"待命"状态。伤口产生 10 分钟内，叶片快速积累茉莉素，并在 2 小时内开启激活生长素合成的分子通路。研究人员还发现，过强的伤口信号会抑制根再生过程。产生伤口 2 小时后，茉莉素会在离体叶片中消失，从而关闭伤口信号转导。

（三）研究具有特殊功能植物叶片的新信息

1. 探索能够捕食虫子叶片的新进展

揭示猪笼草"捕虫袋"的形成机制。2015 年 3 月，日本自然科学研究机构基础生物学研究所，与东京大学等机构组成一个研究小组，对当地媒体宣布，他们弄清楚了猪笼草"袋子"形成的机制，这一成果，将有助于改造作物和花卉。

猪笼草是著名的捕虫植物，它们长着管状或壶状的"袋子"，用于捕食虫子和吸收营养。不过，这种独特的"袋子"是怎么形成的，却一直是个谜。研究人员称,猪笼草的"袋子"其实是袋状的叶子,其中储存有消化液。猪笼草把掉到消化液中的小虫子作为营养来源。

研究人员,利用扫描电子显微镜,观察一种猪笼草叶片的发育过程。他们发现,造成猪笼草叶片独特形状的主要原因,是叶片细胞分裂的方向,不同于植物通常拥有的扁平叶片。

扁平叶片的细胞分裂方向,相对于叶片表面来说是垂直的。而猪笼草叶片的尖端和常见的扁平叶片的细胞分裂方向相同,但是在叶片根部,中央部分的细胞却是以与叶表平行的方向发生细胞分裂。叶片尖端部分和根部不同的成长方式结合在一起,就形成了袋状叶子。

2. 探索能够吸取水分叶片的新进展

发现沙漠苔藓能通过叶片吸取水分。2016年6月,美国犹他州立大学植物学家塔德·特拉斯科特主持的研究小组,在《自然·植物》杂志网络版发表论文称,他们研究发现,一种普通的沙漠苔藓,能直接从空气中而不是地下吸取水分。此项发现,可被用于启发在发展中国家收集清洁饮用水的方法。

包括仙人掌在内的大多数沙漠植物,依靠强大的根系吸收稀有的地下水。不过,一种叫作"齿肋赤藓"的沙漠苔藓却能直接从大气中收集淡水。它的根只有把自身固定在土地上的功能,而其叶子上的细毛(被称为芒)则负责吸取植物所需的所有水分,这种芒的长度为0.5~2毫米,直径小于50微米。

研究人员介绍说,他们研究的是生长在美国大盆地和中国古尔班通古特沙漠的齿肋赤藓,但该植物也广泛分布在北半球其他沙漠中。他们利用环境扫描电子显微镜和摄像机,近距离监测叶片,观察到齿肋赤藓摄取水分的过程。他们发现其叶芒既能够吸取形如雨滴大小的水,也能通过纳米尺度的位点收集雾水,在这些位点中,水蒸气能够以成核的方式凝结成液态水。他们还发现,叶芒表面存在一种含有倒钩和凹槽的微型结构,能够将那些极微小的水滴集中起来,形成足够大的水滴流到叶子的适合位置,被叶子所吸收。最后,研究人员认为叶芒和叶子蒙上的一层薄薄的水会使得其吸收水滴的速度变快,从而在水源匮乏的条件下,实现水分收集效率的最大化。

此前研究发现,另外两种植物也拥有收集雾的能力,即一种称为黄毛掌的仙人掌和一种名为球叶山芫荽的高山植物。不过,齿肋赤藓是涉及倒刺和细槽的详细机理得以阐明的首个物种。特拉斯科特说:"科学家可尝试复制这些植物的机制,以建造新型水分收集系统。我们的实验室已开始制造人工芒,以判定这些结构能否被人为制造出来。"

正在尝试模仿球叶山芫荽机制的英国杜伦大学学者贾斯帕尔·巴迪亚尔表示，雾收集设备的最大受益者将是生活在发展中国家的人们，因为他们获取清洁饮用水的途径非常有限。他同时表示，每个像非洲纳米布沙漠一样的干燥地区都会定期出现雾。这意味着，清洁的水蒸气能被收集并且储存起来。因此，需要研究从空气中捕获纯净水的技术。

（四）研究植物叶片光合作用的新信息

1. 探索植物叶片光合作用细胞器的新进展

（1）发现叶绿素能帮助植物加强自我防御。2015年2月，北海道大学、京都大学等机构组成的一个研究小组，在美国《植物生理学》杂志网络版上报告称，他们发现，某些植物在遭受昆虫啃食，植物细胞在昆虫体内被破坏时，其叶绿素能变为一种对昆虫有害的物质，进而抑制以植物为食的昆虫繁殖。

科学家很早就知道，叶绿体是植物叶片中一种能进行光合作用的细胞器，而叶绿素是它的基本构成要素。植物细胞中的叶绿素酶，能把叶绿素转化成叶绿素酸酯，但它对植物发挥着怎样的作用仍难以确认。

研究人员称，他们在研究拟南芥时发现，叶绿素酶存在于细胞内的液泡和内质网中。在植物被昆虫啃食，细胞被破坏时，叶绿素酶能立即将叶绿素转化成叶绿素酸酯。用含有叶绿素酸酯的饲料喂食蛾子幼虫后，幼虫的生长受到遏制，死亡率也会提高。

研究人员利用基因技术，提高拟南芥细胞内叶绿素酶的含量后，发现吃了这种叶片的斜纹夜蛾幼虫的死亡率提高了。他们认为，叶绿素酸酯比叶绿素更容易吸附在幼虫消化道内，因此有可能妨碍幼虫吸收营养。拟南芥是农作物培育研究方面的一种模式植物，它的很多基因与农作物的基因具有同源性。因此上述研究成果显示，用于光合作用的叶绿素，能被某些植物用于防御，这将有助于弄清植物和农作物的部分防御体系。

（2）否定植物叶绿体起源于蓝细菌的假说。2020年6月，俄罗斯科学院西伯利亚分院网站报道，该分院克拉斯诺亚尔斯克科学中心的研究团队，在《BMC生物信息学》杂志发表论文称，他们通过比较植物叶绿体与蓝细菌（蓝藻）的DNA全基因组发现，叶绿体DNA内部结构与细菌存在实质性差异，这是科学界首次验证两者基因组存在原则性结构差异，就此推翻了植物叶绿体细胞起源于蓝细菌的假说。

有一种假说认为，由于大约在10亿年前曾与单细胞生物共生的原因，细胞中进行光合作用的叶绿体起源于蓝细菌。由于叶绿体拥有自身的 DNA，如果这个假说能够成立，则这两个生物体应该具有相似的基因结构，为此研究团队采用生物信息方法，对它们的基因组结构进行了比较研究。

此前，研究人员发现，采用特定的算法可把蓝细菌基因组表达为正六角形，其顶端和中心为具有相同发生频率的，由 3 个连续核苷酸构成的 DNA 片段集群。科研人员采用这种方法发现叶绿体具有与蓝细菌完全不同的基因组集群结构，不同植物叶绿体共计 178 个基因组的数值处理表明，其基因特点是具有 8 套短 DNA 片段，且这些片段的三核苷酸组合分布相同。

为考察基因组的集群结构，研究人员采用一组相同长度的相交片段覆盖每个基因组，将每个片段转化成由 63 个三核苷酸组合构成的"单词"，并以三核苷酸组合发生频率作为长度量纲，当每个单词体现为指向 63 维的空间时，其集群结构显现出来。蓝细菌和叶绿体 63 维空间点，在平面的投影完全不同，且叶绿体基因组片段在三核苷酸组合发生频率上，可分为 8 个等级。

此项研究结果表明，叶绿体基因组与蓝细菌基因组存在着巨大的结构差异，由此判定基因组七集群结构具有普遍性这个假说不正确，因为至少叶绿体基因组结构中可分离出 8 个集群。研究团队计划下一步通过扩大所研究植物范围，进一步验证所获得研究结论的正确性。

叶绿体由叶绿体外被、类囊体和基质三部分组成，它是一种含有叶绿素能进行光合作用的细胞器。此项研究不仅可为叶绿体起源寻找答案，而且在回答诸如非编码核苷酸序列在基因组中的功能和在进化中的作用等问题上，具有重要的基础研究意义。

2. 探索植物叶片光合作用原理的新进展

（1）发现植物体内光合作用"单位"的立体结构。2014 年 12 月，日本冈山大学和日本理化研究所共同组成的研究小组，在《自然》杂志上报告称，他们明确了植物体内一种光合作用"单位"的立体结构。这一发现，将有助于模拟植物光合作用的技术研发，有望为解决能源问题提供新思路。

植物叶绿体内的光系统 II 是一种光合作用"单位"，它是蛋白质和催化剂的复合体，能够吸收太阳光的能量，将水分解为氧和氢离子。该研究小组曾用大型同步辐射光源 SPring8，研究过光系统 II 内的催化剂结构，但由于长时间辐射导致该催化剂受损，未能明确其准确结构。此次，研究小组用高性能 X 射线自由电子激光装置 SACLA，详细分析了光系统 II，发现这种光合作用"单位"，由 19 个蛋白质和含锰催化剂组成，并确定了其立体结构。

研究人员表示，光系统Ⅱ中的催化剂，外形犹如一把扭曲的椅子，能有效分解水。这一发现，将为开发用于人工光合作用的催化剂提供参考。比如，若能开发出把太阳能高效转变为化学能或电能的人工光合作用，就有望在环保汽车的燃料电池等领域得到应用。

（2）发现调控植物光合作用的新"开关"。2015年4月，美国密歇根州立大学光合作用和生物能学特聘教授大卫·克莱默领导，该校研究员德塞拉·斯特兰德为主要成员的研究小组，在美国《国家科学院学报》上发表研究成果称，他们发现了一个调控植物光合作用的新"开关"，这将有助于提高作物和生物燃料的产量。

植物通过光合作用来储存太阳能，这些能量以两种方式被储存，用于植物的新陈代谢。植物吸收的能量必须与新陈代谢所消耗的能量均衡，否则植物将开始产生毒素，如果种植者不及时处理这种情况，植物就会死亡。

研究小组重点研究了当光合作用生成的能量输出，与植物消耗的能量达不到均衡时发生的问题。他们研究发现，植物产生的毒素中有一种叫过氧化氢的物质，是激活一条光合路径的信号，这一路径被称为循环电子流（CEF）。

克莱默说，确认这个"开关"的功能有助于提高植物产量、增强植物对环境的适应力，从而缓解在气候变化条件下全球对于食品和燃料的需求压力。

斯特兰德说，虽然科学家对循环电子流进行了广泛研究，但仍然对这个植物中的电子传递路线知之甚少。为了满足植物细胞不断波动的需求，类似循环电子流这样的光合路径，必须能够迅速连通和断开。

斯特兰德表示，为满足全球对食品和燃料的需求，而对植物和藻类的新陈代谢进行修改，就必须了解光合作用的过程，以及根据需要如何进行调整。她说："简单地增加植物吸收的太阳能，而不保持它与新陈代谢的均衡，可能会适得其反，甚至导致细胞死亡。必须精细调节这一能量，并确保均衡。"

克莱默说："要提高植物的产量并不容易，部分原因在于光合作用涉及生物学中一些最具活性的化学物质，是一个极不稳定的过程。我们知道循环电子流，是光合作用中的一个重要过程，尤其是在植物处于干旱、寒冷或者炎热等环境下，但我们不知道它是如何调控的。不过，现在我们已经掌握了触发光合作用的一个要件。"

3. 探索植物叶片光合作用增强因素的新进展

（1）发现二氧化碳浓度增加会强化植物光合作用。2015年9月，瑞典于默奥大学医学生化与生物物理学教授尤根·雪莱彻领导，他的同事，以及瑞典农业科学大学专家参与的一个研究小组，在美国《国家科学院学报》上发表论文称，他们通过对比100多年前植物标本和现代植物的新陈代谢发现，在过去的百余年间，大气二氧化碳水平增加，使植物的净光合作用有所增加。这是世界第一个根据历史样本，来推导植物新陈代谢生化调控的研究，将对今后的大气二氧化碳浓度模型产生影响。

目前，陆地植被吸收了人类活动产生二氧化碳的1/3，减缓了大气中二氧化碳浓度升高的进程。光呼吸作用放出二氧化碳，光合作用吸收二氧化碳，净光合作用取决于二者之间的比率，新陈代谢流量比则取决于二氧化碳水平。但人们还从未在实验中分析过这种比率变化。在整个20世纪，大气二氧化碳增加使植物更偏向光合作用，但光呼吸作用会随温度升高而增加，意味着温度和二氧化碳的效应相反，二氧化碳驱动的代谢变化，会被将来的温度升高所抵消。

陆地植物，通过光合作用合成葡萄糖，葡萄糖分子内的同位素，分布能反应光呼吸作用与光合作用的比率。瑞典研究人员探测了C3脉管植物、作物和泥炭藓类植物的标本中的同位素，并与现代植物对比，发现从1900—2013年，由于大气中二氧化碳浓度增加，光呼吸作用与光合作用的比率在持续下降。这一研究，观察的是最根本的生化源头的变化。所以，这种改变，对全球大部分植被都是适用的。

研究人员得出结论，在整个20世纪，大气中二氧化碳浓度增加，使植物更偏向光合作用。这种改变，提高了全球植被遏制气候变化的能力。

植被通过光合作用捕获二氧化碳的能力，不仅是全球二氧化碳平衡的决定因素，还可用于预测未来的气候变化和作物产量。研究小组通过对比，历史样本植物与现代植物的新陈代谢变化，定量确定在20世纪期间，大气中二氧化碳水平增加，对植物捕获二氧化碳能力的贡献。

雪莱彻说："我们重现了过去植物应对环境变化所产生的代谢变化，为更好地模拟未来植物的表现奠定了基础。"

（2）新叶片能增强亚马孙雨林的光合作用。2016年2月25日，一个热带雨林研究团队，在《科学》杂志发表论文称，他们研究发现，尽管亚马孙雨林四季常青，但其光合作用能力却是季节性的。在干旱季节，研究人员注意到它们吸收的二氧化碳量会神秘地上升。然而这一现象背后的原因却不清楚，很多科学家认为，可能是额外的阳光或是干旱导致植物的光合作用能力增强。

现在，该研究团队报告称，新鲜的、刚生长的叶片，可能是光合作用增强的最好解释。研究人员利用相机在亚马孙雨林的4个地点，对树冠叶子与二氧化碳感应器感应到的光合作用的变化进行了监测。他们发现，在干旱季节，老叶片会脱落并迅速给新叶子让道，从而可以高效地吸收二氧化碳。

这项发现可以改变研究气候与热带雨林相互作用的模型，相关模型通常认为树冠的叶子在一年中是稳定的。研究人员表示，这些模型需要并入叶片生长的实际因素，从而可以更好地了解热带雨林如何应对全球变暖。

（3）植物蓝叶子能增强阴暗环境下的光合作用。2016 年 10 月 25 日，英国布里斯托大学生物家学希瑟·惠特尼主持的研究小组，在《自然·植物》杂志网络版发表论文称，他们发现，一种喜阴植物依靠自己蓝晕色叶子，利用量子力学原理增强光合作用，从而适应极度弱光的环境条件。

叶绿体收集阳光并将其转化为植物的化学能，光照一开始被类囊体吸收，类囊体叠在一起形成不同大小的基粒。在马来西亚茂密热带雨林中发现的孔雀秋海棠拥有斑斓的蓝色叶子，因为它的表层具有不同寻常的叶绿体：虹光质体。

该研究小组使用光镜和电镜，研究孔雀秋海棠的虹光质体，发现它们的内部结构与传统叶绿体不同：它非常规则。虹光质体包含规则分布的 3~4 个类囊体形成的基粒，这些基粒像一个光学晶体，强烈反射 430~560 纳米波长的光，导致叶子呈蓝晕色。在马来西亚雨林中，能够抵达植物叶子的少量光，主要是光谱中的红绿光谱的末端。

研究人员表示，虹光质体把这些特定波段集中到植物的光合器官上，使植物的光合作用效率提高 5%~10%。对此，研究人员指出，虽然一般认为叶绿体仅是把光转化为化学能的结构，但是也应把它们视为控制光传播和光捕获的结构。

六、植物花朵生理现象研究的新成果

（一）研究植物在特定时间开花的原因

1.阐明植物在每年特定时间开花的分子机理

2013 年 6 月，中国科学院上海生命科学研究院植物生理生态研究所王佳伟研究员领导的研究小组，在《科学》杂志上发表论文称，他们揭示出多年生草本植物弯曲碎米荠成花诱导的分子机理，并解释了高等植物的开花多样性，可能正是由于不同植物间不同成花诱导途径的贡献差异决定的。

"年年岁岁花相似"这句古诗，形象地指出了多年生植物在每年特定的时间开花，并且可以生长多年的生活习性。那么，这些植物是如何感知四季变化、调控开花的呢？该研究小组通过对多年生草本植物弯曲碎米荠的研究，揭开了年龄途径和春化途径共同参与调控开花的分子机理。

弯曲碎米荠属于十字花科碎米荠属，为两年生或多年生草本植物。研究人员发现，弯曲碎米荠的成花诱导需要经历一段时间的持续低温，即春化作用。同时，幼年期的弯曲碎米荠不能感受低温而出现正常的春化反应。这表明弯曲碎米荠的年龄决定了春化反应的敏感性。研究发现，弯曲碎米荠的成花诱导需要同时解除两个抑制因子，即 FLC 和 TOE1。其中，FLC 是春化途径的关键调控因子，持续的低温可降低 FLC 的表达；TOE1 的表达则受到年龄途径关键因子 miR156 的调节。

在幼年期，miR156 高水平表达，TOE1 含量较高，抑制下游开花关键基因的表达，导致植物对春化作用不敏感；随着植物年龄的增长，光合作用产生的糖分不断积累，导致 miR156 含量逐渐下降。此时，TOE1 的表达减弱，年龄途径对开花的抑制作用被解除，植物对春化作用敏感，持续的低温即可解除 FLC 的抑制作用，诱导植物开花。

研究人员认为，年龄途径和春化途径共同调控开花，与多年生植物的生长习性密切相关。这一分子机制，确保多年生草本植物可在获得足够生物量后，感受外界环境的变化，从而开花结果、繁衍后代。

2. 揭示花儿在春天开放的原因

2019 年 4 月 9 日，中国科学院上海植物逆境生物学研究中心何跃辉和杜嘉木负责的研究小组，在《自然·植物》杂志发表论文称，他们对一年生或两年生越冬十字花科植物开花机理的研究发现，关闭和重新开启 B3 结构域蛋白亚家族，可以实现开花基因在特定季节表达，从而实现植物生命周期与自然季节变化的同步。

植物学里有一个经典概念叫春化，它是指某些植物必须经历一段时间的持续低温才能由营养生长阶段转入生殖阶段生长的现象，避免植物在破坏性的冬季开花，而在温暖的春季或夏季开花。

研究人员指出，通常植物在幼苗期遇到冬天，会产生类似人脑的记忆，记得那段被雪覆盖的感受。在没有春化之前，植物里面抑制开花基因的表达水平很高，而到了开始进入春化过程，就是把抑制开花的基因逐步关闭。植物开花后，胚胎里成花抑制基因的关闭状态会被重新激活，直接导致下一代种子产生的幼苗不能开花。因此下代又要经历一个冬天，再在春季开花，以此循环往复。

何跃辉说："季节的更替主要依赖于温度和光照周期的变化，植物在春天开花也是遵循这个机理。"杜嘉木接着说："植物可以巧妙地不断地调控基因的'开关'。就好像我们设计电路，控制各种元件的开合。植物也是随着发育的变化，在不同发育时期、不同的季节，它的开关都是很巧妙地结合在一起。"

（二）研究调控植物花期基因的新信息

1. 发现调控植物花期的基因组结构

2013 年 5 月，英国约翰·英尼斯中心孙前文博士主持的一个研究小组，在《科学》杂志上发表研究报告称，植物之所以会在不同季节开花，是因为受到与一种核糖核酸（RNA）相关基因组结构的调控作用。

该研究小组发现的这种核糖核酸名为 COOLAIR，是一种反义长链非编码核糖核酸。长链非编码核糖核酸，曾被认为没有功用，但现在科学家发现它能发挥很多重要的功能，比如影响基因的表达和染色质沉默等。不过，目前还不清楚其自身被调控的机理。

研究人员以模式植物拟南芥作为研究对象，通过遗传筛选和基因克隆等手段，发现 COOLAIR 受到一种叫作 R 环的特殊结构的影响。R 环是由一条脱氧核糖核酸（DNA）与核糖核酸杂合链，以及一条单链基因所形成的特殊基因组结构，一般在基因表达转录核糖核酸时，可以形成瞬时的 R 环，但很快会被去除。

孙前文解释道，COOLAIR 作为一种反义长链非编码核糖核酸，可以影响拟南芥的开花时间。而他们观察发现，R 环能够通过抑制 COOLAIR 发挥作用，从而让拟南芥提前开花。他接着说，虽然他们以拟南芥作为研究对象，但他们发现的调控机制存在普遍性，可为相应的研究领域提供借鉴，包括反义长链非编码核糖核酸功能、癌细胞基因组的不稳定性等研究。

2. 发现调控植物花期的基因按钮与基因枢纽

（1）发现调控植物开花时间的基因按钮。2012 年 5 月，新加坡国立大学科学学院生物系副教授俞皓领导一个 8 人研究小组，在《公共科学图书馆·生物学》杂志上发表论文称，他们发现植物开花的基因按钮。专家认为，这项成果，有望在未来用来调控植物的开花时间，加快作物在不同环境下开花结果的速度，以增加作物产量。

以往的研究显示，植物会通过叶子接受光信号，并传递一种叫"开花素"的信号至茎端，从而使植物开花。自 20 世纪 30 年代开始，科学家就在研究"开花素"及"开花素"的输送机理。对于"开花素"，科学家如今已有所了解，至于是什么使得"开花素"能被输送至茎端，使植物开花，则始终不为人知。该研究小组，从 2007 年起，投入"寻找让植物开花结果"的研究中，经过 5 年的努力，终于找出了"开花素"的输送机理，为植物生殖发育的研究和应用，提供了一个重大突破。

俞皓说，我们在名为拟南芥的模式植物中，筛选与"开花素"蛋白出现相互作用的调控蛋白，发现一个所有植物都有的关键基因 FTIP1，可控制"开花素"蛋白从叶子到茎端的转移，从而决定植物的开花时间。他解释道，掌握了这一转移机理后，我们便能通过调控基因的表达量、激活量来决定该"运输"多少开花素，以控制这个植物是否应提早开花、推迟开花，或是不开花。他用蔬菜和水稻举例指出，如大家都爱吃蔬菜的叶子，不爱吃花，所以可以通过控制让蔬菜不开花。至于水稻，因为一般一年当中只长两个季节，所以如果能让它提早开花，那一年便可收成 3~4 次，产量将能明显提高。该研究团队，是全球首个研究这类基因的小组。

（2）找到调控开花时间的基因枢纽。2021 年 3 月 9 日，中国科学院昆明植物研究所李唯奇研究员领导的研究团队，在《植物生理学》杂志上发表论文称，他们在植物开花时间调控研究上取得新进展，发现一个可能是植物平衡发育和胁迫响应共同枢纽的基因。

开花时间是植物生活史中非常重要的一个性状。由于植物自身的不可移动性，当遭遇到环境胁迫时，为了权衡发育和环境的双重信号，植物可通过复杂的调控网络控制开花时间，以维持繁殖成功率。因此，植物响应逆境胁迫的调控网络与开花时间的调控网络，可能存在共同的调节枢纽，探索这些枢纽具有重要的生物学和应用价值。

热休克蛋白（HSPs）是植物响应逆境胁迫的重要家族，参与干旱、高温、胁迫等多种环境胁迫的响应。该研究团队利用反向遗传学、分子生物学与遗传杂交等方法，对 HSP101（HSP100 亚家族一员）在正常生长条件下的功能进行研究。

研究结果发现：在正常生长条件下，拟南芥 HSP101 影响多条开花时间调控途径基因的表达，并通过抑制 FLC 与 SVP 两个基因的表达促进开花。研究人员表示，HSP101 在逆境胁迫与开花时间调节上的作用表明，它可能是植物平衡发育和胁迫响应的一个共同枢纽。

3. 发现控制植物花期的叶脉生物钟基因

2014 年 11 月，日本京都大学研究生院远藤求助教领导的研究小组，在《自然》杂志网络版上报告称，人们知道植物体内也有生物钟，而他们的研究进一步发现，植物体内各组织的生物钟节律存在很大差异。这一发现，有助于开发控制植物花期的生长调节剂。

科学界认为，植物的生物钟与动物一样，都是以约24小时为一个周期，但是一直不清楚植物生物钟的机制。该研究小组利用拟南芥的叶片，进行了实验。他们采集叶片上叶脉、叶肉、表皮等部位的细胞，详细分析了各部位的生物钟基因。他们发现，各部位生物钟基因发挥作用的节律有很大差异。

研究人员借助超声波和酶，大幅缩短了分离植物组织所需的时间，从而能够对各组织的生物钟基因进行定量分析。他们发现，如果阻碍叶脉生物钟基因的功能，那么叶片内所有的生物钟都会停止，拟南芥的开花就会推迟，而阻碍叶肉和表皮的生物钟基因功能，则不会影响叶脉的生物钟。研究人员据此认为，叶脉的生物钟基因对花的生长发挥了重要作用。

叶脉是由运送水分和养分的管道，集中在一起形成的。研究小组进一步研究发现，叶脉的生物钟基因，负责调整决定植物何时开花的激素成花素的量，因此阻碍其作用后，植物开花时期就会大幅推迟。远藤求指出："这一发现，也许能促进开发出新的生长调节剂，不用重组基因就能自由控制植物开花的时机。"

（三）研究植物花朵传播花粉方式的新信息

1.探索植物花朵吸引授粉者方式的新发现

（1）发现植物能为授粉者提供食物奖励的授粉新方式。2014年7月，一个植物学家组成的研究小组，在《当代生物学》期刊网络版上发表研究成果称，厄瓜多尔和哥斯达黎加的山间隐藏着一种不同寻常的植物，它的花为了授粉，会为来访的鸟儿提供糖衣包裹的酬劳。

研究人员爬上陡峭的山坡，在这种花生长的树上安装了摄像机，把花儿向来访小鸟抛出糖衣包裹的过程记录了下来。

从录像中可以清楚地看到，这些提供给小鸟的糖衣包裹呈球形，是色彩明亮的植物附器，其中含有高浓度糖分和柠檬酸。它们主要附着在这种植物的雄蕊上。但是，一旦鸟嘴压下来，这种"弹簧"器官，就会把其海绵状组织中的空气压入雄蕊内部的贮粉室。

于是，花粉会向外"爆炸"，喷到不知情的鸟的嘴部或前额上。当鸟儿掠过另一棵树时，它们会把花粉传授到其他花朵的雌蕊上。这是科学家首次发现，开花植物用生殖器官为授粉者提供食物奖励。研究小组推测，这种植物在进化出"弹簧"功能之前，其球形器官看上去就十分像植物果实，从而愚弄鸟儿去吃它。

（2）揭开花朵吸引蜜蜂视觉之谜。2017年10月，英国剑桥大学生物学家本弗雷·格洛弗领导的研究小组，在《自然》杂志发表论文称，他们发现，蜜蜂和其他传粉者之所以能迅速发现花朵，是因为花瓣上纳米结构图案产生的蓝色光环。这项研究表明，现存大多数开花植物群都有这种光环，但是不同系的植物，可能各自独立进化出该特征。

某些花朵的花瓣上有条纹，这些条纹通过散射光线而产生结构色，形成传粉者能见的信号。这些纳米级的条纹并不规则，也就是说，同一朵花中花瓣图案的大小和间隔各不同。

此次，该研究小组分析了不同开花植物的花瓣图案，结果表明，尽管它们的纳米结构各不相同，但是都表现出一定的相似程度，即无论它们所含的色素是什么，这些不规则结构在遇到太阳光线照射时，都产生颜色为紫外光到蓝光的光环。

研究显示蜜蜂被蓝色吸引，因此为了确定蓝色光环是否是吸引蜜蜂的视觉标志，研究小组制造了一些带有天然花朵的纳米表面图案和不带这些图案的人工花朵。行为实验表明，大黄蜂能更快地发现产生蓝色光环的人造花。论文作者总结称，虽然不同的纳米结构可能经独立演化形成，但是它们都产生同样的视觉标志，以吸引传粉者的目光。

2. 探索植物花朵授粉方式的新发现

（1）发现植物能够轻摆花药"自恋"传粉。2019 年 2 月 18 日，一个由植物学家组成的研究小组，在《美国博物学家》网络版上发表论文称，与失恋的人不同地上的植物不能去寻找伴侣，它们依靠风或蜜蜂等传粉者把花粉从一朵花传到另一朵花，但是如果传粉者没有来拜访，许多植物可以自我受精。现在，他们发现了这种"自恋"发生的新方式，而且相当优雅。

灰白色糖芥是一种端庄的花朵，生长在西班牙和非洲西北部的灌木丛中。当研究人员在实验室里研究它几毫米宽的花朵时，他们注意到当花朵开放时，它的花药，也就是小茎的授粉端，会缓慢地摆动。

有时，花药直接将花粉摸到柱头上。柱头位于雌蕊的顶端，是接受花粉的部位。在其他情况下，花药相互摩擦，导致花粉脱落并落在柱头上。研究人员拍摄了这一"舞蹈"过程，并将其与其他物种进行了比较，例如有静止花药的一朵紫色花朵。研究人员称，自花受精的种子也能长成健康的植物，而且没有任何近亲繁殖存在的问题。这种生殖策略，还有一个成功的标志：自花受精的植物产生的种子数量，与人工授精的植物产生的一样多。

这种"害羞"的花朵加入到了许多其他自花受精植物的行列。但对不同的花朵来说，这需要不同的方式：通常，这种孤独的授粉仅仅发生在花朵闭合，花药接触柱头的时候。灰白色糖芥的不寻常之处，在于它的自花受精发生在花朵开放的时候。

这一新举动对查尔斯·达尔文来说并不奇怪，他在1876年就提出，在授粉者较少的地方，花朵可能会采用各种方法进行自我受精。灰白色糖芥似乎就是这样：它要抓紧时间及时给自己的花蕊授粉。

（2）率先破解植物花粉与柱头识别的分子机理。2021年4月9日，华东师范大学生命科学学院李超课题组，在《科学》杂志发表论文称，他们历经4年实验研究，率先破解了在植物生殖发育中花粉与柱头相互识别的分子机理，阐明了开花植物识别本物种花粉，而拒绝其他物种花粉的根本原因。

植物的遗传机制，保证了物种的特异性。也就是说，雌蕊柱头只能接受同种花粉，允许其萌发和受精。研究人员发现，花粉与柱头"相互识别"的信息交换原理，是这种遗传机制的关键所在。该机制的发现，对于杂交育种中克服远源杂交障碍，得到优良品种具有重要意义。

李超说："花粉通过其覆盖物中相关物质，抑制柱头中相应受体激酶信号通路维持的活性氧水平，从而影响花粉水合。"开花植物在进化上采用相似的策略，以保证花粉和柱头之间的识别。在谈到这项重要基础研究成果的应用前景时，他指出："在农业研究中，可以利用花粉与柱头的特异性识别机制，通过杂交将不同种属植物的优良性状整合到一起，进而得到高产、优质、高抗的品种。"

据悉，课题组成员共有10多人，平均年龄只有29岁。他们在4年时间里，完成了大量样本积累和检测数据研究。参与研究的刘晨回顾说："研究的工作量是巨大的，一次实验要剥开50个左右的柱头，单个柱头处理和观察需要1个小时左右进行拍照取证，所有图片需要测量分析才能得到结果，这样的结果需要多次反复论证才能下结论。这里的每一个结果，都是通过大量多次实验得到的。"

3. 研究植物花朵及花粉传播方面的其他新进展

（1）推进花朵雄配子体发育分子机理研究。2012年6月，上海交通大学生命科学技术学院张大兵教授主持、博士生谭何新等参与的研究小组，在《细胞发育》上发表论文称，他们经过近8年的研究，克隆并鉴定出一个在水稻花粉母细胞中的突变体，能影响其周围的营养层细胞绒毡层发育的分泌性糖蛋白基因MTR1，从而为科学界了解生殖细胞与其营养层细胞间相互关系和协同发育等提供了新认识。

植物花朵雄配子体的正常发生和发育，直接影响到物种的世代交替，是生物繁殖后代和进化的核心事件之一。其发育过程中的细胞分化以及与周边细胞互作遗传机制的研究，对提高关于植物基本生命现象的认识，以及通过作物杂交育种提高农业产量具有重要意义。

虽然目前已克隆和报道了一些特异在绒毡层细胞，或在绒毡层和小孢子母细胞中同时表达，从而影响雄性配子体细胞分化和发育的基因，但科学家对配子体细胞与相邻体细胞之间相互作用的分子机理，仍然知之甚少。

研究人员通过图位克隆的方法克隆了MTR1基因。该基因是一个含有成束蛋白结构域的分泌性的糖蛋白，控制着水稻雄性生殖细胞和其周围的营养层细胞的共同发育。

研究表明，MTR1专一地表达在雄性生殖细胞中，但是它的突变体在营养层细胞绒毡层和生殖细胞小孢子的发育都表现出了缺陷，最后造成完全的雄性不育。研究人员指出，MTR1含有两个成束蛋白结构域、两个N糖基化位点和一个能介导MTR1细胞膜定位的分泌性的N端信号肽，这些结构域都是MTR1行使功能所必需的。这些研究结果显示，水稻生殖细胞即花粉的正常发育，不仅受其自身遗传因子的调节，还同时向其周围的体细胞传递信号。

有关专家认为，这是第一例发现生殖细胞表达的基因控制了生殖细胞和营养层细胞的协调发育的研究，对该蛋白调控网络的进一步研究，将大大扩展对生殖细胞和其周围的营养层细胞的相互作用分子机理的认识。

（2）发现花粉传播可能有助于植物适应更热天气。2016年9月13日，有关媒体报道，法国图卢兹第三大学植物学家罗宾·阿吉利尼主持的研究小组，在美国《国家科学院学报》上发表研究成果，报告了一个能揭示植物对气候变化响应的新模型，其中纳入了花粉散布效应。该模型有助于更准确地预测气候变暖可能带来的物种灭绝。

物种可能通过改变它们的地理范围，以跟随适宜的生活条件，或者适应不同气候，从而在全球气候变暖中生存下来。而理解植物适应气候变化的机制，对于确定哪些物种将有能力在其中幸存下来有关键作用。一些定量遗传学模型表明，一些逃离灭绝厄运的物种，可能改变了其地理范围，但同时保留了相同的生态位。

但针对植物进化的几个模型，并没有预测宜居温度范围的变化，也忽视了花粉散布的效应，而花粉散布影响着基因流。对此，阿吉利尼研究小组把花粉散播引入到了现有模型中，以分析它对植物气候变化响应的效应。

根据模型，增加花粉散播距离会减缓地理范围变化的速度。花粉散播也影响了群体适应新温度条件的速率。研究人员表示，如果忽略了花粉散播，特别是对于那些花粉散播地比种子更远的物种，预测气候变化导致的植物灭绝风险，或未来地理范围改变，可能不够准确。花粉散播可能让植物在比没有花粉散播的情况下，以更快的速率在气候变化中生存下来。

（3）发现花朵存在保护花粉的化学防御策略。2019年4月11日，华中师范大学生命科学学院黄双全教授领导的研究小组，在《当代生物学》发表研究成果称，自然界中，许多开花植物要依靠蜂类传粉。静静等待蜂类靠近的花朵看似被动，其实也有自己的小计谋。他们研究发现，花朵会采取化学防御策略，促使蜂类帮助传递花粉，但不消耗花粉。

研究小组以熊蜂为研究对象，发现其在采集花粉和花蜜时的异常行为：在川续断和大头续断两种植物的头状花序上觅食时，熊蜂只顾吸食花蜜，浑身沾满花粉却不收集。实际上，蜂的生长发育需要富含多种蛋白质的花粉。一般情况下，熊蜂不仅会采集花蜜，还会用前后足把身上的花粉打包带走，运回蜂巢。

研究人员通过化学成分检测，找到了熊蜂异常行为的原因：两种川续断属植物的花粉中，含有名为川续断皂苷VI的有毒物质，不仅带有苦味，还会影响蜂类幼虫的正常发育。

为了进一步确定川续断皂苷VI对熊蜂采蜜行为的影响，研究人员在花蜜中添加不同浓度的皂苷，观察熊蜂的行为。他们发现，熊蜂会随机飞向皂苷浓度不同的花序，但在接触到花蜜后，一旦发现皂苷浓度较高就会很快飞走，如果皂苷浓度较低，则会继续采集花蜜。这说明熊蜂无法凭借气味辨别皂苷，在接触到花粉后才会做出反应。调查还发现，不同种类的熊蜂对花粉中皂苷毒性的耐受力不同。

十分依赖蜂类传粉的花朵为何会产生有毒的花粉？黄双全指出："熊蜂会收集无毒的花粉喂养幼虫，但若花粉过多地被蜂类采集，植物的受精结实就可能出现花粉不足的问题。"

不过，花粉有毒并不意味着熊蜂与花朵间的合作破裂。虽然花粉不讨喜欢，但川续断仍会提供可口的花蜜吸引传粉者。熊蜂若不收集身上的花粉，飞往其他花朵上时，这些花粉就很容易落到花的柱头上，从而促进了植物的异花传粉。

（四）研究植物花朵演化历程的新信息

1. 研究揭示花朵起源的新成果

2017年2月，法国国家科学研究中心和英国基尤植物园等机构专家组成的一个研究小组，在《新植物学家》杂志上发表论文称，他们的一项新研究，或许为揭开花儿的来源奥秘提供一些线索。花儿最早从哪里来？进化论奠基人、英国著名生物学家达尔文，曾为这个问题困扰不已。现在，终于可以找到答案了。

开花植物又称被子植物，它们不仅是人类重要的食物来源，也让植物世界变得更加丰富多彩。但是，开花植物并不是一直存在的。4亿多年前，地球上就出现了植物，但直到1.5亿年前才有了开花植物。随后，它们很快就进化出了千姿百态的花朵。达尔文曾对开花植物的起源和迅速进化表示不解，称其为"恼人之谜"。

常用于和开花植物对比的是裸子植物，裸子植物和开花植物同属种子植物。例如，松树等针叶树就是裸子植物，它们没有真正的花，胚珠会裸露在外。相比较而言，开花植物花朵的结构出现了很多"创新"：最外面是萼片和花瓣，其中包含着雄蕊和雌蕊，而在雌蕊的子房内，藏着受精后将发育成种子的胚珠。

为什么大自然能"发明"出结构这么复杂的花儿？该研究小组报告称，他们研究了一种较为原始的裸子植物——千岁兰。千岁兰可以存活上千年，主要生长在纳米比亚和安哥拉的沙漠中。这种裸子植物的独特之处在于，在其被称作雄球花但不算是真正的花的结构中，存在不具备繁殖能力的胚珠，表明它试图进化出两性花，但以失败告终。两性花指的是开花植物的一朵花中，同时含有雄蕊和雌蕊。

在千岁兰以及一些针叶树中，研究人员还发现了一些特殊的基因，它们与开花植物中负责花朵结构的相关基因和基因层次都存在相似之处。研究人员认为，开花植物和其"表亲"裸子植物，拥有类似的基因串联，表明这是"继承"自共同的祖先。这说明开花植物能够开花这一机制，并不一定是开花植物的"独创"，可能是开花植物继承并重新利用的，这在进化进程中很常见。

研究人员认为，这些发现，有助于研究花朵的起源，如相关基因究竟是如何出现，又如何在开花植物中发挥作用的。研究人员表示将继续研究开花植物的其他特征，以便更全面地了解花儿最早是从哪儿来的。

2. 迄今最古老的花儿"重新绽放"

2017年7月31日，法国巴黎第十一大学的一个研究团队，在《自然·通讯》杂志发表的一篇演化学论文称，他们通过庞大植物数据库和模拟技术，描绘了地球上可能最原始的被子植物花朵图像，让人们有幸一睹古代花朵的风采。这项新研究，同时提供了被子植物演化和多样化的新知识。

被子植物也就是"有花植物"或"显花植物"，因为不同于裸子植物，被子植物在形态上具有孢子叶球的花。它们是目前植物界最大和最高级的一类，占了地球上所有植物的90%。科学家认为，它们都起源于一种生活在1.4亿年前的古老植物。不过，关于被子植物以及它们独特的结构——花，其起源和早期演化一直没有被科学界完全理解，而且花朵的化石记录也非常有限，这让科学家必须从其他途径来研究花朵的演化。

此次，该研究团队通过结合花朵演化模型，以及一个巨大的现存植物特征数据库，重现古代被子植物花朵的特征和多样化。他们描绘的图像显示，古代花朵同时具有雌性和雄性部分，以及多轮的三个为一组的花瓣状器官。虽然某些特征仍旧不明确，但是研究人员表示，这次让他们提出了花朵早期多样化的可能性，并有助于科学家对被子植物的进一步研究。

七、植物果实生理现象研究的新成果

（一）探索粮食作物果实生理现象的新信息

1. 研究谷物果实生理现象的新发现

发现调控水稻颗粒大小和数量的新分子机制。2016年1月，3个研究小组同时在《自然·植物》杂志网络版上发表论文，分别介绍调控水稻颗粒尺寸和数量的一种新的分子机制。他们通过不同的方法，各自独立发现了数个生长调控因子（GRF）被小RNA分子miR396抑制，而这些生长调控因子控制了谷物颗粒的大小和数量，这意味着它们可能成为未来研究庄稼大幅增产的目标方向。

水稻产量一般可通过两种方式增加：增加植物花朵或小穗的数量，从而增加谷物颗粒数量，或者增加谷物颗粒的大小。在第一项研究中，李少清等人研究了杂交水稻为何比其亲本系具有更多数量的小穗。他们发现，miR396的表达在杂交品种中受到抑制，由此miR396对GRF6基因的抑制也不再起效。研究人员发现，GRF6基因表达的增加，激活了植物荷尔蒙的生物合成和信号释放，最终促进了小穗发育。

在另外两项研究中，朱成才、赵明福等人和李云海、朱旭东等人研究了GRF4基因的两种不同类型，它们均能大大增加谷物颗粒重量。他们发现，这两种GRF4基因含有的变异会让其对miR396的抑制变得敏感。朱成才等人发现GRF4基因表达的增加，激活了另一种植物荷尔蒙的反应，之后促进了谷物颗粒的发育，增加了颗粒大小。李云海等人则发现，GRF4基因通过与转录辅助激活因子（一种帮助激活基因表达的蛋白）相互作用，也能增加谷物颗粒大小和重量。

这 3 项研究成果，共同揭示了 miR396-GRF 机制在多分子通路中对颗粒产量的调控作用。虽然都受控于 miR396，但 GRF6 和 GRF4 是通过不同的机制增加谷物产量。这些发现或有助于指导未来高产水稻多样品种的育种。

2. 研究薯类果实生理现象的新进展

开发能培育抗肝炎疫苗的转基因马铃薯。2005 年 4 月，俄罗斯媒体报道，莫斯科医学科学院与其他 3 家研究所联合组成的一个研究小组，开发出一种转基因马铃薯，用它能培育抗 B 型肝炎疫苗。有关专家指出，该研究成果对利用植物培育抗病毒疫苗具有重要意义，转基因马铃薯将可能成为培育抗病毒疫苗的一种很有发展潜力的植物。

抗原是一种外来蛋白质，它进入机体后能够产生抗体。任何疫苗作用的初始阶段都是这样的过程。在研制任何疫苗的过程中都会产生抗原的来源问题。目前大多数情况下是通过基因工程的方法获得抗原蛋白质的，即将病毒基因蛋白质植入微生物或植物加以培育。近年来研究人员利用转基因植物培育抗病毒疫苗。这种方法既经济，又比利用细菌培育抗病毒疫苗的传统方式安全，因为植物中不含病毒。

研究人员在实验中用含有 B 型肝炎病毒 HBsAg 的两种蛋白质基因工程因子来培育抗 B 型肝炎病毒疫苗。首先用上述两种基因工程因子感染马铃薯的叶片，然后利用这种叶片培育出转基因马铃薯。其中一个蛋白质基因工程因子，只保证了在马铃薯块茎中合成抗原，另一个蛋白质基因工程因子不仅在马铃薯的块茎，还在叶片等处合成了抗原。最后用凝胶体过滤法，从马铃薯中分离出抗原物质。

研究人员在对获得的抗原蛋白质分析后发现，利用转基因马铃薯培育的抗原分子可以结合成低聚物，与其他分子相比，这种低聚物具有很强的免疫和抗原活性，也很稳定，其抗原活性能够在 4℃ 的温度下，在植物的提取物中保持 7 天。研究人员有望在这种抗原上的基础上，研制抗 B 型肝炎疫苗。

（二）探索蔬菜作物果实生理现象的新信息

1. 研究十字花科蔬菜果实生理现象的新进展

（1）证明花椰菜提取物具有降血糖作用。2017 年 6 月，有关媒体报道，瑞典哥德堡大学生物学家安德斯·罗森格伦领导的研究团队发表论文称，他们提取自花椰菜的一种浓缩粉末，已被证明对于 2 型糖尿病患者非常有效。这种提取物，可使糖尿病患者的血糖水平降低 10%。

2 型糖尿病通常在中年时出现，尤其见于体重超重者。他们的身体会停止对可控制血液中葡萄糖水平的胰岛素作出应答。异常的胰岛素调节导致血糖水平升高，这会增加人们罹患突发心脏病、失明或肾病等风险。罹患这种病的人，通常要服用可降低血糖水平的二甲双胍。然而，有 15% 的人不能采用这种疗法，因为其中存在潜在肾损伤风险。

从花椰菜芽中发现的一种叫作萝卜硫素的化学物质，此前曾被证明具有降低糖尿病大鼠血糖水平的功效。该研究团队想知道，这一原理是否适用于人体。为了验证这一理论，该研究团队给 97 名罹患 2 型糖尿病的患者，连续 3 个月服用浓缩剂量的萝卜硫素或是对照安慰剂。

罗森格伦说："萝卜硫素的浓度，是自然界花椰菜中浓度的约 100 倍。它相当于每天吃 5 千克的花椰菜。"平均看，服用萝卜硫素的患者血糖水平，与那些服用对照安慰剂的患者相比，降低了 10%。这些提取物的效应，在那些存在"调节异常"糖尿病的肥胖参试者中最为显著，这些人的基础血糖水平一开始就比较高。

罗森格伦说："我们对这些新发现的效应感到非常激动，也渴望将这些提取物带给患者。我们看到血糖水平降低了约 10%，这足以减轻眼睛、肾脏和血液中的症状。"

进一步调查表明，二甲双胍和萝卜硫素均可降低血糖，但它们起作用的方式却不相同。二甲双胍让细胞对胰岛素更加敏感，如此它们可以像海绵一样吸收血液中更多的血糖；而萝卜硫素则是通过抑制刺激血糖生成的肝酶降低血糖。

为此，罗森格伦认为，花椰菜提取物是二甲双胍的有益补充，而不是竞争性的。他指出，很多糖尿病患者因为肾脏综合征而不能服用二甲双胍，在此情况下，花椰菜提取物将是一种潜在的替代品。该研究小组已经与瑞典农民协会合作，正在向管理机构申请批准使用该药物，这可能需要花费两年时间。

（2）发现西兰花拥有抗肿瘤作用的天然物质。2019 年 6 月，美国哈佛大学医学院一个研究小组，在《科学》杂志上发表论文称，以往研究发现，西兰花可以减少癌症的发生，且具有一定的抗肿瘤作用，但具体的作用机制并不明确。他们研究发现，西兰花中含有的天然物质吲哚 -3- 甲醇，可以有效抑制 E3 泛素连接酶的功能，来促进肿瘤细胞中磷酸酶与张力蛋白基因的活化，进而发挥抑制肿瘤发生发展的作用。

磷酸酶与张力蛋白基因是一种抑癌基因。大量研究表明，增强或恢复这种基因的活性，可起到抗肿瘤作用。研究发现，E3 泛素连接酶会触发这种基因多聚泛素化，进而阻碍其质膜定位募集二聚化，降低它的抑癌功能并促进肿瘤的发生发展。

因此，找到抑制 E3 泛素连接酶活性的药物，可恢复磷酸酶与张力蛋白基因的功能，并抑制肿瘤的发生发展。研究人员通过使用 E3 泛素连接酶的结构分析，以及计算机模拟筛选药物技术，发现了十字花科蔬菜西兰花中的一种化合物吲哚 -3- 甲醇，可以明显抑制 E3 泛素连接酶的活性。

此外，通过开展使用吲哚 -3- 甲醇注射，治疗高表达 MYC 的前列腺癌小鼠实验，发现治疗一个月后的小鼠体内肿瘤体积明显缩小。研究结果表明，吲哚 -3- 甲醇可以抑制 E3 泛素连接酶对磷酸酶与张力蛋白基因的泛素化修饰，恢复这种基因的活性，进而发挥其抗肿瘤作用。此外，该研究结果揭示，通过恢复磷酸酶与张力蛋白基因活性来治疗和预防癌症，是一种很有潜力的治疗策略。

2. 研究茄果类蔬菜果实生理现象的新进展

（1）培育出高叶酸含量转基因西红柿。2007 年 3 月，美国《国家科学院学报》网络版发表的一篇研究报告称，佛罗里达大学植物生物化学家安德鲁·瀚森，与他的同事耶西·格里高利采用转基因技术，成功地培育出含有人们每日所需的叶酸的转基因西红柿。

研究者称，这项新成果将有望让全球人类受益。现在虽然只是在西红柿上取得成功，但可将它应用于欠发达国家的谷物和农作物中，因为那里食物中叶酸不足是十分严重的问题。

叶酸是身体生长和发育过程中最为重要的营养物质之一。医生建议，打算怀孕和已经怀孕妇女的饮食中，应该含有丰富的叶酸。因为，在人体核苷生产和许多其他基本的新陈代谢过程中，叶酸均具有重要作用。没有它，人体细胞分裂将不可能正常进行。事实上，新生婴儿的生理缺陷和儿童其他发育问题，以及许多成人健康问题，如贫血，均同缺乏叶酸相关。

类似于菠菜的绿叶菜通常含有维生素，但几乎没有人能通过摄入足够量的绿叶菜来获得所需的叶酸。于是在 1998 年，美国食品和药物管理局规定许多谷物产品如大米、面粉和玉米粉必须添加合成叶酸。

研究人员认为，转基因西红柿，要获得美国食品和药物管理局的批准，还需要数年的时间。而在此之前，还需要完成许多的研究工作，其中就包括转基因对西红柿自身带来的影响。此外，研究发现，转基因西红柿中的叶酸量得到提高的同时，植物中另一种化学物质蝶啶的量也在增加。但目前对该化学物质的性质了解甚少，因此，他们还必须了解和解除其影响。

（2）培育出首例富含虾青素的工程番茄新品种。2012 年 4 月，有关媒体报道，中国科学院昆明植物所黄俊潮研究员课题组，与北京大学、香港大学等单位组成的研究团队，历经 10 年攻关，培育出世界首例能高产虾青素的工程番茄新品种，其富含自然界中最强的抗氧化剂虾青素，具有极大的产业化和商业化应用前景。

据了解，虾青素是人类从河蟹虾外壳、牡蛎和鲑鱼等来源中，发现的一种特殊的红色类胡萝卜素，其抗氧化功能是维生素 E 的 500 倍。虾青素具有保护皮肤和眼睛，抵抗辐射、心血管老化、老年痴呆和癌症等功效。但是，天然虾青素价格高昂，每千克约6000美元，其保健品的价格更是堪比黄金，大部分人难以承受。

研究人员介绍道，虾青素的生物合成只发生于少数生物且产量很低。雨生红球藻是自然界中虾青素含量最高的生物，是目前唯一用于商业化生产天然虾青素的单细胞真核绿藻。由于生长慢，加上对生长环境敏感的遗传特性，雨生红球藻养殖企业只能以较小生产规模和较高生产成本得到产品，难以保持稳定的藻粉。

研究人员认为，植物是理想的虾青素加工厂，番茄中的 β- 胡萝卜素与虾青素同属于类胡萝卜素，化学结构相似。因此，他们对微藻青虾素的合成途径，及催化关键步骤的限速酶基因，作出全面的比较分析，解决了限制高等植物合成虾青素的关键问题，并成功研制出能高产虾青素的工程番茄新品种，其果实能累积与雨生红球藻相近含量、高达 1.6% 的虾青素。

黄俊潮说："更重要的是，番茄能实现规模化生产，每亩年产量可达 1 万千克，且耕作简单、成本低。预计用我们的番茄生产虾青素的利润率，至少是雨生红球藻的 5 倍。"

目前，这种高产虾青素番茄新品种正在申请专利，在温室中栽种三代，性状稳定，虾青素含量稳定。下一步，该研究团队将把番茄新品种中虾青素的含量提高一倍，并进行中试试验。希望产品能从实验室走向市场。

3. 研究瓜类蔬菜果实生理现象的新进展

以南瓜为原料提炼出新凝胶。2007 年 4 月，俄罗斯媒体报道，现有的凝胶通过化学结构分析，大部分胶质是由柑橘皮和苹果渣制成的。俄罗斯研究人员却发现，从南瓜中提取的胶质也是凝胶原料，它们通过生化酶的调解作用，可以成为果酱和糖果工业的新凝胶成分。

研究表明，从南瓜中提取的胶质，使用曲霉菌进行水解后，含有相当高的甲氧基，脂化作用高于 50%，而食品工业规定凝胶的脂化程度要高于 60%，或许这种使用曲酶制剂提取的胶质并不适合用在食品工业上。但是这种胶质可以和

60％的蔗糖溶液混合使用，说明了它可以用在糖果、果冻蛋糕方面。这种脂化程度低于60％的胶质，可以吸附并带走体内的某些重金属，因此南瓜胶质可以成为一种健康胶质。

丹麦和英国的科学家也认为，这种来自南瓜胶质的凝胶，市场前景广阔，将来会大量生产。估计世界范围内，每年的产量可达到3.5万吨，并将广泛使用于果酱、糖果、面包、酸乳酪和牛奶饮料等方面。

（三）探索水果作物果实生理现象的新信息

1.研究蔷薇科水果果实生理现象的新进展

发现李子抗氧化剂含量远高于其他水果。2007年6月，以色列农业部所属的农业研究中心公布的一项研究成果称，新鲜的红色李子中，富含非常丰富的抗氧化剂，其含量是石榴的3倍，是苹果、香蕉和红酒的5倍多。

抗氧化剂对人体极为重要。有机体的多种疾病都与自由基对机体的氧化损伤有关，但机体可以通过自我产生，或者从外界摄取的方式获得抗氧化剂，进行自我保护。氧化过程不仅发生在对肉类的处理和烹饪之中，而且当食物被吃进胃里，被胃酸消化时继续发生着氧化过程。在这个过程产生了活性很强的氧化剂，以及许多细胞毒素化合物，这些东西被人体血液部分地吸收后，会危害心血管系统等。

为弄清水果的抗氧化作用，以色列农业研究中心食品科学研究所的约瑟夫·坎讷教授领导的研究小组，使用了一个人造胃，对它在消化火鸡肉时所产生的氧化剂水平进行测定和研究。他们在人造胃消化火鸡肉时，把不同的新鲜果汁，添加到这个模拟消化系统中，并在其发生消化活动的3小时内，检测人造胃里的氧化和抗氧化水平。

研究结果显示，在以色列市场上所售的所有水果中，红心水果家族的红色肉李所产生的抗氧化效果，大大高于其他水果。研究还显示，吃一个红色肉李，实际上可以抵消食用200克牛、羊等肉食所产生的氧化效果。

坎讷教授一直从事抗氧化剂方面的研究，他在20世纪90年代初的一项研究成果，曾经引起轰动，那就是，为什么在食物结构中肉类含量较高的法国人所患心脏病比例较低，是因为法国人在吃肉时喜欢喝红葡萄酒，而红葡萄酒中的抗氧化剂成分较高。

目前，研究小组认为，与红葡萄酒相比，红色的李子肉中所含的抗氧化剂成分更高，因此，研究人员建议，在食用肉类食品时，应该多吃一些李子等水果，最大限度地发挥水果的抗氧化作用。

2. 研究木棉科水果果实生理现象的新进展

培育成功无异味的榴莲。2007 年 5 月，泰国媒体报道，该国农业部高级专家颂波·松斯里博士领导的一个研究小组，历经 30 年研究，成功培育出 90 多种榴莲，其中包括一种没有特殊气味的榴莲。这一成果，将有助于更好地把这种热带水果推向世界。

1998 年，颂波博士成功地把野生榴莲品种与研究中心内的榴莲嫁接。经过多年的观察和分析，最终将这种香蕉味榴莲命名为"尖竹汶 1 号"。

颂波博士已向泰国农业部提出申请，办理这一新品种榴莲的上市许可。无异味榴莲的问世，对不喜欢榴莲臭味的人而言是个福音，但很多喜欢榴莲特殊味道的人却对此提出质疑，认为没有一种水果是完全没有气味的。

3. 研究猕猴桃科水果果实生理现象的新进展

发现软枣猕猴桃或有抗辐射功能。2016 年 8 月，日本共同社报道，日本冈山大学副教授有元佐贺惠等人组成的一个研究小组在做动物实验时发现，在经 X 光照射之后，食用过软枣猕猴桃汁的实验鼠，脱氧核糖核酸（DNA）受损程度较轻。这一结果表明，软枣猕猴桃可能具有抗辐射作用。

软枣猕猴桃俗称软枣子，又名奇异莓，为猕猴桃科猕猴桃属植物，分布在中国、朝鲜半岛和日本等地。它是人工培植成功的野生果树品种，也是猕猴桃家族中个头最小的成员。它表皮没有毛茸茸的"外衣"，可直接食用，果实营养丰富，含有多种维生素和氨基酸。

医学界已经证实，机体被 X 光照射后，会导致细胞内 DNA 损伤，有可能引起癌症、不孕等，而 DNA 受损的表征之一，就是骨髓造血干细胞内出现有核红细胞。

报道称，研究小组比较了 16 只经 X 光照射的实验鼠出现异常细胞的情况，其中 10 只饮用了软枣猕猴桃汁，另外 6 只作为对照组仅饮用普通水。虽然饮用软枣猕猴桃汁的实验鼠，照射 X 光后 24 小时内造血干细胞中也出现了有核红细胞，但与饮用普通水的实验鼠相比，前者体内有核红细胞数量只有后者的 34%~49%，表明 DNA 受损程度较轻。

有元佐贺惠认为，这一研究，显示食用软枣猕猴桃汁具有抑制放射线危害的作用，此前他们还发现食用软枣猕猴桃汁对皮肤癌、肺癌等也有抑制效果。

八、植物种子生理现象研究的新成果

（一）植物种子繁殖研究的新信息

1. 复活古代植物种子的新进展

成功复活 3 万年前的远古植物种子。2012 年 2 月，俄罗斯媒体报道，该国科学院生物物理和土壤生物学研究所生物学家组成的研究小组，在远东科雷马河流域地下 30 米深的永冻层中，发现了细叶蝇子草植物的种子，并成功复活了这种 3 万年前的远古时代多细胞植物。

这些种子是被史前黄鼠作为食物储备在类似于低温箱的地下洞穴中的。洞穴的规格，如同西瓜的大小，洞内有植物残留物以及猛犸象、野牛等动物毛的垫层，中间是这些种子。由于 3 万多年来未受到周围环境，特别是水的作用，种子被完整保存下来。根据评估，在科雷马河流域，可以找到 60 万 ~80 万颗这样保存下来的种子。

对于生物学家来说，冷冻保存下来的植物以及种子，是最具价值的远古植物信息源，其 DNA 片段承载的信息比化石多得多。研究所原打算直接采用找到的种子种植，但遭遇失败，后来使用这种植物种子中称为"胎盘组织"的物质，经过一年的努力成功培育出植株，培育出的植株具有繁殖能力，结出果实和新种子。

此前，以色列的生物学家，曾成功复活了 2000 年前的海枣树。俄罗斯的这项成果不仅震惊了全球生物界，而且打破了以色列科学家保持的这项纪录。

蝇子草植物为多年生小灌木，至今仍生长在科雷马河流域。生物物理和土壤生物学研究所将"复活"的植物，与现代植物进行比较，得出这种植物进化不大的结论。通过这类科研活动，该所将获得科雷马河流域植物进化特点的准确数据。

2. 研究植物种子繁殖模式的新发现

发现植物种子带来的繁殖模式越来越繁荣。2017 年 12 月，美国地质调查局研究人员伊安·皮尔斯及其同事组成的研究小组，在《英国皇家学会学报 B》杂志上发表论文称，他们分析了 1900—2014 年世界各地种子产量的历史记录，发现自 1900 年以来，每年种子种类的变化都有所增加，这表明植物的繁殖模式变得越来越繁荣。

植物种子的繁荣或萧条涉及的范围极广，从鸟类的迁徙到莱姆病的发生等，都与之有关。莱姆病是一种以蜱为媒介的螺旋体感染性疾病，而蜱常伏在植物尖端与种子关系密切。可见，植物种子产量或其繁殖模式，对生态系统和人类社会都会产生重要影响。

研究人员表示，现在已知气候和资源都会影响种子的变化，并且，这种全球气候模式以及资源动态的变化，还会影响到植物的繁殖方式。

（二）植物种子功能研究的新信息

1. 研究植物种子飞行功能的新进展

探索蒲公英种子的高超飞行功能。2018年10月，英国爱丁堡大学学者中山真美、玛丽亚·维奥拉及其同事组成的一个研究小组，在《自然》杂志上发表的一篇论文，揭示了蒲公英种子具有高超飞行技巧的特殊功能。作者通过研究蒲公英种子飞行背后的物理机制，报告发现了流体浸没体周围的一种新型流体行为。

蒲公英植物体中含有蒲公英醇、蒲公英素、胆碱、有机酸、菊糖等多种健康营养成分，有利尿、缓泻、退黄疸、利胆等功效，能够治疗热毒、痈肿、疮疡、急性乳腺炎、急性结膜炎、胃炎、肝炎、胆囊炎、尿路感染等多种疾病。蒲公英可生吃、炒食、做汤，是药食兼用的植物。

蒲公英利用冠毛（小绒毛）来帮助种子飞行扩散。冠毛会延缓种子的降落，使种子飞行的距离超过水平风吹送的距离，冠毛或许还可以影响种子降落的方向。然而，目前尚不清楚为什么羽状种子（如蒲公英）长有冠毛而不是翼状膜。已知翼状膜可以增强其他一些物种的升力，例如槭树。

该研究小组构建了一个垂直风洞，对自由飞行和固定的蒲公英种子的绕流做可视化处理。通过长曝光摄影和高速成像，研究人员发现了一个稳定的气泡即涡环，它与种子本体分离，但稳定地保持在冠毛下部固定距离的位置。不仅如此，蒲公英冠毛的孔隙度似乎受到精确调控以稳定涡环，并且与实心盘相比，冠毛产生的单位面积阻力是其4倍以上。研究人员认为，这使得羽状设计比翼状膜能更有效地扩散轻盈的种子。

2. 研究植物种子营养储运功能的新发现

发现植物种子具有运输和积累铁的功能。2021年9月4日，中国科学院分子植物科学卓越创新中心晁代印研究员负责的研究小组，在《科学进展》杂志网络版发表论文称，他们发现了植物种子具有铁运输和积累功能及其关键基因，拓宽了人们对于植物营养物质运输方式的认识，也为解决人类铁营养缺乏提供了新视角。

铁营养缺乏，是目前全球最严重的营养问题之一。它会导致缺铁性贫血病、儿童发育迟缓以及记忆力衰退等疾病。研究人员称，大多数植物来源的主食含铁量极低，而且其中的抗营养因子还会进一步阻碍人体对铁的吸收。植物中铁元素向籽粒的运输，依赖于一种植物特有的铁运输关键小分子化合物，它可以与铁及其他二价阳离子结合形成稳定的螯合物，使得细胞中容易沉淀的铁离子，在植物中能够自由地长距离运输。

研究人员指出，这种小分子化合物，也是促进人类和动物铁吸收的最佳增强剂，同时还有助于预防老年痴呆和高血压。因此，它在植物中的运输和积累，不仅对植物本身具有重要意义，而且对人类健康也具有重大价值。

然而，这种小分子化合物在细胞中合成之后，如何被运送到细胞之外与铁结合？如何与铁一起共同转运到籽粒？这些问题一直是植物营养领域的未解之谜。

在本次探索过程中，研究人员从植物拟南芥中，首次鉴定到植物中铁运输的关键基因 NAET1 和 NAET2，这正是长久以来植物营养学家所关注的对象。他们发现，这两个基因编码蛋白，能够以类似动物神经递质释放的方式，把小分子化合物分泌到细胞外，从而帮助植物体内铁、铜等离子的长距离运输，促进它们在籽粒中的积累。于是，上述困扰植物营养领域的问题，也就迎刃而解了。

（三）推进植物种子资源库建设的新信息

1. 国外加强植物种子库建设的新进展

（1）挪威在北极建成种子储藏库。2008 年 2 月 26 日，有关媒体报道，挪威在北极地区兴建的"种子储藏库"，于当天举行落成典礼，这座被称为"植物界诺亚方舟"的仓库，将储存来自世界各地的种子，以便人类在地球遭遇极端灾害后，还保存着希望的种子。

据报道，这座"种子储藏库"位于挪威西南部斯匹次卑尔根岛上，距北极点约 1000 千米。自 2006 年这项工程启动以来便受到多方关注，据悉，原欧盟委员会主席巴罗佐，前诺贝尔和平奖获得者、肯尼亚环境部长马塔伊女士都参加了开幕典礼。

建造者在岛上的一座山上，炸开了一个洞作为种子库的"大本营"，穿过一段约 40 米长的隧道后便看见 3 间并排的冰室，每间约 270 平方米。储藏库由坚固的混凝土高墙和钢铁大门建成，内部装有传感警报系统，即使受到核弹头或高强度地震袭击也确保安然无恙。小麦、玉米、燕麦和其他各类种子将在零下 18℃左右保存，即使制冷设备出现故障，冰山里的温度仍然能保证零度以下。

这个储藏库能收藏约450万种作物的种子样本，它们将被一一贴上条形码封存起来。这项工程的倡导者、"全球农作物多样化信托基金"执行主席凯利·福勒说："这个储藏库的容积，是现存种子数量的两倍之多，在我的有生之年都不会被装满。"据悉，目前种子储藏库已经收集了25万种种子样本。

目前，世界上约有1400家种子银行，但是地球的生物多样性已遭到破坏。伊拉克和阿富汗的种子储存库都因为战争难以为继，菲律宾的种子银行在台风中也遭到严重破坏。不过，这次的种子接收工作令福勒感到欣慰，他说："我在这个领域已经工作了30年，自认为几乎识遍所有种子，但这次还是发现了许多不曾见过的新种子。"

（2）挪威为应对气候变化而进行种子库扩容。2009年2月17日，有关媒体报道，为了应对气候变化，位于挪威北极地区的种子库正在扩容，研究人员正在加紧保护10万种面临潜在灭绝威胁的农作物品种。

"全球农作物多样化信托基金"执行主席凯利·福勒表示，对于保护世界粮食供应免受因气候变化导致的农作物大面积减产影响，这些身处险地的种子将扮演至关重要的角色。他说："这些宝贵资源，能够帮助我们避免灾难性饥荒。在缺少农作物多样性的情况下，你无法设想出应对气候变化的解决之道。"原因在于农民当前种植的农作物自身不可能快速进化以适应预计中的干旱、升温以及新的病虫害。

福勒指出，目前进行的一项研究发现，到2030年，非洲玉米产量预计将锐减30%，除非培育出耐热品种。他在接受采访时说："进化是我们可以控制的。在我们的种子库，你可以把不同品种的特点融合在一起，进而培育出新品种。"他表示，这一过程需要10年左右时间。其所在组织正希望，通过为库内种子遗传特征编写目录的方式，加速新品种培育速度。

据悉，挪威种子库将对外开放，以加快相关研究步伐。福勒表示，当前的研究强度和进展速度还远远不够。全球农作物多样化信托基金已与46个国家的49家研究机构达成协议，拯救被打上"濒危"烙印的10万种农作物品种中的大约5.3万种。保护剩余农作物品种的协议将很快完成。这些面临最大灭绝威胁的种子，现保存在非洲和亚洲缺少资金支持的种子库，由于不适当的冷藏条件，以及内乱和自然灾害造成的设施破坏，这些种子正在不断流失。但研究人员尚不清楚已经流失的农作物品种数量。

据悉，农业产业化对农作物多样性造成重要影响。1903年，美国农民种植578种豆类作物，但截至1983年，保存在种子库的豆类作物仅剩32种。福勒说：

"失去一种农作物种子，就意味着你再也无法在农民的田地里找到这些作物。在成本较低并且很容易进行保护的时候，我们是无法承受这种多样性损失的。"

2. 我国加强野生生物种质资源库建设的新进展

（1）中国西南野生生物种质资源库正式投入运行。2009年11月24日，新华网报道，经过5年的努力，我国第一座国家级野生生物种质资源库：中国西南野生生物种质资源库，在中国科学院昆明植物研究所建成。当天，这一种质资源库通过国家发展和改革委员会组织的专家组验收，正式投入运行。

该种质资源库与英国皇家植物园丘园千年种子库，是目前世界上仅有的两个按照国际标准建立的野生生物种质资源保藏设施。它已收集保存8444种、近7.5万份野生生物种质资源。这座种质资源库的建成，推进了我国的生物多样性保护与研究工作，是我国战略性生物资源保存的重大飞跃，为我国未来经济社会可持续发展提供了生物资源战略储备。

该种质资源库由中国科学院和云南省共建，目前重点保存中国的特有物种、稀有濒危物种、具有重要经济价值和科学研究价值的物种，它们在这里将得到长期有效保存。中国科学院昆明植物研究所所长李德铢介绍，资源库具有容纳"海量"种子采集所需的空间，其冷库具有零下20℃的恒温和充足的储藏空间；而步入式培养室具有研究人员可入内、温度呈现梯度变化的智能调控能力。目前，这一种质资源库在支撑云南多家花卉、制药等生物企业快速发展方面，已开始发挥作用。

积极倡导建立野生生物种质资源库的著名植物学家吴征镒教授介绍，中国利用种质资源最成功的例子之一，就是利用野生稻种质资源培育出杂交水稻，这是中国对世界粮食安全的重大贡献。

我国是世界上生物多样性最丰富的国家之一，但由于多方面因素影响，我国的生物多样性保护不尽如人意。据科学家预测，我国每年有300多种自然物种濒危乃至消失。2004年，我国将西南野生生物种质资源库列入国家重大科学工程建设计划。为支持这一种质资源库建设，政府有关部门专门斥资1.48亿元，相关部门还组织了一批科技工作者参与种质资源的收集保存等工作。

（2）推进野生生物种质资源库建设。2017年11月，有关媒体报道，中国科学院在京举行十八大以来创新成果展。其中一项展出成果是中国科学院昆明植物所建成的中国西南野生生物种质资源库。这个重大科学工程，从概念形成到竣工历时8年，存放着3万多种植物以及丰富的动物种质资源。

中国科学院昆明植物所所长孙航说："种质资源库不仅保存植物种子，也是我国抢救性收集和保存野生植物离体材料、DNA、动物细胞和微生物菌株等遗传材料的重要装置。"

报道称，种质资源库已抢救性收集和保存的各类种质资源中，处于核心地位的植物种子资源为 229 科 9484 种 71 232 份，占到中国种子植物种类的 32%，包括 4000 种 13 178 份中国特有植物种子，数千种重要农作物野生近缘种种子，近百种 442 份珍稀、濒危植物种子。尤其要说的是，目前已收集保藏了来自青藏高原的 15 337 份种子，经过几十年的努力，青藏高原植物种质资源"家底"基本摸清。此外，通过与英国和国际混农林业中心的国际合作，他们还收集保藏了来自世界上 45 个国家的 1197 份重要植物种子。这座种质资源库的重要性，主要体现在以下三方面。

首先，它是一座中国生物资源的贮藏宝库。目前，该种质库是亚洲最大的野生生物种质资源"诺亚方舟"，成为了与英国千年种子库、挪威斯瓦尔巴全球种子库等齐名的全球植物多样性保护翘楚，在国际生物多样性保护行动中占据着举足轻重的地位。

其次，它是推动我国生物多样性研究的坚实后盾。植物分类学是认识、利用植物最基础的学科，依托种质资源库，在国家自然科学基金重大项目、科技基础性工作专项等支持下，研究人员针对青藏高原薄弱地区开展了进入采集与研究工作，不仅培养了研究队伍，而且更为重要的是把植物分类学与信息技术充分结合，率先启动并引领中国野生植物 DNA 条形码研究，提出国际核心 DNA 条形码新标准。

最后，它是构建我国新型植物百科全书式的智能植物志。该库已建成智能植物志核心新元素的 DNA 条形码库，收录我国近万种重要植物 12 万个 DNA 条形码，及其物种相关信息；适应测序技术快速进步和植物学发展新要求，提出基于基因组大数据认知植物的智能植物志新理念。通过智能植物志精准鉴定装置，研究人员可以非常精确地确认一个植物具体是哪一个物种，而不是大概是哪一类植物，从而为植物精准鉴定、司法鉴定等提供依据。

（3）探访亚洲最大野生生物种质资源库。2020 年 12 月 9 日，新华网报道，在中国科学院昆明植物研究所的地下，有一座著名的冷库。珙桐、喜马拉雅红豆杉、弥勒苣苔等，包括许多珍稀濒危植物在内的，上万种野生植物的种子，一同栖身于这座位于昆明的冷库库房中。

这处设施便是中国西南野生生物种质资源库，全国唯一一座国家级野生生物种质库。穿过两重厚重的金属门，映入眼帘的是一排排陈列架，形形色色的种子分类整齐地躺在透明密封罐内。不管春夏秋冬，冷库温度恒定在零下20℃。在这里，植物种子有望存活几十年，甚至上千年。即便所属物种在野外灭绝，这些种子仍有可能回归自然，继续繁衍。

种质库不断有新成员加入。2020年8月，难得一见的极危物种大花石蝴蝶也在这里落户。这种苦苣苔科石蝴蝶属植物，目前在野外仅发现两个分布点，总计个体数量约300个。从获悉其野生分布点、观察监测到最终采集到它的种子，植物研究所的采集员前后耗费了大约一年半时间。参与采集的中国西南野生生物种质资源库种质保藏中心主任蔡杰说："采集种子耗时耗力不可怕，怕的是明明知道它很少，却无力挽救。"

从热带雨林到高山峡谷、从南海之滨到荒漠戈壁，采集员们的足迹几乎遍布全国。经过十几年的努力，中国西南野生生物种质资源库共收集1万多种野生植物的种子，大约占全国种子植物物种总数的35%，成为亚洲最大、世界第二大的野生植物种子库。

蔡杰说："植物灭绝的速度比我们想象中快得多，许多植物还未被了解，就已经消失了。相比建造植物园和自然保护区等方式，以建造种质库的方式抢救野生植物物种更节省空间，而且效率更高。"

中国西南野生生物种质资源库建立了一个由国内数十家科研机构、高等院校和自然保护区参与的种质资源采集网络，制定了采集规范和标准，重点采集国家重点保护和珍稀濒危物种等野生植物物种。同时，这一按国际标准打造的种质库还备存了来自美国、加拿大、巴西等地的超过1000份植物种子，增加了更多物种在面临灭顶之灾时恢复种群的希望。

（4）西南野生生物种质资源库保存植物种子万余种。2021年9月15日，《中国科学报》报道，中国科学院昆明植物研究所对媒体透露，目前中国西南野生生物种质资源库，已保存植物种子达10 601种、85 046份，占全国有花植物物种总数的36%，全面完成国家批复的长期建设目标，使我国的特有种、珍稀濒危种以及具有重要经济、生态和科学研究价值的物种安全得到有力保障，让快速、高效研究利用野生生物种质资源成为可能，也为我国应对国际生物产业竞争打下坚实基础。

中国西南野生生物种质资源库于2007年开始运行，是我国唯一以野生生物种质资源保存为主的综合保藏设施，也是亚洲最大的野生生物种质资源库。目前，该种质资源库有植物离体培养材料2093种、24 100份，DNA分子材料7324种、65 456份，2280种、22 800份微生物菌株和2203种、60 262份动物种质资源。

据中国西南野生生物种质资源库副主任于富强介绍，该资源库以国家战略生物资源的需求和学科发展前沿为导向，以基因组学和分子生物学为主要研究手段，对植物进化、环境适应和种质资源保护与利用相关的科学问题进行探索，并有目的地挖掘特殊环境的基因资源，发明种质资源保存利用的新技术。

同时，这座资源库率先启动并领衔完成了茶树基因组计划；建成木兰科、苦苣苔科、芸香科、兰科和黑药花科（重楼属）40 余种植物的超低温保存方案，其中弥勒苣苔（苦苣苔科）和富民枳（芸香科）属于极度濒危物种。此外，该资源库已通过相关网站，实现植物学基础信息、资源保藏信息以及保藏现状等信息数据和种质资源实物的共享。

第二节　植物生态研究的新进展

一、植物生态现象研究的新成果

（一）植物适应环境现象研究的新信息

1.探索植物适应区域环境现象的新进展

（1）研究表明植物能通过良好的空间联结来抵抗疾病。2014 年 6 月 13 日，生物生态学家居熙·乔西莫及其同事组成的一个研究小组，在《科学》杂志上发表研究成果称，他们一项为期多年的实地研究结果显示，在野外生存的区域环境中，高度相连的植物种群，比孤立种群更能抵抗真菌性病原体。

该研究小组的观点，似乎违反直觉。因为传统观念认为，紧密簇集的种群，会让病原体的定殖变得更为容易，而不是变得更困难。

然而，研究人员在对波罗的海奥兰群岛的茅尖状车前草，4000 个不同野草种群对抗真菌性病原体白粉菌，进行了持续 12 年的观察之后，他们得出结论：高度联结的植物片块会进行更多的基因交互，并因此会比其孤立的对等植物更具抵抗力。

研究人员的研究显示，联结良好的植物一般较难感染白粉菌，且能更有效地杀死白粉菌。此前，在动植物中的大多数类似的研究，一直侧重于理解传染性疾病的暴发，但这种新的方法，展示了研究疾病在野外持久存在的价值。

研究人员说，研究植物抵抗疾病的能力，需要分析地理空间的宿主与寄生物感染的问题，以确定在这些零碎的种群中，即目前广泛存在的生境破碎情况下，是否会增加疾病暴发的概率。他们的工作，可作为一种自然疾病在野外持续存在的模型，并具有在生态学、疾病、生物学、环境保护及农业上的潜在用途。

（2）发现植物为适应区域环境会采取不同的水交换策略。2015 年 4 月，澳大利亚麦克里大学的一个研究小组，在《自然·气候变化》杂志上发表论文称，他们的研究表明，植物的水交换是"智慧"的，为了适应区域环境，不同植物种类有不同的水交换策略，这取决于它们获得水所需的"成本"。

研究人员说："我们的研究，是观察一种植物获得更多克数的碳，要用多少额外的水。我们预测，植物个体应该是保持交换率不变的，但交换率取决于植物类型和生长地。"

来自不同区域生态系统的数据对比结果显示，多数研究者的预测，已表明植物的用水策略与其所处的区域环境相适宜。他们还预测，生长在寒冷或干燥区域环境中的植物，应该比那些适应了炎热或潮湿区域环境的植物更"吝啬"水。

研究人员表示，他们联合全球各地的研究人员，收集了各种区域生态系统的数据。从北极苔原、亚马孙雨林到澳大利亚人烟稀少的腹地都包括在内。

研究人员说："这项研究很重要，因为通过该研究，可以深入了解植物是如何适应区域环境的。植物在地球系统中发挥着重要作用，体现在储存碳、移动土壤中的水及给地球表面降温。这些结果，为我们提供了在不同的气候条件下预测其作用的新的重要信息。"

2. 探索植物适应土壤环境现象的新进展

发现植物生长类型能随土壤有机体改变。2016 年 7 月，荷兰生态研究所科学家贾斯珀·乌布斯领导的研究团队，在《自然·植物学》杂志上发表论文称，他们的研究表明，改变生活在土壤中的有机体，或能改变在土壤中生长的植物类型。

在荷兰开展的一项田间试验发现，在退化土地上添加一薄层来自健康生态系统的土壤，会极大加快修复速度。不过，真正令人惊奇的是，这种移入能决定该生态系统向哪个方向发展。乌布斯表示："土壤有机体是决定植物生态系统将何去何从的'舵手'。"

农民和园丁很早便知道，向土壤中添加特定有机体，能促进植物生长并帮助预防疾病。试验也证实，把来自成熟草地的有机体移入土壤，能帮助草地植物在同苗壮生长于其他类型土地植物的竞争中胜出。

不过，该研究团队首次在大规模田间试验中证实，向土壤中移入有机体能决定何种类型的植物生态系统从头开始形成。研究人员把不到 1 厘米厚的一薄层土壤，连同生活在里面的所有生物覆盖到此前的农田上。他们还向每块土地中分别添加了来自草地或灌木丛的土壤。研究发现，移入物的来源决定了哪种植物将茁壮生长。例如，在一块被移入草地土壤的农田中，6 年后，只有不到 5% 的土地被来自灌木丛的物种覆盖。相反，在被移入了灌木丛土壤的农田中，超过 15% 的土地被灌木丛物种覆盖。

由于添加的土壤非常少，研究团队把这种效应归结于土壤生物的变化。他们发现，这种移入同时，改变了生活在土壤中的细菌、真菌和蠕虫的丰度及类型，使其更像一个"捐赠"的生态系统。

（二）植物与合作动物生态现象研究的新信息

1. 植物与合作动物互动生态现象研究的新发现

发现植物可随蚂蚁行为形成独特的互动生态关系。2016 年 11 月 22 日，德国慕尼黑大学的纪尧姆·乔米奇和苏珊·雷纳等人组成的一个研究小组，在《自然·植物》杂志网络版发表论文称，他们发现，斐济的一种蚂蚁通过积极培育植物，之后栖居其上以获得保护，从而使植物与蚂蚁形成一种相互依存的生态关系。

多种动物，如培养真菌的切叶蚁或甲虫，已经与其他生物体发展出互惠的生态关系，这些动物会种植并滋养，或培育其他生物体。该研究小组表明，在斐济群岛上一种名为凹头臭蚁属蚂蚁，积极培育至少 6 种穗鳞木属植物。这是一类在其他植物或树上生长的附生植物，它自己无法从土壤中获取养分。研究人员发现，这些蚂蚁会收集植物果实的种子，然后将其插入寄主树的缝隙中。长出的幼苗组成"小房间"，蚂蚁会到此排泄，为幼苗提供养分，使其在没有肥沃的热带土壤滋养的情况下也能成长。

2. 开花植物与传粉动物生态现象研究的新发现

（1）发现为作物传粉动物正面临无数威胁的困境。2016 年 11 月，丹麦哥本哈根大学生物学家西蒙·波茨领导的研究小组，在《自然》杂志发表论文指出，为作物传粉动物正面临着无数威胁，要保障它们得以继续对人类福祉作出贡献，人们必须采取应对措施。文章探讨了导致一些地区传粉者数量下降的因素，并提出或能逆转这一趋势的政策和管理干预措施。

从提高作物产量、提升食物安全，到保障依赖于传粉动物的植物生存，野生和家养的传粉动物，包括蜥蜴、蝙蝠等脊椎动物和数千种昆虫，它们为人类提供了诸多益处，尤其是 2 万多个已知的蜜蜂物种，它们为全世界超过 90% 的主要作物授粉。但尽管传粉动物如此重要，在欧洲，9% 的蜜蜂和 9% 的蝴蝶都面临着威胁。

该研究小组识别出传粉者数量下降背后的 5 种主要原因：土地使用和土地利用集约度的改变、气候变化、杀虫剂、病原体管理和外来入侵物种。

研究人员指出，虽然转基因作物对传粉动物少有致命威胁，但来自转基因作物管理的间接威胁仍然需要进一步评估。他们还对农民提出了如何弥补土地使用影响的建议，比如种植花径，从而为传粉动物提供半自然的栖息地。改善家养传粉动物贸易的监管，有助于控制寄生虫和病原体的传播。此外，向农民和公众宣传害虫管理知识能减少对杀虫剂的依赖，从而降低杀虫剂对传粉动物的威胁。

另外，要确定在不同环境中最重要的是哪些因素，从而采取应对传粉动物减少的有效行动，人们还需要进一步的研究。

（2）证明全球授粉物种减少将给农作物带来巨大影响。2021 年 8 月 16 日，英国剑桥大学动物学系林恩·迪克斯领导的国际研究小组，在《自然·生态与进化》杂志上发表研究成果称，他们利用现有证据，编制出全球首个授粉物种减少对人类影响风险指数报告，阐述了全球六大地区授粉物种显著减少的原因，以及可能给人类造成的影响。结果表明，栖息地消失以及杀虫剂使用等，正导致世界各地授粉物种不断减少，对全球农作物产量产生巨大影响。

研究人员表示，传播花粉的蜜蜂、蝴蝶、黄蜂、甲虫、蝙蝠、苍蝇和蜂鸟，对 75% 以上的粮食作物，以及咖啡、油菜和大多数水果等开花植物的繁殖至关重要，它们的数量在全球范围内显著减少，但造成这种减少的原因以及会对人类种群带来何种后果，人们对此知之甚少，这项最新研究给出了答案。

研究表明，导致授粉物种减少的前三大原因是栖息地破坏、土地管理不当（包括过度放牧、施肥和农作物单一种植），以及杀虫剂的大量使用，气候变化排在第四位。这种状况对人类最大的直接风险是"作物授粉不足"，导致粮食和生物燃料作物的数量和质量下降，全球 2/3 地区的作物产量，面临严重"不稳定"的风险。

具体而言，在北美地区，授粉物种会促进苹果和杏仁等作物的生长，但其因"蜂群崩溃症"等疾病导致数量严重减少。在非洲、亚太和拉丁美洲地区，许多低收入国家的农村人口依赖野生作物生活，授粉物种数量的减少，将给他们的生活带来巨大影响。拉丁美洲被视为损失最大的地区，因为腰果、大豆、咖啡和可可等昆虫授粉作物，对该地区的粮食供应和国际贸易至关重要。

（三）野草与草原生态现象研究的新信息

1.野草生态现象研究的新进展

（1）试解纳米比亚野草"精灵圈"的生态之谜。2017年1月，美国普林斯顿大学学者科琳娜·塔尔尼塔及其同事组成的一个研究小组，针对纳米比亚野草"精灵圈"形成的未解之谜展开探索，并提供了一种自己的解释。

自组织的规则性植被图案，在自然界中广泛存在。但其存在的背后机制仍有争议，尤其是关于过度散布（间隔均匀）的图案的起源。以纳米比亚野草"精灵圈"为例，它们广泛散布在纳米布沙漠局部地区的一些草原上，这些圆形"补丁"直径在2~35米不等，内部寸草不生，周围环绕着旺盛的野草。

一种假设认为，它们是由尺度依赖反馈造成的，植物通过这种方式帮助自己的近邻，但是与远处的个体竞争；另一种假设则将其归因于地下生态系统工程师，如白蚁、蚂蚁或啮齿类动物等。该研究小组把这两种不同的假设融入模型模拟中，然后使用来自四个大陆的野外数据进行验证。

他们表明，这些自组织的规则性植被图案是由地下群居昆虫群体之间的种内竞争和尺度依赖反馈共同作用形成的，而不是其中任意一个单一因素造成的。作者在纳米比亚野草"精灵圈"这项研究中表明，沙地白蚁群体间的相互作用，以及沙地白蚁与草地之间的相互作用，共同造成了大规模的六边形植被图案。

作者总结表示，在尝试解释此类规则分布的景观特征时，应把多种多样的生态自组织机制纳入考虑范围。

（2）发现银剑草逐渐消失的生态原因。2019年12月，夏威夷大学的生态学家保罗·克鲁舍尔尼基领导的研究团队，在《生态学专论》上报告称，在过去的30年里，夏威夷毛伊岛特有植物银剑草一直在迅速消失，经过多年实地考察和研究，他们现在终于发现了其中的原因。

到过夏威夷毛伊岛巨型火山山顶游览过的人，可能会看到火山以外一个令人惊叹的景象：巨大的圆柱形植物银剑草，它底部伸出剑一样的银叶，这些银叶可以长得比普通人还高。

近几个世纪来，毛伊岛的银剑草一直在减少，它们受到野山羊的摧残，还经常被游客当作纪念品连根拔起。在1992年它被宣布为濒危物种之前，环保主义者就已经在它们栖息地的贫瘠山坡上筑起了栅栏，清除了这一地区的山羊，并种植了银剑草种子。直到20世纪90年代，这些努力似乎都起到了作用，但在那之后，毛伊岛物种减少了60%。位于火山深处的植物遭受的伤害最大，尽管它们生活在更潮湿的环境中。

2016 年，该研究团队注意到，银剑草最近的减少恰好与顺风（即从东向西吹向火山的风）发生更频繁的变化相吻合。冷湿空气越来越多地被温暖的空气困在山坡中部，为上坡的植物创造了更热、更干燥的条件。克鲁舍尔尼基指出，这种逆温现象一直很普遍，但是现在，由于气候变化，这种现象更加频繁。

为了理解为什么低海拔的银剑草最易受到伤害，研究团队在温室和小型室外场地培育从低、中、高海拔植物中获取的种子。然后，他们定期给其中一部分浇水，另一部分则不定期浇水，以比较不同条件下的生长情况。他们还记录了存活的植物数量。研究人员认为，来自海拔最高的植物（环境最干燥）应该最能适应干旱的生存环境，所以在人为制造的"干旱"环境中它们能生存更好。

研究人员说，无论种子来自哪种植物，种植在较低海拔且最初受到潮湿条件影响的种子，最不可能在后来的干旱环境中幸存下来。研究人员说："这表明，从潮湿的生长环境获得的性状，而非遗传差异，使它们的抗旱性较差。"

这项工作还指出了未来的研究方向。研究人员表示，与其将银剑草从高海拔地区（条件更恶劣）移植到较低的位置，不如将其移植到湿度更为稳定的地方（例如坡度较低的山坡），这可能对银剑草的生存更加有益。为此，他们正在各种栖息地种植银剑草，以期发现对银剑草最有益的栖息地。

2. 草地生态现象研究的新进展

发现选择与可塑性共同驱动草地生态位分化。2019 年 12 月 23 日，法国与加拿大学者联合组成的一个研究小组，在《自然·植物》杂志上发表论文称，他们通过实验证明，在可塑性和选择的共同作用下，人工草地群落在短时间内发生了物种生态位分化。

物种通过在空间和时间上不同地使用资源来避免彼此的方式，是自然界中物种共存的主要驱动力之一。这种被称为生态位分化的机制，已经在理论上得到广泛的研究，但在植物中还缺乏系统的实验验证。

随着时间的推移，群落内的物种可以通过减少其生态位之间的重叠，或者找到未开发的环境空间，以形成生态位差异。选择和表型可塑性被认为是推动生态位分化的两个候选过程，但它们各自的作用有待量化。

该研究小组在 5 年内，跟踪观察草地光捕获的候选性状：株高变化。发现随着时间的推移，物种间的高度差异不断增加，表型可塑性促进了这种变化。同时，遗传结构的变化也显示了选择的作用。由此证明，人工草地群落快速发生物种生态位分化，是可塑性与选择共同作用的结果。

3. 草原生态现象研究的新进展

（1）发现把非洲草原转为耕地将会得不偿失。2015年4月，生态学家梯莫西·锡尔清儿等人组成的研究小组，在《自然·气候变化》杂志网络版上发表论文认为，为了迎合全球粮食和生物能源的需求，而在非洲湿草原进行的耕种，可能要以碳和生物多样性的高成本作为代价。这个观点，与此前有研究认为的将这些土地上转为耕地，会产生相对较小环境影响的假设，是相矛盾的。

此前的一些研究，其中包括由联合国粮农组织进行的研究，清楚地表明：非洲湿地草原和灌丛是耕地扩张的潜在区域，但是这种土地类型的转化，对碳排放和生物能源的影响却未被研究说明。研究人员通过模型模拟了在适宜的非洲草原、灌丛和林地，进行大范围耕种所产生的碳和生物能源成本。他们发现，这一地区中只有很小比例的土地，能够转变为高产的耕地而无须付出高碳成本。这个高产耕地比例，如果种植玉米是2%~3%，种植大豆就是10%。特别是能够生产符合欧洲温室气体减排相关标准生物燃料的土地，还不到1%。

研究人员还发现，他们所研究的这片区域，具有与潮湿热带雨林相似的鸟类和哺乳动物多样性。该研究认为，决策者想要保护生物多样性和遏制二氧化碳排放，就不应该把非洲湿草原，作为生物燃料和粮食生产大面积扩张的目标。

（2）"原生态"玛拉·塞伦盖蒂大草原曾受牧民数千年影响。2018年8月30日，美国密苏里州华盛顿大学圣路易斯分校生态学家菲奥纳·马歇尔主持的研究小组，在《自然》杂志网络版发表论文称，他们研究发现，非洲大草原如玛拉·塞伦盖蒂大草原，曾受到移动牧民数千年的支持和滋养。这一结果，挑战了认为玛拉·塞伦盖蒂大草原是原生态野生大草原的传统观点。

大草原、牧民和他们的牲畜，对维护大型野生哺乳动物种群的生存来说至关重要，虽然此前有观点认为移动牧民与景观退化有关。后期的研究显示，过夜畜栏中的牲畜排泄物，其实可以通过制造肥沃热区实现景观的富集，从而促进植物生长和草原多样性。不过，目前对这一效果的持续时间所知不多。

该研究小组对位于肯尼亚西南部纳罗克镇、时间为3700年前到1500年前的5个新石器时代的放牧地点，进行了化学、同位素和沉积物分析。研究人员发现，与周边的土壤相比，这些地点所挖掘出的已降解的粪便，含有大量钙、镁和磷等营养素和重氮同位素，且这种富集的持续时间最长达3000年。研究人员表示，这一发现表明，玛拉·塞伦盖蒂等非洲大草原并非从未开发过的原生态景观，而是曾受到牧民长达几千年的影响。

该研究结果提供的历史解读，不仅有利于对人为改造的营养热区的重要性展开生态研究，还进一步挑战了认为畜牧主义与环境退化之间必然存在内在联系的观点。

（四）树木与森林生态现象研究的新信息

1. 树木生态现象研究的新发现

（1）沙漠科考发现逾百年树龄天然胡杨。2011 年 12 月，《新闻网》报道，兰州大学资源环境学院院长王乃昂教授、姜红梅博士等人组成的沙漠科考团队，对外披露说，他们日前在巴丹吉林、腾格里与乌兰布和沙漠，进行野外植被调查时，发现了 7 处天然胡杨林，其中有 94 株活胡杨、85 株死胡杨。

该调查结果，为天然胡杨林在我国中部沙漠腹地分布提供确切证据，是我国沙漠植物研究领域的又一重要发现。胡杨林是亚洲大陆干旱区特有的一种荒漠河岸林。我国胡杨林面积的 90% 以上集中在新疆，而其中的 90% 又集中在新疆南部的塔里木盆地。其他地方，只有柴达木盆地、河西走廊和内蒙古等地区一些流入沙漠的河流两岸，可见到少量胡杨。

此前，为揭开我国中部沙漠的真实面纱，查明和研究阿拉善沙漠的植被状况，该科考团队连续 3 年在巴丹吉林、腾格里与乌兰布和沙漠进行广泛的植被调查工作。科考人员说，他们根据当地牧民提供的"梧桐"树名、"陶勒"地名等线索，通过 GPS 定位、地貌分析和地形图判读，结合样地法调查后发现，这些胡杨天然林主要分布在巴丹吉林沙漠腹地和东缘、腾格里沙漠腹地和北缘、乌兰布和沙漠腹地的丘间洼地等浅层地下水汇聚处。

王乃昂说："胡杨天然林的存在说明沙丘下面地下水位埋深较浅，阿拉善沙漠尤其季节性河流和古河道分布区域具有大面积的含水层。其中，腾格里沙漠腹地黑盐湖东北侧的胡杨林分布面积达 0.048 平方千米，成林树龄最大 120 年，乌兰布和沙漠胡杨最大树龄达 183 年。"

此次在阿拉善沙漠腹地发现的胡杨天然林，野生特点非常明显，填补了我国中部沙区天然胡杨植被分布的调查空白，对植物区系、植被地理、植被演替、物种多样性与防沙造林等具有极高的科学研究和保护价值。

与此同时，由于沙丘掩埋、土层风蚀、地下水位下降和牲畜啃食等影响，胡杨整体依然处于退化状态，生存状况不容乐观，已属于亟待抢救的"濒危景观资源"。姜红梅建议，当地须慎重开发地下水资源，采取围栏封育、复壮更新、育苗造林等措施，进一步挽救、恢复和发展胡杨林这一重要的物种资源。

（2）发现古老树种"称霸"亚马孙雨林。2017 年 3 月，巴西国立亚马孙研究所科学家卡罗莱纳·利维斯领导的研究团队，在《科学》杂志发表论文称，前哥伦布时期的当地居民对亚马孙雨林的多样性有深远影响，他们让喜爱的物种成为了这里的优势物种。

在15—16世纪，欧洲人把天花等传染病带到亚马孙地区后，数百万土著居民死亡，诸多当地文化土崩瓦解。但并非所有的东西都消失了，这里留下了数不清的翠绿"遗产"：棕榈树等植物依旧欣欣向荣。

未参与该研究的巴拿马城史密森热带研究所生态学家乔·怀特提到："这项发现，支持了一种新兴理论，即前哥伦布时期居民改变了亚马孙的大部分面貌。"研究人员也表示，这些结果表明，过去的人类影响对植物物种的分布有重要且持久的作用，在理论上它可被用于尚未识别的其他文明区域。

在亚马孙地区，植物栽培最早始于8000多年前。为了更好地理解这一栽培的持久影响，巴西研究团队对一个现有数据集进行分析，其中包括亚马孙地区内1000多块林地，超过4000种植物。结果他们发现，85种曾被前哥伦布时期的人短暂、部分或完全栽培的植物，比未经栽培的植物更可能成为优势物种。

此外，研究人员表示，栽培的植物还被发现集中于考古遗址附近，这些遗址包括哥伦布之前的居住地和岩石艺术场所等。而且，栽培植物在亚马孙东部和西南部尤其丰富。作者称，前哥伦布时期居民对亚马孙雨林的影响，或比之前预期的要大得多。

2.森林生态现象研究的新进展

（1）发现砍伐湿地森林会让世界变得更潮湿。2014年11月14日，生物生态学家克雷格·伍德沃德及其同事组成的研究小组，在《科学》杂志上发表文章称，他们的研究发现，把世界上的湿地，如沼泽和湖泊中的树木清除掉，会让环境变得显著更潮湿。

研究人员说，这种现象未被人们所重视，在很大程度上的原因，是由于以往大多数有关人类对环境影响的研究，都没有把它列入考察对象。通常报道砍伐湿地森林所造成的影响，大多是关于养分载荷和流域侵蚀等内容。

该研究小组的成果表明，砍伐世界湿地森林的主要作用，是每年降雨量上扬15%。研究人员应用一个地球与大气间水交换的详细模型，一个对全世界24.5万个湿地的汇总分析，以及来自澳大利亚和新西兰的化石记录显示，砍伐森林一直在制造新的湿地，并增加了已经存在数千年之久的湿地的水含量。研究人员称，由于砍伐湿地森林带来的影响，湿地保护及管理措施必须加以修订。另外，目前在世界许多地区计划实施的一个策略，即湿地森林再造，可能会获得意想不到的后果。

（2）破解亚热带森林群落物种共存"密码"。2019年10月4日，中国科学院植物研究所一个研究小组，在《科学》杂志网络版发表论文称，他们揭示了不同功能型土壤真菌驱动亚热带森林群落多样性的作用方式，为建立亚热带森林生态系统修复理论、技术集成和示范提供了重要的科学基础。

研究人员历经10年，系统监测浙江省开化县古田山的0.24平方千米样地，内有100多个物种和2.5万多株木本植物幼苗。他们选取了34个物种和320个植物个体，利用高通量测序技术测定植物根际土壤真菌群落组成。在此基础上，对群落内植物种内相互作用强度和植物累积不同功能型土壤真菌速度的种间差异，进行定量评估。

分析结果显示，植物累积病原真菌和外生菌根真菌的速度，在物种间存在显著差异，并呈显著负相关。该研究首次实验证明，植物种内相互作用强度，是由有害的病原真菌和有益的菌根真菌相互作用共同决定的，颠覆了基于病原菌与植物种内相互作用的经典群落多样性维持理论。

亚热带常绿阔叶林是我国分布范围最广、面积最大、生物多样性最高的森林植被类型，约占国土面积的1/4。但经历了史上频繁、大规模的人为干扰，绝大部分原生性植被，特别是低海拔地区的原生地带性植被多已消失殆尽，少量保存的原始林也较为破碎，亟须在科学的指导下开展保护和修复。

（3）发现富国产品消费致热带森林生态面临严重威胁。2021年3月30日，日本京都综合地球环境学研究所金本圭一郎和阮进皇等人组成研究团队，在《自然·生态与进化》杂志发表一篇生态环境方面的论文称，富裕国家对牛肉、大豆、咖啡、可可、棕榈油、木材等产品的消费，与热带地区临危生物群落的森林砍伐直接相关，该研究所获全球森林砍伐足迹地图，揭示了热带森林生态面临着日益严重的威胁。

研究人员指出，全球对农业和林业商品的需求上升，导致世界范围内的森林砍伐。此前，已有研究分析全球供应链与森林砍伐之间的关系，但大部分研究只在地区层面开展，或是只关注一些特定商品。

这项成果中，该研究团队把之前发表的关于森林损失及其主因的信息，与2001—2015年1.5万个产业部门的国内与国际贸易关系的全球数据库相结合。他们利用这些数据，根据每个国家人口的消费，量化各国国内和国际的森林砍伐足迹。

研究发现，多个国家的国内森林净增有所增加，但其森林砍伐足迹（主要在热带森林）也因为进口货物而增加。该研究显示，七国集团（美、英、法、德、意、加、日）的消费相当于每年每人平均 3.9 棵树的损失。研究人员在研究了特定商品的森林砍伐模式后发现，德国的可可消费，对于科特迪瓦和加纳的森林构成了很高的风险。坦桑尼亚海岸的森林砍伐，则与日本对农产品的需求相关。

他们的研究还显示，各国国内的森林砍伐主因或各不相同：越南中部高地的森林砍伐主要源于美国、德国、意大利的咖啡消费，而越南北部的森林砍伐主要与向中国、韩国、日本出口木材有关。

研究人员总结表示，为完善监管制度，并通过科学干预来保护森林，很有必要理解全球贸易和森林砍伐之间的特定关系。

（五）保护与恢复植物生态环境的新信息

1. 改良或治理土壤研究的新进展

（1）提出半碳化生物质可用于土壤改良。2016 年 6 月，日本理化研究所环境资源研究中心菊地淳领导的国际研究小组，在英国《科学报告》杂志上发表研究报告称，他们开发出"利用半碳化生物质改良土壤综合评价法"，认为可通过综合分析土壤的物理、化学和生物学特征，对土壤进行改良。

土壤由大小不一的沙石、经微生物分解后残留的腐殖质以及由雨水、河川等带入的矿物质等多种物质组成。这些物质交织形成团粒结构，使土壤保持适度水分，并通过空气通道向植物和土壤生物提供氧气。

迄今为止，学术界发表了众多关于土壤环境循环的研究报告，但角度大多比较单一。由于植物通过根部吸收营养、水分和进行呼吸，土壤特征对植物生长影响明显。要维持植物正常生长，土壤中必须要有充分的湿度和空气。比如在撒哈拉以南非洲，土壤非常干燥，含水后土质会变得极其坚硬，使农业栽培面临很大困难。

研究小组说，为改良土壤结构，他们利用核磁共振法（NMR）构建了结构分析方法。他们先对桐油树落叶进行破碎处理，在无氧环境下低温加热至 240℃，制成半碳化生物质。然后通过红外光谱法、热分析法、粒度分布和二维溶液核磁共振法进行分析，并从代谢组分析结果，确认了由热分解形成的生物质中水分和半纤维素成分。

在上述分析的基础上，研究小组把半碳化的桐油树叶以各种比例混合在贫瘠土壤中，结果发现，经过改良的土壤形成了团粒结构，出现了结构稳定的物理特征，证明土壤保水能力提高。此外，土壤改良后还出现了植物与微生物共生现象。

研究人员称，这一评价方法，可对不断扩大的荒漠地带进行土壤改良，使其成为可耕种土地，从而为人口爆发式增长的非洲地区解决粮食问题，带来新的希望。

（2）揭示砷超富集植物蜈蚣草可修复治理砷污染土壤。2019年2月，中国科学院植物研究所何振艳副研究员主持的研究小组，在《危险材料杂志》发表论文称，他们利用多种分子生物学手段，在转录水平上，揭示砷超富集植物蜈蚣草的砷超富集机理及其调控分子网络，对于利用植物修复治理砷污染土壤具有重要意义。

蜈蚣草是一种砷超富集的蕨类植物，可在短时间内把砷迅速从土壤中转移并积累到地上部分，富集的砷可达地上部生物量干重的2.3%，远高于一般植物。但蜈蚣草基因组学背景的缺失，为相关研究工作带来很大挑战。

对此，研究人员展开深入研究，他们发现，蜈蚣草水通道家族、主要协助转运蛋白超家族、P型ATP酶家族、硝酸盐转运家族、亚砷酸盐外排蛋白以及ATP结合盒式蛋白6大类转运蛋白，在蜈蚣草砷转运过程中可能起重要作用。同时发现，内质网相关蛋白质降解途径ERAD和谷胱甘肽代谢途径，在转录水平上与蜈蚣草砷抗性密切相关。他们还发现，lncRNA和可变剪切事件是蜈蚣草砷超富集的重要调控机制。

2. 治理荒漠或干旱地区生态环境研究的新进展

（1）提出利用地衣资源治理荒漠地区生态环境。2011年8月，《科学时报》报道，中国科学院微生物研究所魏江春院士认为，由于人们对地衣、苔藓等低等植物的重要性缺乏了解，地衣资源和相关研究目前还未得到应有的保护和利用，他希望未来对地衣的研究能够得到更大重视，特别是在治理荒漠地区生态环境方面充分发挥作用。

地衣是藻类和真菌共生的复合体。由于菌、藻长期紧密地结合在一起，无论在形态上、结构上、生理上和遗传上，都形成了一个单独的固定的有机体。所以，学术界把地衣单列为地衣植物门。在魏院士的眼中，地衣和苔藓等低等植物，是解决荒漠化的得力手段。荒漠化治理是世界性难题。他认为，对于那些年降水量少于或等于200毫米的荒漠地区，植树治理荒漠化不具有可操作性。他说："树木虽然是很好的固沙植物，但其存活需水量过大。很多树栽下去没问题，过不了两年，它将地下水吸干后，只能面临死亡的结果。"

众多事实表明，在降水过于贫乏的地区，树木的蒸腾效应，很可能超过地区降水和地下水所能提供的水量，导致越种树、越干旱的恶果。相比之下，地衣和苔藓等微型生物则具有明显的优势。地衣需水量极低，不仅同样具有固定沙面的作用，同时也能进行光合作用，起到固碳的效果，可说是一箭双雕。除此之外，微型生物本身还有着一定的固氮功效，可以为所在地区的生物多样性提供必需的氮元素。

一般的植物缺水死掉后没有复活的希望，但地衣等微型生物经常在经过长达一年的干旱时间，看起来已经死掉后，一遇雨水又会复活过来。魏院士说："地衣具有缺水休眠的特性，生命力非常旺盛。适合种树的地方可以种树，连树都种不活的地方，可能只能依靠地衣等生命力顽强的微型生物发挥固沙作用了。"

（2）开发出预测植物响应干旱地区气候影响的模型。2015 年 2 月 10 日，美国地质调查科学家赛斯·姆森主持的一个研究小组，在《生态学》杂志网络版上发表论文称，他们进行的一项美国地质调查研究表明，植物对干旱地区气候的承受力，随着所在地形不同表现得差异显著，植物结构和土壤类型，都会成为影响其耐旱性的因素。

未来气候模型项目显示，近期在包括美国西南部等世界缺水地区的高温和持续干旱，呈现加强趋势。这种温暖和干燥的情况，对植物会产生负面影响，也会引起野生动物栖息地和生态系统的退化。对于资源管理者和其他决策制定者而言，理解在哪些区域范围内的植被会受到影响至关重要，这样他们就能优先做出恢复和保护的努力，并对未来做出计划和打算。

为了更好地理解潜在气候变化的决定性影响，该研究小组开发了一个模型，用以评估植物种类，如何响应不断升高的气温和干旱。这一模型，集成了一系列知识，即植物的响应是如何被地形、土壤、植物属性等因素改变的。

研究人员对北美最缺水的生态系统莫哈维沙漠中一种长寿草本植物，进行了长达 50 年的反复测量。姆森说："干旱的影响远没有走远，理解缺水生态系统如何响应的可靠科学，对于管理者制定气候适应策略的计划至关重要。借助于科学家和管理者过去几十年间的检测结果，我们的研究有助于预测旱地的未来状态。"

结果显示，植物对气候的响应有所不同，主要源于其处于莫哈维沙漠不同位置这一物理属性。比如说，在深水流的土壤中生长的深根植物并不很耐旱，而浅水土壤中生长的浅根植物则更加耐旱。此外，水的水平和垂直流动也会影响到根生需水性植物的数量。植物生长所需水量比降水量更多。因此，理解水在生态系统中的流动，对于已经种植了微量水需求植物的地区也很重要。

3. 防治森林灾害及保护森林生态环境研究的新进展

（1）开发出监测森林火灾的新技术。2019 年 5 月，国外媒体报道，瑞典皇家理工学院宣布，该校一个研究小组与加拿大不列颠哥伦比亚省自然资源和农村发展部研究人员合作，开发出一种利用卫星数据和机器学习的新技术，用于更有效地监测森林火灾并分析灾后损害。

2018 年瑞典北部森林曾发生严重火灾，由于当时用直升机和无人机采集光学图像、GPS 位置及其他火灾信息，效率低、时效性差，对森林火灭指引效果不佳。

该研究团队开发的新技术，以美国国家航空和航天局的装备红外光传感器、雷达系统的欧洲航天局哨兵 -1 卫星、哨兵 -2 卫星、地球资源卫星、可见光红外成像辐射仪及中分辨率成像光谱仪等 24 小时免费开放数据为基础，通过深度人工卷积神经网络机器学习技术，来分析计算目标区域火灾前后图像之间的比率对数，然后把结果转化为二进制图像，以区分燃烧区域和未燃烧区域，从而更准确地获得火灾位置、燃烧程度等信息。

2017—2018 年，这个瑞典与加拿大合作的研究团队追踪分析了 500 多起森林火灾，对此技术进行了验证改善。瑞典民事应急局要将此纳入火灾监测新手段，以进一步检验其实际效果。

（2）绘制首张全球森林及微生物系统的"木联网"地图。2019 年 5 月，一个由多国科学家组成的国际研究团队，在《自然》杂志上发表研究报告称，他们通过分析涵盖 70 多个国家及 2.8 万种树木的数据库，首次在全球尺度上描绘出森林及微生物系统的"木联网"地图，为进一步保护森林生态环境打下扎实的基础。

不论是参天的红木还是纤细的茱萸，只要是树木，一旦离开了它们的微生物"队友"就难以为继。上百万种真菌、细菌在土壤和树根间交换营养物质，编织出一张宽广的有机体网络，遍布整个树林，这是森林生态环境的真实写照。

美国加州大学尔湾分校生态学家凯瑟琳·特雷塞德说："我之前从没见过任何人做过任何类似的事。我真希望之前能想到这些。"

若要描绘森林地下网络系统地图，就必须预先知道一些更基础的东西：树木究竟生活在哪里。从 2012 年起，瑞士苏黎世联邦理工学院生态学家托马斯·克劳瑟就开始搜集相关的海量数据。这些数据有的来自政府机构，有的来自全世界辨别树木和测量参数的个体科学家。2015 年，克劳瑟测绘出全球树木分布图，并报告称地球上大约存在 3 万亿棵树木。

受该论文启发，斯坦福大学生物学家卡比尔·皮伊给克劳瑟致信，建议他将同样的工作细分到森林树木的地下有机体网络研究领域。克劳瑟数据库里的每一棵树，都与某些种类的微生物紧密关联。例如，橡树和松树的根部被外生菌根包围，它们可以在寻觅营养物质的过程中，建立起一张广袤的地下网络。作为对比，枫树和雪松则更偏爱丛枝菌根，它们直接藏身在树木根部细胞中，形成较小的土壤网络。其他树木，主要是豆科植物，与其关联的细菌，能把大气中的氮元素转化成可利用的植物性食物，这个过程被称作"固氮"。

研究人员在克劳瑟的数据库里创建了一个计算机算法，以搜寻那些附带外生菌根、丛枝菌根和固氮菌的相关树木，与诸如温度、降水、土壤化学、地形等当地环境因素之间的关联性。他们可以通过这一关联性填补全球木联网地图，并预测亚洲和非洲大部分之前缺乏数据的地区，更可能存在哪种真菌。

当地气候为"木联网"搭建了舞台。研究团队报告称，在凉爽的温带森林和寒带森林中，木材和有机物质降解缓慢，创建网络的外生菌根占据统治地位。研究人员发现，这些地区大约4/5的树木都与该真菌相关。结果预示，当地研究中发现的网络，确实也渗透了北美、欧洲和亚洲土壤。

相比之下，在较温暖的热带地区，木材和有机物质降解迅速，丛枝菌根占据主导地位。这种真菌只构成较小的网络，并较少在树木之间缠结交换。这意味着，热带的"木联网"可能更加局域化。这些地区约90%的树木与丛枝菌根相关，它们中的大部分集中在生物多样性极高的热带地区。固氮菌则在炎热干燥的地方丰度更高，比如美国西南地区的沙漠。

劳伦斯伯克利国家实验室的地球系统科学家查理·科文，对被自己称作首张全球森林微生物地图的研究成果给予高度评价。但他也好奇，文章作者是否忽略了某些塑造地下世界过程中的重要因素，包括一些难以测量的过程。他说："比如土壤中营养物质和气体的丧失，可能会影响不同微生物的生活位置。若真如此，该研究的预测可能就不那么准确。"

尽管存在诸多不确定性，这些与树木相关的微生物的栖息数据依然用处颇多。特雷塞德表示，这些发现可以帮助研究者建立更优的计算机模型，以预测碳元素在森林中四处流窜和在气候变暖的过程中释放到大气里的数量比例。

克劳瑟已做了相关预测。结果显示，在全球变暖的过程中，大约10%的外生菌根相关树木，可能会被丛枝菌根相关树木取代。在丛枝菌根占主导地位的森林里，微生物以更快的速度"翻腾"着含碳有机物，因此能更快释放出锁住热量的二氧化碳。很有可能，本已速度骇人的气候变化，会因此进一步加速。显然，对于这些可能出现的因素，应该在保护森林生态环境过程中提前做好准备。

二、气候与植物生态关系研究的新成果

（一）研究植物与大气关系的新信息

1.探索植物吸收储存二氧化碳的新进展

（1）发现植物增长是导致北极二氧化碳波动的原因。2016年1月21日，俄罗斯一个探索北极环境变化的研究团队，在《科学》杂志网络版发表论文称，他们利用计算机模拟分析发现，在北极二氧化碳波动过程中植物起着重要作用。由于北极地区长期变暖，导致这里大片地区植物增长，从而引起二氧化碳水平会随季节变化出现波动。此次模拟通过使用卫星观测数据来校准。

研究人员称，长期观测显示，从20世纪80年代初期开始，北极地区绿色植物面积在日益增多，俄罗斯东部的苔原区就是如此。这与二氧化碳的季节性变化直接相关：春季和夏季，当绿色植物生长茂盛时，会吸收温室气体；当秋季树木凋零，其中一些温室气体会返回到大气层中。

研究人员表示，现在由新植被（包括侵占原苔原带的树木）吸收的二氧化碳的增加，超过了冻土解冻所释放的气体。但是，未来如果土壤营养被不断增多的新植被耗尽，有机物分解后产生的被长期封存在土壤中的二氧化碳就会加速推进地球变暖进程。

（2）发现次生林也有强大的二氧化碳储存能力。2016年5月，美国康涅狄格大学生态学家罗宾·察士登主持，他的同事，以及巴西里约热内卢国际可持续性研究所专家等60多名研究人员参与的研究团队，在《科学进展》杂志上发表研究成果称，他们发现，原始雨林砍伐后重新形成的次生林，也能储存二氧化碳发挥调节气候的作用。

研究人员表示，砍伐热带地区原始雨林（通常是为了创建牧场），对于气候来说，是一个重大打击。砍伐森林向大气中释放了大量二氧化碳。同时，树木也无法再吸收二氧化碳。不过，这并非故事的结局。当牧场被遗弃时（通常是在多年后），树木开始重新生长，形成次生林。这些森林可能缺少原始森林的巨大林木，以及丰富的生物多样性，但它们仍能在调节气候方面扮演重要角色。

该研究团队，首先分析了拉丁美洲43个地区次生林的范围，然后建立了估测其碳储存能力的模型。事实证明，次生林占据了相当大的比例：2008年，17%的森林拥有20年或者更短的树龄，另有11%的森林拥有20~60年的树龄。模型显示，如果所有这些森林，在接下来的40年里继续生长，它们将储存85亿吨碳，

其中 71% 的碳储存量位于巴西。

研究人员说，这个碳储存量，相当于 1993—2014 年整个拉丁美洲和加勒比地区所有化石燃料产生的碳排放量。研究结果表明，次生林的生长连同停止砍伐一起，能为实现气候目标提供很大帮助。

（3）发现全球变暖削弱植物吸收二氧化碳的能力。2017 年 11 月，国外媒体报道，澳大利亚国立大学生物研究所教授欧文·阿特金及校内同事，与英国、美国和新西兰等国相关专家组成的一个研究团队，研究报告称，植物可以通过光合作用吸收并转化二氧化碳。不过，据研究显示，随着全球变暖的加剧，植物的这种吸收二氧化碳的能力受到削弱，人类应对气候变化行动需考虑到这一因素。

植物吸收二氧化碳之后，除了将部分二氧化碳和水合成有机化合物并释放出氧气，还有一部分二氧化碳会通过植物的"呼吸"再次排出到大气中。

该研究团队发现，植物释放出的二氧化碳要比人们预计的多出 30%，而且随着全球变暖，植物的二氧化碳释放量还会进一步增加。

澳大利亚国立大学研究人员负责这项研究的数据采集部分，100 个采集点广泛分布在全球各地：从澳大利亚的荒漠到北美、欧洲的落叶林，从北极苔原到南美热带雨林，他们共收集了约 1000 种植物的二氧化碳排放量数据。

阿特金说，目前使用化石能源排放的二氧化碳，约有 25% 被植物存储和转化，但植物的这一贡献在未来可能要打折扣，因为气候变暖使植物本身的二氧化碳排放有所增加。

（4）发现世界最高树木吸收二氧化碳能力超估算。2020 年 10 月 16 日，英国《泰晤士报》报道，英国伦敦大学学院和美国马里兰大学联合组成的一个国际研究小组，在《自然·科学报告》杂志发表研究报告称，他们用激光测量后发现，世界最高树木重量远高于原来估算，吸收二氧化碳也比原来估算多。

据报道，研究小组用激光测量美国加利福尼亚州北部生长的红杉后，得出上述结论。红杉是世界上最高的树种。研究人员经过测量发现，一株名为"阿姆斯特朗上校"的老红杉，高 88 米、重 110 吨，而原来估算其重量是 70~90 吨。与先前测量技术相比，激光测量结果更加准确。

研究人员用激光为世界其他地方一些大树测量重量，得到的数据也高于原来估算。伦敦大学学院教授马特·迪斯尼说，基于新数据分析，加州红杉树林吸收二氧化碳比原来估算得多三成。地球热带地区树林吸收二氧化碳比原来估算多一成。研究人员说，更准确的测量结果，能增加那些高树和老树的价值，使它们得到更好地保护。

2. 探索植物呼吸释放二氧化碳的新进展

发现植物呼吸释放的二氧化碳被低估。2017 年 12 月，澳大利亚国立大学、英国生态与水文研究中心、英国埃克塞特大学等机构的相关学者组成的一个研究小组，在《自然·通讯》杂志上发表的《气候变化下植物呼吸改善的意义》一文指出，全球范围内，植物呼吸作用释放的二氧化碳，比之前预测的要高出许多。

一直以来，植物光合作用对于二氧化碳的吸收，是大气与植被相互作用研究的焦点，植物呼吸作用释放的二氧化碳往往被忽视。该研究小组通过测量澳大利亚炎热的沙漠、北美和欧洲的落叶林和北方森林、阿拉斯加的北极苔原，以及南美和澳大利亚的热带森林等 100 多个地区，近 1000 种植物的呼吸作用数据，构建了一个新的全球数据集，使用全球网格模型，研究不同气候变化模式下，植物呼吸作用对二氧化碳排放量的影响。

该研究表明，随着气温的升高，植物通过呼吸作用排放到大气中的二氧化碳也随之增加。在全球范围内，植物呼吸所释放的二氧化碳比之前预测的高出约 30%。研究人员认为，随着全球平均气温的升高，植物呼吸作用排放的二氧化碳量将会继续增加。

（二）研究气候对植物影响的新信息

1. 探索气候变暖对植物影响的新进展

（1）研究气候变暖对山区植物的影响。2012 年 3 月，在欧盟研发框架计划的资助支持下，奥地利维也纳大学科学家牵头，14 个国家环境专家参与的一个国际研究团队，承担了"可持续发展、气候变化及生态系统"项目研究。他们的研究成果发表在《自然》杂志上。

该研究团队在 2000—2009 年进行了长达 10 年的，全球气候变暖对山区植物种类变迁的大型研究。他们的研究显示，全球气候变暖，对山区植物种类的变迁，具有明显而重要的影响，

一般情况下，山区的海拔愈高气温愈低。考虑到山区海拔高度和气候温度，是影响山区植物种类变迁的主要因素，研究人员在世界五大洲范围内的 17 座山脉区域选择了 60 处观测地点，确定了 867 个植物种类作为观测对象。2001—2008 年，观测点的气温持续变暖，研究人员从确定的 867 个观测植物种类中，排除"喜暖"植物种类后，最终筛选出 764 个植物种类作为研究对象。期间，研究人员根据观测和收集到的数据建立了一个数学模型，并绘制出全球气候变暖，海拔高度和温度，对山区植物种类变迁的影响图。研究人员称，尽管全球各测试

点的具体数据有所不同，但对欧洲各测试点的数据模型进行分析比较，山区植物种类变迁的趋势，具有很强的可比性，因此变迁影响图，对全球各大洲具有指导意义。

研究人员在研究过程中证实：生态系统中的山区植物种类，无论停留或迁移，均对气候变暖表现出快速的相适应状态；所观测的植物种类随着时间的推移一直进行着变化；山区植物种类，在向更低温度的变迁适应过程中，必须面对原生植物种类的激烈竞争，或自身衰落或使原生植物种类退化消失。

（2）从营养物质角度分析植物可能无法对抗全球气候变暖。2015年4月20日，美国国家大气研究中心生物地球化学家威廉·魏德尔和同事组成的研究小组，在《自然·地球科学》杂志网络版上发表论文称，他们的研究发现，有限的营养物质或许让植物的生长速度无法像科学家想象得那样迅速，从而导致到2100年，全球变暖会比一些气候模型所预测的更为严重。

植物是人类对抗气候变化的最后堡垒之一，它们会吸入二氧化碳气体从而生长得更快，并且随着人类不断制造温室气体，植物也会吸入更多的温室气体。植物的茁壮成长需要不同的营养物质，例如氮被用来合成吸收光线的色素叶绿素，而磷则用来合成蛋白质。农民在肥料中提供了这些营养物质，但是在自然界，植物必须自己找到它们的来源。

新的氮来自于空气。空气中有78%的体积是氮，但它们几乎全部以氮气的形式存在。植物并不能将氮气分解，因此它们只能依靠土壤中的细菌为其完成这项使命。一些植物，主要是豆科植物，在它们的根系中进化出了结节，用于储存它们的细菌。而新的磷则来自于风化的岩石，或者有时候从沙漠吹来的砂砾。

然而，这两种重要的营养物质，在全球气候模型中很难被作出充分的解释。在联合国政府间气候变化专门委员会（IPCC）用来在大多数报告中预测未来全球变暖的11个模型中，只有两个模型考虑到有限的氮对植物生长造成的影响；而没有一个模型考虑过磷，尽管2014年发表的一篇论文指出了这一疏漏。

因此，该研究小组，着眼于分析在不同的模型中，对于新植物的生长所进行的预测，并且估算了满足这些预测将需要耗费多少氮和磷。研究人员还研究了在天然来源中有多少额外的氮和磷是实际可用的。结果他们发现，如果不相应地校正模型，将没有足够的氮和磷能够满足预测。

研究人员称，与联合国政府间气候变化专门委员会的数据相比，考虑了氮和磷后的年度全球碳储存平均预测值减少了25%。预计到2100年，这样一种戏剧性的减少将使土地从吸收碳变为泵出碳：随着土壤微生物的呼吸作用（它们会释放出二氧化碳气体），全球温度将变得更高。这意味着，随着土地开始放大人类活动导致的气候变暖而非减缓这种趋势，地球将变得更热。然而，这里依然存在各种各样的未知数。例如，土壤中的细菌在分解死亡的植物后会释放出氮和磷，因此这些微生物能够增加可以获得的氮和磷的总量。

2. 探索气候变暖对植物与合作动物关系影响的新进展

发现气温升高会破坏花朵和蜜蜂的共生关系。2019 年 7 月 25 日，德国维尔茨堡大学生物学家桑德拉·克尔伯格主持的研究小组，在《公共科学图书馆·综合》杂志上发表论文称，他们研究发现，随着全球变暖，平均气温升高，植物与传粉昆虫间的共生互利关系也遭到了破坏。

为了研究不同温度是如何影响植物和传粉昆虫的，研究人员选择了欧洲白头翁花和欧洲果园蜜蜂，以及红色梅森蜜蜂两种独居蜂作为实验对象。通过测算冬季和春季的两种独居蜜蜂的孵化时间，以及白头翁开花的开始时间，得出实验结果。

欧洲白头翁花是春季最早开花的植物之一，对气温非常敏感，气温上升会促使它每年提早开花，其主要的繁殖方式是由独居蜂传递花粉播种繁殖。然而，独居蜂却不能像白头翁花那样随着温度的升高而提前孵化。这可能会导致植物种子产量减少并危及繁殖，同时要求独居蜂们转向其他植物觅食以补偿食物供应缺乏。

克尔伯格描述道，实验伊始，研究人员把两种蜜蜂的蜂茧，放在维尔茨堡地区的 11 个草原上。他们还在其中 7 个草原上研究了温度对白头翁花开花时间的影响。他说："由于各个草原表面温度不同，我们能够研究不同气温对白头翁花开花和独居蜂孵化的影响。"

实验结果表明，随着温度升高，白头翁花开始提前开花，而两种独居蜜蜂的出现有些滞后，这说明即使在没有合适的授粉者情况下，白头翁花的初蕾就会开花，这就使得它们的生存能力和繁殖成功率大大降低，可能会对种群规模产生负面影响，从长远来看甚至会将一个物种推向灭绝。

在植物和蜜蜂的生命中，孵化和开花这两件事同步是至关重要的。研究人员解释说，对于独居蜂来说，初春是它们孵化的时间，如若没有开花植物提供食物，可能会对它们的生存和后代数量产生负面影响。而对于那些依赖单独授粉的植物来说，在最适当的时间开花亦很重要。或早或晚的开花，都会造成缺乏传粉者的情况，而由于花蜜和花粉的供应减少产生的时间上的错配，也会危及独居蜂。

3. 探索气候变化对树木影响的新进展

（1）发现气候变化会驱动美国树种西迁。2017 年 5 月 17 日，美国普渡大学森林研究专家费松林领导的一个研究小组，在《科学进展》杂志上发表论文称，他们分析了美国林业局 1980—2015 年的森林资源清查数据，发现不同树种对气候变化有不同响应，有一些树种对气温变化敏感，但更多树种对降水变化更敏感。他们的研究表明，改变降雨模式可能会驱动一些在美国东部生长的树种，向西部而不是向北迁移。

生态学家们早就预测到气候变化，会使植物和动物向北并朝着极地的方向运动，以期寻找熟悉的温度。这种运动已经越来越多地在世界各地得到证实。然而，该研究小组提出了不同观点，费松林表示："这对我们来说真是一个巨大的意外。"他说，这项研究表明，在短期内，树木对水分供应变化的响应，大于对温度变化的响应。

具体而言，过去 30 多年里，美国东南部降水减少，中西部降水增多，结果橡树、枫树和核桃树等对降水敏感的落叶阔叶树种向西迁移。冷杉、云杉与松树等常绿针叶树种对气温变化更敏感，这些树种依然像此前预测的那样向北迁移。总体上，在考虑气候变化对树种迁移造成的影响时，降水比气温的影响更为显著。

研究人员表示，与此前许多气候变化研究不一样的是，他们不是利用模型预测未来，而是基于真实数据研究气候变化对森林已造成的实际影响，他们的成果凸显降水变化对树种影响的重要性，未来可能有必要对降水变化进行更多的跟踪与预测。费松林说，森林具有重要的经济、生态和社会价值，如生产林木、涵养水源、固碳释氧和增加就业机会等。这项研究，对人工造林时选择新的树种以更好地适应将来的气候变化，具有一定指导意义。

（2）发现气候变化使城乡树木出现不同的生长速度。2017 年 11 月，有关媒体报道，一个由法国研究人员参加的国际研究团队，在《科学报告》上发表论文称，城市树木的生长速度，比城市外同龄树木的生长速度快 25%。

该研究团队分析了法国巴黎、美国休斯敦、智利首都圣地亚哥和日本札幌等 10 个城市，约 1400 棵树的生长情况，得出的结论是：乡村也许更具田园风味，但树木在城市里却生长得更快。通过提取树心样本，用树轮推测树木的年龄和生长情况，研究人员得出了约 150 年来树木生长的一种趋势。气候变化普遍被证明对树木有益，因为气候变暖促进了光合作用，并延长了生长季节。研究发现，在 1960 年之后，农村和城市树木的生长速度都提高了 17%。

但是，为什么城市树木会长得更快呢？研究人员指出，这可能是由于城市热岛效应造成的。这种效应导致城市温度与周围地区相比上升了10℃。在亚热带城市，如休斯敦、越南河内和澳大利亚布里斯班，在1960年之前，城市树木也比乡村树木长得快，不过它们后来的生长差异变得微不足道了。这可能是因为城市温度的升高不足以克服其他不利条件，比如城市有限的供水和扎根空间等。

如果今天的城市气候会成为乡村地区的明天，那么，这个趋势并不是个好兆头。在气候变暖背景下，未来可能会出现一个临界点——全球树木的生长速度停滞，甚至退步。

（三）研究气候对农作物影响的新信息

1. 气候变化影响农作物产量研究的新进展

（1）预计气候变化将影响非洲部分农作物产量。2016年3月13日，英国利兹大学安迪·查利诺教授与德国等国同行组成的一个研究团队，在《自然·气候变化》杂志网络版发表论文称，气候变化预计会对撒哈拉以南非洲地区的玉米、豆子和香蕉这3种关键作物产量带来较大影响，当地有必要尽快采取措施，以确保农作物产量稳定。

研究人员分析了撒哈拉以南非洲地区的9种作物，在气候变化条件下可能受到的影响，这9种农作物占该地区食物来源的一半。研究结果显示，6种农作物预计能在气候变化条件下维持稳定产量。但到21世纪末，如果气候变化情况不改善，撒哈拉以南非洲30%地区的玉米和香蕉将会减产，60%地区的豆类也会减产。

研究人员称，由于影响较大，撒哈拉以南非洲地区有必要在2025年就开始采取相应措施，如转换当地种植作物的种类、改进灌溉系统、在一些极端天气情况中停止农业生产等。

实际案例也显示，尽早采取行动能带来不错效果。据报告介绍，在乌干达开展的香蕉和咖啡豆间作就显示，当地农民收入可提升50%，并且能更富有弹性地应对气候变化。查利诺指出，农业发展需要弹性管理，相关改变要尽快实行。

（2）研究表明全球变暖对农作物产量影响复杂。2016年4月，美国哥伦比亚大学气候系统研究中心，环境科学家德尔芬·德里格等人组成的一个国际研究小组，在《自然·气候变化》杂志上发表论文认为，尽管地球整体性变暖会使部分农作物减产，但在全球某些地区，大气中二氧化碳浓度升高会减轻这一影响，此外可能有更复杂的因素同时发挥作用。

该研究小组，从大范围现场实验中获得农作物的模型和数据，经过分析认为，虽然全球升温和水资源短缺使农作物减产，但考虑到二氧化碳浓度增加会减少农作物对水分的需求，到 2080 年，玉米、大豆、小麦和大米等 4 种农作物，用水效率都将提高。研究预测，如果将所有因素考虑在内，到 2080 年，在依靠降雨灌溉区域，小麦平均产量将提高 10%；在人工灌溉区域，小麦将平均减产 4%。而玉米几乎在所有种植区域的产量都将下降，平均下降约 8%。研究没有对大豆和稻谷的产量变化作出结论。

德里格强调，这项结论并不意味着二氧化碳是"人类的朋友"，只是提醒相关研究人员，在讨论气候变化长期影响时，应将二氧化碳浓度对农作物的直接影响计算在内。

2. 气候变化对水果生产影响研究的新进展

发现气候变化会加剧部分地区香蕉病害。2019 年 5 月，英国埃克塞特大学学者丹尼尔·贝贝尔主持的研究小组，在《皇家学会生物学分会学报·哲学汇刊》上发表论文称，他们研究发现，香蕉也是气候变化的受害者，气候变化导致拉丁美洲和加勒比地区的香蕉作物，更易受一种较常见真菌疾病的侵袭。

该研究小组分析了黑条叶斑病的传播数据及相关气候信息后发现，过去半个世纪，湿度和温度的变化，导致拉丁美洲和加勒比地区香蕉作物发生黑条叶斑病的风险上升约 44%。

据介绍，黑条叶斑病 20 世纪首先出现在亚洲，1972 年传入洪都拉斯，1998 年巴西报告发现黑条叶斑病，十多年前它又侵入加勒比地区的一些香蕉种植区。遭侵染的病株不但叶片明显受损，而且产量和果实品质也会大幅降低。

贝贝尔说，气候变化为黑条叶斑病真菌孢子的生长提供了更好的温度条件，让作物冠层更湿润，这导致拉丁美洲和加勒比地区许多香蕉种植区，出现黑条叶斑病的风险增大。

3. 探索应对气候对农作物影响的新方法

开发出减少二氧化碳对农业气候影响的新技术。2019 年 8 月，国外媒体报道，一个由丹麦技术大学和奥胡斯大学共同组成，科学家亨里克·斯蒂斯达尔为主要成员的研究小组，发表研究成果称，他们成功开发出蓝天清洁技术，不仅可以减少 50% 的农业温室气体排放，还可以将秸秆和污泥转化为气候中性的航空燃料，为应对气候变化提供全新的重要解决方案。

农业、航空是重要的温室气体排放源，随着全球应对气候危机的日趋紧迫，必须找到全新的解决方案，才能确保全球变暖不超过 1.5℃。

据斯蒂斯达尔介绍，蓝天清洁技术，把部分碳转化为航空燃料，可以避免农业剩余秸秆和沼气厂残余纤维的碳，以二氧化碳的形式返回大气中，剩余的碳则以生物煤的形式，永久地存储在土壤里，帮助维持土壤中的碳。生物煤可用于施肥和改善农业土壤，同时生物煤又非常稳定，多年内仅有少量转化为二氧化碳，从而减少农业气候的影响。

从生命周期看，该技术把植物中50%的碳转化为航空燃料，燃烧后以二氧化碳的形式返回大气，其余50%的碳则永久地固化在生物煤中，不会返回大气。最终结果是生产干净的航空燃料越多，从大气中吸收的二氧化碳就越多。

丹麦技术大学在秸秆和残余纤维热解过程，及生物煤生产试验方面，已经取得了很大进展，两所大学的研发人员呼吁政府加大对该技术产业化的研发支持。

三、生物多样性保护研究的新成果

（一）研究生物多样性与生态关系的新信息

1.探索生物多样性与植物生态关系的新进展

发现生物多样性减少会导致植物分解速度放慢。2014年5月13日，法国国家科学研究中心的斯蒂芬·海施威勒领导的一个研究小组，在《自然》杂志上发表的一项生态学研究成果，评估了植物残体的多样性和分解植物残体的生物多样性，这两者对于植物残体分解速度的影响。调查发现，在所有生态系统中，植物残体和腐生生物多样性的减少，都会放慢植物残体中碳循环和氮循环以及分解速度。

未分解的死亡植物组织及其部分分解产物，就是植物残体。由于这些凋落物的分解归还到大气中的量，是全球碳循环预算中一个重要的组成成分，因此植物残体的分解速率，不但对生态系统生产力起作用，更对全球的碳预算产生影响。而理解生物多样性和分解速度之间的关系，以及其背后的调控机制，也成为生态学的一个重要的目标，尤其是考虑到全球范围内物种的迅速丧失。

海施威勒研究小组，在5个陆地和水生地点，进行了植物残体分解实验，地点从亚寒带到热带地区都有。在所有研究的生态系统中，他们都发现植物残体和腐生生物（分解植物残体的无脊椎动物和微生物）的多样性的减少，会带来植物残体中碳循环和氮循环，以及分解速度的放慢。而生物多样性减少带来的分解速度放慢，将对给初级生产者的氮供给产生限制。

该研究小组还提出了一个可能推动这一效应的潜在机制。他们报告了从固氮植物的植物残体，向快速分解的植物的氮转移的证据，这突出了在混合的植物残体中的特异性相互作用，能在分解过程中控制碳循环和氮循环。

2. 探索生物多样性与生态稳定关系的新进展

发现生物多样性是生态系统稳定的关键。2015 年 4 月，美国明尼苏达大学锡达河生态系统科学保护区副主任佛雷斯特·伊斯贝尔主持，他们同事及牛津大学专家参与的研究小组，在《科学》杂志发表研究成果称，他们发现，人类活动会影响草原地块的生产力，其中降低的生物多样性，会削弱生态系统的稳定性，换言之，生物多样性是保持生态系统强劲的关键。

该研究小组，在英国东伯特利附近的锡达河生态系统科学保护区的实验草块中，通过观测收集了 28 年的植物生长数据，包括品种数量、生态系统稳定性和暴露于变化中的氮、二氧化碳、火灾、放牧和水的状况，研究人员说："我们发现，任何环境变化的动因，都会导致植物多样性的减少，进而随着时间降低植物生物量的稳定。生物多样性在某种程度上是一个特殊的情况，因为它不仅是生态系统变化的因素，还对其他系统的变化是个响应。"

据悉，该研究不仅观察了影响生态系统稳定性的几个因素，还设置在很长时间内保持其他潜在变量不变。之所以重要，是因为理解生态系统的因果级联变化，是对人类行动参与影响的关键，以及最小化减少对自然系统的损坏，以加强我们这个星球维持人类生命的能力。

研究人员说："如果我们想继续从我们的生态系统所提供的服务中获得好处，就应该格外珍惜和保护生物多样性。"

伊斯贝尔强调，这个研究站点，在获得研究结果中发挥了重要作用。与锡达河生态系统科学保护区相比，世界范围内对自然生态系统的调查鲜少有这么彻底的。而来自世界各地的生态学家，不断被吸引到锡达河，并激发出去做更多的新发现，刷新人们对自然界的理解。

基于研究结果，研究人员正在扩大其研究，探讨多样性下降是否会影响天然草原，同时提供多种生态效益的能力。这项工作将通过一个网络平台协调，实现在世界各地同步对多样的草原生态进行研究，在快速变化的世界中有助于保持生态系统的健康。

3. 探索生物多样性与生态经济关系的新进展

认为森林树种多样性受损可致高昂生态经济代价。2016 年 10 月 14 日，美国西弗吉尼亚大学助理教授梁晶晶主持的研究小组，在《科学》杂志发表论文称，保护森林树种多样性不仅能帮助应对气候变化，也有助于产出更多的经济效益。他们的新研究表明，如果全球森林树种多样性遭到破坏，那么每年由此造成的森林及其生态经济损失可多达数千亿美元。

研究人员收集了美国、俄罗斯、叙利亚与日本等45个国家和地区，约80万处林业样地的数据。他们的评估显示，在全球范围内，全球森林的生产力，随着树种多样性的升高而升高，但升高的速度会随着多样性的增加逐渐降低。

所谓森林生产力，是评价森林生态系统功能的主要指标之一，在该研究里是以森林年均木材增长量来衡量的。这项发现意味着，如果目前全球的森林树种多样性消失，全球树林均为单一树种，即使树木的数量和其他条件不变，全球森林的生产力将会降低26%~66%。

研究人员估计，森林树种多样性，在维持生产力方面的价值，介于每年1600亿~4900亿美元。梁晶晶说："光这个价值，就在全球每年保护物种多样性所需要开支的两倍以上。"研究表明，树种多样性损失，对生产力影响较大的地区性森林有：北美北方针叶林，北欧东部、西伯利亚中部、包括中国在内的东亚地区的森林以及非洲、南美洲和东南亚的部分热带和亚热带森林。

梁晶晶指出，保护生态多样性带来的经济效益，大大高于保护它的成本。保护生态多样性，特别是植物多样性以及树种多样性，对于人类具有重大意义，因为这不仅维持着相关物种，以便我们的子孙在将来可以看到、用到它们，同时还维持着与社会经济息息相关的生态系统的生产力。

（二）研究生物多样性现象的新发现

1.探索植物群落性别平衡的新发现

（1）发现蕨类植物的性别比例是通过合作决定的。2014年10月24日，日本植物学家军牧田中及其同事组成的研究小组，在《科学》杂志上发表研究成果称，他们发现，个体蕨类植物群落，通过一种复杂的化学信息联系系统，来维持最佳的雄性和雌性平衡。

在日本攀缘的蕨类植物中，植物激素吉贝素会促进雄性器官的发育。早熟的蕨类植物会表达某些启动需要但完成不需要的产出吉贝素的基因，这使得它们处于雌性状态。但是，由那些蕨类植物表达的该吉贝素前体受到了修饰，并接着释放到了环境之中，在环境中，该激素会被那些成熟较晚的蕨类植物吸收。这些晚熟的个体会表达"解码"这一前体所需的酶，并完成吉贝素的合成以产生雄性器官。

这项成果，如同孙太平在一篇相关文章中所讨论的，人们需要做进一步的研究，来查明这类个体之间的化学信号传导，是否会帮助确定其他类型植物种群中的性别比例。

（2）发现枫树会随时间推进而改变性别。2019年6月，美国普林斯顿大学植物学家布莱克·马荷姆主持的研究小组，在《植物学年鉴》发表论文称，他们针对条纹枫树生命周期的研究发现，枫树会随着时间推进而改变性别，健康的枫树更有可能是雄性，而大多数枫树在开雌花时会死亡。

2014—2017年，马荷姆连续追踪新泽西州森林和公园里条纹枫树的生命周期。每年春天，她都会寻访457棵条纹枫树，测量它们的直径、叶子和树枝的状况，并记录下它们开的是雌花还是雄花。

马荷姆说："我们怀疑它们在改变性别，这在植物中相对罕见。"经过追踪观察和统计，她发现，54%的枫树在4年时间里转换了性别，其中1/4至少转换了两次性别。

基于马荷姆收集的数据，研究小组建立的模型显示，与之前的理论相反，健康的枫树更有可能是雄性，而且树木的大小并不影响其性别。研究人员还发现，那些多年保持雌性的树木生长速度逐渐下降，同时75%的死亡枫树在死前都开出了雌花。

目前尚不清楚为何会出现这种情况。马荷姆解释说，这可能是因为雌性需要更多营养，因为它们要产生种子，而这更容易使树木"累死"。但也可能当一棵树濒临死亡时，它会转而选择雌性，将其作为最后的努力来繁衍后代，并将基因传递给下一代。

2. 探索濒危植物生存现状的新发现

（1）发现全球超两成植物物种濒临灭绝。2016年5月10日，国外媒体报道，英国皇家植物园当天发布的一份报告称，全球21%的植物物种正面临灭绝风险，未来有必要加强追踪观察和研究，以便及时采取措施，保护珍贵的植物资源。

这份由皇家植物园研究人员主导完成的报告，对目前地球生物多样性、植物面临的全球威胁以及现有政策效果进行了分析，并对全球植物数据作了进一步梳理。

报告称，如果不包括藻类和苔藓类等植物，全球已知的植物物种有39万多个，并且每年新发现的植物物种达到2000个。

报告将"农业发展导致栖息地遭破坏"这一因素，列为威胁植物物种生存的最大因素，比如棕榈油生产和养牛等；而"伐木导致森林退化"和"楼房、基础设施建设"是分列第二、第三位的因素。

研究人员称，气候变化对植物生长所造成的影响目前相对没那么大，但正在逐步扩大，可能要 30 年后才会真正表现出来，特别是对树木的影响。目前来看，全球变暖已经影响到咖啡豆种植，在一些国家，这类作物遭受病虫害的风险增加了。

此外报告还指出，近年来，全球新发现的植物物种数量保持了较高增速，仅皇家植物园研究人员每年就能发现 200~300 个新的植物物种。全球范围内，中国、澳大利亚和巴西的研究人员在这方面贡献尤其明显。

报告介绍，许多重要的植物在过去数千年里被人类培养成高产作物，但它们也逐渐失去了抵抗病虫害和气候变化的基因，包括香蕉、高粱以及茄子在内，许多作物的基因多样性已被大幅削弱，致使它们在新的环境威胁面前非常脆弱，为此，各国有必要加强野生植物物种资源调查，尽快找到这些作物的近源野生物种并加以保护。

（2）发现植物灭绝速度快得惊人。2019 年 6 月，瑞典和英国生物学家联合组成的一个研究团队，在《自然·生态与进化》杂志发表的论文显示，自 18 世纪中叶以来，人类平均每年导致两种植物从地球上消失。这是首个绘制全球植物灭绝地图的综合性研究成果。

该研究团队通过分析英国皇家植物园的数据库后发现，1753—2018 年，有571 种植物灭绝。被破坏的物种，包括智利檀香和圣赫勒拿橄榄树。智利檀香只在太平洋的一组岛屿上被发现，而圣赫勒拿橄榄树仅生活在以其名字命名的岛屿上。研究人员称，植物灭绝的速度比地球历史背景速度快 500 倍。所谓背景速度，是指在人类影响出现之前植物自然灭绝的速度。

英国皇家植物园的埃利斯·汉弗莱斯表示，即使灭绝的植物达到 571 种，也可能比实际数字低。他说："我们很确定这个数字被低估了。因为世界上一些生物多样性区域被研究得很少，同时一些植物的数量已经减少到如此低的数字，以至于被认为是功能性灭绝。"

植物灭绝的数量远超鸟类、哺乳动物和两栖动物。这是研究人员考虑到植物总体上物种更多而作出的预期。然而，动植物灭绝的地理位置，惊人地相似。岛屿物种天生就很脆弱，受到的打击尤其严重。生活在热带或地中海气候地区的物种也一样，只是因为它们拥有丰富多样的生命，所以看上去没有那么糟糕。其中，夏威夷的物种灭绝，比世界上其他任何地方都严重，仅这里就有 79 个物种灭绝。其他热点地区，则包括巴西、澳大利亚和马达加斯加。

3. 探索濒危树种生存现状的新发现

（1）认为亚马孙森林一半树种可能会"灭绝"。2015 年 12 月，英国东英吉利大学环境科学学院卡洛斯·佩雷斯教授等来自 21 个国家 158 位科学家参与的一个研究团队，在《科学进展》期刊上发表研究成果提醒称，亚马孙地区大约一半树木种类将濒临灭绝。他们最新研究显示，最高可达 57% 的亚马孙树种，可能已经达到了全球濒危水平。

如果这一研究结果得以确认，那么地球上濒危的植物种类，将增加 1/4。几十年来，亚马孙地区的森林覆盖率一直在下降，但是对于个体树种所遭受的影响，人们所知甚少。

在这项研究成果中，科学家用将近 1500 份过去亚马孙地区的森林图，与现今的森林图进行对比后，预测这一地区森林所遭受的损失，并估算到 21 世纪中叶有多少树种可能会消失。

研究发现，世界上树木种类最丰富的亚马孙森林，可能孕育着超过 1.5 万种树木。国际自然保护联盟的濒危物种红色名单，被认为是国际上评估植物和动物物种现状最全面、最客观的标准。按照这一标准，亚马孙地区 36%~57% 的树种，可能会被列为全球濒危物种。受到威胁的树木种类，包括标志性的巴西坚果树和可以用来生产巧克力的可可树等，还有一些连科学家都不认识的稀有树种。

佩雷斯表示，亚马孙地区的湖泊和水库，正面临大坝建设、矿物开采、火灾和洪水等多种威胁，只有这些湖泊和水库得到合理对待，才能防止这些濒危物种走向灭绝。佩雷斯说："从某种意义上来说，这个研究结果，是在呼吁人类在亚马孙森林走向灭绝之前，投入更多力量，来抓住最后的机会，认识这一地区的树木多样性。"

（2）认为欧洲特有树木种类超过半数濒临灭绝。2019 年 9 月 29 日，香港《文汇报》报道，国际自然保育联盟日前发表报告，指出欧洲特有树种中，超过半数正面临灭绝危机，原因包括外来物种入侵、毫无节制的伐木和城市化。

国际自然保育联盟在报告中指出，在欧洲 454 种原生树木种类中，有 42% 未来可能会从欧洲消失。此外，根据该机构更新的濒危物种"红色名录"，多达 58% 欧洲特有树种正面临灭绝威胁，其中 66 个种类属于"极危"，距离灭绝仅一步之遥，情况令人担忧。

该机构表示，害虫、疾病和外来入侵物种，正加速欧洲特有树种减少。其中最具代表性的七叶树的数量已大幅减少，被列为"脆弱"树种，主要原因是来自巴尔干半岛的害虫"潜叶虫"迅速扩散，以及伐木、森林大火和旅游业急速发展。

该机构强调，应加强关注一些鲜为人知的物种，并将其纳入保护范围。"红色名录"首次评估这些物种的状况，发现超过一半的灌木，以及20%的陆生软体动物物种和苔藓植物正濒临灭绝。报道称，这些容易被人忽略的物种对生态非常重要，例如陆生软体动物物种有助于改善土壤，也是鸟类、哺乳类动物和人类的重要食物来源。

4. 探索森林生物多样性现象的新发现

（1）发现热带雨林多样性生态系统面临严重退化。2015年8月，有关媒体报道，英国伦敦大学学院西蒙·刘易斯领导的一个研究小组，发布一项研究成果称，人类活动正给全球热带雨林带来前所未有的威胁，到21世纪末，这类多样性生态系统或许会严重退化，仅剩一个"简化"版本。这一过程中，大量物种也会随之消亡。

研究称，过去数千年里，人类活动对热带雨林所造成的影响持续加大。目前，全球3/4以上的热带雨林已因此而退化。研究人员说，如果情况不改变，热带雨林这一仅存的复杂生态系统，很可能会逐渐弱化，变成功能单一的系统。

研究人员把过去6000年里人类活动对雨林的影响，分为第一阶段和第二阶段，即人类狩猎者开始进入雨林地区，以及在这类区域逐渐开始农耕活动。尽管这两个阶段里，热带雨林也受到一定影响，但总体还处在一个健康状态。

如今，人类活动已进入第三阶段，所带来的影响远超此前阶段。这包括大面积农业开发、伐木以及人类活动引起的气候变化。即便地处偏远的热带雨林也不能幸免。

刘易斯说，过去30年里，地球已失去100万平方千米的热带雨林，导致这种状况的主要原因就是大规模农业开发。而这些雨林本身具有重要的碳汇功能，能有效缓冲气候变化进程。

这项研究显示，热带雨林的前景不容乐观，热带雨林受损没有减缓的迹象：粮食需求预计会成倍上涨；到2050年，全球要修建的道路将超过2500万千米；气候变化加剧。刘易斯呼吁，各国都需要用立足长远的政策措施，来管理农业发展等活动，以避免破坏雨林。

（2）发现混合林能有效提高生物多样性收益。2016年9月6日，美国普林斯顿大学科学家华方圆主持的一个研究小组，在《自然·通讯》杂志上发表的一项环境学研究提出，更广泛地种植不同种类的树木，能提高退耕还林计划的生物多样性收益。目前，许多地区都在使用单一树种造林，比如桉树、竹子和柳杉，但缺少树木多样性仍然无法提升生物的多样性。

盲目毁林开垦以及在陡坡地、沙化地耕种，不但会造成严重的水土流失和风沙危害，更会威胁生态安全。而退耕还林工程就是从保护生态环境出发，将水土流失、沙化、盐碱化、石漠化严重的耕地，以及粮食产量低而不稳的耕地，有计划、按步骤地停止耕种，因地制宜地造林种草、恢复植被。

但此次，华方圆研究小组发现，不少地方退耕还林的林地，往往只种植一种单一树木，种植 2~5 种树木的更少一些，而选择原有天然林多样树种的情况可说是极少。

研究人员在调查中国四川省退耕还林林地后发现，相比于耕地，单一种植林地的鸟类多样性更低，而混合林则能大幅提高鸟类多样性，对整治多样性退化是有效之举。

合理利用自然资源是人类实现可持续发展的基础，因此，生物多样性的研究和保护备受重视。该研究小组得出结论称，推广混合林能带来生物多样性收益，而且这一举措，无需增加农户额外成本或大幅调整政策。

5. 探索作物野生近亲多样性现象的新发现

发现作物野生近亲的多样性保护严重不足。2016 年 4 月，一个由植物学家组成的研究小组，在《自然·植物》杂志网络版发表论文称，他们研究发现，在用于植物的生物多样性保护的储备库中，驯化作物的野生近亲的多样性少得可怜。他们呼吁采取系统性的努力措施，通过在用于植物繁殖的基因库中，增加更多作物的野生近亲，从而增强对这一物种保护。

养殖植物的野生近亲所具有的遗传多样性，对培育产量更高、营养更丰富和适应性更强的作物种类，或许会起到作用。但是，这种期望建立在一种假设情况之上，那就是作物的野生近亲能够很容易地用于研究和植物培养，不论其是在野生环境中还是基因库中。

研究人员利用现有的生物多样性数据、标本数据和基因库数据，建立了一套 81 种作物的 1000 个不同基因品种在全球的分布情况的模型，并将其多样性与当前基因库相比较。他们发现，作物野生近亲的多样性非常少，其中有 70% 的品种被认为在未来的采集中十分重要，相比其在原生分布中地理和生态上全面的变化差异，有超过 95% 的品种采集不足。

研究人员发现，地中海、近东、欧洲西部和南部，东南亚、东亚和南美洲地区的品种采集不足的情况最严重。

（三）寻找植物新物种或已消失物种的新信息

1. 发现木本植物新物种

（1）发现锦葵科植物新物种大围山梧桐。2020年11月，云南省河口县林业和草原局，与西南林业大学、中国科学院昆明植物研究所联合组成的研究团队，在《植物分类学》杂志上发表论文称，他们发现了锦葵科一个新物种：大围山梧桐，为中国生物物种名录增添了新成员。

梧桐属原属于梧桐科，根据最新的系统发育研究结果，现归并于锦葵科梧桐亚科内。目前已知全世界有梧桐属植物18种，中国共记载有10种（梧桐、云南梧桐、海南梧桐、丹霞梧桐、火桐、美丽火桐、广西火桐、克氏梧桐、龙州梧桐和大围山梧桐），全属除梧桐外，均被列入国家重点保护野生植物名录进行保护。

2013年，河口林业系统的工作人员在进行植物调查时，发现了一种奇特的先花后叶的梧桐属植物。经过多年的观察并通过形态学研究和初步的分子生物学比对，该种为一个尚未描述的梧桐属新物种。新发现的物种被命名为大围山梧桐，主要分布于大围山地区的河口（模式产地）、个旧和马关3个县市，种群数量较少，仅50株左右。且受人为干扰严重，基于世界自然保护联盟（IUCN）濒危物种等级评估标准，将该物种评估为濒危等级（EN），也是一种典型的极小种群野生植物。

大围山梧桐的发现，为梧桐家族增添了新的成员，具有重要的科研价值，同时也进一步丰富了大围山的生物多样性保护价值。

（2）发现山茶属管蕊茶植物新种。2021年3月，中国科学院昆明植物研究所杨世雄研究员主持的研究小组，在国际植物分类学期刊《植物类群》上发表论文称，他们在云南省麻栗坡县发现一种罕见的山茶属植物，经研究确定这是管蕊茶组成员，并被确定为新种云南管蕊茶。它既具有重要的园艺价值，也具有很高的生物资源价值。

山茶属是瑞典植物分类学家林奈1753年在《植物种志》中建立的属，主要分布于东亚及东南亚地区，中国地处该属分布中心。目前最新的山茶属分类系统在山茶属下划分了14~20个组，含120~280种。以往研究揭示，中国拥有该属80%~90%的物种，但在组级层面上，越南茶组、柱蕊茶组和管蕊茶组在中国完全没有分布。

研究人员介绍，管蕊茶组是山茶属中形态最为奇特、被认为是演化水平最高的一个组，以其雄蕊的外轮花丝高度合生成一根肉质花丝管为主要特征，其前身是管蕊茶属，1859 年被归入山茶属。此前，该组只有管蕊茶和泰国管蕊茶两种。管蕊茶的模式产地为印度尼西亚的爪哇岛，但在苏门答腊、加里曼丹、苏拉维西和菲律宾群岛等地陆续有发现。泰国管蕊茶仅分布于泰国北部清迈。

杨世雄说："在植物野外调查中，我们在麻栗坡发现一种开着黄色小花、枝叶密被有开张长毛的山茶属植物，仅有 30 株左右，十分稀少。"因其雄蕊花丝完全合生成一根肥厚的花丝管，可以确定是管蕊茶组成员。

经过仔细比对研究，他们发现这种花雄蕊仅有 1 轮，且花丝管内没有离生或不同程度离生的雄蕊，这与已有的两种管蕊茶物种存在显著差别，因而被确定为云南管蕊茶新种。这是管蕊茶组植物在我国的首次发现。

（3）发现非洲豆腐柴属植物新种。2021 年 7 月 14 日，有关媒体报道，肯尼亚国家博物馆穆特尔·纳贡巴乌博士和木图库·穆西利博士，以及武汉植物园胡光万研究员等专家组成的研究小组，在《植物分类学》杂志上发表发表论文称，他们在肯尼亚基利菲县查辛巴地区沿海森林中发现唇形科豆腐柴属植物一个新种，并已正式命名。

据介绍，唇形科是唇形目中最大的一个科，共有 200 多个属 7000 多种。豆腐柴属主要分布于旧大陆的热带和亚热带地区，在非洲、亚洲、澳大利亚以及太平洋和印度洋的各个岛屿均有发现。东非约有 17 种，其中肯尼亚记载有 10 种。豆腐柴属植物通常为灌木、乔木或木质攀缘植物。2020 年，在中非联合研究中心项目支持下，肯尼亚国家博物馆组织野外调查，从武汉植物园毕业的纳贡巴乌博士，在肯尼亚沿海地区采集到一种罕见的豆腐柴属木质藤本植物，它明显不同于东非已记载的任何种类。

在与东非植物标本馆所有该属植物标本核对和比较后，发现博物馆的青年植物研究人员玛迪梅·尼延格于 2019 年，也从同一地点采集过此种植物标本，但当时未曾命名。

随后，纳贡巴乌与其博士导师胡光万研究员展开进一步比较研究，并咨询本属植物分类学专家李波博士后，确定这一罕见植物为未命名的新种，它与肯尼亚已记载的两个种最为相似，但有明显区别。该新种植物的生活型为攀缘灌木或木质藤本，老茎具刺，小枝、叶柄和花序具浓密的金棕色树突状短柔毛，在侧生和顶生枝顶生短的聚伞花序，花萼管状，长约 3 毫米，裂片宽三角形，长约 1 毫米，密被暗棕色树突短柔毛。

这些特征明显不同于本属近缘种和其种类，因而被确定为一个特征显著的未被描述的新种。鉴于肯尼亚国家博物馆植物研究人员玛迪梅·尼延格在该物种发现过程中的重要作用及其长期对肯尼亚植区系进行调查和研究，并作出重要贡献，因此用其名字命名了该新种。

2. 发现草本植物新物种

（1）发现肉质腐草科植物新种"尖峰水玉杯"。2020年3月15日，中国林业科学研究院热带林业研究所、海南尖峰岭森林生态系统国家野外科学观测研究站原站长李意德研究员、中国林业科学研究院许涵研究员等组成的研究团队，在《植物》杂志上发表论文称，他们在海南热带雨林国家公园发现一个新的植物种类：尖峰水玉杯。

有关专家指出，尖峰水玉杯目前发现的植株数量极少，根据世界自然资源保护联盟对物种濒危程度的划分标准，建议将该种列入渐危级甚至濒危级加以保护。

李意德介绍道，尖峰水玉杯的形态像一个红色灯笼，在分类学中隶属于肉质腐草科水玉杯属的一个新物种。水玉杯属植物在全球有40多种，主要分布在泛热带地区。此前，在中国境内发现并记录的有台湾水玉杯、三丝水玉杯、贡山水玉杯、香港水玉杯和黄金水玉杯等5种，尖峰水玉杯是最新发现的第6种，也是仅见于海南的特有植物种类。

许涵说，尖峰水玉杯是生态站研究人员在0.6平方千米大样地及网格样地，长期监测工作中发现的新物种。自2011年以来，该研究团队相继在海南热带雨林中发现了尖峰霉草、尖峰马兜铃、乐东马兜铃、海南线柱兰、海南桦和雪影薹草共6个新植物种类，尖峰水玉杯的发现是他们发现的第7个新植物种类。

（2）发现姜属顶花组植物新种灰岩姜。2021年11月18日，中国新闻网报道，中国科学院东南亚生物多样性研究中心一个研究小组，在云南省西双版纳石灰山森林里发现了一种顶生花序的姜属植物，经过文献查阅和标本比对之后，最终确认为姜属顶花组植物一新种，命名为灰岩姜。该新种的发现，为中国姜属植物增加了一个新记录组。

石灰岩森林是热带雨林非常重要的组成部分，因其特殊的地质条件，难于被开垦种植经济作物而保留下来，同时也成为很多珍稀物种的避难所和基因库。

一直以来，西双版纳的石灰岩森林对于科研工作者、博物爱好者都具有强烈的吸引力，但由于其地形复杂、险峻，难以攀登，使得人们对石灰岩森林始终保持着敬畏，对其生物多样性的认知相对较少，甚至很多区域仍是空白，急须加强保护和开展深入研究。

3. 再次被找到消失多年的植物物种

发现"隐世"百年的贝叶芒毛苣苔。2020 年 6 月，中国科学院成都生物研究所、江苏省中国科学院植物研究所和中国科学院广西植物研究所联合组成的研究团队，在《植物分类学》杂志上发表研究成果称，他们在西藏自治区发现一种"隐世"百年后再次被找到的植物物种，并为其首次拟定中文名——贝叶芒毛苣苔。

研究人员称，他们在整理近年来野外考察采集的植物标本过程中，发现一株采集于西藏墨脱县雅鲁藏布江沿岸森林中的芒毛苣苔"与众不同"。这株芒毛苣苔是中国科学院成都生物研究所助理研究员胡君等人于 2015 年 10 月，在墨脱县背崩乡海拔 300~800 米雅鲁藏布江河谷地带考察时发现的。

芒毛苣苔属是苦苣苔科的一个独特的属，约有 150 种，多分布在热带地区，我国有 30 多种，分布于西藏、云南、广西等地。这株芒毛苣苔圆整规则，酷似贝壳模样的叶子有别于其他小叶类型种类，花梗、萼片、花冠等器官覆盖有短腺毛，花色鲜艳，花冠长约 4 厘米。

研究人员查阅国内外资料，在国际范围内仅找到两份标本，获悉采集时间均在 100 多年以前，其中仅 1 份能公开获取影像资料。通过比对存放在英国伦敦邱园标本馆的指定模式标本，发现在墨脱县新采集的这份标本在形态特征上可以完美匹配。

研究人员根据考察时记录的原始影像资料和新采集的标本，补充了物种描述，还讨论了该物种采集时的原始记录及其拉丁命名问题。根据其叶片形状和拉丁名词义，研究人员为其首次拟定中文名为贝叶芒毛苣苔。

（四）加强濒危植物繁育及保护的新信息

1. 濒危植物人工繁育工作的新成效

成功实现国家一级保护植物光叶蕨的人工繁育。2020 年 7 月 22 日，新华社报道，四川农业大学陈小红副教授及其研究团队，在四川省林业和草原局的支持下，经过多年探索，依靠光叶蕨珠芽，使其成功实现人工繁育，为恢复国家一级保护植物植株及其种群作出重要贡献。

1963 年，研究人员首次在四川天全县二郎山团牛坪，发现国家一级保护植物光叶蕨。目前，数量不足 100 株，均为野生植株。此前，有科研机构开展过光叶蕨的孢子繁殖研究，但只进行到配子体阶段，未真正成苗。这使得物种总面积不到 20 平方米、总数量不足 100 株的光叶蕨，随时面临灭绝的风险。

据了解，《中国植物志》记述光叶蕨属"在分类位置上介于蹄盖蕨属和冷蕨属之间，不同的是，中部羽片的羽轴顶部下侧，具有性质尚不明的小突起"。2012年，国家林业部门启动"第二次全国重点保护野生植物资源调查"，光叶蕨被列入主要物种。陈小红及其研究团队参与调查。

2015年起，该研究团队对光叶蕨开展野外不间断观察记录。2016年开始，进行光叶蕨人工繁育试验。2018年，他们初步完成光叶蕨濒危机制的研究，认定"性质尚不明的小突起"就是珠芽，其成熟后掉落到土壤中，可生长成新的植株。到2020年7月，研究团队不仅反复证明了关于光叶蕨珠芽繁殖的理论，而且通过对照试验找到了人工繁育各阶段的技术要求，并通过人工培植获得了植株，初步建立起光叶蕨人工种群。

2. 濒危植物近地或迁地保护工作的新成效

（1）极小种群野生漾濞槭在近地保护基地首次开花。2020年3月29日，新华社报道，中国科学院昆明植物研究所植物保育与驯化生物学研究小组宣称，在云南大理云龙县漕涧镇志本山研究基地，近地保护的极小种群野生植物漾濞槭首次开花。这标志着，漾濞槭在漕涧镇志本山的近地保护取得初步成功。

据了解，漾濞槭原产于云南大理苍山西面的漾濞山谷，隶属于槭树科的枫属植物，漾濞槭刚被发现时，野外成年个体仅5株，被列入云南省20个优先拯救保护的极小种群野生植物之一。近年来，中国科学院昆明植物研究所对漾濞槭进行了系统调查，目前发现该物种有12个分布点，共577株。

该研究小组2008年开始与漕涧林场合作，2013年在漕涧镇志本山，建立了"云南滇西极小种群野生植物近地及迁地保护试验示范研究基地"，2013年、2014年分两批向该基地定植了漾濞槭种苗，共计200株。

2013—2019年，研究人员对这两批幼苗进行持续监测，2019年的生长数据显示，两批幼苗尚存21株，平均株高2.05米，平均基径4.2厘米，最高的一株4.27米。

据介绍，漕涧镇志本山海拔稍高于漾濞槭自然分布区域，气温相较于原生境偏低。漾濞槭在志本山研究基地顺利开花，表明该种群对当地具有一定的适应性，可以在海拔稍高的地区生存、繁殖，为漾濞槭或其他物种开展迁地及近地保护提供了经验，对其他极小种群野生植物的近地保护具有指导意义。

（2）珍稀濒危植物巴东木莲在迁地首次结实。2020年8月11日，新华社报道，中国科学院武汉植物园共保育10株珍稀濒危植物巴东木莲，其中5株开花，但一直未观察到果实。2020年5月下旬，该园园艺中心副主任刘艳玲对1株开花较好的巴东木莲，开展人工辅助授粉。

研究人员说，通过人工辅助授粉方式，终于使巴东木莲的迁地保育植株，在植物园里首次结实。巴东木莲是一种木兰科木莲属常绿乔木，其模式标本采自木莲属植物地理分布最北缘的湖北巴东县。目前，全国野生巴东木莲分布数量仅500余株，其中江西100多株、湖南400多株、湖北10多株。

刘艳玲介绍说，巴东木莲开花不结果的现象，与其开花特性密切相关，如傍晚开放，有效传粉昆虫少；雌蕊先熟，不能自交结实；花朵具有二次开合现象，首次开放、授粉时间短等。据悉，刘艳玲先后开展了巴东木莲野外居群和迁地保育植株的人工辅助授粉实验，已培育出大量种子繁殖的实生苗，为该物种的野外回归提供了技术与种源支撑。

（五）防治外来植物生态入侵研究的新信息

1. 应对或清除外来入侵物种研究的新发现

（1）发现多数国家应对外来入侵物种乏力。2016年8月23日，美国和英国研究机构的相关学者联合组成的一个研究小组，在《自然·通讯》上发表报告称，多数国家在面对外来入侵物种时缺乏足够的应对能力，其中低收入国家在这类威胁面前尤其脆弱，未来还需更多国际合作。

那些原本在当地没有自然分布，因迁移扩散、人为活动等因素出现在其自然分布范围之外的物种，称为外来物种。其中，有一部分因为没有天敌控制，再加上自身繁殖力旺盛，会变成入侵物种，排挤环境中的原生物种，破坏当地生态平衡，甚至造成经济损失。

该研究小组深入分析后发现，全球1/6的陆地表面，在面对外来入侵物种时都非常脆弱，其中包括发展中国家的大量区域，以及一些生物多样性保存较好的区域。此外，外来入侵物种的传播途径，在不同收入国家之间也有较大差别，高收入国家主要通过货物进口中的一些动植物货品传播，低收入国家更多是通过人们乘坐飞机旅行过程中携带传播。

报告还预测说，由于航空旅行越来越频繁，以及农业开发活动不断扩张，包括植物、动物以及微生物等在内的外来入侵物种，给许多发展中国家带来的威胁持续上升。对于其中那些经济不发达的低收入地区，这类威胁可能会影响当地人的生计和食品供应安全。

报告作者称，要应对这类威胁需要更广泛的国际合作，尤其像美国、澳大利亚以及欧洲一些国家在这方面经验丰富，应该向其他地区分享经验，减少外来物种入侵带来的不利影响。

（2）发现清除入侵植物有利于当地生物生存。2017年2月，一个由多学科学者组成的研究小组，在《自然》杂志发表论文称，他们通过实验观察表明，清除外来入侵植物，将有利于当地生物的存在和发展。

清除入侵性物种可谓是一件永无休止的苦工，一些生态学家质疑是否值得付出这些努力。被人引入新生态系统的植物和动物往往会受到指责，因为它们会让本地动植物受到排挤，还会扰乱重要的交互作用，比如传粉。但科学家没有足够数据帮助他们判断清除入侵性植物是否会产生作用，并重塑健康的生态系统。

非洲塞舌尔群岛是印度洋中一个群岛，来自这里的新发现表明，辛苦工作和金钱投入，会对昆虫、鸟类和爬行动物等传粉者产生很大的益处，也会为受到它们帮助的本地植物带来益处，从而可以促进当地生态的良性循环。

研究人员清除了马埃岛上4座山的近4万株入侵灌木。他们随后仔细监测了传粉者所造访的留下来的植物，这些传粉者包括蜜蜂、蝴蝶、甲壳虫、鸟和蜥蜴等，它们会给当地的福禄桐菌灌木授粉。

经过收集8个月内连续1500小时的观察结果，他们发现与单独留下入侵植物的控制区相比，实验区内传粉者的数量以及与其交互的植物数量增加了20%。也就是说，那些额外的传粉交互会产生果实。实验区内的本地植物也比控制区的植物开了更多花，结了更多果实。

2. 探索外来植物生态入侵防治的新举措

（1）用"吸血鬼"藤本植物寄生功能来帮助摧毁外来杂草。2016年4月，澳大利亚媒体报道，阿德莱德大学生物学家罗伯特·西罗科领导的一个研究小组发表研究成果称，一种能毁掉野生杂草生命的寄生性藤本植物，正被视为用于生物防治的颇有前途的新药剂。研究人员发现，无根藤属毛竹具有一项特殊功能，它可杀死所有外来杂草中的"大坏蛋"——金雀花和黑莓，而这项功能是通过将小型吸根附着在这些植物的茎干上，并且吸取它们的水分和营养物质实现的。

经调查，无根藤属毛竹，是可对抗19世纪初被欧洲移民引入澳大利亚的入侵杂草的第一种本土植物。西罗科表示："这很重要，因为每年我们要花费上百万美元清除这些杂草，更不要说它们对本地生物多样性造成的不可估量的损失了。"

在这些外来杂草中，最臭名昭著的是重瓣刺金雀。将其从自然生境和农场中清除，每年要花费700多万澳元。研究人员发现，利用无根藤属毛竹的寄生功能，可以通过减少其水分和营养物质的摄入，并反过来破坏光合作用而摧毁这种金雀花。西罗科说："光合作用减少，转化的碳水化合物便会减少，植物生长就会变慢。"

科学家研究的这种金雀花植物生活在澳大利亚南部山脉。在那里，很多金雀花已经自然而然地被该地区的无根藤属毛竹"感染"。此项工作，在阿德莱德举行的自然资源管理科学会议上得以展示。

西罗科表示，把无根藤属毛竹作为潜在生物防治剂的最大好处是，它已在澳大利亚东部大片地区自然出现。因此，这种藤本植物本身将变成一种威胁的危险系数极小。

（2）找到防治入侵植物薇甘菊的理论依据。2020年1月26日，中国农业科学院深圳农业基因组研究所万方浩、钱万强和樊伟等专家组成的研究团队，在《自然·通讯》杂志网络版发表发表论文称，他们从多个角度揭示薇甘菊的环境适应性进化和快速生长的分子机制，为防治这一重要外来入侵植物提供理论依据。

薇甘菊原产于中南美洲，随后入侵到东南亚等地，已被列入世界最有害的外来入侵种之一，也是中国首批外来入侵种。这种植物生长速度快，可攀爬、抑制或杀死其他植物，从而破坏生态系统。薇甘菊在我国已扩散到广东、广西、云南、海南等地。

该研究团队构建了染色体水平的高质量薇甘菊参考基因组，利用比较基因组学、代谢组学、转录组学和土壤宏基因组学技术，从薇甘菊的光合作用、化感物质、与土壤微生物作用等方面，揭示其快速生长和环境适应的分子机制。

研究发现，薇甘菊可在白天和夜晚分别利用不同的光合途径，进行二氧化碳的固定，还可以通过自身的化感物质有效富集固氮菌和氨化细菌，加速根际土壤的养分循环，为其快速生长提供充足养分。

第三节　农作物栽培及利用研究的新进展

一、研究农作物栽培方式的新成果

（一）探索农作物耕作与植保的新方法

1. 农作物田间耕作方法探索的新进展

试验并推广水稻水气平衡栽培法。2008年4月，有关媒体报道，广西壮族自治区农业技术推广总站徐世宏研究员率领的一个研究团队，经过连续5年试验，提出"水稻水气平衡栽培法"。这种新方法，使水稻在整个生命周期再也不用一直泡在水中，而是在分蘖、孕穗抽穗灌浆期，利用自然降水和少量的人工沟灌补水保持田间湿润，其他成长发育期实行旱作管理，以达到水稻各生育期田间水汽养分平衡。

试验表明，采用此法，不仅优化了水稻生长环境，促进了水稻根系生长，提高了水稻植株抗逆性，减少了水稻倒伏和病虫害，增加了水稻产量，而且实现了水稻栽培的节能减排。

据介绍，2003—2007年，该站已在广西玉林、贺州、桂林、南宁、防城港市等不同区域，对水稻水气平衡栽培法进行试验研究，试验示范面积达1000亩。结果表明，采用水气平衡栽培法种植的水稻，分蘖数提高8%~15%，产量提高5%~10%，节水50%~60%。同时，由于减少了稻田泡水时间，土壤可经常接触空气，土壤的氧化还原电位得到提高，减少了甲烷和有毒物质的产生、排放，有利于缓解"温室效应"，保护生态环境。

徐世宏说："如果免耕抛秧是水稻栽培的一次革命，那么水气平衡栽培法将带来水稻耕种的又一次革命。"

节水和环保已成为当今世界各国共同关注的命题。如果此法在广西1000万亩保水田推广，每年可节约水稻栽培用水30亿~40亿立方米。有关资料表明，传统灌水栽培水稻产生的甲烷占世界甲烷排放总量的20%，而同一计量单位甲烷的升温效应比二氧化碳还高。采用水稻水气平衡栽培法，可以有效抑制甲烷的产生，将为生态文明建设作出重要贡献。

2. 农作物植保过程农药喷洒方法探索的新进展

利用电荷作用让农药滴液"钉"在农作物叶面上。2016年9月，美国媒体报道，当农民喷洒杀虫剂或其他药物时，其中只有2%能喷射在植物上。反而最主要的部分往往脱离植物，落在土地上或者变成径流的一部分，导致了严重的污染。美国麻省理工学院机械工程副教授克里帕·瓦拉纳西主持，研究生马赫·达马克等人参与的一个研究小组，在《自然·通讯》杂志上发表研究成果称，他们的目标就是解决这个问题。

该研究小组巧妙地在喷洒物中，加入两种廉价的聚合物添加剂，他们发现可以大量减少反弹的液体量。以前，人们依赖像表面活性剂之类的添加物、类皂化学物等，试图减少液滴反弹率。但测试表明，这种办法只能提供小改善，滴液快速反弹，但表面张力仍在变化，而且表面活性剂导致喷洒物形成更小、更容易被吹散的液滴。

新的研究办法，则利用两种不同类型的添加剂，将喷洒物分成了两部分，各接收不同的聚合物质。一种为正电荷，一种为负电荷。当带相反电荷的液滴在叶片表面相遇时，它们形成亲水性"缺陷"，可贴在表面，增加滴液的保持力。

许多植物叶子具有自然的疏水性，这也是它们反弹滴液的原因。但研究小组发现，在叶面上增加微小的亲水碰撞，可以强烈抵消这种倾向。

瓦拉纳西说："我们开始尝试电的相互作用。"他们发现，两种不同的添加剂组合，能把滴液"钉"在叶面，而且一切发生在喷洒的时间里，就在滴液开始回缩反弹之前。

新办法只需要对农民使用的现有装备进行轻微改变。根据实验室测试，研究小组估计，这可使农民仅仅以 1/10 的农药量就能获得同样的效果。而且聚合物添加剂本身是天然的、可生物降解的，不会为径流污染再添麻烦；也是普通的低成本材料，可在当地生产。

达马克说："同时用两罐普通的喷雾器，一罐加入一种物质，另一罐加入相反电荷的物质。农民就像平时那样操作。"研究人员也在尝试不同的喷雾器设计，希望进一步简化过程，不再需要两个独立的罐子。下一步，研究小组希望把实验室结果，开发成可在田地里轻松实践的实用系统，再在印度的小型农场试验。达马克已经走遍印度，调研过小农户目前如何进行农药喷洒。他说："我看到了农场是什么样的条件，农民怎么利用喷洒设备。"

（二）探索给农作物输送养分的新方法

1. 农作物营养传输方式研究的新进展

以医用纳米粒子为农作物输送营养。2018 年 5 月，以色列理工学院纳米专家艾维·施罗德领导的一个研究团队，在英国《自然》杂志旗下《科学报告》刊物上发表论文称，他们研究纳米科学方面发现，除了人体外，用于递送药物的医用纳米粒子也可以帮助治疗农作物的营养缺乏症，它将帮助农业生产大幅度提高作物产量。

在过去几十年中，脂质体作为一种先进的纳米药物传递系统，其优势已经被越来越多的人所承认。实际上，脂质体是指将药物包封于类脂质双分子层内而形成的微型泡囊体，这种纳米粒子可以穿过生物屏障，将填充在其内部的药物或其他物质递送至目标组织。它们已被证明可以有效地递送用来治疗癌症等疾病的药物。

由于这种纳米粒子的生物相容性良好，甚至可以被正常代谢，因此其作为载体的开发潜力巨大。此次，以色列研究团队，测试了纳米粒子向幼苗和完全长成的樱桃番茄植株递送营养素的能力。研究人员分别采用两种方式对缺镁和缺铁的植株进行处理，一种是载有镁铁元素的纳米粒子，一种是不包含在纳米粒子内的工业镁和工业铁。

实验表明，经纳米粒子处理的植株，克服了无法通过标准农业营养素治疗的急性营养缺乏症；施用 14 天后，经纳米粒子处理的营养缺乏植株恢复了健康，而用标准农业营养素处理的植株则没有。研究人员表示，纳米粒子会遍布植株的叶子和根部，之后被植株细胞摄取，并在那里释放出营养物质。该研究结果表明，纳米粒子不但改变了许多疾病诊断、治疗和预防方法，将纳米技术应用于农业生产，同样有望提高作物产量。

2. 农作物肥料及施肥方法研究的新进展

（1）研制出可取代农药的抑菌复合肥。2015 年 2 月，俄罗斯媒体报道，地处伏尔加河流域的俄罗斯喀山联邦大学，其生态学院景观生态教研室副教授波丽娜·加利茨卡娅领导，她的同事与芬兰赫尔辛基大学同行为成员的一个国际研究小组，研制出一种可替代农药的新型复合肥（堆肥），它不仅能对土壤施肥，又能抑制植物的真菌病害。这项成果，将使农民放弃使用杀菌剂这一被广泛用于农作物保护的农药类别。

当前，90% 的农作物饱受真菌病的侵害，在农业生产中以杀菌剂为代表的抗真菌类农药几乎无处不在，但无论哪类杀菌剂均具有不同程度的毒性。因此，这些化学品在抑制真菌病原体、提高农作物对真菌病害抵抗力的同时，也会对土壤和植物产生不良影响。

在《俄罗斯 2014—2020 年科技优先发展领域研究开发》联邦专项计划的支持下，喀山联邦大学承担了"使用抑菌性复合肥防止土壤污染技术"项目，虽然复合肥对农作物病害具有潜在的抑制性的描述早已见诸科学文献，然而，迄今为止这种肥料的制备技术尚未出现。现在，该研究小组的研究成果成为国际首创。

加利茨卡娅表示，以绝对无害的抑菌复合肥取代各类杀菌剂，可达到滋养土壤和通过生物学机理抑制真菌这一植物杀手的双重功效。抑制微观真菌生长的复合肥料的制取技术，在实验室条件下是行之有效的。复合肥的成分可包括粪便、秸秆和褥草类农业废弃物、城市垃圾和污水中的有机馏分物等。究竟选取哪些成分则取决于复合肥的生产区域及其土壤特性。但各类复合肥的组成中，具有抑制真菌功能的特定微生物组分是完全相同的。

目前，研究小组正在研究鞑靼斯坦共和国某个区域特有的有机废料，并利用这些废料的混合物生成复合肥。这种复合肥外观上与普通有机肥并无二致，但它对植物真菌病原体具有抑制效果。研究人员已在选定的区域开展有机废弃物的筛查工作，对其抑菌属性进行评估，并筛选出一系列阻碍微观真菌生长的微生物。加利茨卡娅认为，这些具有杀真菌功效的微生物，可用作复合肥的生物添加剂。同时，研究小组也在进行制取不含生物添加剂的复合肥的可行性研究。所有技术都将申请专利保护。

她表示，参与该项目的喀山联邦大学研究人员，及其产业化合作伙伴俄罗斯"农业控股"有限公司，计划启动有机作物栽培用抑菌堆肥试生产。她指出，抑菌性堆肥的推广使用，将彻底改变现今大量采用抗真菌农药和在农业耕作中百分之百采用有毒化学制剂的状况。此外，新型肥料将带来较大的经济效益。农民既不用花钱购买土壤杀菌剂，也能一如既往地保持土壤肥沃，因为传统的堆肥已被更加普适的抑菌型创新复合肥所替代，同时使土壤及其农作物的质量得到大大改善。这项技术的发明将有望成为被发达国家青睐和渴求的有机食品的生产路径的关键步骤。

当前，俄罗斯正在国家层面酝酿出台，针对有机食品生产要求和对生产商提供支持的法规文件。一年前，在俄罗斯农业部主持下开始了法案的起草工作，由于其最初版本招致大量尖锐的批评，随后法案做了重大修改补充，直至2014年11月才有消息说，法案的最终版本已准备就绪，但公众至今仍见不到法案文本。据悉，法案文本尚未提交俄联邦国家杜马审议。加利茨卡娅估计，在俄罗斯对欧洲果蔬实行禁运的背景下，上述法规文件的出台进程也许会加速。届时，俄罗斯绿色生态农产品的生产者，将得到清晰的指引和激励。

（2）研制出能大幅度提高农作物产量的新型种肥。2017年12月，俄罗斯媒体报道，莫斯科钢铁合金学院科学家与梁赞科斯特切夫农业科技大学和坦波夫杰尔扎温国立大学同行一起组成的研究团队，对以过渡金属纳米粉末为基础研制的新型肥料进行了测试，发现它可将农作物产量提高25%。

铁、钴、铜、锌、钼等金属微量元素，是动植物内蛋白质、酶、激素、维生素、色素等许多生物活性化合物的必要成分。尽管需求量极少，但它们对各种生命进程和新陈代谢来说必不可少。作为酶的关键环节，微量金属元素直接影响植物免疫力、生命力及抗病虫害能力。

该研究团队在金属纳米粉末基础上研制出了新一代肥料，将一系列农化活动精减为种子预处理一道程序，让种子储备必要的微量元素，为此后的植物生长提供给养，从而提高田间发芽率，增强抵抗不利因素的能力，最终提高收成。实验显示，这些指标可提高 20%~25%。

这种肥料可带来经济利益主要有以下几个原因：第一，1 吨经过预处理的种子只需 1 克肥料；第二，通过种子预处理简化农业程序，可减少劳动力费用和农业机械的使用。其关键问题在于，纳米颗粒由于活性强会很快粘在一起，形成聚集体。科学家已通过使用有机稳定剂、超声处理胶体溶液等综合方法，解决了这一难题。

（3）通过改造细菌使植物自己制造肥料。2018 年 7 月，华盛顿大学圣路易斯分校生物系裴克拉西实验室等机构组成的研究团队，在《分子生物技术》杂志发表论文称，让植物自己制造肥料不再是科幻故事，他们创建出一种细菌，在白天可利用光合作用产生氧气，在夜间则利用氮气产生叶绿素。这一研究成果，可能对农业和地球健康产生革命性的影响。

肥料制造是能源密集型产业，生产过程排放的温室气体是气候变化的重要驱动因素。植物利用肥料中的氮产生用于光合作用的叶绿素，但商业肥料中只有不到 40% 的氮能进入植物。而且给植物施肥后，肥料还会流失，经由雨水流入江河湖海，给藻类提供养料使其迅速繁殖，造成生态灾害。

虽然没有植物可从空气中固氮，但有一部分像植物一样进行光合作用的细菌，如蓝藻，可以做到这一点。在这项研究中，研究人员使用了蓝杆藻细菌来固氮。

蓝藻是唯一像人类一样具有昼夜节律的细菌，蓝杆藻在白天进行光合作用，将太阳光转化为化学能，在夜间通过呼吸去除光合作用过程中产生的大部分氧气后固氮。

研究团队的设计思路是，从蓝杆藻中获取负责昼夜机制的基因，并将其植入蓝细菌集胞藻中，以诱导其从空气中固氮。研究人员发现，一组连续的 35 个基因只在夜间工作，而在白天基本上保持静默。

蓝细菌集胞藻的固氮率仅为蓝杆藻的 2%。然而，当通过基因工程插入 24 个蓝杆藻昼夜机制基因时，蓝细菌集胞藻的固氮率达到蓝杆藻的 30% 以上。随着添加少量氧气（最高为 1%），其固氮率显著下降，但随着来自蓝杆藻的不同基因组的增加，固氮率再次上升，尽管与无氧条件相比还有差距。研究团队的下一步工作是，深入研究该过程的细节，进一步缩小固氮所需的基因子集，并与植物科学家合作，将研究成果应用到下一个层次——固氮植物。

（三）探索提高农作物产量和品质的生物技术

1. 通过蛋白或酶技术提高农作物产量

（1）通过修改蛋白刺激农作物增产。2014年1月，英国杜伦大学农作物改良技术中心副总监阿里博士牵头，他的同事，以及诺丁汉大学、洛桑研究所和华威大学有关人员参加的一个研究小组，在《发育细胞》杂志上发表研究成果称，他们发现，植物中存在一种即使在恶劣环境下仍能刺激其生长的自然机制，由此可以潜在增加作物产量。

在不利的自然条件下，例如缺水或土壤含盐量高，为了节省能源，植物会自动减缓其生长速度，甚至停止生长，它们通过抑制植物生长的蛋白质达到这种效果。与这个过程反向的是，植物产生一种激素即赤霉素，可打破这种抑制生长的机制。

研究人员通过对生长在欧洲和中亚的阿拉伯芥，进行植物建模研究发现，植物具有另外一种在环境压力下可调控其自然生长的能力，即植物能产生一种称为SUMO的蛋白质改性剂，与抑制生长的蛋白相互作用。他们认为，可通过植物育种和生物技术等方法，修改改性蛋白和阻遏蛋白之间的相互作用，移除让植物停止生长的机制，从而带来更高的产量，即使植物在遇到压力时也是如此。且这种机制也存在于大麦、玉米、水稻和小麦等作物之中。

阿里博士认为，这一发现，可能是一种重要的帮助作物提高产量的手段。他说："我们所发现的是一种分子机制，即在不断变化的环境条件下，可以稳定限制植物增长的特定蛋白水平。这种机制独立于赤霉素激素发挥作用，意味着即便在一定压力下，我们也可以利用这种新方法促进植物生长。"

新研究对于农民无疑是个福音。特别是面临不利的条件，利用这种机制可以促进农作物保持较大产量，实现可持续集约化生产，带来更大收益。

（2）通过插入酶来提高农作物的生长速度。2016年5月18日，物理学家组织网报道，加拿大圭尔夫大学分子与细胞生物系迈克尔·埃米斯教授、伊恩·泰特罗教授等人组成的一个研究小组，在《植物生物技术》杂志上发表论文称，他们研究发现，在一种叫作拟南芥的小花植物中，插入一种特殊的玉米酶，会使其生长速度加倍，种子产量达到原来的4倍。

这一发现，有望提高油菜籽、大豆等重要油料作物和生物燃料作物亚麻荠的产量，也会捕获更多大气中的二氧化碳，有可能给食用作物和生物燃料种植带来变革。

据报道，大部分育种过程，每年只能使产量增加一两个百分点。埃米斯说，通过这一发现，即使田间种植的效果只有实验室的1/10，产量仍会增加40%~50%，而且植物长得更大，能在不增加种植面积的情况下提高碳捕获。在产量、绿色能源和环境方面，农民和消费者还会得到更多利益，其影响是巨大的。

研究人员还指出，通过研究这种酶对淀粉的影响，他们的转基因作物长得更大。虽然转基因会导致作物开花更多，含种子的荚果更多，但种子营养成分不变。泰特罗说："我们是用种子来榨油的，种子成分一致，质量稳定非常重要，这样油的功能和用途也会稳定。"

他们打算在油菜和其他作物中进一步试验，田间试验和分析可能花几年的时间。埃米斯说："一开始我们只是在做一些基础科学试验，这一偶然发现，可能对农业、碳捕获、粮食生产、饲料研究和生物柴油等多方面都有重要影响。"

（3）人工培育出含荧光素酶的发光真菌。2021年11月23日，中新网报道，中国科学院西双版纳热带植物园一个研究团队，目前已成功分离出荧光素酶获得荧光类脐菇菌种，经腐殖质栽培发现，菌丝具有较强的荧光，可以制作科普产品满足大众观赏的需求。

据介绍，自然界有700多种生物可以自身发光，主要包括微生物中的发光细菌种类，海洋生物如水母、乌贼、鱼类、虾类，少数昆虫如萤火虫，极个别植物种类和一些真菌类群。生物发光主要有两种类型：一是发生化学或生物学反应后产生的光能信号，主要有含荧光素酶的细菌、真菌、昆虫等；二是被激发后产生的光能信号，主要有含荧光蛋白的水母、珊瑚、水螅等海洋生物类。

全世界目前报道共有发光真菌种类108种，主要种类有类脐菇、小菇属、侧耳属、蜜环菌、光茸菌、丝牛肝菌属、胶孔菌等类群。中国发光真菌约有30种，中国科学院西双版纳热带植物园内迄今发现了3种发光真菌，即东京胶孔菌、丛伞胶孔菌和荧光类脐菇。

针对真菌为什么发光这一科学问题，目前尚无定论。有人认为子实体（即蘑菇）发光是为了吸引昆虫传播孢子，但这无法解释菌丝发光的原因。目前，科研团队正在攻关真菌发光的机理，希望不久的将来真菌的荧光素酶可以导入花卉，培育发光观赏植物新品种。

2. 通过基因技术提高农作物产量和品质

（1）采用基因改造方法让微藻油脂产量翻番。2017年6月18日，美国加利福尼亚州的合成基因组公司研究人员艾瑞克·穆勒宁及同事组成的研究团队，在

《自然·生物技术》网络版发表论文称，他们使用多种先进的基因工具，进行基因改造后的水藻品系，油脂产量可达到其野生亲本的两倍，且能达到与野生亲本类似的生长速度。这项新成果，标志着用微藻制造生物燃料的可能性越来越大了。

自 20 世纪 70 年代末以来，人们一直在积极研究使用光养微藻所产生的油脂来制造生物柴油，以补充基于石油的运输燃料。光养微藻是一种借助光、水和二氧化碳生长时可产生油脂的微生物。研究人员已经发现，海洋富油微拟球藻具有作为生物柴油原料进行开发的潜力，其产油量可达实验室品系的 6 倍。不过，经过了数十年研究，提升微拟球藻的产油效率却总是会导致其生长受损，因此该属物种的商业潜力仍未得到充分发挥。

此次，该研究团队使用包括 CRISPR-Cas9 基因编辑技术在内的多种改造工具，来识别 ZnCys 因子，正是这种因子负责调控海洋富油微拟球藻的油脂累积。改造 ZnCys 因子后，研究人员发现，微藻的产油效率翻了一番：最高可达每天每米 5 克，且其生长速度未受影响。

有效利用基因工程或遗传操作手段改造微藻，提高产量，对实现商业化生产非常重要。研究人员表示，提高微藻油脂产量的同时保持其生长能力不变，意味着人们在微藻光养产油过程上又前进了一步，而这最终将减少依靠陆地植物产糖来制造生物柴油。

（2）推进植物线粒体基因组育种技术研究。2019 年 7 月，日本东京大学分子植物遗传学家有村信一领导研究团队，在《自然·通讯》发表研究成果称，核 DNA 在 20 世纪 70 年代初首次编辑，叶绿体 DNA 于 1988 年首次编辑，动物线粒体 DNA 于 2008 年编辑。然而，植物线粒体 DNA 之前却没有被成功编辑过。他们首次成功编辑了植物线粒体 DNA，把线粒体基因组育种技术向前推进了一步，这可能会带来更安全的食物供应。

有村信一开玩笑地说："当看到水稻植株'更有礼貌'时，我们知道自己取得了成功。因为它深深地鞠了一躬，穗多的水稻才会出现这样的弯曲。"研究人员希望利用这项技术，来解决目前作物中线粒体遗传多样性缺乏的问题，这是食物供应中潜在的破坏性弱点。

植物线粒体基因组，对农作物生产具有重要影响。1970 年，一种真菌感染了美国得克萨斯州农场的玉米，之后又因玉米线粒体的一个基因而导致感染加剧。农场上所有玉米都有相同的基因，因此没有一个对这次感染有抵抗力。那一年，整个美国 15% 的玉米绝收。从那以后，美国再也没有种植具有该特定线粒体基因的玉米。

有村信一说："我们现在仍然面临很大的风险，因为世界上可利用的植物线粒体基因组太少了。我想通过我们的技术操纵植物线粒体 DNA 来增加作物的多样性。"

现在，大多数农民都不会从收获的作物中留种。农业公司供应的杂交作物是两个遗传上不同的亲本亚种的第一代后代，通常更强壮、更有生产力。其中一个父本不能制造花粉。研究人员将常见类型的植物雄性不育称为细胞质雄性不育。

细胞质雄性不育是一种罕见但天然存在的现象，主要由线粒体引起。甜菜、胡萝卜、玉米、黑麦和高粱等，都可以利用这种雄性不育的亲本亚种进行商业化种植。

植物通过叶绿体中的光合作用产生大部分能量。然而，根据有村的说法，叶绿体的作用被高估了。植物通过和动物细胞一样的"细胞发电站"获得能量，也就是线粒体。在他看来，没有植物线粒体就没有生命。

植物线粒体基因组比较大，结构复杂得多，基因有时是重复的，基因表达机制尚不清楚，有些线粒体完全没有基因组。在之前的研究中，研究人员观察到它们与其他线粒体融合以交换蛋白质产物，然后再次分离。

为了找到一种操纵复杂植物线粒体基因组的方法，有村与熟悉水稻、油菜细胞质雄性不育系统的科学家进行合作。之前的研究表明，在这两种植物中，造成细胞质雄性不育的原因是水稻和油菜中单一的、进化上不相关的线粒体基因。

研究团队采用一种称为 mitoTALENs 的技术，使用单一蛋白质定位线粒体基因组，将 DNA 切割成所需基因，并将其删除。研究人员说，虽然删除大多数基因会产生问题，但删除细胞质雄性不育基因会解决植物存在的问题。如果没有细胞质雄性不育基因，植物就会再次繁殖。他们创造出 4 个水稻新品种和 3 个油菜新品种，证明 mitoTALENs 技术甚至可以成功操纵复杂的植物线粒体基因组。

研究人员表示，这是植物线粒体研究重要的第一步。今后，他们将更详细地研究负责植物雄性不育的线粒体基因，并确定可能增加急需多样性的潜在突变。

（3）利用基因组引导编辑技术提高玉米和水稻产量。2021 年 12 月 23 日，北京市农林科学院研究员杨进孝和赵久然负责的玉米 DNA 指纹及分子育种实验室，与北京大学等单位联合组成的研究团队，在《自然·植物》杂志上发表论文称，他们发现了新策略协同效应，在植物基因组引导编辑技术研发方面取得新突破，实现玉米和水稻引导编辑效率平均可提高 3 倍，在多个低效靶点上甚至可提高 10 倍以上，并在人细胞中进行了验证。

该研究团队在前期研究中发现，在 ALS 基因靶点的反转录（RT）模板中，引入 2 个额外的同义错配碱基，可使编辑效率增加 7 倍。进一步研究发现，将"引入同义错配碱基"与"N 端融合"这两种策略组合使用时，出现了倍增协同效应。在愈伤中的 5 个靶点上增效倍数平均达到 10 倍。而在稳定转化材料的 8 个靶点上，编辑效率提升也在 10 倍以上，尤其在 4 个原来不能编辑的靶点上，实现了平均约 25% 的编辑效率。

研究人员表示，本研究不仅首次发现引入同义错配碱基，可以显著提升植物引导编辑的效率，还发现了 N 端融合逆转录酶比 C 端融合更有利于植物的逆转录过程。将"引入同义错配碱基"与"N 端融合"策略组合在一起时，还具有倍增协同效应，可获得更高的植物引导编辑效率。这三方面全新发现，实现了基因组编辑技术的新突破，大幅提升了引导编辑效率，为植物基因组功能解析和作物精准育种提供了强有力的技术支撑。

3. 通过细胞工程技术提高农作物产量和品质

（1）通过研究植物根毛细胞提高农作物产量。2008 年 12 月 14 日，英国布里斯托大学生物学家克莱尔·格里森主持，博士生安加拉德·琼斯为主要成员的研究小组，在《自然·细胞生物学》发表论文称，他们从细胞工程学角度研究发现，具有较长根毛的植物，其细胞能够更有效地吸收水和养分，因此设法增加植物根毛的长度，将有利于提高作物的产量。面对气候变化，由于肥料和供水导致了极大的能源和环境成本，让作物细胞更有效率地吸收营养和水从而增加产量显得越发重要。

琼斯表示："每根根毛都是一个单独的伸长的细胞，其长度依赖于植物生长激素的供给程度。难点在于理解植物生长素如何传送到根毛来促进生长。"1880 年，达尔文和他的儿子弗兰西斯第一次发现了植物的向光性生长，这一发现最后导致了植物激素的发现。

由于无法直接观察到植物生长素，琼斯使用了由美国巴德学院物理学家埃里克·克莱默创建的计算机模型，来计算植物生长素可能会出现的位置。

模型揭示出了令人惊奇的结果，植物生长素不是直接到达根毛细胞，而是通过旁边的细胞作为管道来传输。在传输过程中，一些植物生长素发生泄露，为根毛细胞提供了令其生长的信号。这一新的见解，将非常有助于农民培育可持续性作物，而且可降低肥料浪费，从而避免对生态系统造成严重破坏。

格里森补充说："这一重要的新工作是'综合生物学'的一个例子，是一种创新的、多学科方法，利用数学模型和计算机模拟来验证单靠实验很难或无法研究的想法。这一方法，产生了对生物学机理突破性和令人惊奇的理解，而用其他方法很可能无法发现。"

（2）通过设计可崩解细胞壁提高农作物木质素利用率。2014 年 4 月 4 日，一个由生物学家柯蒂斯·威尔克森领导的研究小组，在《科学》杂志发表研究成果称，他们为了使木质素易于分解，采用细胞工程技术，在活体植物木质素内成功地添加阿魏酸盐酶，这种酶可以形成可崩解的细胞壁，使植物木质素在加工过程顷刻解体。

研究人员表示，因为极其渴望能够更容易地分解木质素，科学家们已经尝试了各种化学方法。而他们开发的这项新成果，正是关于这一领域展开研究的关键性进展。

木质素可保持植物处于直立状态，但它也会使得植物在生物燃料生产过程中难以分解；在牲畜吃下苜蓿之后难以消化，而苜蓿是牛的一种重要饲料作物。

提高木质素的可消化能力，将在诸多过程中降低所需的能量输入。在全球范围内，对改善该过程感兴趣的研究人员。一直对木质素感到困惑，他们尝试了无数的方法，来生产具有较弱、更容易被消化细胞壁（内含木质素）的植物。

先前的研究工作显示，木质素被组装的自然过程，即从一个被称作单体的单一分子池，装配成为一个较为复杂的多聚物链的过程，可通过设计从而并入那些新的并非木质素天然所有的单体。这种方法，激起了人们相当大的兴趣，即将木质素主干与可能增加其降解能力的单体浸在一起。研究人员发现，一种在木质素体外存在的，称作阿魏酸盐的酶，显得尤其有前途。

该研究小组的新成果显示，已经在体内用阿魏酸盐，第一次获得了真正的成功。为了获得在活体植物木质素内的阿魏酸盐复合物，他们必须先确定它已被添加到了木质素的生物合成池。首先，他们发现了编码阿魏酸盐酶的基因。接着，他们把它在白杨树的形成木质素的组织中进行表达。

应用木质素结构分析，研究人员观察到，以这种方式设计的白杨树样本，能够产生新的单体，把这些单体输出到细胞壁，并最终将它们吸收进木质素的主干内。在温室条件下，由此产生的白杨树没有在生长习性上显出任何的不同，但它们的木质素，却显示出改善了的可被消化的能力。设计出能在组装木质素时使用这种化合物的植物，可能是一条用以生产"专门进行解构"植物的新途径。

二、研究严苛环境栽培农作物的新成果

（一）探索盐碱环境栽培农作物的新信息

1. 加强耐盐碱植物资源管理和研究的新进展

（1）建成首个以耐盐碱植物为主的种质资源库。2010 年 7 月 25 日，《科技日报》报道，我国第一个以耐盐碱植物为主的种质资源数据库，在山东省科学院生物所建成。该数据库，涵盖自 1953 年以来，世界上各相关研究单位公开发表的耐盐碱植物信息，涉及 99 638 个分类种。同时，与数据库相对应的，耐盐碱植物种质资源实体库正在建设中。

耐盐碱性极强的小灌木白刺，常常匍匐于地面生长，它的株高 30~60 厘米。作为荒漠、半荒漠地区的重要植被之一，白刺的耐盐碱度可以达到 30%。这些资料，连同白刺的高清晰图片，以及它的耐盐能力、适应生长的土壤特征和应用价值等 200 多项特征指标，都包含在该系统数据库中。据山东省科学院生物所所长杨合同介绍，该系统设立了多种查找途径和过滤功能，且录入了耐盐植物种质资源的高清晰图片，使得资料更加全面，实现了耐盐植物种质资源的信息化管理，解决了我国面临的耐盐植物系统资料缺乏的问题。

长期以来，在我国沿海地区，土地的高盐度使得普通耐盐植物难以生长。而种质资源数据库同时将建网络共享的耐盐植物种质资源数据平台，为耐盐植物育种、生物技术和遗传工程提供所需种质资源。

自 2008 年以来，山东省科学院依托科技部国际合作重大专项"利用耐盐植物推动中澳农业的可持续发展"，通过与澳大利亚的南澳发展研究所等合作，引进了澳大利亚耐盐植物 107 种，收集国内本土耐盐植物 200 余棵；克隆获得 4 个重要相关耐盐基因；筛选出可在黄河三角洲地区种植的耐盐植物 5 种，建立了 200 亩耐盐植物示范园。

据了解，该资源库引进的耐盐植物种子，通过该所的改良，已经在天津滨海新区、黄河三角洲高效生态经济区成功落地；同时，在天津、东营也与企业建立了产业化基地。

（2）测定耐盐植物小盐芥基因的全序列。2012 年 7 月 9 日，中国科学院遗传与发育生物学研究所谢旗研究员主持的研究团队，在美国《国家科学院学报》网络版发表论文，公布了小盐芥基因的全序列。文章的评审者认为，论文结果揭示了非常有价值的植物抗逆机制，使人们对植物耐盐性机制的理解迈出了一大

步。同时，该论文还被《自然》杂志评述为亮点文章。

小盐芥是一种生长在盐碱地的植物，它与拟南芥同属十字花科，也具有作为模式植物的一系列良好特征。但它与拟南芥相比，存在更多的"应激响应"基因。这些"应激响应"基因，通过大片段基因加倍和基因串联加倍，得到的许多加倍基因使其获得良好的高耐盐性。

在盐碱地种植粮食或经济作物是人类的一个梦想，尤其对于中国这样可耕地少、人口多的国家，意义更加非凡。相关专家认为，小盐芥基因全序列的公布，拉开了对耐盐植物深入研究的序幕。

2. 研究植物耐盐特性的新进展

（1）运用基因技术提高谷物耐盐性。2009年7月，英国《每日电讯报》报道，澳大利亚阿德莱德大学和英国剑桥大学植物科学系的研究人员，通过对谷物进行基因"手术"，提高谷物的耐盐性。专家表示，这将有助于缓解世界上最贫穷国家的饥荒。

研究人员对实验谷物中的某种基因进行修改，让它能更好地把钠离子锁定在植株的根部，而不是让其上移到芽部，从而提高植株的耐盐性。

研究人员说，在水稻植株上进行的初步测试表明，这种方式"非常具有前景"。如果能对大米、小麦和大麦等谷类作物进行同样的"手术"，可以大大化解粮食危机。

（2）发现乙醇可提高农作物的耐盐性。2017年7月，日本理化学研究所和横滨市立大学联合组成的一个研究小组，在《植物科学前沿》杂志网络版上发表论文称，他们发现乙醇可提高农作物的耐盐性。目前，全球约有20%的灌溉农田出现盐碱灾害，农作物产量受损严重，亟待开发出抗盐碱技术。该研究小组利用植物模型拟南芥和水稻进行试验，发现乙醇可抑制植物活性氧的积蓄，增强植物的耐盐性。

盐碱灾害多发于沿海地带，有些农业灌溉导致的盐类积累也会造成盐害，对农作物影响极大。植物受高浓度盐碱刺激后，会出现根部水分吸收障碍、光合作用低下和活性氧积蓄引起细胞坏死等问题。随着世界人口增加，解决农作物抗盐碱问题和相应的肥料问题迫在眉睫。

研究小组通过对拟南芥进行分析发现，乙醇处理会增强拟南芥的耐盐性。为了解植物耐盐机理，研究人员对基因表达进行综合分析。结果发现，经乙醇处理后，由高盐应激引发的作用于消除活性氧的基因群增加，消除活性氧的一种过氧化氢的抗坏血酸过氧化物酶的活性也有所增加，显示拟南芥及水稻经乙醇处理后，能抑制活性氧的积蓄从而增强耐盐性。

上述结果显示，单叶植物和双叶植物都对乙醇处理发生反应，从而出现耐盐性。使用乙醇增强农作物耐盐性，是一种相对廉价易行的方法，对建设灌溉设施有困难的地区，有望利用该方法开发出抗盐碱肥料以增加产量。

（3）发现菟丝子转运可移动信号提高寄主耐盐性。2019年11月，中国科学院昆明植物所吴建强研究员领导的功能基因组学与利用研究团队，在《实验植物学期刊》网络版发表论文称，他们通过研究菟丝子与寄主之间的关系发现，菟丝子能够在不同寄主之间转运盐胁迫诱导的系统性信号，并对寄主耐盐性产生影响。

菟丝子为旋花科菟丝子属的茎寄生植物，可以同时连接两个或者多个邻近的寄主，形成一个天然的菟丝子连接的植物群体。盐胁迫是自然界中影响植物生长的主要因素，严重影响农作物的产量。菟丝子是否能够在不同寄主间传递盐胁迫诱导的系统性信号，并且对寄主的生理产生调控作用，从而使其具有更强的盐胁迫适应性还缺乏研究。

研究人员通过菟丝子将两株不同的黄瓜寄主连接，并对其中的一株黄瓜寄主进行盐胁迫。实验结果发现盐胁迫诱导的寄主产生的系统性信号，通过菟丝子转运到了另外一株寄主，并影响了此寄主的转录水平和生理状态。菟丝子传导的抗盐系统性信号，使接收到此信号的寄主与受到盐胁迫的寄主，具有了相似的转录水平。而且，接收到盐胁迫信号的寄主，还表现出更高的脯氨酸含量和光合速率等。这些结果，都表明了盐胁迫诱导的系统性信号，通过菟丝子转运。

最后，研究团队对接收到盐胁迫信号的寄主，进行了长期的盐胁迫处理。结果表明，接收到盐胁迫信号的寄主，比未接收到盐胁迫信号的寄主，表现出了更好的耐盐性。该研究首次揭示了，菟丝子能够在不同寄主间介导非生物胁迫诱导的系统性信号，并且对盐胁迫系统性信号的生理功能进行了深入研究，为了解菟丝子的生理生态功能及盐胁迫系统性信号提供了新视角。此外，该研究利用菟丝子将不同的寄主进行连接，这种天然的嫁接体系为系统性信号的研究，提供了一个崭新研究平台。

3. 培育抗盐碱农作物的新进展

（1）推进在沙漠地区利用微咸水种植农作物的探索。2019年5月12日，国外媒体报道，以色列内盖夫和阿拉瓦沙漠地区仅有含咸水的地下水，缺乏淡水资源，该国最大的绿色组织犹太民族基金会，支持在这一地区开展专项研究，使农民能够使用微咸水种植农作物。把微咸水用于农业的解决方案主要包括两种：一种是培育在微咸水中茁壮成长的植物，另一种是用淡化水稀释微咸水。

微咸水是一种比淡水咸的水，但又不如海水咸。在以色列，它主要发生在咸淡水化石含水层中。微咸水每升含有 0.5~30 克盐，其比重介于 1.005~1.010 之间。由于微咸水对大多数植物生长不利，如果没有适当的管理，它会对植物和环境造成破坏。据犹太民族基金会南部地区副主任伊兹克·摩什介绍，以色列科学家发明了苦咸水利用的办法，把微咸水变成了一种宝贵水资源。

在拉马特·哈内格夫地区，人们已经把咸淡水灌溉，变成这个干旱地区农业的重要组成部分。根据拉马特·哈内格夫研发站主任齐扬·谢默的说法，有两种主要方法把咸淡水用于农业。第一种是直接灌溉那些可以在微咸水中茁壮成长的作物，例如"巴尼亚"橄榄树林。"巴尼亚"是当地科学家开发的一种橄榄树的名字，它比较喜欢咸淡水。第二种用法是稀释淡化水，通过把至少 15% 的微咸水与淡化水混合，微咸水中含有硫、镁和钙等必需的矿物质，这些矿物质对蔬菜水果的生长至关重要，新创造的微咸水非常适合种植各种作物。

目前，拉马特·哈内格夫的农民都有两种水源，即咸水和淡水源。不同的作物有微咸水和淡水的不同组合，例如樱桃番茄是 60% 微咸水和 40% 淡水，微咸水使樱桃番茄更美味、更小，也增加了抗氧化剂的百分比。齐扬·谢默介绍，以色列拥有世界上最大的微咸水利用的技术数据库，可以与各国农民以及国外专业人士免费分享。

内盖夫的阿拉瓦地区，存在更加严重的水资源问题。淡化水不能输送到此地区，当地的水源都是咸水。因此要实现咸水与淡水混合，许多农民合作安装了小规模的海水淡化厂。这些装置昂贵，并且存在要如何处理作为脱盐过程的副产物盐水的现实问题。为解决阿拉瓦水资源短缺问题，犹太民族基金会在该地区建造了哈泽瓦水库用于储存洪水，以色列国家自来水公司，安装了把水库中的水与当地咸水混合用于农业用途的设备。这些混合水，用于灌溉附近的农田。当水库充满时，额外的水继续沿着河道流下，并被收集到另外的两个水库：伊丹水库和内奥特马尔水库，并用于灌溉色度姆平原上的田地。这三个水库，还承担着补充地下水的责任。

（2）利用盐地碱蓬改良盐碱地。2021 年 11 月 23 日，新华网报道，中国科学院新疆生态与地理研究所田长彦研究员领导的一个研究团队，从 21 世纪初开始，就对天山南北主要盐碱地分布区进行调查。他们在数百种盐生植物中，最终筛选出盐地碱蓬等多种优质抗盐碱植物。多年来，他们通过种植盐生植物，逐步改良贫瘠的盐碱地，已经取得显著成效。

研究人员在克拉玛依城郊一片长满深红色植物的试验田里，采集盐地碱蓬的植物种子。茂密的盐地碱蓬紧挨着一片光秃秃的土地，地表遍布着白色斑块。研究人员解释道："白色的是盐碱，在新疆乃至整个西北都很常见。盐地碱蓬不怕盐，甚至还很喜欢盐。"新疆的盐碱地面积约占我国的 1/3，盐碱地造成农业减产，给当地每年带来的经济损失数以亿计。

田长彦说："盐地碱蓬是一种'吃盐植物'。在其他作物都不能生长的盐碱地上，盐地碱蓬却通过'吃盐'苗壮成长，不仅每亩能生产一吨多的干物质，还能带走数百公斤的盐。"盐地碱蓬的特性不仅在克拉玛依，还在新疆喀什、和田等地得到验证。一些原本寸草不生的重盐碱地，在种植这种吃盐植物三四年后，逐渐被改良为正常农田。

（3）筛选和改良适合盐碱地生长的农作物。2021 年 12 月 28 日，有关媒体报道，南京农业大学资源与环境科学学院一个研究团队，历时十余年，选育出能耐受不同盐分的南菊芋 1 号、南菊芋 9 号等耐盐植物品种，并推广到江苏盐城、山东东营以及内蒙古、新疆、甘肃、宁夏等地。此外，他们也在参与培育耐盐水稻、油菜等耐盐农作物。

研究人员表示，今后，研究团队还将加强盐碱地适生的种质资源研究，并重点突破优良耐盐碱种质创制、耐盐农作物适生种植高效改土技术、高效节水与咸水安全利用的盐碱地开发利用等技术，以提高盐碱地土壤的可用性。

（二）探索干旱环境栽培农作物的新信息

1. 研究抗旱农作物及其措施的新进展

（1）培育出可抗短期干旱的作物品种。2006 年 8 月，有关媒体报道，加拿大植物特性生物技术公司宣布，该公司运用多伦多大学植物学教授皮特·麦考尔塔的研究成果，开发出一种作物抗旱新技术。新技术利用可影响植物耐旱能力的基因"ERA1"，帮助作物摆脱短期干旱的影响，保持较好新鲜度和色泽。

麦考尔塔研究发现，通过对 ERA1 基因的控制，植物可以对干燥的环境作出反应，及早或更紧地关闭植物叶子上的气孔方式，以保持体内水分并延长其寿命。关闭气孔的"动作"，是由一种叫脱落酸的植物激素激发控制的。ERA1 基因的作用，就是控制植物对这种脱落酸激素的感知程度。该公司在萨斯喀彻温省和埃尔伯塔省经过 3 年试种，得到的数据证明，使用了这一新技术的芥花籽油作物，其产量可比没有使用该技术时，提高大约 26%。

该公司技术负责人黄博士在加拿大创新基金会网站上介绍说，使用该技术培育出的植物，与转基因植物还大不相同。转基因植物是修改了原有植物中的部分基因，而该项目则是使用一种常用的育种方法，使植物变得异常敏感，只要它们感知到哪怕是一点点缺水，就会立即停止蒸发自身水分以保持滋润。但如果土壤里水分含量恢复，关闭的气孔就会立即打开。

这一技术，对并不特别严重的干旱有很好的效果。因为这种干旱，很可能只是短短几周，而这几周恰恰又是农作物非常需要水分的时期，如果水分流失严重，就会影响植物生长以致减产。目前，该公司正在对芥花籽油作物进行第 4 年的试验。同时，也正在对其他农作物如玉米、大豆、棉花及观赏植物和草种等进行试验。

（2）给种子穿上新"外衣"使其能锁水抗旱长得好。2021 年 7 月 8 日，麻省理工学院土木与环境工程学贝尼代托·马雷利教授领导的研究团队，在《自然·食品》杂志上发表论文称，随着世界气候持续变暖，许多干旱地区将面临越来越大的农业生产压力。他们发明了一种很有前景的新包衣工艺，给种子穿上新"外衣"使其能锁住水分，可降低种子关键发芽阶段面临的缺水现象，甚至同时可为种子提供额外营养，使其能长得更好。

该研究团队开发的是双层种子包衣。此前的版本能使种子抵抗土壤中的高盐分，但新版本的目标是解决种子的缺水问题。马雷利解释道，有明确证据表明，气候变化将影响地中海地区的盆地，因此，研究人员想制造一种专门应对干旱的种子包衣，帮助缓解气候变化对农业生产带来的用水压力。

新双层包衣的外层是一种凝胶状的涂层，包裹种子，为其"锁住"一切水分。包衣的内层含有保存下来的被称为"根际细菌"的微生物，以及一些促进种子生长的营养物质。当种子暴露在土壤和水中时，微生物会将氮固定在土壤中，为成长中的幼苗提供营养肥料，帮助其生长，还能使土壤变肥沃。

研究人员介绍道，种子包衣的第一层可通过浸渍实现，第二层可通过喷洒实现，过程简单且成本低廉，可在干旱地区广泛部署。同时，涂层所需材料经常用于食品工业，很容易获得，可完全生物降解。马雷利说，虽然这一过程会增加种子本身的成本，但它也可以通过减少对水和肥料的需求来节省开支。

研究人员使用摩洛哥试验农场的土壤，对新种子进行早期测试。从根质量、茎高、叶绿素含量和其他指标来看，新包衣的应用很有前景。下一步，该研究团队将利用新技术，培育出从种子到果实的完整作物，以测试是否在干旱条件下提高了农产品产量。未来，研究人员还将设计适应不同气候模式的包衣剂，有可能实现根据特定生长季节的预测降雨量，为种子量身定做包衣。

2. 研究抗旱农作物耐受能力的新进展

（1）发现乙酸可帮助农作物增强耐旱能力。2017年6月，日本理化学研究所一个研究小组，在《自然·植物》杂志网络版上发表论文称，他们发现，施加乙酸可增强植物耐干旱的能力，并揭示了其中的机理。迄今为止，主流方法是通过转基因技术来培育耐旱农作物，然而，这项新成果有望带来简单、廉价的农业技术，从而可不依赖转基因来减轻干旱灾害的影响。

随着气候不断变化，在世界范围内突发的干旱，对玉米和小麦等农作物产量影响极大，同时还会导致土地沙漠化等问题。但培植转基因耐旱植物不但费时费力，还须投入大量资金，因此，科学家一直希望能开发出更简单、成本更低的农作物抗旱技术。

研究小组称，他们将模型植物拟南芥进行干燥处理后观察其内部代谢变化。结果发现，植物在干燥时，不仅维持生命能量的代谢途径糖酵解被强烈抑制，乙酸的合成量也异常增加。乙酸也称醋酸，是从糖酵解的中间代谢产物丙酮酸生物合成而来。

研究人员发现，这一代谢变化是表观遗传调控因子HDA6蛋白质起到开关作用，直接控制着乙酸合成基因。研究表明，从外部给予乙酸，拟南芥的耐旱性增强，并且，科学家们在水稻、玉米、小麦和菜籽等农作物上进行的实验，也获得了同样的结果。

为明确乙酸的作用机理，研究小组调查了施加乙酸时拟南芥发生的变化情况。结果表明，施加乙酸可以促进植物激素茉莉酸的合成。茉莉酸可以提高植物抗性。今后，他们将对更多重要基因，及植物的环境刺激记忆机理，进行研究。

（2）发现植物耐旱非编码核糖核酸。2017年9月，美国得克萨斯农业与机械大学一个研究小组，在《植物生理学》杂志上发表论文称，他们发现，一种长链RNA（核糖核酸），能增强实验植物拟南芥耐受干旱的能力，这项发现将有助于开发农作物新品种。

RNA通常由DNA（脱氧核糖核酸）转录而成，在生物体内普遍存在。该研究小组新发现的长链RNA，属于非编码RNA，不参与编码蛋白质，但能调节其他基因表达，从而提高植物对恶劣环境的耐受力。研究人员称，这种RNA被称为DRIR，正常情况下在植物体内含量较少，但是当植株遇到干旱等压力环境时，其水平就会上升。使用一种抑制植物生长、促进叶子脱落的激素脱落酸，可人为提高植物体内DRIR的水平。

实验表明，用脱落酸使拟南芥体内DRIR含量上升，可显著提高缺水土壤里植株的生存率。此外，有一种基因变异可增强 DRIR 的表达，同样具有增强植株耐旱能力的效果。基因分析显示，植物体内高水平的 DRIR 改变了许多基因表达，影响植株的水分输送、抗压能力和脱落酸信号传导等。人们一度认为非编码 RNA 是无用的"垃圾 RNA"，但近年来逐渐发现，许多这类 RNA 在催化生化反应、调控基因表达中扮演着重要角色。

（三）探索严苛温度环境栽培农作物的新信息

1. 研究栽培耐高温农作物的新进展

发现一种可助农作物耐高温的物质。2015 年 1 月，有关媒体报道，日本神户大学山内靖雄教授领导的研究小组发现，叶片气味的主要成分"2- 己烯醛"，能提高一些蔬菜的耐高温性。这有助于在全球变暖条件下，培育耐热农作物。

很多农作物有潜力耐受四五十摄氏度的高温，但在常温状态下，其忍受高温的机制处于关停状态。如果温度急剧上升，农作物应对高温的调节机制就来不及作出相关反应，导致植株生长迟缓。

该研究小组指出，很多农作物的叶片，在断裂后会大量生成一种名为 2- 己烯醛的挥发物，它是叶片气味的主要成分。这种物质在农作物遇到高温环境时也会集中出现，此后它便如同导火索一般"引爆"农作物机体的应对机制，修复因高温而受损的蛋白质，让农作物逐渐耐受高温的考验。

在实验中，研究小组用含有 2- 己烯醛的制剂，喷洒十字花科农作物拟南芥，然后把它放入室温 45℃的房间 2 小时。结果，与没有喷洒 2- 己烯醛的拟南芥相比，前者的存活率高出 60%。在其他类似实验中，喷洒了 2- 己烯醛的黄瓜、草莓、西红柿植株的收成，均高于未喷洒该制剂的蔬菜水果。

研究人员称，2- 己烯醛来自农作物本身，其制剂容易被商家和消费者接受。为使这种制剂早日达到实用化水平，该研究小组正与企业一起开发相关技术。

2. 研究栽培耐低温农作物的新进展

发现有望用于培育抗冻作物的酶。2018 年 10 月，西澳大利亚大学植物学家尼古拉斯·泰勒、桑德拉·克布勒等人组成的一个研究小组，在英国《新植物学家》杂志上发表论文称，他们最新发现，植物在遇到低温时会放缓生长的现象，实际上与植物细胞中一种参与能量生产的酶紧密相关。这一发现，有望用于培育抗冻作物，以减少农业损失。

三磷酸腺苷（ATP）是生物细胞中储存和释放能量的核心物质。研究人员称，他们研究发现，在接近冰点的环境中，植物细胞中产生的三磷酸腺苷会减少，进而导致植物生长放缓。

进一步研究发现，细胞内催化合成三磷酸腺苷的"三磷酸腺苷合酶"，在其中发挥了关键作用。泰勒说："先前一些研究认为，植物对低温敏感主要源自细胞中有关能量生产的一些其他物质，但我们惊奇地发现，三磷酸腺苷合酶才是关键因素。"

泰勒认为，随着气候不断变化，理解植物如何对温度作出反应变得越来越重要。克布勒说："这项新发现，对农业生产以及将来培育抗冻作物具有重要意义，更好地了解植物的能量生产如何随温度变化而变化，将有助于我们培育更适应气候变化的植物。"

（四）探索受污染环境栽培农作物的新信息

1. 研究栽培防止核污染农作物的新进展

发现一种能防止农作物吸收放射性铯的化合物。2015 年 3 月，日本理化学研究所对当地媒体宣布，由其成员组成的一个研究小组，发现一种化合物，能有选择性地与铯结合，防止农作物从根部吸收放射性铯。这一发现，将有助于开发出减少农作物吸收放射性铯的新技术，也有助于减轻福岛核事故导致的污染。

自 2011 年以来，福岛第一核电站泄漏了大量放射性物质，特别是铯 137 污染了大片农田。由于铯 137 的半衰期约为 30 年，且能与土壤中的黏土和有机物强烈结合，即使事故已过去多年，很多污染严重的地区仍然无法种植农作物。此外，农作物吸收放射性铯之后，还会出现叶片变白、根部生长受阻等现象。

研究人员调查了日本民间企业保存的约 1 万种化合物，寻找能够提高农作物对铯的耐性的物质，最终发现一种称为"CsTolen A"的有机化合物具有这种功能。他们向混合了放射性铯的培养基中加入这种化合物后，再用其培养拟南芥，发现 CsTolen A 能显著降低拟南芥内的铯蓄积量，而且拟南芥没有出现叶片变白、根部生长变差的现象。

研究人员向种植在土壤中的拟南芥添加这种化合物，也成功抑制了拟南芥对铯的吸收，并且避免了铯对拟南芥生长的不良影响。研究人员说，CsTolen A 对生态系统无害，但是其能否长期保持稳定还不清楚，所以还不能立即将其撒到农田中。

2. 研究栽培抗化学毒品农作物的新进展

发现变异植物具有更强大的抗化学毒品能力。2015 年 9 月，一个科学家组成的研究小组，在《科学》杂志上发表研究报告称，爆炸化学品三硝基甲苯

（TNT）引爆后，破坏会持续扩大。TNT 微粒渗入泥土，会对植物产生毒害。若植物生长在富含 TNT 微粒的地区，包括废旧矿、垃圾场和军事冲突区域，它们会经由根部从土壤中吸收，并移除其中的有毒化学物质，这个过程被称为修复过程。

但这是一种牺牲行为：当大多数植物吸入 TNT 后，一种有害的化学反应便在植物细胞中制造能量的线粒体里发生，显著地阻碍植物发育，并最终导致其死亡。但研究人员报告称，他们已经在拟南芥杂草中，发现了一种新的变异，它能帮助植物免受 TNT 的伤害。在 MDHAR6 基因中发生的这种变异，让植物能以最小的伤害，甚至毫发无损地从土壤中移除 TNT。

研究人员报告称，相比其他暴露于 TNT 的植物，MDHAR6 变异植物，通常有长长的根和繁茂的叶子。他们希望，利用这种突变研发出一种新型除草剂，能除去那些没有人工赋予 MDHAR6 基因适应性的无用杂草。但它目前只能保护那些幸运拥有这种基因的植物。

（五）探索太空环境栽培农作物的新信息

1. 在国际空间站开展植物栽培实验

（1）"第一朵太空花"在空间站绽放。2016 年 1 月，《每日邮报》报道，一株距离地面约 400 千米的百日菊成了明星，非但如此，它还极有可能以"第一朵太空花"的名号被载入史册。这条消息，是身处国际空间站的美国宇航员斯科特·凯利在社交网站推特上发布的，之后立即引来大量的转发和评论。由其发布的一张橘黄色百日菊的照片也迅速成为热门。

与在地面不同，"第一朵太空花"从种植到开花的过程并不轻松。据报道，此前宇航员们已在空间站完成过多项植物种植实验，并成功种植过生菜。但百日菊对环境和光线更为敏感，种植起来更困难。起初，百日菊无法吸收水分，大量水汽从植物叶片渗透出来。为了解决这个问题，宇航员调大了种植室中风扇的风速以吹干水分，结果因为效果太过强劲，导致两株百日菊脱水而亡。好在余下的两株长势良好，并出现了花蕾，最终完全绽放。

百日菊是一种著名的观赏植物，也可食用和入药。从照片上看，这朵太空版的百日菊颜色和外形都与地球上的差异不大。不过由于失重，前者的花瓣看起来并不怎么舒展，缺乏地球上那种优美的弧度。

美国航空航天局的科学家认为，这次实验是植物在极端条件下生长的一次成功实验，能帮助研究人员更好地了解植物如何在微重力的情况下开花、生长，未来在空间站中还将出现更多的植物。据了解，除现有品种外，国际空间站还计划于 2018 年培育出西红柿。

这项百日菊外太空生长实验，是在国际空间站的植物实验室中完成的。实验室成立于 2014 年，其目的不仅在于研究植物在外太空的生长，还希望能帮助宇航员在与地球没有联系的情况下，实现自给自足。此外，太空种菜也能为长期生活在封闭、孤立环境中的宇航员调节心理。

（2）在国际空间站开展浮萍生长实验。2019 年 4 月，俄罗斯卫星通讯社报道，俄罗斯宇航员正在国际空间站开展浮萍生长实验，初步结果显示，这种水面浮生植物在太空失重条件下也会浮在水面上。

报道援引俄罗斯科学院生物医学研究所科研负责人莱温斯基赫的话称，为观察浮萍在太空失重条件下的生长情况，俄罗斯宇航员将新鲜的浮萍样本分别装进 3 个容积为 125 毫升的容器，容器内分别盛有体积为容器体积 25%、50% 和 75% 的培养液。在空间站失重条件下，培养液分布在容器壁表面，容器中央形成一个空气气泡。

初步结果显示，浮萍在失重状态下的生长情况，与其在地球上没有什么差别。莱温斯基赫说，从生命支持系统角度来看，浮萍是非常有趣的研究对象，因为它生长迅速，可食用，也具有一定营养价值。

（3）国际空间站种植的辣椒获得丰收。2021 年 12 月 3 日，有关媒体报道，国际空间站女航天员梅根·麦克阿瑟吃上了"太空"辣椒。2021 年 7 月，这批辣椒开始在国际空间站内种植并迎来丰收。麦克阿瑟把辣椒切碎制作了一个玉米卷饼，还在社交媒体上发布图文直呼"美味"。据不完全统计，目前已经有包括辣椒、草莓等在内的上百种植物种子，被先后送入国际空间站进行培育。其中，辣椒是太空种植实验中最受欢迎的食物之一。

研究人员说，辣椒的维生素 C 含量比较高，甜椒、水果椒、菜椒等，吃起来口感清新；辣椒会开花，观赏度也高，气味清爽。除此之外，辣椒也比较适合在空间站环境下种植，辣椒苗植株小，占空间少，枝丫较为坚挺，株型在微重力下支撑性较好。不仅如此，辣椒还比较"皮实"，抗逆性较好，容易成活。

空间站舱室有很好的防辐射保护，不会导致植物产生变异，这不同于太空诱变育种实验。太空诱变育种是把种子带到太空，让种子暴露在外太空宇宙射线之下。宇宙射线会把大多数种子"杀死"，只有极少数幸免于难的种子才能再被带回到地球种植。不过，即使是"幸免于难"的种子，其实它们大多数也已是"残疾"。其中只有极少数会产生人类希望看到的性状，比如曾经有"太空种子"长出了巨型南瓜。

2. 在天宫二号开展植物栽培实验

首次在天宫二号完成植物生长全过程实验。2018年9月29日，新华社报道，天宫二号在轨运行以来，开展了众多空间科学和应用实验，其中中国科学院植物生理生态研究所郑慧琼研究员负责的研究小组，完成了我国首次高等植物整个生命周期的培养实验，为发展空间植物培养技术、探索保障人类长期空间生存，又向前迈进了一步。

2016年9月15日，天宫二号在发射之际，搭载了一个由中国科学院上海技术物理研究所研制的微型培养箱，里面种植有粮食作物的典型代表水稻，以及绿叶植物的典型代表拟南芥。之后，研究人员成功地通过地面遥控，对太空中的培养箱进行温控和浇水，启动了拟南芥和水稻生长，并顺利开花结果。这是我国首次在太空中完成"从种子到种子"全过程的空间植物培养实验。

郑慧琼表示，此次实验验证了，利用植物光周期反应原理，调控空间植物营养生长与生殖生长的设计思想，为有效利用空间有限资源进行最大化的植物生产，提供了重要空间实验证据。首次成功获得拟南芥和水稻在"长日"与"短日"条件下，生长发育全过程的实时图像数据。在国际上首次成功为基因信息安装"追踪器"，利用植物开花基因"启动子"带动绿色荧光蛋白，在微重力条件下表达并获得实时荧光图像。首次获得微重力在叶维管组织发育作用的证据，并对其进行了转录组分析。首次对水稻吐水、拟南芥寿命和根的"向触性运动"进行了观察与分析。

研究过程发现，植物在太空中虽然开花晚，长得慢，但衰老速度慢，寿命显著延长。太空中拟南芥在"长日"条件下，植株比地面对照多活65天，"短日"转"长日"，植株则比地面多活456天。在太空中，水稻的第一和第二叶片衰老也慢于地面。

3. 在月球开展农作物栽培实验

（1）棉花种子首次在月球上长出嫩芽。2019年1月15日，新华社报道，嫦娥四号上搭载的生物科普试验载荷发布了最新试验照片，照片显示试验搭载的棉花种子已经长出嫩芽，这也标志着嫦娥四号完成了人类在月面进行的首次生物实验。

此次在月球上进行的生物科普试验选择了棉花、油菜、土豆、拟南芥、酵母和果蝇六种生物作为样本，将它们的种子和虫卵带到月球上进行培育。传回的图片显示，棉花的嫩芽长势良好，这是在经历月球低重力、强辐射、高温差等严峻环境考验后，在月球上长出的第一株植物嫩芽，实现了人类首次月面的生物生长培育实验。

据了解，此次科普试验的生物物种筛选有着非常严苛的要求。由于载荷大小有限，要求里面的动植物不能占用过多空间。因此首要条件就是"个子小"。同时，还要能够适应月球表面的极端条件，要求动植物能耐高温、耐冻，并且能抗辐射和抗干扰。

研究人员说，棉花在陆地上就被称为"先锋作物"，它耐盐碱、抗旱涝，如今在陌生的非常态逆境里仍能脱颖而出，将自己的特性展现得淋漓尽致，长出嫩芽，实属不易。尽管客观条件上并不能保障嫩芽继续生长，但这实现了人类首次在荒芜的月球表面培养植物并生长出第一片绿叶，将为人类今后建立月球基地提供研究基础和经验。

（2）与嫦娥五号去过月球的水稻种子获得丰收。2021年7月9日，小暑过后的第2天，华南农业大学试验田基地内弥漫着稻谷的清香。这一天，与嫦娥五号一块"奔月"的"航聚香丝苗"水稻种子开始收获，研究人员化身"农民"在金黄色的稻田中忙着收割。

2020年11月，嫦娥五号探测器在中国文昌航天发射场搭载长征五号运载火箭发射升空。在航天育种产业创新联盟和华南农业大学的共同组织下，一批重40克的"航聚香丝苗"水稻种子和嫦娥五号返回器一道，在历经23天的太空之旅后顺利返回地球。此次任务也标志着中国水稻航天育种首次完成深空空间诱变试验的搭载。

这批水稻种子于2021年2月在华南农业大学的实验场和试验田中种下，在经过约5个月的生长后，长势喜人、稻穗饱满的水稻迎来了第一次收获。

研究人员称，收获的第一批种子来源于2000个植株、1万个单穗；他们对每个植株收获的种子进行分类，第一类用来继续种植，第二类用来进行广泛的基因及性状鉴定，第三类将作为种子备份进行长期保存。据介绍，这1万穗水稻完成单株收获后，将交由专门负责各项性状研究的人员进行分析鉴定，相当于每株都有一个身份证号码，方便研究人员对每一个样本进行连续的跟踪和鉴定，溯源追查。此外，研究人员还需要在产量、品质、抗性等方面与对照组进行比较，从中找出各方面性状表现优于对照组的良好个体。

值得一提的是，"航聚香丝苗"水稻种子出自"太空世家"，它的"父亲"华航31号和"母亲"航恢1508都曾去过太空。作为亲本之一的"华航31号"就是空间诱变的品种，从2011年至今为广东省农业主导品种，并在广西、江西等南方稻区大面积推广种植。

三、研究农作物病虫害防治的新成果

（一）探索防治农作物病害的新信息

1. 研究农作物病害产生原因的新发现

发现昆虫会催生农作物病害黄曲霉毒素。2017 年 12 月 19 日，美国康奈尔大学植物病理学家米奇·德罗特领导的一个研究团队，在《英国皇家学会学报 B 卷》上发表研究报告称，他们已经证明，昆虫会刺激黄曲霉并使其生成黄曲霉毒素，这也意味着应该让昆虫远离食物供给的世界。

黄曲霉生长于从水稻到玉米和坚果的一系列农作物上，会对农业生产造成严重危害。它能产生一种称为黄曲霉毒素的毒素，被这种毒素污染的粮食可能会延缓儿童发育，进而阻碍他们的生长。该毒素也会导致肝癌，暴露在高浓度的黄曲霉毒素下甚至会致人死亡。除了对人类的健康造成危害之外，黄曲霉毒素还会对食用这些农作物的农场动物产生影响。据估计，仅在美国每年就造成约 2.7 亿美元的农业损失。而在发展中国家，这一成本会更高。

黄曲霉毒素可能也会在能量和营养方面给真菌造成损失。但由于超过 2/3 的黄曲霉都能产生黄曲霉毒素，因此研究人员认为，这种毒素必然在某种程度上帮助了真菌。为了摸清为什么只有一些黄曲霉会产生黄曲霉毒素，该研究团队对果蝇进行了研究。

果蝇和真菌利用相同的植物作为繁殖区，并且吃同样的食物。果蝇幼虫偶尔也会以真菌为食。因此，研究人员认为，这些昆虫可能会促使黄曲霉产生黄曲霉毒素以保护自己及其食物免受昆虫的侵袭。

在最初的实验中，研究人员证实，黄曲霉毒素似乎能够保护黄曲霉对抗昆虫：当他们在果蝇幼虫的食物中加入黄曲霉毒素后，这些蛆虫相继死亡，而真菌则苗壮成长。但是，这种真菌的生长，只发生在当幼虫在周围的时候。一旦幼虫不在了，真菌便停止生长。

研究人员指出，与缺乏幼虫时相比，当幼虫在周围时，真菌的毒性会变得更强。而且与没有幼虫时相比，真菌在幼虫出现时也会产生更多的毒素。研究人员认为，所有这一切都表明，当昆虫出现的时候，黄曲霉毒素也会出现。

然而，没有参与这项研究的德国不来梅大学进化生态学家马尔科·罗尔夫斯指出，果蝇很少在野外与真菌发生相互作用，而像棉铃虫一样的害虫才是更大的威胁。因此，目前还不清楚这些研究结果是否适用于现实世界。他说："我们迫切需要模拟野外条件的模型系统。"

尽管如此，德罗特说，他的研究表明，在控制毒素的策略中，与昆虫的相互作用是人们应该开始关注的方向。在其他的方法中，目前针对霉菌的生物控制策略包括用无毒性的真菌来浇田，这样就不会让任何地方被有毒的黄曲霉毒素所侵占。但是，该研究团队的研究表明，潜在的控制方法也应该关注害虫。

黄曲霉是一种常见腐生真菌。多见于发霉的粮食、粮制品及其他霉腐的有机物。黄曲霉毒素是一类化学结构类似的化合物，均为二氢呋喃香豆素的衍生物。黄曲霉毒素是主要由黄曲霉寄生曲霉产生的次生代谢产物，在湿热地区食品和饲料中出现黄曲霉毒素的概率最高。它们存在于土壤、动植物、各种坚果中，特别容易污染花生、玉米、稻米、大豆、小麦等粮油产品，是霉菌毒素中毒性最大、对人类健康危害极为突出的一类霉菌毒素。2017 年，在世界卫生组织国际癌症研究机构公布的致癌物清单中，黄曲霉毒素被列为一类致癌物。

2. 研制农作物抗病药物的新进展

发现泥炭藓可提取保护农作物的抗病生物制剂。2013 年 8 月，俄罗斯媒体报道，俄罗斯农业科学院农业微生物研究所、俄罗斯科学院卡马洛夫植物所与奥地利同行共同组成的国际研究小组，从泥炭藓组织中分离出新的微生物品种，它们能有效抑制高等植物致病真菌和细菌的繁殖，用该微生物制成的生物制剂，可显著提高农作物的抗病性及产量。

世界上各种生物之间是一种共生关系，植物通过与某类微生物的共生获取利益，这类微生物很早就引起人们的注意，因为可以通过对这类微生物的研究获得农作物的高产。

泥炭藓具有抵御真菌和细菌的独特能力。研究人员借助于荧光标记杂交和共聚焦激光扫描方法，通过观察泥炭藓，发现并分离出聚集在苔藓叶片透明细胞内壁的 300 余株微生物。

研究人员通过对它们 DNA、菌落形态以及不同培养基上繁殖能力的分析确定，发现的微生物新品种中，很多属于洋葱伯克霍尔德菌属、假单胞菌属、黄杆菌属及沙雷氏菌属等。发现的微生物品种中超过半数能有效消灭镰孢属的真菌，1/3 能抑制植物中常见的致病细菌的繁殖，有一些具有双重功效，6 株微生物有效促进植物的生长，还有一些能吸附磷，也就是说理论上能促进植物对磷的吸收。

研究人员试着将这些微生物，移植到一些作物的根际土壤中，结果显示，部分微生物能较好地与小麦和番茄的根部共生，形成菌落或生物膜，为作物提供天然病原体屏障。

研究人员选择出 10 个最有前景的微生物菌株，并将用其制成的生物制剂同番茄种子混合，试验显示，混合微生物制剂的番茄相对于未混合的生长较快，生物质增加 10%~80%。同样在小麦试验中，该生物制剂使小麦对真菌的抗病性提高了 50%。

3. 研究农作物病害检测方法的新进展

发明用手机准确"捕捉"农作物病害的新方法。2019 年 7 月 29 日，美国北卡罗来纳州立大学魏青山及其同事组成的研究小组，在《自然·植物》杂志网络版发表研究成果称，他们发明了一款智能手机传感器，可以通过手机检测微生物侵染植株情况。该系统在未来应用中将以新方式及时发现病菌，帮助对抗具有破坏性的农作物病害。

植物病害中的晚疫病，由名为致病疫霉的微生物引起，感染这种病菌的植株在整个生育期均可发病。对重要的经济作物番茄和马铃薯来说，该病菌会快速侵染植株，不加治理的病株几天内即死亡。如果天气条件适宜，病菌还会快速扩散，导致病害流行。最值得注意的是，它曾导致 19 世纪爱尔兰大饥荒，即马铃薯饥荒，让当时的爱尔兰人口锐减近 1/4。

此次，该研究小组开发了一款传感器，可以在番茄植株染病后的两天内检测出晚疫病。他们使用的化学修饰金纳米粒子，会与病株叶片释放的挥发性有机物发生反应，而手机摄像头能够捕捉这种反应引起的颜色变化。在一次盲测试验中，该装置对晚疫病的检测准确度高达 95%。

研究小组发现，这一技术可以在肉眼看到症状前就检测出晚疫病，从而尽早采取行动防止病害传播。研究人员认为，如果与不同的比色法指示剂结合使用，该技术还将能用于检测其他的植物病害。植物病害一般会造成 20%~40% 的产量损失，因为植物会在生物或非生物因子的影响下，发生一系列形态、生理和生化上的病理变化，从而阻碍正常生长、发育的进程，最终影响人类经济效益。

4. 研究农作物抗病免疫功能的新进展

（1）发现植物能通过"断粮"击退病原体。2016 年 11 月，日本京都大学等机构组成的一个研究小组，在《科学》杂志网络版上发表论文称，他们发现，植物在感染病原体时，会通过减少病原体可获取的糖分这种"断粮"的方式，来进行自我防御。这一发现，有望用于开发帮助植物抵御病原体的新型农药。

细菌等病原体侵入植物时，会吸收植物光合作用时产生并蓄积的糖分。日本研究人员发现，拟南芥叶内部有一种蛋白质，能将细胞外部糖分输送到内部。在细菌等病原体入侵时，拟南芥会启动防御应答机制，这种蛋白质的作用就会变强，将细胞外部的糖分回收到内部。这相当于植物通过给细菌等病原体"断粮"，来达到防御目的。

在实验中，研究人员人为破坏了这种蛋白质的作用，发现细菌数量大幅增加，拟南芥的患病情况较为严重。研究人员认为，这一机制应该也存在于其他植物中，该发现将有助于研发帮助植物抵御病原体的新农药。

（2）揭示植物免疫系统中的抗病蛋白。2019年4月，有关媒体报道，清华大学柴继杰团队、中国科学院遗传与发育生物学研究所周俭民团队、清华大学王宏伟团队联合在《科学》杂志上发表的两篇论文表明，他们发现抗病小体并解析了其处于抑制状态、中间状态及五聚体活化状态的冷冻电镜结构，揭示植物免疫系统中抗病蛋白管控和激活的核心分子机制。

植物在长期对抗病原生物的过程中，进化出了复杂高效的双层免疫系统，可以识别病原微生物、激活自身防卫反应保护自己。双层免疫系统的核心是植物细胞内数目众多的抗病蛋白，它们既是监控病虫侵害的哨兵，也是植物动员高效防卫系统的指挥官，在正常植物细胞内受到严格的调控，它的活化会导致感病局部细胞组织的超敏性死亡，使得植物体内抗病蛋白介导的信号通路研究非常困难。

3个团队经过多年协作攻关，成功地解析了植物抗病蛋白抑制状态复合物、识别与启动状态复合物、激活复合物的结构，阐明了抗病蛋白由抑制状态，经过中间状态，最终形成抗病小体的生化过程，揭示了抗病小体的工作机制，提供了理解其生化功能的线索，为植物控制细胞死亡和建立免疫新模型奠定基础。同时，这项工作也为研究其他抗病蛋白提供了范本。

（3）揭示植物与敌共存的免疫抗病策略。2021年9月30日，中国科学院分子植物科学卓越创新中心何祖华研究员领导的研究团队，在《细胞》杂志网络版发表论文称，他们以水稻为研究对象，经过15年的持续追踪，揭示出一条植物免疫抑制新通路。该研究为设计新的抗病基因、开发高产抗病作物品种提供了新思路，有助减少农药使用，促进农作物绿色栽培。

水稻是中国重要的粮食作物，但水稻病虫害对农业生产和粮食安全构成威胁。抗病性高的水稻品种往往生长发育受到限制，如何让水稻抗病的同时不影响其产量呢？

何祖华介绍道，作物病害时常发生，而使用农药的危害又很大，从长远看，要平衡"高产"与"抗病"之间的关系，就需在"绿色育种"方面多下功夫。他们的研究，首次说明作物能够选择与气候或栽培条件相适应的免疫策略，让植物抗病能力与生长发育达到平衡，为植物免疫领域研究提供启示。

具体而言，这项研究揭秘了水稻钙离子新感受子 ROD1 的"上班流程"。它可以抑制植物的防卫反应，在没有病原菌侵染时，植物的基础免疫维持在较低水平，有利于水稻生殖生长，进而提高产量。而当病原菌侵染时，植物通过降解 ROD1 来减弱它的功能，从而保证植物在抵御病原菌时，也能产生有效的防卫反应。

研究人员说，病原菌和植物长期处于"军备竞赛"的协同进化过程中，水稻稻瘟病菌会进化出模拟 ROD1 结构的毒性蛋白，在植物体内盗用 ROD1 的免疫抑制途径，实现侵染的目的。而植物由于无法逃避病原菌的侵染，因此进化出与病原菌共同生存的策略，即通过适当减弱植物自身的抗病能力，机智地"与敌共存"来保证生长繁殖，让抗病性与繁殖力维持相对平衡。这些都是植物"聪明"的生存之道。

（二）探索防治农作物虫害的新信息

1. 研制灭杀农作物害虫药物的新进展

（1）从楝树中提取楝素制成防虫剂。2012 年 2 月，圣保罗媒体报道，巴西圣卡洛斯联邦大学一个研究小组，进行了一项生物控制土壤病虫害的项目研究。他们从印度楝树中提取楝素制成防虫剂，并运用纳米技术提高其有效成分。该产品的毒性检测，已经获得巴西卫生监督局的批准，该研究小组就此进行了专利申请。

印度楝树，是一种生长在东南亚的楝科植物，被认为是未来生产有机杀虫剂的重要原料来源，它的种子提取物楝素，对大约 400 种昆虫有作用，是一种对人类无毒且能够控制农作物病虫害的有机杀虫剂。印度楝树成长快速、树冠茂密，高度可达 15 米，可以在炎热气候和排水良好的土壤种植。巴西自 1986 年正式从印度、尼加拉瓜、多米尼加等国引进该树种的种子，并进行商业化种植。

据报道，刚开始时，在巴西，对印度楝树的楝油脂提取工序还存在一些问题，导致其有效成分丢失较多；此外，在阳光照射下，楝素出现降解，失去功效，造成农民使用起来代价昂贵。为此，研究小组调整印度楝树中楝素的加工提取工序，使用甘蔗渣天然聚合物，从纳米级别上提取楝素的有效成分，并把楝素装进微型纳米胶囊中，最大限度、最长时间地保留其有效成分，降低了使用成本，加强了使用效果。

（2）开发出灭杀森林害虫的新型高效昆虫信息素。2012 年 2 月，波兰通讯社报道，波兰科学院物理化学研究所应德国一家公司的要求，开发出新型高效昆虫信息素，试验结果证明使用效果远远超过原有的期望值。

报道称，业内人士众所周知，昆虫的信息素，是生物体为了沟通信息而分泌的一种易挥发的物质。其功能多种多样，有的是雌性生物体通知雄性生物体她的存在，有的是告知附近有大量食物可获取，有的甚至是警告同类有危险赶紧避难。利用信息素灭杀害虫，在森林保护中有很长的历史。

波兰科学家开发的新型昆虫信息素属于环境友好型，使用费用低廉，在德国德累斯顿和莱比锡等种植大量山毛榉、橡树、白桦、松树、枫树的地区，所做的试验结果，令人大喜过望，新型昆虫信息素与捕捉器一起使用，不但能够诱惑常见的侵扰欧洲多年的粉蠹虫，甚至还对同类的一些害虫有显著的作用。

2. 探索消除农作物虫害的新方法

通过以虫治虫方法减轻农作物虫害。2010 年 9 月 15 日，肯尼亚《商业日报》报道，肯尼亚花卉种植公司加大力度使用"以虫治虫"的绿色方法，既降低了花卉生产成本，又满足了欧洲花卉市场的环保要求。

据报道，在肯尼亚著名花乡奈瓦沙地区，花卉主要面临牧草虫、山楂红叶螨、根结线虫及潜叶虫等害虫的威胁，其中山楂红叶螨的危害最大。

由于化学杀虫剂会对水土造成污染，不少花卉公司开始大量培育这些害虫的天敌，即一些捕食性益虫，来抑制虫害。比如，一些企业在玫瑰园区用捕食性螨类彻底取代了化学制剂来消除害虫，目前虫害已大大减轻。专家表示，"以虫治虫"的方法不仅实现了环保目标，还帮助花农降低了生产成本。

肯尼亚是全球主要鲜花出口国之一，鲜花出口是其主要外汇收入来源。据报道，肯尼亚全国约有 450 万人从事花卉生产和加工工作，另有约 350 万人经营鲜花贸易等业务。

3. 研究植物自我防御虫害方式的新进展

（1）发现植物能通过装病躲避虫害进攻。2009 年 6 月，德国拜罗伊特大学植物学家组成的研究小组，在《进化生态学》杂志上发表论文称，他们在南美洲的厄瓜多尔发现了一种会假装生病的植物，这种植物以此来躲避一种名为矿蛾的虫害，因为矿蛾只吃健康的树叶。这是人类首次发现能够模仿生病的植物，同时也解释了为什么植物叶上会出现色斑的常见现象。

研究人员认为，色斑是园艺工人经常面对的问题，曾出现在许多种植物身上。杂斑植物的叶子表面，会出现不同颜色的斑块，成因则各不相同。其中最常见的一大原因，是由于叶细胞中缺乏叶绿素，同时丧失了光合作用的能力，叶子会变成白色。

从理论上讲，植物叶子一旦生有斑块就会处于不利的局面，因为这说明其光合作用能力削弱了。然而，德国研究人员却在偶然中发现事实不尽如此。与此相反，一些长有色斑块的植物，是在假装生病以避免被虫子吃掉，反而变劣势为优势了。

德国研究小组，在对厄瓜多尔南部丛林中的林下叶层植物进行研究时注意到，一种名为"贝母"的植物身上，绿叶要比斑叶遭受虫子啃咬的多得多，矿蛾会将卵直接产在树叶上，新出生的毛虫会大肆吞噬树叶，并在身后留下一条长长的破坏过的白色痕迹。

对此，研究人员不禁怀疑它们是借此阻止矿蛾在其叶子上产卵。为了证实上述想法，研究人员在数百片健康树叶上，用白色修改液模仿斑叶的外观。3个月过去后，他们再次评估被矿蛾毛虫咬噬的绿叶情况，绿叶、斑叶和涂有白色修改液的绿叶三种情况下，后两者的情况相似，看上去长斑的树叶和斑叶一样，遭受矿蛾侵害的程度和频率要轻得多、少得多，其中出现在绿叶上的频率为8%，出现在斑叶上是1.6%，出现在用涂改液伪装的绿叶上为0.4%。

研究人员对这一结果表示相当惊讶，他们认为，正是植物本身出于需要假装生病，并长出斑叶以模仿那些真已被矿蛾毛虫咬过的样子。这一招，可以有效地阻止矿蛾在叶子上产卵或继续产卵，因为害虫会认为之前的幼虫早已吞掉了这些叶子的大部分营养。在植物株上绿叶与斑叶共存的事实说明，两者在它的演化的长期过程中，都发挥了重要作用。斑叶上光合作用的缺失，可能正好与其不易被害虫攻击相抵消，研究人员相信，斑叶能在野生植物环境中生存下来，表明它具备一定的选择有利性。

（2）发现植物能用沙粒作"盔甲"对虫害进行自卫。2016年3月，美国加州一个由生物学家组成的研究小组，在《生态学》杂志上发表研究报告称，植物长着尖刺、藏着毒素，以及与叮咬食草动物的昆虫建立伙伴关系，这只是它们避免被吃掉的若干方式之一。如今，他们为这个清单再添一个成员：由沙子制成的盔甲。

科学家一直在思考，为何一些植物会分泌黏性物质，从而将沙子附着在其茎干和叶子上。多年以来，他们提出了各种想法，从温度调控、风暴防护到对抗饥饿食草动物的盔甲，不一而足。为确定哪种观点是正确的，研究小组把沙粒从披着"盔甲"的叶子花属植物中去掉。两个月后，这些"赤裸"的植物，因被咬噬而受到的伤害次数，是沙粒"盔甲"未受损伤的那些植物的两倍。

此项研究还表明，当研究人员把一些地上的沙粒，撒在散发着甜味的针垫植物的花朵上时，食草动物吃掉这些花朵的可能性要小很多。关键之处，可能在于动物要保护牙齿，因为牙齿是食草动物的最重要工具。任何用过砂纸的人都知道，沙粒会磨损坚硬的表面。

研究人员表示，全球可能有许多植物利用沙粒作"盔甲"，避免成为食草动物的腹中之物。他们还认为，这种"盔甲"还有着其他用途，比如抵抗沙尘暴。

四、研究农作物综合利用的新成果

（一）利用植物材料研制新产品

1. 用植物材料为宇航员研发可吃的食品包装膜

2017年1月，俄罗斯媒体报道，俄罗斯萨马拉国立技术大学一个研究小组，为宇航员开发出可食用的食品包装。这是一种用各种植物材料生产的耐用包装膜，此前从来没有过同类产品。

研究人员称，这种包装可以储存和加热各种食物，薄膜可以和食物一起吃。食用薄膜不仅可以用在太空，还可用在其他极端条件下，如在北极、南极等地区使用。可食用包装也将有助于解决废物处理问题，其抗菌属性还将延缓储存产品的氧化过程。

与其他薄膜不同的是，这种新型薄膜只用天然成分制作，所用材料是蔬菜和水果，如苹果酱、土豆泥。使用添加剂后，可食用包装膜的耐用性不次于聚合物薄膜。

2. 通过分析植物气味特征制成可生产香水的酵素

2017年4月，巴西《圣保罗报》报道，巴西里约热内卢联邦大学生物实验室毛罗·雷贝洛教授领导的研究小组，研发出一种带有兰花DNA、通过"食用"其他农业垃圾生长的转基因酵素，这种酵素具有特殊香气，以之为原材料生产的化妆品不久即将上市。

据报道，研究小组研发的这种基因产品，是在分析了50多种植物后研制出来的，选用的植物除兰花外，还有巴西大西洋海岸林区的其他物种。雷贝洛说，这项研究的理论基础，是利用植物分子的多样性开发创新型工业产品。

雷贝洛介绍说，研究小组的任务是把丛林中的植物"数字化"，首先采集各种植物样本，接着读出它们的基因组。由于读整个基因组耗资巨大，他们就特别分析植物中用以制作植物精油的萜类物质，以及植物的气味特征。在分析中，他们发现一种兰花的基因，与一种香草的基因竟然是一样的。

在实验室中，研究人员把这一基因注入酵素的 DNA 中，这种酵素在农业垃圾中生长，最终长成一种类似酸性水果果皮的物质。雷贝洛说，他们计划把这种酵素转化成具有其他"高附加值"气味的原料，用于制作香水。

（二）开发利用植物纤维素和木质素的新信息

1. 把木材纤维素和木质素转化为化工原料

2016 年 7 月，国外媒体报道，石油不仅是最重要的化石能源，也是众多基础性重要化工原料的来源，因此研发可再生的石油替代物与可再生新能源研发同样具有重要意义。瑞士国家重点科研计划项目"木材资源化综合利用"，在这方面的研究取得阶段性成果。研究人员成功开发出两种把木材主要成分纤维素和木质素，转化为化工原料的新技术。该新成果有望为寻找石油替代物开辟新的途径。

一项新技术是瑞士洛桑联邦理工大学的研究团队成功开发出的新催化工艺，能把木材中的纤维素转化为羟甲基糠醛，这是一种生产合成材料、肥料和生物燃料的重要原料。他们的技术特点是，开发出一系列离子盐液态催化工艺，一次反应转化率可达到62%，不需要高温高压和强酸性环境，而且反应选择性良好，能有效抑制副产物的生成。这项技术，也可用于从其他植物中获取纤维素，工业应用前景很广。

另一项新技术是瑞士西北高等技术大学研究团队的研究成果，他们利用菌类分解腐烂木材获得的转化酶，成功把木质素转化为芳香族化合物如香兰素，为制备溶剂、杀虫剂、药物和合成材料提供基础性原料。木质素是木材细胞壁的主要成分，占木材质量的15%~40%，以往木材中的木质素大部分被作为燃料未获得充分利用，因此该项技术更具有突破性意义。它还实现了催化酶的循环使用，把催化酶结合在涂覆了二氧化硅的铁纳米颗粒上，反应完成后通过磁场把催化酶与铁纳米颗粒分离，最多可重复循环使用达 10 次。

瑞士国家重点科研计划项目"木材资源化综合利用"框架下，还有一系列新技术的研发，如苏黎世联邦理工大学正在研究如何从木材废料中获得琥珀酸的新技术，以期形成相互补充的综合性的"生物炼制"绿色化工新技术和新工艺体系，为木材作为石油替代物提供技术支撑。

2. 利用植物木质素研制出易降解微粒

2017 年 6 月，英国巴斯大学发布新闻公报称，该校研究可持续化工技术专家组成的一个研究小组，利用植物的木质素研制出易降解的微型颗粒，可用于取代目前添加在日化用品中的塑料微粒，以减少塑料微粒对海洋的污染。

直径小于 0.5 毫米的球状塑料颗粒常被添加至洗面奶、沐浴露、牙膏、护肤霜等日化用品中，使产品具备柔滑的使用感。由于尺寸太小，塑料微粒无法被现有污水处理系统过滤，最终会流入海洋，要花几百年才能降解。

据估计，洗一次淋浴会导致 10 万个塑料微粒进入海洋。环保专家担心塑料微粒会被小型海洋生物吞食，进入食物链、危害野生动物，甚至可能流向人类餐桌。

巴斯大学研究小组利用木质素生产出一种微型颗粒，可代替塑料微粒添加到日化用品中。木质素是一种广泛存在于植物中的坚韧纤维。研究人员把木质素溶解，使溶液通过带微孔的膜，形成微小的圆形液滴，随后凝固成形。他们说，这种微粒的坚固程度足以满足日化用品应用需求，但流入下水道系统后，很容易被微生物分解成无害的糖类物质，即使进入自然环境也会很快降解。他们将与工业界合作，开发大规模生产这种微粒的方法。

3. 用植物纤维素模仿白金龟鳞片制成超白涂料

2018 年 3 月，芬兰阿尔托大学、英国剑桥大学等机构联合组成的一个研究小组，在美国《先进材料》杂志上发表论文称，他们从一类白色甲虫的鳞片中得到启发，用植物纤维素模仿其鳞片物质的结构，以纳米原纤维为原料，开发出超薄、超轻、无毒而且可食用的新型白色涂料，其白度约相当于普通白纸的 20 倍，可用于化妆品、食品、医药和照明等多个领域。

研究人员介绍道，新材料由植物纤维素制成，比常用白色颜料如氧化锌、二氧化钛等更环保，与生物活体组织的相容性也更好。

色素和颜料，通过吸收和反射不同波长的光来呈现颜色。如果能以相同效率反射所有波长的光，就呈现为白色。生活在东南亚的甲虫白金龟之所以很白，不是因为含有特定色素，而是因为身体表面的几丁质鳞片有着特殊结构，能充分散射所有波长的光。

几丁质和纤维素都是天然聚合物，前者是虾蟹外壳、真菌细胞壁和昆虫外骨骼的主要成分，后者是植物细胞壁的主要成分。

研究人员以纤维素的微细纤维，即纳米原纤维为原料，模仿白金龟鳞片的几丁质结构，制成新的薄膜涂料。它柔软灵活，像甲虫鳞片一样超薄，厚度仅几微米。调整不同粗细的纳米原纤维所占比例，还可以改变材料的透明度。

（三）综合利用农作物废弃物的新信息

1. 以农作物废弃物研制药物原料的新进展

利用果皮果核等农业加工业废弃物提取药物原料。2011 年 5 月 17 日，智利健康食品研究地区中心科研人员埃尔薇拉等人组成的研究小组宣布，他们通过一系列生化反应过程，从农业加工业废弃的果皮、果核中提取出可治疗癌症和心血管疾病的药物原料。

研究人员称，很多水果的果皮、果核里含有大量的抗氧化成分，这些成分能够有效延缓人体衰老，对于心血管疾病具有很好的防治效果。此外，在抗氧化成分提取过程中还可以获得植物纤维，在通过不同的生化反应过程后可以产生能够抗癌的低聚糖。

研究小组从研究浆果开始，不断完善生化提取方法，现在这种方法已经可以应用于其他水果和干果，如猕猴桃、葡萄、西红柿、甘蔗及核桃等。

埃尔薇拉表示，智利是水果出口大国，水果加工业非常发达，但是由此产生的果皮、果核等农业残渣也相当可观。这种生化提取方法不仅可以解决农业加工业残渣的处理问题，还可以大大提高这些废料的附加值。

2. 以农作物废弃物研制生物燃料的新进展

巧用进化策略提高农林废弃物制生物燃料效率。2017 年 7 月，美国亚利桑那州立大学发布新闻公报称，这所大学一个研究小组，让大肠杆菌生活在特殊环境中，迫使它们发酵分解木糖才能生存。繁殖 150 多代之后，基因突变使这些细菌分解木糖的效率提高。将突变基因移植给用于发酵的菌种后，分解秸秆和木屑等效率显著上升。

用秸秆之类的农林业废弃物生产生物燃料，堪称一举两得，但生产效率尚需提高。这次，该研究小组求助于大自然的进化规则，让细菌在生存竞争中变得更擅长分解木糖，从而提升生物燃料的制取效率。

木糖是含有 5 个碳原子的糖，广泛存在于植物中，秸秆、稻壳、木屑、枯草等都含有大量木糖。用这些原料生产生物燃料，不仅可以避免以玉米和甘蔗为原料影响粮食生产的问题，还消除了农业垃圾。但是，工业上用于发酵的大肠杆菌会优先利用葡萄糖，只要环境中有葡萄糖在，它们就会关闭分解木糖的功能。

植物原料通常也富含葡萄糖，因此细菌分解木糖的动力和效率不足。研究小组把大肠杆菌放在只含木糖的培养基中，不擅长分解木糖的细菌会在生存竞争中落败。细菌起初生长得非常缓慢，但经过 150 多代的进化，它们适应了新环境，欣欣向荣地生长起来。

分析显示，这样培养的 3 组大肠杆菌，针对同一批基因各自进行了不同的改造，但都获得了成功。其中最引人注目的改造，涉及一种名叫 X1yR 的调控蛋白质，仅仅两个氨基酸开关的调整就能使细菌高效分解木糖，抑制对葡萄糖的利用。研究人员把这个变异基因移植到工业用的大肠杆菌中，发酵 4 天后，产量增幅最多达到 50%。

研究人员说，这一发现，突破了生物燃料生产领域的一个重大瓶颈。他们希望与工业机构合作，进行大规模应用试验，验证其经济上的可行性。

3. 以农作物废弃物研制化工产品的新进展

（1）利用稻壳提取二氧化硅制成廉价气凝胶。2008 年 3 月，有关媒体报道，马来西亚女科学家哈莉梅顿·哈姆丹以废弃稻壳为原材料提取出二氧化硅，成功开发出世界最轻固体之一的气凝胶。

气凝胶又被称为"冻结的烟雾"，99% 是空气，质量轻，具有良好的隔热、隔音和绝缘性能，还能承受相当于自身重量 2000 倍的巨大压力，是一名美国科学家在 1931 年发明的。气凝胶是一种高科技耐高温绝缘材料，能用来保护建筑物免遭炸弹侵袭、吸附油污和空气污染物。美国航空和航天局曾利用气凝胶的吸附功能，在一个太空探测器中放置装有这种材料的手套，用来收集彗星颗粒。但由于它生产成本昂贵，一直难以推广应用。

哈姆丹经过 7 年努力，解决了一系列工艺问题，终于取得成功，把成本降低了 80%。在传统工艺中，每 100 克气凝胶的生产成本为 300 美元，而以废弃稻壳为原材料制备同等重量的气凝胶仅需 60 美元。

哈姆丹把自己通过这种新方法研制出来出的气凝胶，命名为"Maerogel"，即"马来西亚气凝胶"（Malaysian aerogel）的缩写。

（2）把农作物残留物转化为制造塑料的原料。2016 年 3 月，美国斯坦福大学化学系助理教授马修·卡南及其同事组成的一个研究小组，在《自然》杂志刊登论文称，他们创制出一种新方法，可用二氧化碳把农作物残留物等植物材料转化为制造塑料的原料。

据专家介绍，现有众多塑料制品，包括纺织品、电子产品、饮料容器和个人护理用品的包装，均以聚对苯二甲酸乙二酯（PET）为材料，全球每年消耗量约为 5000 万吨。这种材料的原料是对苯二甲酸和乙二醇，两者都是石油和天然气的衍生物。

卡南解释说，以化石燃料为来源，再加上生产过程须消耗能源，每生产1吨聚对苯二甲酸乙二酯，会释放超过4吨二氧化碳，增加地球大气中的温室气体含量。

该研究小组的着力点，是一定程度上可替代聚对苯二甲酸乙二酯的聚呋喃二甲酸乙二酯（PEF），它以一种名为2,5-呋喃二甲酸的化合物和乙二醇为原料。而2,5-呋喃二甲酸与对苯二甲酸不同，它可以是生物材料的衍生物。

迄今塑料工业没有推广聚呋喃二甲酸乙二酯的原因，是需要找到低成本大规模生产2,5-呋喃二甲酸的方法。一种现有方法是把玉米糖浆所含果糖转化为2,5-呋喃二甲酸，但这意味着占用更多土地种植玉米，并且消耗能源、化肥和水资源，最终会与食品生产形成竞争。

研究小组认为，利用生物材料，譬如杂草和农作物收获以后的残留物，是更好的选择。他们选择的实验材料是糠醛，主要来源是玉米芯等农作物的残留物。在实验中，研究人员混合碳酸盐、二氧化碳和由糠醛衍生获得的糠酸，把它们加热至200℃，呈现熔盐状态，如此持续5小时后，熔盐混合物总量的89%会转化为2,5-呋喃二甲酸。

卡南说，一旦获得2,5-呋喃二甲酸，再把它与乙二醇一起转化为聚呋喃二甲酸乙二酯，是其他研究人员先前已成功验证过的。尽管这一新方法有待工业化验证，其促使温室气体减排的数量有待测算，但卡南设想，塑料工业有望据此转向大量生产聚呋喃二甲酸乙二酯，生产过程所需的二氧化碳可以取自火力发电厂排放的废气。

（3）用农业加工业废料制成生物降解复合材料。2017年8月，俄罗斯媒体报道，俄罗斯普列汉诺夫经济大学化学和物理教研室"远景合成材料和技术"实验室，与俄罗斯科学院伊曼纽尔生化物理研究所联合组建的一个研究小组，在荷兰《聚合物和环境杂志》上发表研究成果称，他们把各种植物填充物与聚乙烯混合在一起，研制出一种植物基生物分解复合材料。这项新技术，有助于制造生态无害包装物，其成分包括各种工业天然废料。

研究人员称，他们在混有各种植物填充物的聚乙烯基础上，对生物成分进行了生物分解试验，确定了填充物微粒大小，影响聚合物的物理性能及其生物分解速度的合理性，从而生产出聚乙烯及植物填充物基生物分解复合材料。

研究人员把葵花子的外壳、小麦皮糠、木材的锯末制成木质纤维粉颗粒，用亚麻和小麦茎秆的纤维制成颗粒，并将每种颗粒分别与聚乙烯等化学聚合物按一定比例混合，并加入含EVA树脂的添加剂，以促使混合物中各种材料更好地融合。研究小组检测了制成的两类复合材料的物理特性、吸水性、高温下降解速度与生物材料颗粒尺寸之间的关系。

实验结果表明，颗粒大的木质纤维粉与聚乙烯等混合制成的复合材料，在土壤中自然降解的速度越快。不过，农作物茎秆纤维制成的颗粒大小，与其制成的复合材料降解速度并无明显联系。专家指出，这种复合材料可大大减少环境污染，使用的廉价工业废料重量占成品复合材料总重量的30%~70%，成品复合材料的价格与传统聚合物持平，甚至更低。

全世界正在积极开展制造此类复合材料的研究工作。美国研究人员尝试利用洋麻、棉花、香蕉纤维、咖啡壳用作填充物，中国利用竹子，印度利用黄麻，巴西利用甘蔗秆。研究人员面临的主要任务，是要把这些填充物与聚合基体有效结合在一起，确保成品复合材料具有较高的机械性能，在此条件下生物分解性能得以保持下来，俄罗斯研究小组成功做到了。

五、研究农业与农场发展的新成果

（一）农业发展研究的新信息

1. 探索古代栽培模式和园地的新发现

（1）研究植物岩发现人类祖先具有不同的栽培模式。2016年10月，加拿大多伦多大学环境考古学家莫妮卡·拉姆齐领导的一个研究小组，在《公共科学图书馆·综合》杂志上发表论文称，他们利用植物岩研究发现，当古代狩猎采集者一开始放弃游牧生活时，或许并没有一味追寻种植粮食作物，至少一些群体可能并未选择从种植谷物中寻求很大的回报，而是采取了谨慎行事的策略，根据当地条件逐步从采集向栽培过渡。

目前的标准观点是约2万年前，人类祖先开始在一个地方长期停留，从而使其得以开发在那里生长并提供了密集能量来源的野生谷物。经过很多代的选择后，这些谷物成为被驯化的现代粮食作物。

考古学家很少有机会测试这一观点，因为来自这一过渡早期阶段的植物遗骸极其罕见。不过，研究人员开始利用植物岩，即在植物组织中形成并且能持续上千年的微小硅晶体，来探寻早期考古遗址附近曾出现过哪些植物。

拉姆齐研究小组研究了约旦哈拉内四世遗址的植物岩。该遗址有2.2万年历史，是代表人类长期居住证据的最早地点之一。

令研究人员吃惊的是，他们很少发现来自粮食作物的植物岩。相反，绝大多数植物岩来自灯心草科、莎草科等湿地植物。这些植物产生的卡路里比谷类少很多，但它们一年到头都能获取到，而且无论干旱还是湿润的年份都是如此。

拉姆齐表示，最有可能的情况是哈拉内四世遗址地区的居民，一开始在湿地附近停留了很长时间，以利用这些可靠的资源。而这种可靠性，反过来让他们尝试于风调雨顺的年份，在周围的草原上种植粮食作物。

（2）发现古代留存的地下菜园。2016 年 12 月 21 日，加拿大考古学家组成的一个研究团队，在《科学进展》杂志发表论文称，他们在太平洋西北地区发现了最早的菜园，而且它是位于水下的。该地点位于加拿大温哥华东部约 30 千米的地方，隶属美洲土著部落"卡齐第一族"的保留地，它曾一度是丰富的湿地生态环境。

这里被分为两个部分，一部分是干旱陆地，人们在那里生活并建造房屋；另一部分位于水下，在水下部分，人们曾在其中布置了很多小石头，形成了一条密密铺就的"小径"，这条小径覆盖了水下约 40 平方米的地方。

当考古学家在小径区域发掘时，他们拔出了近 4000 个瓜皮草块茎。这是一种类似土豆的植物，它们生长在淡水下的沼泽中。研究人员还发现了 150 个左右类似现代泥铲的木制工具。该研究团队在文章中推测，该地点代表了古代的瓜皮草菜园。

尽管瓜皮草并非一种经过驯化的农作物，但其块茎的淀粉可作为重要的食物来源，尤其是在其他食物选择较少的冬季。由岩块构成的小径阻止瓜皮草生长到地下过深处。这种宽扁的工具，很有可能是挖掘工具的末端，用来挖出泥地里的块茎。

碳同位素分析表明，这个菜园至少有 3800 年的历史，使其成为太平洋西北地区人们种植非驯化农作物的最早例子。

2. 探索农业起源与食品制作的新发现

（1）认为农业起源可能是"生于安乐"。2018 年 6 月，美国科罗拉多州立大学等单位相关专家组成的研究小组，在《自然·人类行为》杂志上发表研究报告称，他们认为，农业可能起源于历史上自然环境良好、物资相对丰富、人口密度较高的时期，可谓"生于安乐"。

过去 1 万多年里，世界多个地区的居民各自发明农业，人类社会乃至地球面貌都因此发生巨大变化。对于农业起源的时机，学术界看法不一，有人认为农业是良好条件的产物，有人认为是恶劣环境迫使人类尝试驯化作物，也有人认为并无统一规律。

该研究小组称，他们建立模型推算历史上的人口密度，对上述 3 种假说进行检验，发现在所有发源地，农业都诞生于条件较好的时期，证明其是"生于安乐"而不是"生于忧患"。

研究人员利用世界各地 220 个狩猎采集社群的数据，分析多种环境因素对人口的影响，包括环境生产力和稳定性、居民迁徙距离、与海岸的距离、土地和其他资源拥有情况等，建立了一个能较好预测人口密度的模型。

他们结合历史气候数据，用这个模型对 2.1 万年前至 4000 年前的全球人口密度进行推算。结果显示，在从中东、美洲到新几内亚的 12 个农业发源地，尽管人们发明农业的时间相隔数千年，驯化的作物种类也大不相同，但农业活动全都开始于环境良好、人口密度较高的时期。研究人员认为，良好的生活条件使人类有余力将新想法付诸实践，较高的人口密度也有利于思想碰撞、促进创新。他们还说，该模型可用于推算更长时间里的人口密度，探寻人类历史上其他重大转折。

（2）发现人类烤面包比农业生产活动还早得多。2018 年 7 月 16 日，哥本哈根大学考古学家托拜厄斯·里赫特领导，英国伦敦大学学院和剑桥大学相关专家参加的一个国际研究团队，在美国《国家科学院学报》上发表论文称，他们发现了人类烤面包迄今最古老的证据，比人类最早的农业生产活动至少还早 4000 年。

这项研究显示，考古学家在约旦东北部的纳吐夫狩猎采集点遗址，发现了 1.44 万年前人类烤制面包的烧焦残迹。此前，人类烤面包的最早证据，来自土耳其一个有 9100 年历史的遗址。研究人员指出，最新发现表明，使用野生谷物烤面包，可能促使当时的人类开始种植谷物，从而在新石器时代引发了一场农业革命。

研究人员分析了纳吐夫狩猎采集点遗址的 24 处残迹，结果发现当时人们研磨、筛滤、揉捏并烹制了野生谷物，包括大麦、小麦和燕麦等驯化谷物的野生祖先谷物。里赫特说，使用野生谷物制作面包非常耗时，这可能是后来人类开展农业活动、种植谷物的动力之一。

研究人员指出，1.4 万年前在纳吐夫生活的采集狩猎者，正好处于人类开始定居、饮食结构发生变化的转折时期。纳吐夫遗址曾出土燧石镰刀状工具和研磨石器工具，因此考古研究者早就猜测，在这里生活的古人类，可能以一种更有效的方式利用植物。

3. 探索精准农业的新进展

（1）开发精准农业所需的 4D 农作物实时监测技术。2017 年 9 月，有关媒体报道，美国农业部宣布，其"农业和食品研究计划"资助的 4D 作物监测技术取得重大创新突破，成为美国精准农业领域的又一利器。

报道称，佐治亚理工学院、格鲁吉亚大学和佐治亚理工研究院联合组成的国际研究团队，开发的农作物监测管理系统，超越了目前精准农业应用中广泛使用的 2D 和 3D 监测技术，创造性地在 3D 图像基础上，加入了时间这个能动态反映作物生长状况的变量，创造了一个四维（4D=3D+ 时间）重建的方法。这项新技术，是基于计算机视觉的自主监测方法，可以为农民提供农作物，包括株高和增长率的详细实时信息。

该项技术，在佐治亚州的大田试验取得初步的成功，研究团队还在进一步优化算法和系统模型的建设。相信在不远的将来，随着这项技术的广泛运用，农民可在其指尖完成对作物生长全程的监测，适时做出关于灌溉、病虫害防治、收获、作物轮作等方面的决定。

（2）利用对地观测技术发展精准农业。2019 年 2 月，国外媒体报道，欧盟积极发展精准农业，并通过"地平线 2020"计划进行资助，其中"阿波罗"项目旨在利用对地观测技术为小农户搭建服务平台。

据预测，到 2050 年全球人口数量将达到 91.5 亿，世界粮食需求也将比现有需求量增加 70%，为应对这一挑战，不仅要提高大农场主的农业生产效率，也要提高小农户的生产效率。

对地观测技术主要包括卫星通信、空间定位、遥感和地理信息系统等技术。欧盟资助的"阿波罗"项目利用对地观测数据，比如哥白尼卫星的观测数据，运用计算机技术搭建服务平台，促进精准农业发展。

该平台专门为小农户提供服务，服务内容包括监测农作物的生长状况和病虫害情况、土壤湿度、地表温度和植物的光合作用情况，并计算出灌溉、耕种时间、预计产量等数据。从而减少种子、化肥和水资源的使用量，既可以降低生产成本，减少对环境造成的污染，还可以帮助小农户提高抵御市场风险的能力。

欧盟资助的"阿波罗"项目由希腊牵头，西班牙、奥地利、塞尔维亚和比利时等国家参与，欧盟资助 170 万欧元。

4. 探索有机农业与先进农业的新进展

（1）建立可持续发展有机农业的模型分析。2017 年 11 月 13 日，瑞士有机农业研究所科学家阿德里安·穆勒主持的一个研究团队，在《自然·通讯》杂志发表论文称，他们基于 2050 年全球预计人口数和气候变化，建立模型分析认为，有机农业或可满足全球的食物需求，同时实现可持续发展，但条件是减少食物浪费和肉类生产。

有机农业，指在生产中完全或基本不用人工合成的肥料、农药、生长调节剂，而采用有机肥满足作物营养需求的一种农业生产方式，以及采用有机饲料满足动物营养需求的畜禽养殖。目前人们认为，有机农业的发展可以帮助人类解决现代农业带来的一系列问题，譬如土壤侵蚀、环境污染、物种多样性的减少以及能源消耗等。虽然有机农业明显比传统耕作方法更环保，但是若不开辟新的耕地，有机农业仍旧无法满足人类对食物的需求。

为了评估有机农业为全球提供粮食的可行性，该研究团队此次基于2050年全球90亿人口和不同的气候变化设定进行了模拟研究。他们的模型预测，要实现100%的有机农业转化同时满足全球粮食需求，所需耕地将比目前增加16%~33%。实现100%有机农业转化但不增加耕地面积，则需要减少50%的食物浪费，并且停止生产动物饲料，把种植动物饲料的土地转为生产人类粮食，而人类饮食中的动物蛋白会从38%减少至11%。

研究人员表示，该研究结论基于最新的模拟，依据每个地区对有机农业的接受程度和实际经济状况的不同，以及它们在现实世界里可能产生的不同结果。论文作者总结称，建立可持续的食物供给系统不仅需要增加粮食生产，还需要减少浪费，降低庄稼、草和牲畜之间的互相依赖性，并削减人类的农产品消耗。

（2）运用高科技助力建造先进农业生产系统。2019年5月12日，新华社报道，以色列的滴灌技术和灌溉控制系统全球领先，也是以色列能够在干旱气候条件下大力发展农业的重要保证。该技术和控制系统十分智能，知道作物什么时候需要水分和肥料、需要多少，做到既满足作物所需，又不造成浪费。

以色列米盖尔·加利利研究所精细农业部门负责人乌里·马哈伊姆说，先进的滴灌技术和灌溉控制系统，保证了以色列能够在干旱且蒸发量大的广阔的内盖夫沙漠种植农作物，同时，以色列还为不同作物研发不同的灌溉系统。

以色列希伯来大学农学系哈伊姆·拉宾诺维奇教授介绍，以色列的农业灌溉已能实现完全智能化控制，可精细到单株灌溉。

此外，温室技术也是以色列生态农业系统中的重要组成部分。温室大棚遍布以色列各地，但不同地区采取的温室技术不尽相同。

马哈伊姆举例说，以色列南部温度高，温室就设计成大量利用太阳能。在北部某些地区，温室则靠地热水加热，这些水之后会用来加热鱼塘，然后再用于灌溉。

拉宾诺维奇指出，以色列的温室大棚整体较轻，且造价不高，能在很大程度上保护植物免受病虫害侵扰，因此可减少杀虫剂使用。另外，由于密闭的温室有助于细菌和真菌滋生，以色列还非常重视温室湿度的控制。依靠这些技术，以色列农作物产量得以大幅增加。

无人机、田间传感器等高科技产品的应用，是以色列农业发展的新趋势。如今，智能手机软件已在农业系统中大量使用，农民可以坐在家里，就了解田间地头上发生的一切。当手机显示有害虫进入农田时，可实施定点农药喷洒，这也有助减少广泛使用农药给生态带来的负面影响。

以色列如今有大量致力于农业科技研发的企业和科研院所，不断向世界输出先进的农业技术。以色列农业和农村发展部农业创新部门官员米哈尔·利维说，随着科技发展，会有越来越多的无人机、智慧软件等被用于农业领域，提升农业生产效率，且节能环保，这是未来农业发展的大趋势。

（二）农场发展研究的新信息

1. 探索中小型农场的新发现

发现中小型农场对维持全球食物供应非常关键。2017 年 4 月 4 日，一个由澳大利亚学者领衔的国际研究团队，在英国《柳叶刀·星球健康》网络版发表报告称，他们研究表明，全球过半食物由中小型农场生产，这一比例在低收入国家中更高，因此未来各国有必要保持对这些农场的投资，以确保全球食物供应的质量和数量。

该研究团队对全球食物供应进行了深入评估。据报告介绍，为满足不断膨胀的全球人口对食物的需求，到 2050 年食物供应需要增加 70%，但仅增加食物数量还不够，食物的多样性，包括高营养价值的作物、牲畜以及鱼类，也需要提高，以确保整体的食物供应安全。

评估结果显示，全球 51%~77% 的主要食物种类，包括谷物、牲畜、水果、蔬菜等，都由中小型农场生产。但这方面的情况地域差异性很大，比如在美洲、澳大利亚和新西兰，面积超过 0.5 平方千米的大型农场生产了 75%~100% 的主要食物种类；在撒哈拉以南非洲地区、南亚、东南亚以及中国，面积小于 0.2 平方千米的小型农场生产了 75% 的主要食物种类。

2. 探索无人蔬菜农场的新进展

打造机器人控制的无人蔬菜农场。2015 年 10 月，英国《每日邮报》报道，"机器换人"的风潮越刮越猛，就连古老的农业也无法抗拒其诱惑，大量采用立体栽培和机器人种植技术的室内农场应运而生。而日本的一家公司，更是希望做到极致，打造出一座全机器人自动化运作的无人蔬菜农场。

据报道，这家公司正在修建一座完全由计算机和机器人控制的无人蔬菜农场，届时机器人将控制从种植到收获的所有生产环节，并同时负责监测温室内的二氧化碳浓度和光照水平。

该公司称，这座无人农场不仅能将产量增加25%，还将节省大约一半的人工，最终这些节省下来的成本将为消费者带来实惠。

与传统农场相比，这种室内农场具有不可比拟的优势。由于采用立体栽培和水培技术，它们不消耗土壤资源，占地面积极少；多达98%的水都被循环使用，也不需要喷洒杀虫剂；由于位于室内，人工照明和严格温湿度控制让种菜不再靠天吃饭，更容易实现工厂化运作。

目前，该公司每年在其位于日本龟冈市的人工照明蔬菜基地，种植7700万棵生菜。这些生菜在东京2000余家店铺出售，售价与普通生菜差不多。

正在建设当中的无人蔬菜农场，位于京都府木津川市，面积达4800平方米，研发及建设耗资1670万美元。新农场实现供货后，日产量能达到8万棵。随着生产规模的扩大，其产品将销往世界各级市场。

虽然该公司希望能够实现全自动化操作，但目前仍然需要人工来确认种子是否发芽。由于刚刚发芽的种子极为脆弱，他们开发出的播种机器人目前还不能将其顺利取出。该公司表示，经过进一步改进，相信这些问题都能得到解决。

3. 探索海底农场的新进展

开办尝试在海底培育农作物的农场。2015年7月，国外媒体报道，意大利萨沃纳的诺丽海湾有个叫尼莫花园的农场，正尝试革新农业生产，试图在海底培育农作物。在他们的海底农场，有5个透明"农作物豆荚"被固定在海底，在里面可以培育草莓、罗勒、豆子、大蒜和生菜。

海底农场项目的科学家说："'农作物豆荚'内壁的冷凝水，可以为植物提供水分。此外，'豆荚'的温度基本保持稳定，这都为植物创造了理想的生长条件。"

这些"农作物豆荚"大小不同，可以在水下5.5~11米浮动。科学家在"农作物豆荚"中，安装了远程摄像头，可以很容易监控里面的所有植物。他们还安装了传感器面板，它可以获取"农作物豆荚"内的实时数据。更有意思的是，任何人都可以通过互联网实时观看"农作物豆荚"。

该项目的一位发言人说："项目的主要目标，是在很难进行传统农业种植的地区，创造一种新的农作物生产方法，即使这些地区缺乏淡水、土壤贫瘠、温度变化极端。"

第二章　粮食作物栽培研究的新信息

　　粮食作物是最早栽培最重要的农作物，其果实经过剥壳、碾磨或粉碎等加工程序，可以转变为人类的食物。俗话说："人以食为天。"这表达了人与食物之间异常重要的关系。只有足够的粮食，才能提高生活水平；只有足够的粮食，才能改善饮食结构；只有足够的粮食，才能确保社会稳定和国家安全。本章采取整体与分类相结合的方式，考察粮食作物栽培领域研究取得的新成果。21 世纪以来，各国学者高度重视粮食问题，在粮食作物栽培概况研究方面，主要集中于粮食作物营养价值、产量测算与供应可持续增长，以及粮食生产和贸易行为对环境变化的影响等。在粮食作物栽培分类研究方面，其对象主要涉及：水稻、小麦、大麦、青稞、藜麦、燕麦、荞麦、玉米、谷子、糜子和高粱等谷类作物，大豆、木豆与豌豆等豆类作物，以及马铃薯、红薯、木薯、山药与芋等薯类作物。其内容主要涉及：这些粮食作物的淀粉、蛋白质、脂肪和维生素等营养成分，植株高度、外貌形状和结构特征等生理性状，品质口味及其相关的影响因素，果实大小与提高产量的潜力，优质高产新品种的培育和推广，抗逆基因与抗逆分子机制，基因组测序图谱与转基因技术，驯化演变历程与遗传育种技术，抗病遗传及分子机制，以及病虫害防治方法等。

第一节　粮食作物栽培概况研究的新进展

一、粮食作物品质与产量研究的新成果

（一）研究粮食作物营养价值的新信息

1. 开发营养成分更丰富的功能性粮食

2015 年 11 月，韩国媒体报道，韩国农业技术院等机构组成的研究小组，正在大胆开发各种功能性粮食。所谓功能性粮食，是指一类经过生物技术培育后，

比普通粮食多出一些营养成分的特殊粮食，类似于功能性饮料。这类粮食食用起来，口感更好，更安全健康，还能防癌抗癌。

现在韩国农作物秋收季节的一大亮点，正是一批功能性粮食走向市场。水原市拥有韩国国内最大的水稻研发基地，他们推出了功能性黑米。这种功能性黑米的外表，与一般黑米没有太大区别，但与人工重组 DNA 的转基因黑米有显著不同。

研究人员通过传统育种方式，把生产黑米的水稻与烟叶进行杂交，从而提高黑米的维生素 E，以及抗氧化剂等成分的含量，具有抗癌抗炎及预防动脉硬化的功效。此前，在韩国农村振兴厅的支持下，农业专家历经 3 年研发出功能性黑米。之后，又对黑米功效进行了长达 3 年的核实，最终认定这种功能性黑米价值较高，发展前景广阔。因此，韩国政府计划到 2020 年，将功能性黑米的普及率提高到 15%。

2. 发现增加二氧化碳浓度会降低粮食作物营养价值

2017 年 8 月 2 日，美国哈佛大学公共卫生学院塞缪尔·迈尔斯等人组成的一个研究小组，在《环境与健康展望》期刊网络版发表论文称，大气中二氧化碳浓度升高，会降低主要粮食作物的营养价值。如人为造成的二氧化碳排放量继续上升，预计到 2050 年，全球将有 1.5 亿人面临蛋白质缺乏风险。

全球超过 3/4 的人，主要从植物中获取日常所需的大部分蛋白质。为了评估未来蛋白质缺乏的风险，该研究小组综合分析了高浓度二氧化碳环境中，农作物培育实验数据和联合国全球人口饮食信息等数据。他们发现，在大气二氧化碳浓度升高的情况下，水稻、小麦、大麦和马铃薯的蛋白质含量，会分别下降 7.6%、7.8%、14.1% 和 6.4%。

数据分析显示，如果全球二氧化碳排放趋势不变，预计到 2050 年，目前已经饱受蛋白质缺乏影响的撒哈拉以南非洲地区人民，将面临更大挑战，而以水稻和小麦为日常蛋白质来源的南亚国家，也将面临蛋白质缺乏风险，仅印度就将有5300 万人日常蛋白质摄入不足。

迈尔斯表示，研究结果表明，各国在制定粮食安全政策时，有必要把二氧化碳浓度增加对农作物营养成分的影响考虑在内，尤其是以水稻、小麦等易受影响作物为主食的国家。而更重要的是提醒人们，遏制人为二氧化碳排放非常必要。

二氧化碳浓度升高，不仅会造成上亿人蛋白质摄入不足，还可能导致更多人贫血。2015 年，迈尔斯就曾发表研究报告称，二氧化碳排放量增加可能导致全球大约 2 亿人缺锌。此外，他还在《地球健康》上与合作伙伴发表另一篇论文指出，在大气二氧化碳浓度增加的情况下（达到 550ppm），小麦、水稻、大麦、豆类和玉米的铁元素含量将降低 4%~10%，这会导致全球 3.54 亿 5 岁以下的儿童和 10.6 亿育龄妇女通过饮食摄取的铁元素下降超过 3.8%，他们很有可能会贫血。

（二）研究粮食作物产量持续增长的新途径

1. 通过科技创新增加粮食作物产量

（1）启动促进粮食作物产量提高的研究项目。2014 年 7 月，国外媒体报道，加拿大基因组组织与西方谷物研究基金会联合宣布，启动主题为"基因组学和未来食物供给"的 2014 年大规模应用研究项目招标，其目的是促使粮食作物等产量提高，保证不断增长的食物供应。

此次项目招标将支持一些研究项目，为加拿大的农产品、渔业和水产养殖领域创造新知识，支持公共政策，提供有助于解决世界不断增长人口的食物供给问题的方法。加拿大 4 年内在大规模研究计划中投入约 9000 万加元，其中每个项目投入 200 万 ~1000 万加元。

在农产品和渔业及水产养殖领域，基因组学和基因相关技术发挥着强有力的作用，它们能促进加拿大乃至全球范围内的粮食生产和国际交易、提升营养价值并保证食品安全。

加拿大基因组组织主席兼首席执行官皮埃尔·梅里安表示，加拿大已经准备就绪，成为提供上述领域解决方案的国际领先者。人们迫切需要这些方案，以满足 2050 年预计翻倍的世界粮食需求。农业在很大程度上依靠传统粮食生产方法来提高生产率，但是这些方法快要触及它们产出能力的极限，而且人口的持续增长和气候变化对粮食生产造成了新的压力。植物、家畜、鱼类和其他物种的基因组学和基因功能知识，以及关于基因相互作用的知识正在急剧扩增，它们能够促成引领加拿大经济和社会效益的创新行为。

2013 年 12 月，加拿大基因组组织，发布了基因组技术应用于具体产业的系列战略报告。4 份报告分别以农业和食品、能源和采矿、渔业和水产养殖、林业为主题，探讨了基因组技术在这些产业领域的应用前景和挑战性问题。

加拿大已经引领了一系列国家和国际基因组学计划，这些计划很可能提高作物产量、改善食品和水质安全、提高畜禽健康水平、促进鱼类的抗病能力和种群健康、更好地管理威胁农业生产和贸易的虫害和入侵物种。

加拿大基因组组织表示，通过新竞标资助的项目将基于这些以往的成功经验，以新的知识支持加拿大生产商及其他行业，从而解决紧迫的全球食品相关挑战。

（2）利用植物叶子中"高速路"功能提高粮食作物产量。2018 年 2 月，澳大利亚国立大学网站报道，该校植物专家弗洛伦丝·丹尼拉等人组成的一个研究小组发表研究报告称，胞间连丝是叶子中影响光合作用效率的"高速路"功能，一些植物胞间连丝的数量较其他植物高很多，在这个发现基础上，有望开发出提高粮食作物产量的方法。

胞间连丝是植物细胞之间由质膜围成的一种通道，可在细胞间传输各种物质。它的尺寸很小，一根人类头发的剖面上能放 2.5 万多根胞间连丝。

该研究小组发现，胞间连丝在植物中起着类似"高速路"的功能和作用，正如城市中更多道路能够使交通更顺畅，一些胞间连丝数量多的植物，进行光合作用的效率更高。比如玉米是一种光合作用效率高的植物，其叶子中胞间连丝数量是光合作用效率较低植物的 10 倍。

丹尼拉说，农作物的光合作用，通常采用名为 C3 或 C4 的方式，玉米、高粱等作物采用 C4 方式，光合作用效率高，利用同样的太阳能可有更高产量。水稻、小麦等作物采用 C3 方式，光合作用效率相对较低，而它们却是世界上非常重要的作物。

澳大利亚研究理事会光合作用研究中心副主任苏珊·克默雷尔说，新发现有助于人们找到将 C3 类植物转化为更高产的 C4 类植物的方法，从而帮助提高粮食产量和解决饥荒问题。

2. 通过栽培方式创新增加粮食作物产量

（1）学习蚂蚁"精准农业"增加粮食作物产量。2019 年 7 月，英国牛津大学植物科学系纪尧姆·乔米奇博士领导，德国慕尼黑大学的苏珊·雷纳教授为主要成员的一个国际研究团队，在《新植物学家》杂志上发表论文称，他们研究证实，数百万年的蚂蚁农业已经重塑了植物生理学。"蚂蚁农夫"把富氮的粪便直接沉积在植物中，从而促进了这些具有超强吸收能力植物结构的进化。这意味着，蚂蚁衍生的营养素主动靶向超吸收性位点，而不是作为副产物沉积。这一新的认识，可能为我们增加粮食产量和争取粮食安全提供重要线索。

大约 1.2 万年前，人类开始种植农作物。但蚂蚁在这方面已经做得相当久了。其中切叶蚁是最著名的昆虫种植者，它们根据切碎的植物物质"经营"真菌农场超过 5000 万年。不过，蚂蚁"种植"开花植物的历史则比较短，始于 300 万年前的斐济群岛。

乔米奇说："植物吸收氮的速度，是限制植物生长速度的一个关键因素。大多数植物，包括我们的作物，从土壤中吸收氮，因此不会自然地暴露于氮浓度很高的环境中。然而，数百万年来，蚂蚁一直把富氮的粪便直接沉积在植物体内。后续的研究将解密这种超强吸收能力植物结构的遗传基础，这些成果最后很可能用于农作物，从而提升农作物的氮吸收能力。"

为了测试蚂蚁"种植"植物的营养是否发生变化，研究团队对斐济群岛植物内部由蚂蚁提供的营养沉积物，进行追踪分析。在被蚂蚁"种植"的植物物种中，这些特殊的蚂蚁只会在植物壁上超吸收性疣的位置排泄。在生活于同一斐济热带雨林，且密切相关的非养殖植物物种中，蚂蚁没有表现出这种农业行为。这项研究表明，类似的超吸收性疣，已经在由农蚁定植的谱系中反复进化。

由于"蚂蚁农夫"为它们的农作物提供养分，所以它们可能改变农作物的营养。对这种蚂蚁来说，它们自己和植物双方都会在进化过程中发生改变。雷纳说："蚂蚁对植物的驯化，导致对蚂蚁衍生氮的吸收增加了2倍以上。这种严格的养分循环，是附生植物在无土运河中生活的关键能力。"

该项研究发现，证实了这样一种观点，即数百万年的蚂蚁农业已经改造了植物生理学，从作为副产物的蚂蚁衍生营养物，转变为在超吸收性位点上有针对性地施肥。就像目前新兴的"精准农业"一样，计算机控制的设备和无人机，被用来把营养物质定位到最需要它们的田地中。这些"蚂蚁农夫"的行为，显然已经发展成为一种特殊的精准农业。它们把营养物质，放置到植物中具有高吸附性的特异性组织里。

（2）运用植物工厂栽培方式增加粮食作物产量。2021年8月19日，《中国科学报》报道，中国农业科学院都市农业研究所杨其长研究员领导的植物工厂创新团队，与中国科学院钱前院士领导的研究团队合作，在植物工厂环境下成功实现水稻种植60天左右收获的重大突破，把传统大田环境下120天以上的水稻生长周期缩短了一半。这为加速作物育种，打赢种业翻身战，为增加粮食产量提供了全新的技术途径。

杨其长介绍道，这次试验的水稻来自钱前团队提供的矮秆品种，其株型相对较矮，空间利用率高，适合在植物工厂环境下进行多层立体栽培。

研究人员称，这次水稻种植试验是在拥有4层栽培架的全人工光植物工厂进行的，采用定制光谱的发光二极管光源，为水稻不同生育期提供最佳的光环境。他们借助深液流水耕栽培技术，把水稻种植在营养液栽培槽中，根据水稻不同时期的营养需求精准供给养分。同时，植物工厂内部的环境要素，如光照、温度、湿度、二氧化碳浓度等都受到精准调控，为水稻各生育阶段提供最佳生长环境。

据悉，供试的 6 个矮秆品种中，2 个品种表现出较高的产量潜力，定植后 45 天抽穗，63 天收获，单株分蘖数高达 89 个，单层栽培架的综合产量为每平方米 0.98 千克。确保粮食满仓，种业安全是基础。钱前说，一个高效的育种产业是保障国家粮食安全的关键。传统的育种方法很重要的一个限制因素就是世代时间长，通常一年只能产生 1~2 代，即使在温室环境下或在海南三亚等地"南繁育种"，一年也只能产生 2~3 代。

对于大多数粮食作物而言，要想培育出新的优良种质，需要经过若干代繁殖，通常需要几年甚至是数十年的时间。依靠植物工厂技术，完全打破了这一时空瓶颈。在植物工厂里，通过调控最优的光质、光强和光周期，以及其他环境与营养要素，能够显著提升作物的光合作用速率，诱导早期开花和促进作物快速生长，大幅缩短作物生育周期，减少世代时间，从而实现快速育种。

此外，植物工厂育种加速系统，可不受土地空间和气候条件的约束，可以就近建在实验楼或育种单位附近，一年四季均可进行加代育种，大大节省育种研究人员的时间成本。

植物工厂环境下水稻栽培试验的成功，大大缩短了育种的世代时间，颠覆了常规育种一年仅可加代 2~3 代的传统。杨其长表示，未来有望实现每年 6 茬以上的"快速育种"，栽培层数甚至可以达到 10 层以上。他说："这一技术的突破，为水稻与其他作物的加代育种和高效栽培提供新的思路和有效途径，对保障粮食安全具有重要的现实意义。"

钱前对实验结果给予高度评价，他说，在植物工厂环境下实现水稻 60 天快速收获，是水稻种植史上的颠覆性重大突破，不仅彻底改变了传统的育种与栽培方法，而且也为未来工厂化栽培奠定基础。未来的种稻农民，可以上工厂打工了。他希望，植物工厂水稻种植将来能够实现全程机械化。

研究人员表示，他们下一步将针对植物工厂环境可控以及多层立体栽培的特征，选育出适宜于植物工厂种植的水稻先锋品种，大幅提高产量水平，为粮食安全提供科技保障。

3.通过合理用水增加粮食作物产量

以合理调控水资源促使粮食作物产量持续增长。2009 年 5 月，瑞典斯德哥尔摩大学，与德国波茨坦气候影响研究所等研究人员组成的一个研究小组，在美国《水资源研究》杂志上报告称，如果人类能够合理管理和科学利用各种水资源，对用水实施有效调控，将能促使粮食作物产量持续增长，缓解全球未来可能出现的粮食危机。

报告指出，目前人类对水资源的管理利用和调控，往往更多地考虑"蓝水"，即来自河流和地下水的水资源，而忽视了"绿水"，即源于降水、存储于土壤并通过植被蒸发而消耗掉的水资源。这使人类应对水资源匮乏的措施受到限制。该研究小组对地球的"蓝水"和"绿水"资源进行了量化分析。电脑模拟结果显示，到 2050 年，全球 36% 的人口，将同时面临"蓝水"和"绿水"危机。这意味着，这些人口将因缺水而无法实现粮食自给。

报告称，为了应对因水资源匮乏而导致的粮食危机，人类在合理管理和科学利用"蓝水"资源的同时，也要对"绿水"资源进行合理应用和有效调控。全球变暖加剧和人类需求增加，将导致全球 30 多亿人面临严重缺水，如若科学利用"绿水"资源，不仅能大大减少面临缺水的人口，而且在"蓝水"资源缺乏的国家，人们依然能持续生产出足够的粮食。

报告建议，为更有效应对水资源危机，人类应大力研发"绿水"资源利用技术，并在此基础上建立更能适应气候变化的农业系统，以确保未来粮食作物产量能够可持续增长。此前研究发现，在全球的总降水中，有 65% 通过森林、草地、湿地等蒸发返回到大气中，成为"绿水"，仅有 35% 的降水储存于河流、湖泊以及含水层中，成为"蓝水"。

二、粮食系统与环境关系研究的新成果

（一）研究粮食作物驯化过程的新信息

1. 揭示野生植物驯化为粮食作物的成长经历

2017 年 5 月，英国谢菲尔德大学科林·奥斯本教授领衔的研究团队，在《进化论快报》杂志上发表研究报告称，他们发现，野生植物被驯化成粮食作物的过程，可能没有太多人类干预的因素。

许多作物经过长期驯化，已经与它们的野生"近亲"有很大差异，这种变化在石器时代的早期农耕阶段就出现了。奥斯本说，学术界存在的一个争议在于：古人类究竟是有意去驯化这些植物，还是仅仅把野生植物种植在土壤中，其驯化特性是自己逐渐进化出来的。

该研究团队分析了多种主要粮食作物的种子数据。据他们的报告介绍，这些粮食作物的种子体积，比它们的野生"近亲"种子的体积要大，如玉米种子比野生种子大 15 倍，大豆种子比野生种子大 7 倍，小麦、大麦以及其他谷类作物种

子也普遍大于野生种子。

奥斯本说，证据显示，多种粮食作物的种子都受驯化影响而体积变大。这意味着，一些主要粮食作物，在早期种植过程中，自身就已出现重大变化，且这种变化的发生，并不在古人类种植者的预期中。他说，这意味着无意识的选择，或许在人类开始种植粮食作物的过程中扮演了更重要的角色，早期粮食作物产出提升，很可能是粮食作物本身在田间进化出来的能力，而不是人工培育所致。

2. 认为新发现植物或可驯化出新粮食作物

2017 年 5 月，国外媒体报道，英国皇家植物园邱园科学主任凯西·威利斯参加的一个研究小组，发布一份研究报告称，过去 1 年世界上发现了 1700 多种新植物，其中一些物种能够驯化为粮食作物，可在未来提供食物。在 1700 种新植物中有 5 种来自巴西的新木薯，它们可以在热带作为第三种重要的新粮食作物。

威利斯指出，发现这些食物近亲非常重要，因为培育的高产量作物通常失去了它们的遗传多样性，容易遭受干旱和虫害。她说："这些作物的野生物种可能产量不高，但它们在各种气候条件下已经生存了数千年，在它们的基因组中有着适应环境的基因。我们需要发现这些基因，并把这些基因带到作物中，从而在未来产出适应力强的庄稼。"

这份报告调查了植物对人类具有哪些作用、它们对虫害和气候变化的脆弱性有多高。此外，还提醒道，一些新植物物种已经处于高度灭绝边缘。

（二）研究粮食产业与环境影响的新信息

1. 探索粮食供给与森林保有量关系的新进展

认为保留现有森林或能为世界提供足够的粮食。2016 年 4 月，奥地利格拉茨社会生态学研究院学者卡尔·海因茨领导的研究团队，在《自然·通讯》杂志上发表的一个模型显示，不再把世界的森林转化为农田的同时，给未来世界人口提供足够的食物是有可能的。例如，蛋奶素和纯素等饮食选择，给维持现在的森林保有量提供了数量最多的选项。

迅速增加的全球人口数量让食品的需求不断增加，满足这一需求可以通过提升农业效率或者扩大专门用于种植作物的土地面积。然而，如果富含生物多样性的森林被转化成农业用地，这种农田面积的扩张可能和环保目标产生冲突。

奥地利研究团队探讨了在保留所有森林的同时，给 2050 年的世界人口提供足够食物的可能性。他们对农业生物质的未来供给关系进行了 500 种建模，这

500 种模型的粮食产量、使用面积、人类饮食选择各有不同。他们发现，大部分情况中，都可以在不破坏更多林地的前提下，达成提供足够粮食的目标。

如果世界上所有人口都是完全的素食主义者，500 种模型都可以实现不破坏森林的目标。如果 94% 的人是蛋奶素，那么 2/3 的模型可以实现对于森林面积的保护。而如果现在的平均食谱保持下去，那么 2/3 的模型可以保证森林不被破坏。如果所有人都采取了高热量的有很多肉的西式饮食方式，则只有 15% 的模型能够不减少森林面积。这些研究结果，意味着存在各种可持续地保证粮食供给却不破坏森林的选项，但这些选择高度依赖于饮食选择。

2. 探索粮食贸易行为对环境变化影响的新进展

（1）研究表明现有粮食贸易模式影响地下水过度消耗。2017 年 4 月，英国伦敦大学学院资源管理专家卡罗尔·达林牵头组成的研究团队，在《自然》杂志发表的一项可持续发展研究成果显示，就全球绝大多数人口所在国家所消费的大部分进口粮食作物而言，生产这些作物的地区在过度利用地下水资源，这与现有粮食贸易模式有关。鉴定正在耗尽地下水供应的国家、作物和粮食贸易关系，或有助于推动提高全球粮食生产与地下水资源管理的可持续性。

蓄水层是富含水分的土壤或岩层，更是一种可为上亿人口提供水的地下资源。但目前在主要的粮食生产地区，蓄水层正在快速减少，其关键原因是人类的抽水灌溉。这种情况既影响本地的粮食生产可持续性，也通过国际粮食贸易进而影响到全球的粮食生产可持续性。不过，对于国际粮食贸易对地下水耗竭的详细影响，迄今人们仍知之甚少。

鉴于此，该研究团队决定尝试量化这一关系。调查中他们发现，大约 11% 的非可持续性地下水抽取与粮食贸易相关，而巴基斯坦、美国和印度的粮食出口总量，占全球粮食贸易所耗地下水的 2/3，这些国家的出口产品主要为水稻和小麦作物。

研究结果显示，墨西哥、伊朗和美国等国的粮食和水危机风险居于高位，这是因为它们既生产粮食，又进口那些利用正在快速消耗的蓄水层进行灌溉而生产的粮食。

该研究团队提出，有许多方法可以使灌溉用的地下水消耗最小化，譬如种植更抗旱作物，或规范地下水的抽取。此外他们认为，如果一个国家进口的粮食作物，是利用被过度消耗的蓄水层系统灌溉生产的，那么此类国家应该对可持续性灌溉做法予以支持。

（2）认为粮食销售价格要更好地反映粮食环境成本。2020 年 5 月 18 日，一个关注粮食问题的国际研究小组，在《自然·食品》杂志发表一篇题为"粮食的真实成本"的评论文章，认为如果制定的粮食销售价格能更好地反映粮食环境成本，则可以促进更加可持续性的生产和消费方式，而科研人员在构建能够展现粮食的真实成本的框架方面，责无旁贷。

这篇文章指出，粮食生产和消费对环境的大多数影响，其实没有在经济上体现出来，人们因此不会有"为它买单"的感觉，这也是经济学所谓的"隐性成本"，即粮食的市场销售价格与其综合社会成本之间的差额。

这种对粮食的真实成本的疏忽，会导致粮食系统发生混乱，其中最紧迫和影响最大的问题，是不良生产实践和可丢弃文化的盛行。这种文化客观上鼓励了浪费、加剧了污染，进一步使消费与生产脱节，不同国家或同一国家内的不同个体，其实都会感受到过度消费模式所带来的后果。文章认为，虽然人们无法将粮食的社会文化因素与环境因素"明码标价"，但是，根据真实成本原则来对粮食进行定价，有助于最大限度地平衡造成污染和为污染买单两者关系，并在一定程度上反映出粮食对环境的影响。

对真实价格的计算需要应对一些挑战，譬如，哪些因素应纳入考虑，无形商品该如何评估，以及那些因时间推移而产生的长期影响该怎样归因。尤其是当消费者愿意为污染付费时，可能会导致价格依然容易被接受，从而失去了抑制作用；如果价格强行上涨，贫困人群又可能面临买不起所需粮食的困境。

对于食品生产商和零售商来说，不仅要遵守更严格的可持续性标准，还要应对这些情况带来的波动。但这些困难是可以克服的，因为技术手段和政策措施有助于克服这些问题，而法律条例可以通过对污染行为的硬性约束，对市场激励机制发挥至关重要的补充作用。

文章最后指出，科学研究对于发现有效的定价机制、评估真实定价对不同地区和社会群体的影响是非常关键的，包括如何减轻对敏感群体的影响，以及什么样的政策会确保真实定价能够减少污染、减少浪费，并促进食物链的积极重组等。而科研人员应是研究粮食真实成本的主体，他们可以为如何成功实施政策评估指明方法，并为一些有争议的解决措施给出建设性的意见。

3.探索全球粮食系统对环境变化影响的新进展

建立全球粮食系统环境影响模型。2018年10月10日，英国牛津大学科学家马科·斯普林曼主持的一个研究团队，在《自然》杂志网络版发表论文称，他们建成一个全球粮食系统模型，经过分析指出，如果不采取行动应对人口和收入水平的预期变化，此后一个阶段，粮食系统即为全球人口提供食物所涉及的过程和基础设施，对环境造成的影响可能会上升50%~90%。研究人员分析了几种环境影响的缓解方式，认为必须采取联合措施方能起到效果。

由于人口压力的增加，必须生产更多的粮食。该研究团队此次运用国家级详细数据，建立了一个全球粮食系统模型，用来研究与粮食有关的环境影响。基于该模型，以及当前和将来粮食需求的估算数据，研究人员把2010—2050年的粮食相关环境影响，在五大环境领域进行了量化。这五大环境领域分别为：气候变化相关的温室气体排放、土地系统变化相关的耕地利用、地表水的淡水使用、地下水的淡水使用，以及氮肥和磷肥施用。研究团队根据模型和数据作出预测：截至2050年，如果技术变革和其他缓解措施缺位的话，就每个指标来看，粮食系统对环境造成的压力将增加50%~92%。

研究人员分析了几种缓解粮食系统对环境影响的措施，如选择更健康的植物性饮食、提升技术和管理（产量增加和水管理优化）、减少粮食损失和浪费。却发现对预期增加的环境压力，这些措施都不能独立起到足够的缓解作用。鉴于此况，分析指出，必须要把这些措施结合使用，这样到2050年，许多预期会增加的环境压力或许能得到缓解。

第二节　水稻栽培研究的新进展

一、水稻品质与特性研究的新成果

（一）研究水稻食用品质的新信息

1. 探索稻谷食味影响因素的新发现

（1）发现香米"致香"的基因。2005年10月29日，国外媒体报道，泰国科学家阿皮差·旺纳威吉负责的大米基因项目研究小组在曼谷宣布，他们已经分析获得了泰国香米基因图谱中的"致香"基因，并且已经在美国专利与商标局申请了专利，接着准备通过人工改良的方法，使其他普通大米也能具有香米的独特芳香。

自2004年年底开始，泰国国家基因工程中心和泰国农业大学携手绘制出泰国茉莉花香米的基因图谱后，科学家们一直在研究图谱中的"致香"环节。这一难点的突破，有助于农产品的改良。

泰国国家基因工程中心主任探提差龙·马拉格说，为了研究泰国茉莉花香米，研究人员用数月时间，终于在其基因图谱中找到了引发这种香米散发出独特茉莉花香的基因片断。他说，通过类比移植的方法，可以使其他品种的大米也散发出香米的气味。马拉格说，香米之所以香是因为发生了基因突变，香米实际上包含有非正常基因。以泰国茉莉花香米为例，在它的基因图谱中，有 8 个基因处于"停工"状态。也就是说，这 8 个形同摆设的基因正是引发这种大米散发出茉莉花香的最主要原因。

大米基因组由约 5000 个基因组成。泰国科学家目前正在研究，是否可以将其他大米基因组中相同位置的 8 个基因"人工破坏"，使其处于"停工"状态，从而达到改普通米为香米的目的。马拉格说，这一发现对于泰国农业具有相当重要的意义。通过相同的方法，一些普通品种的玉米、稻谷、小麦、豆子和椰子都可以得到人工改良，从而提高质量和产量。

（2）发现能让水稻好吃又高产的基因。2012 年 6 月 24 日，中国科学院遗传与发育生物学研究所傅向东研究员、华南农业大学张桂权教授和中国水稻研究所钱前研究员等组成的研究团队，在《自然·遗传学》杂志上网络版发表论文称，他们发现了一个可以同时影响水稻品质和产量的关键功能基因 GW8，将它应用到新品种水稻的培育中，有望让水稻变得好吃又高产。

研究人员介绍道，研究团队经过多年集体攻关，从世界上最好吃的水稻之一：巴基斯坦的巴斯马蒂香米品种中，成功克隆了一个可帮助稻谷品质提升和增产的关键基因 GW8。在巴斯马蒂香米水稻中，GW8 基因启动子产生变异，导致该基因表达下降，使籽粒变为细长，提升了稻谷品质。而该基因高表达可促进细胞分裂，使籽粒变宽，提高灌浆速度等，从而促进水稻增产。

此项成果首次阐述了 GW8 基因，在水稻增产和品质提升中起到的关键作用，进而揭开水稻品质和产量同步提高的分子奥秘，还可望由此进一步研究出更为优质高产的水稻新品种。

研究人员称，目前在我国大面积种植的高产水稻品种中都含有 GW8 基因，表明 GW8 基因已在我国水稻增产中发挥了重要作用。他们在海南、广州、北京的 6 个点田间试验中发现，GW8 基因一个关键位点突变，既可提升水稻品质，又可促进穗粒数增加。将突变后 GW8 基因的新变异位点，导入巴斯马蒂香米水稻品种后，在保证优质的基础上可使其产量增加 14%；将它导入我国高产水稻品种后，在保证产量不减的基础上可显著提升稻谷品质。

研究人员称，水稻的品质与产量处于"鱼和熊掌很难兼得"的境况，原因之一是两者都由多个基因控制且受环境影响较大。水稻 GW8 基因的成功克隆和分子机制的阐述，为杂交水稻高产优质分子育种直接提供有重要应用价值的新基因，也为揭示水稻品质和产品协同提升的分子奥秘提供了新线索。

（3）揭示影响稻谷口感和食味品质的基因。2019 年 6 月 11 日，扬州大学农学院刘巧泉教授领导的一个研究团队，在《分子植物》杂志网络版发表论文称，他们发现了控制稻谷蒸煮与食味品质最重要的基因：蜡质基因 Wx 的祖先等位基因 Wxlv 的相关分子遗传机制，为稻谷蒸煮与食味品质改良提供了重要的基因资源和技术支撑。

直链淀粉含量是衡量稻谷品质的最重要指标，而直链淀粉是由 Wx 基因编码的淀粉颗粒结合淀粉合成酶催化合成的。科学家此前已在栽培稻中克隆了多个 Wx 复等位基因并广泛应用，但它们之间的演变和分化关系并不明确。此次，该研究团队成功克隆其祖先等位基因 Wxlv，并阐明栽培稻中不同 Wx 等位基因间的进化关系。

研究发现，携带 Wxlv 的稻谷中含有更多中短链分子量的直链淀粉，表现为高直链淀粉含量和低淀粉黏滞特性，米饭口感和食味较差。而当下栽培稻中的多数优异等位基因都保留了 Wxlv 的功能位点，通过修改该功能位点可用于优良食味稻谷的培育。

研究证明，Wxlv 与野生稻中 Wx 基因序列及功能基本一致，在进化中属于祖先基因。栽培稻中的一些秋稻和少数籼稻品种携带 Wxlv 等位基因，而栽培稻中其他 Wx 等位变异类型是从其进化或人工选择而来。

2. 开发具有独特食用品质的水稻新品种

（1）开发出茉莉花香发芽糙米新品种。2007 年 6 月 1 日，泰国中文报纸《世界日报》报道，泰国农业大学附属食品研究发展院和日本国际农业技术研究所合作，研发出新品种茉莉花香发芽糙米，不需要另外加入白米，做出的饭就比一般的米软香甜。

研究人员介绍，发芽糙米研发计划的一个重要步骤，是挑选发芽率高的种子，泡在水里 48~72 小时，因为如果种子没发芽，一些有益的物质和氨基酸就不会生成。除此之外，还要经过适度加热来控制糙米的成长过程，同时要控制生长湿度低于 14%。为此，研究人员确定了 4 项研究内容：一是寻找含伽马氨基丁酸（GA-BA）最高的泰国大米种子，最终找到 105 号茉莉香米；二是研究稻谷生长状态；三是解决储存问题；四是分析它对人体神经细胞系统有何营养价值等。

研究人员表示，发芽糙米市场定位在健康食品，价格每千克约 8.8 美元，今后将进一步开发出各种加工食品，以拓展产品销路。

（2）培育出可加工成免煮即食大米的水稻品种。2009 年 10 月 5 日，印度媒体报道，印度中央水稻研究所主任阿德亚说，他们成功培育出一种水稻品种，用它加工成的大米，不用煮，只需在水中浸泡就可食用，其单位面积产量与普通水稻相当。

阿德亚说，这种新培育的水稻淀粉酶含量低，其大米一旦在水中浸泡，就会软化。它只需在冷水中浸泡大约 45 分钟，或在温水中浸泡 15 分钟就可食用，有助于家庭节约燃料。

（3）筛选出适合糖尿病人的水稻品种。2011 年 7 月 10 日，菲律宾马尼拉媒体报道，许多人认为水稻血糖指数不低，因此并不适合糖尿病患者或高危人群食用。但新的研究显示，不同品种的水稻，其血糖指数的高低也有所差异。因此，只要选择那些指数较低的水稻品种，这些特定人群仍能在不影响健康的前提下，享用香喷喷的米饭。

血糖指数，是用来计算食物中碳水化合物提升血糖能力的一项指标，而血糖水平与糖尿病又有很大关系。在基数为 100 的情况下，指数在 55 及以下的属于低血糖指数食品，56~69 之间属中等水平，70 及以上的则为高血糖指数食品。

总部设在菲律宾首都大马尼拉的国际水稻研究所，不久前公布研究成果称，经筛选检测，来自全球各地的 235 种水稻，血糖指数范围在 48~92 之间，平均值为 64。大多数水稻品种的血糖指数为中等或中等以下。

研究人员称，其中一些水稻品种就属于低血糖指数食品，比如在印度广泛种植的水稻品种"斯瓦尔娜"。这意味着，糖尿病患者或糖尿病高危人群，只要选择正确的水稻品种，也能保持饮食健康。

（二）研究水稻优异特性的新信息

1. 开发具有抗寒冷特性的水稻新品种

（1）开发出抗寒转基因水稻新品种。2005 年 8 月 21 日，日本北海道农业研究所研究员佐藤裕郎在日本育种学会年会上宣布，他领导的研究小组，成功开发出在低温下可以产生大量花粉，并结出稻粒的抗寒转基因水稻新品种。

水稻遇到寒冷气候容易出现生长迟缓，收成会受到严重影响，目前的抗低温水稻大多没有太强的抗寒能力。该研究小组把目光集中于小麦为了抗寒而合成的一种果聚糖，从小麦中提取出合成这种果聚糖酶的基因，然后植入水稻的染色体，进而开发出新的水稻品种。研究人员把这种转基因水稻，与现有水稻品种在 12℃

低温环境下放置一段时间后，转基因水稻只减产30%，而一般水稻要减产70%。

研究人员认为，之所以出现这样的结果，是因为果聚糖在植物细胞内此同时，可以保护蛋白质等不受寒冷的侵害。

（2）成功培育抗冷和抗旱的双季早粳稻新品种。2021年7月19日，《科技日报》报道，双季早粳水稻新品种"中科发早粳1号"测产现场会，在江西省上高县举行。200亩的示范田里，金色稻浪翻滚，在机插秧、人工插秧、直播和抛秧四种栽培模式下，"中科发早粳1号"均表现优异，它不仅产量创出新高，而且在苗期抗冷、抗旱，成熟期抗穗发芽等农艺性状中表现突出。

我国是共有13个省种植双季早稻，全部分布在南方低纬度地区。然而，我国所有的双季早稻品种均为籼稻，目前国家设立的双季早稻品种审定组只有早籼组。早籼稻是在3月中下旬播种，7月中下旬收获的南方籼稻品种。早籼稻品种，尤其是长江中下游的品种由于整体品质较差，大部分作为储备粮或工业用粮使用。

中国科学院遗传与发育生物学研究所李家洋院士说："这一新品种实现了我国双季早粳稻'零的突破'，填补了双季早粳品种在我国水稻生产中的空白，这意味着，今后我们可以提前一个季度吃上好吃的新粳米了。"

2. 研究具有抗干旱特性水稻的新发现

发现水稻抗旱性的调控基因。2009年4月，华中农业大学生命科学技术学院熊立仲教授领导的研究小组，以侯昕为第一作者在美国《国家科学院学报》发表论文称，他们成功分离出一个对水稻抗旱改良有显著作用的基因OsSKIPa。研究表明，提高该基因在植物体内的表达水平，可以显著提高水稻的抗旱性，缺水的戈壁滩今后也将可能种植水稻。

熊立仲说，OsSKIPa基因是通过基因芯片技术和转基因技术，筛选得到的众多候选基因中的一个。实验显示，在干旱条件下，对照组水稻幼苗的存活率为20%~50%，转入该基因实验组幼苗的存活率为80%以上；在成熟期，实验组的产量和结实率，比对照组提高了20%左右。

这项研究表明，OsSKIPa基因会调动其他水稻抗旱基因的表达，从而增强水稻细胞的活力，提高水稻在缺水条件下的生存能力，降低干旱引起的产量损失。这种类似触发链式反应的独特作用机制，以前从未在水稻研究中发现过。进一步研究还表明，水稻、人和酵母三类生物中的SKIP（OsSKIPa的同源基因）蛋白，是具有完全不同结合的蛋白，这种唯一性和特异性，对基因进化和新抗旱基因的发掘具有重要意义。

研究人员表示，水稻抗旱作用是众多抗旱基因共同表达的结果。此项成果，是利用反向遗传学的方法，初步鉴定出水稻抗逆性相关基因 OsSKIPa 的功能，加深了对水稻抗逆分子机制的了解。同时，该基因的发现，也对抗逆分子育种改良水稻品种有着重要的潜在价值。

3. 开发具有抗洪或节水特性水稻的新进展

（1）利用基因工程培育出"抗洪水稻"。2006 年 8 月 10 日，国际水稻研究所、美国加州大学戴维斯分校与河边分校 3 个机构组成的国际研究小组，在《自然》杂志上发表研究成果称，他们发现了水稻中的"抗洪基因"，并利用这一基因培育出了长时间被洪水淹没却能存活的"抗洪水稻"。科学家表示，这个水稻新品种，将给洪水多发地区的农户带来福音。

水稻是全球 30 亿人口的主要粮食作物，它离不开丰沛的水灌溉。但多数现有水稻品种不能在大水没顶时长期存活，一般在水下两三天就会死亡，因此水稻抗洪水的能力不佳。据统计，每年洪水给全世界水稻种植带来的经济损失高达 10 亿美元。

研究人员借助全基因组分析的方法，找到水稻的"抗洪基因"。他们说，一些籼稻品种的抗淹没能力远比粳稻强，被洪水完全淹没一周后还能生存，因此他们将籼稻和粳稻的基因组进行比较。结果表明，在水稻第 9 染色体着丝点附近的 3 个基因，可能与抗淹没性有关。

通过对这 3 个基因的进一步分析，研究人员发现其中一个名为 Sub1A 的基因，与水稻的抗淹没性关系最密切。这个基因在籼稻和粳稻中的"版本"是不一样的。研究人员把籼稻的 Sub1A 基因植入粳稻基因组后发现，粳稻的抗淹没能力显著提高了，这表明这个基因就是水稻的"抗洪基因"。

研究人员对印度的一个粳稻品种，进行"抗洪基因"改造，并增强"抗洪基因"的表达。试验种植表明，新培育的"抗洪水稻"，能在大水完全淹没两周后生存，同时还保持了原先品种的产量和其他优异特性。目前，他们已培育了适合老挝、孟加拉国、印度等洪水多发地区种植的"抗洪水稻"品种。研究人员还计划运用类似方法培育"抗洪玉米""抗洪大豆"等农作物。

（2）培育出节水型水稻新品种。2007 年 5 月 20 日，孟加拉国《每日星报》报道，孟加拉国农村发展学会和孟加拉国水稻研究所共同组成的研究小组，培育出多个节水型水稻新品种，可节约灌溉用水最高至 50%。

孟加拉国农村发展学会副会长扎卡里亚介绍说，目前在孟加拉国生产 1 千克稻谷需要 5 吨灌溉用水，如果按这样的用水量计算，未来几年孟加拉国将面临水荒。而培育出的 90 多个水稻新品种，能节约灌溉用水 33%~50%。

扎卡里亚还说，有些水稻新品种成熟期也提前了，可以在 120~130 天之内成熟，而普通水稻成熟期通常需要 150 天。

4. 开发具有早熟高产特性水稻的新进展

发现决定水稻早熟高产特性的新机制。2019 年 8 月 27 日，中国科学院遗传与发育生物学研究所储成才项目组和四川农业大学邓晓建项目组等单位联合组成的研究团队，在美国《国家科学院学报》网络版发表论文称，他们发现一个可将水稻成熟期提早 7~20 天的基因，不造成产量损失甚至具有不同程度的增产效果。挖掘和利用该基因，将有力促进绿色超级稻品种培育的减肥增效需求。

在我国杂交水稻发展的早期阶段，"高产不早熟、早熟不高产"现象是一个重大难题。袁隆平院士团队和谢华安院士团队等经过研究攻关，培育出一批早熟高产的水稻新品种，但其分子生理机制仍未得到解析。这次，该研究团队历经多年，图位克隆了 Ef-cd 基因。大规模组学分析表明，含 Ef-cd 基因的水稻，氮代谢、叶绿素代谢及光合作用相关基因表达显著增强。生理试验也证明，Ef-cd 基因显著提高了水稻氮吸收能力及叶片光合作用效率。

研究表明，Ef-cd 基因兼顾早熟和高产，增加水稻的氮肥利用效率和光合效率，具有资源高效利用的显著特征。研究人员表示，在当前水稻生产新形势下，该基因的挖掘和利用，将有力促进绿色超级稻品种培育的减肥增效需求，同时，对解决直播稻和粮经、粮菜、粮油连作稻、双季稻的早熟丰产以及亚种间杂交稻"超亲晚熟"等问题，具有重要的应用潜力。

二、水稻高产及其影响因素研究的新成果

（一）培育高产水稻品种业绩辉煌

1. 杂交稻单产屡创新纪录

（1）超级稻大面积亩产首破千千克。2014 年 9 月 29 日，科学网报道，由湖南杂交水稻研究中心牵头，袁隆平院士领衔的国家"十二五""863"计划课题"超高产水稻分子育种与品种创制"，宣布取得重大突破：该课题最新成果"Y两优 900"湖南隆回百亩高产示范片，经湖南省科技厅组织的专家组现场测产，平均亩产达到 1006.1 千克，首次实现了超级稻百亩片过千千克的目标，标志着超级稻研究的重大突破。

另据 2014 年 10 月 24 日报道，该品种在湖南溆浦，更是把百亩片亩产冲到

了一个新的高点。当天，农业部举行新闻发布会，让全世界都知晓了中国超级稻创造的这一新纪录：1026.7 千克。至此，历时十余年的中国超级稻攻关计划，有了圆满的结果。

据悉，"Y 两优 900"，是通过进一步塑造理想株型和扩大利用籼粳亚种间杂种优势，培育成的迟熟型超级杂交中稻组合，母本为湖南杂交水稻研究中心选育的广适性光温敏不育系 Y58S，父本为创世纪种业有限公司选育的籼粳中间型恢复系 R900。

（2）杂交稻单产再刷新世界纪录。2017 年 10 月，有关媒体报道，袁隆平院士对超级杂交水稻的执着追求："高产更高产是永恒主题。"10 月 15 日，他在河北邯郸种植的超级杂交稻品种"湘两优 900"，以平均亩产量 1149.02 千克，创造了世界水稻单产的最新、最高纪录。

杂交水稻项目 1995 年开始立项，4 年时间达到亩产 700 千克、800 千克的目标，7 年时间达到亩产 900 千克的目标；如今实现了 1149.02 千克的新纪录，20 多年间，袁隆平及其研究团队从未停止对高产量、高品质水稻的追求。

不仅创造了更高的产量纪录，袁隆平研究团队还向中国和世界奉献了更安全、更健康的水稻品种。在 2017 年 9 月举行的国家水稻新品种与新技术展示现场观摩会上，袁隆平宣布一个好消息，他说："我们在水稻育种上有了一个突破性技术，可以把亲本中的含镉或者吸镉的基因'敲掉'，亲本干净了，种子自然就干净了。"此项新育种突破，将为中国乃至全世界营造更加安全的食品安全环境作出新的贡献。

2. 杂交水稻双季亩产实现高产攻关目标

经测产专家组评定：杂交水稻双季亩产突破 1500 千克。2020 年 11 月 2 日，新华社报道，湖南省衡阳市衡南县青竹村，由袁隆平院士团队研发的杂交水稻，双季亩产突破 1500 千克大关，其中晚稻品种为第三代杂交水稻。

测产专家组组长、中国科学院院士谢华安说："看到一大片稻子长得这么整齐、这么诱人，大家都在称赞，也为袁隆平团队的创新成果感到骄傲。"

2 日上午，位于清竹村的第三代杂交水稻"叁优一号"试验示范基地，绵绵阴雨没有挡住人们收获的热情。3 个地块同时开始机械收割，来自全国各地的 10 多位院士、专家在现场参与了测产。经测产专家组评定，晚稻品种"叁优一号"亩产为 911.7 千克。在此之前，同一基地种植的早稻品种亩产为 619.06 千克。这意味着双季亩产达到 1530.76 千克，实现了"1500 千克高产攻关"的目标。

据了解，第三代杂交水稻技术被袁隆平看作是突破亩产"天花板"的关键。

专家认为，第三代杂交水稻的"基因强大"，具有高产、抗病、抗寒、抗倒等特点。

湖南杂交水稻研究中心副主任张玉烛说，2020年南方水稻产区遭遇极端低温寡照天气，第三代杂交水稻品种表现相对稳定，经受住了考验。

（二）研究水稻高产影响因素的新信息

1. 探索增加水稻粒重影响因素的新发现

（1）发现控制米粒大小和分量的关键基因。2008年9月30日，中国科学院生物学家何祖华领导，美国宾夕法尼亚大学马宏博士参加的一个研究小组，在《自然·遗传学》杂志网络版发表论文称，他们发现了水稻的一个特定基因，负责控制米粒的大小和分量。

研究人员称，他们的研究工作表明，通过加强某个特定基因的表达，可以实现稻谷增产的目标。这个新基因的发现将有助于培育高产转基因水稻新品种。

研究人员首先在水稻中筛选出一些米粒分量明显不足的变异植株，并从中鉴别出一种特殊的变异植株，这一植株根本无法长出正常大小的米粒。于是，他们对该植株进行进一步的研究，发现它的GIF1基因出现变异。GIF1基因负责控制水稻中转化酶的活动。转化酶位于水稻的细胞壁上，负责把蔗糖转化为用于合成淀粉的物质，这些物质继续发育后长成米粒。如果转化酶不活跃，水稻就很难长出饱满的颗粒。

试验发现，如果GIF1基因正常无变异，转化酶活性正常；如果GIF1因发生变异而表达不够，转化酶的活性仅为正常水稻的17%。研究小组培育出一种转基因水稻，使GIF1基因过度表达，结果发现，这种水稻的颗粒比正常水稻大，分量也要重。研究人员希望他们的这一成果，能够帮助水稻育种人员培育出颗粒更大、更饱满的新杂交品种。

（2）发现水稻籽粒大小的关键调控基因。2010年11月，华中农业大学张启发院士领导的研究小组，以茆海亮为第一作者在美国《国家科学院学报》上发表论文称，谷粒大小不仅是决定水稻产量的要素之一，而且对谷粒的外观品质有着重要影响。他们发现了水稻中GS3基因控制水稻籽粒大小，并找到了该基因中控制籽粒大小的关键区域，命名为OSR（Organ Size Regulation）。

由于谷粒大小是水稻生产中的重要性状，该研究小组从1997年就开始对控制水稻粒形基因GS3的研究，直到2006年找到这个基因，历时9年。在此基础上，研究人员近年对该基因的功能作出深入研究，证实GS3是调控谷粒大小的主要基因，揭示出基因所编码蛋白的结构与功能之间的关系。

茆海亮介绍道，他们发现 GS3 基因编码的蛋白存在相互对抗的前后两个部分，其中前一段（N 端）是控制粒形的关键区域，即 OSR，后面一段（C 端）对 OSR 的功能有抑制作用，GS3 蛋白内首尾两部分之间的"博弈"最终决定籽粒的大小。

进一步研究表明，没有 GS3 蛋白（或该蛋白无功能）的水稻品种为长粒型，长度约 10 毫米；含有完整 GS3 蛋白的水稻品种粒型中等，约 8 毫米；只有 OSR 的水稻品种的谷粒为短粒，约 6 毫米。此外，研究人员还发现，几乎所有的优良粳稻品种都带有完整的 GS3 蛋白，表现为中等粒型，优良长粒型籼稻品种的 GS3 蛋白无功能。通过对该基因的导入和替换，能有效地改变水稻品种的粒型，表明 GS3 对水稻的产量和品质有重要的决定作用，是粒型的变异和演化的主要决定因子之一。

值得注意的是，研究人员在其他物种中，包括玉米、大麦、大豆等也发现了 GS3 同源的基因，并且 OSR 在这些同源基因中都存在，说明这些基因有可能也控制着相应物种种子的大小。由此可以预见，该研究成果在品种改良中将有着重大应用前景。茆海亮认为："首先，该基因变异可作为分子标记直接应用于水稻籽粒大小的选育，提高水稻产量；其次，根据水稻的研究信息，可对其他物种的 GS3 同源基因进行克隆，从而指导相应物种的品种改良。"

（3）克隆出正调控水稻粒重的基因。2011 年 10 月 23 日，华中农业大学作物遗传改良实验室张启发院士率领的水稻国家创新研究团队，在《自然·遗传学》杂志网络版发表论文称，他们成功克隆出正调控水稻粒重的数量性状基因 GS5，进一步的功能研究显示，该基因在高产分子育种中具有广阔的应用前景。2008 年，该研究团队曾在这家杂志撰文，报告发现了一个可以同时控制水稻植株高矮、抽穗期和每穗粒数的 Ghd7 基因。

种子大小是一个非常重要的产量性状、外观品质性状、作物驯化和人工育种的靶性状。多年来，研究人员一直致力于寻找控制粒重即种子大小的关键基因，以往已经克隆出的 GS3、GW2 和 qSW5 粒形基因均与粒形呈负相关，即较高的基因表达水平，种子大小反而随之下降。

经过近 10 年的研究，该研究团队此次克隆的 GS5 却是一个种子大小的正调控因子，其较高的 GS5 表达水平，可能参与促进细胞周期循环，加快细胞循环进程，从而促进水稻颖壳细胞的横向分裂，进而增大颖壳的宽度，继而加快谷粒的充实和胚乳的生长速度，最终增大种子的大小，以及增加谷粒的重量和单株产量。

大量的研究表明，在除了谷粒大小目标性状有差异，而遗传背景完全相同的两个遗传材料中，谷粒大的材料比谷粒小者含有较高 GS5 基因表达，大粒比小粒宽了 8.7%、千粒重增加了 7.0%、单株产量提高了 7.4%。

研究人员介绍，他们对来自亚洲不同地区的 51 份水稻品系进行 GS5 启动子比较测序，发现 GS5 在自然界主要有 3 种不同的组合方式，分别是 GS5 大粒单倍型、GS5 中粒单倍型和 GS5 小粒单倍型，正好对应不同品系宽、中等宽和窄粒形等 3 组不同粒宽的性状。其中，GS5 小粒单倍型是野生型，而 GS5 大粒单倍型是水稻驯化和育种过程中功能获得性的突变型。启动子镶嵌转化分析进一步表明，上述突变型的形成，取决于 GS5 启动子的自然变异。可见，GS5 在水稻人工驯化和育种过程起到重要作用，并对水稻种子大小的遗传多样性贡献很大。

作物产量是十分复杂的数量性状，受各种因素影响，科学界以前普遍认为需要改变许多基因才能够增加水稻产量，因此如何像控制诸如颜色等质量性状一样，利用生物技术改良提高产量一直是作物遗传育种界的难题。GS5 及以前克隆的 Ghd7 等一大批基因，对于通过生物技术进行改良来提高产量提供了新的可能。粒形是水稻产量和外观品质的重大农艺性状，这项研究为作物高产育种，提供了具有自主知识产权和重要应用前景的新基因，为阐明作物产量和种子发育的分子遗传调控机理提出了新见解。

2. 探索提高水稻穗粒数影响因素的新发现

（1）发现增加水稻穗粒数的新途径。2019 年 1 月 24 日，中国农业科学院中国水稻研究所钱前研究员领导的种质创新团队，在《植物生物技术》杂志网络版，以任德勇副研究员为第一作者发表最新成果。该成果解析了水稻小穗内小花数目的发育调控机制，为水稻高产分子设计育种奠定了基础。他们为增加每穗粒数提供了两条新的途径和观点，即通过常规杂交或者基因编辑手段培育"多花小穗"水稻品种，从而实现水稻增产。

钱前说，每穗粒数是水稻产量构成的三要素之一。目前，在水稻上通过常规途径增加穗粒数和穗密度实现增产的方法，有一定难度。因此，研究人员迫切需要寻找一种增加穗粒数的新途径。

任德勇介绍，他们前期研究发现，每穗粒数的形成有一个重要的影响因素，即小穗内的小花数，正常水稻一个小穗内只包含 1 朵花，形成 1 粒种子。该团队鉴定了一个新等位突变体 fon4-7，该突变体使小穗除了产生正常的顶生小花外，还形成一个额外的或者侧生的小花。该研究揭示了 FON4 调控小穗分生组织的确定性，其突变导致小穗内小花数目不确定，获得形成多花小穗的潜力，进而形成多个种子。

（2）探索水稻小穗及穗粒数的确定性调控分子机制。2020年8月，西南大学农学与生物科技学院水稻研究所何光华教授率领的研究团队，与四川省农业科学院水稻高粱研究所联合，在《植物生理学》杂志上发表论文称，他们对水稻小穗的确定性调控分子机制进行探索，为水稻小穗"变性"提高每穗粒数、从而实现水稻增产提供了可能。

何光华介绍道："水稻产量的构成有'三要素'——亩穗数、每穗粒数、千粒重，其中每穗粒数的多少与水稻小穗内小花的数目直接相关。"小穗是禾本科植物特有的花序结构，在不同物种中分为不确定性小穗与确定性小穗两类。小麦属于不确定性小穗，小穗最终产生的小花和籽粒数目是变化的，且一般都大于2个；水稻和玉米则属于确定性小穗，小穗内只包含1个可育小花。

已有研究表明，水稻中的SNB、OsIDS1和MFS1等3个基因，参与了小穗分生组织确定性的调控，这些基因发生突变后，将出现一定比例的小穗内多小花情况。该研究团队则发现，一种MYB的转录因子具有明显的转录抑制活性，其通过EAR基序，与另一个已知的转录共抑制子TPRs结合后，能够影响SNB和OsIDS1基因的表达，从而在小穗分生组织确定性调控中发挥作用。

研究人员称，把水稻的确定性小穗改造成不确定性小穗，可以实现小穗内小花和籽粒数目的倍增，从而为提高水稻每穗粒数实现增产提供可能。他们的研究，明确了水稻小穗确定性调控分子机制，为提高水稻产量提供了一条新的路径。

3. 探索增加水稻分蘖影响因素的新发现

（1）发现可增加水稻幼穗分支数量的新基因。2010年5月，日本媒体报道，日本名古屋大学生物机能开发利用研究机构的研究人员发现一种可将水稻的产量提高五成的新基因。这种基因可通过自然杂交的方式传递给下一代，不涉及有争议的转基因问题。

据介绍，这种被命名为"WEP"的基因，位于水稻染色体的第八染色体中。它的作用，是控制水稻从穗节上长出来的幼穗分支数量。一般来说，水稻幼穗分支越多，所结的稻粒也就越多。研究人员选择"ST-12"的水稻品种作为研究对象，它的幼穗分支数量比普通水稻多3倍。把它与普通的水稻品种"日本晴"杂交，并分析所获得的杂交水稻的基因，最终发现了这种新基因。进一步调查发现，在"ST-12"形成幼穗的阶段，其植株中WEP基因的发现量，要比普通的

"日本晴"多出将近 10 倍，由此确认它对幼穗分支的形成有很大的促进作用。

名古屋大学的研究人员在 2005 年曾发现过可增加水稻着粒数的基因"Gn1"，他们把这种基因与本次发现的"WEP"基因，一同植入"日本晴"的植株，结果发现每株的幼穗分支数增加了两倍多，每株的着粒数也增加了 51%。这项发现，将为人类解决未来的粮食危机，提供一条新的出路。

（2）发现水稻分蘖重要调控新机制。2012 年 3 月，中国科学院遗传与发育生物学研究所李家洋院士项目组与中国农业科学院中国水稻研究所钱前研究员项目组联合组成的研究团队，在《自然·通讯》杂志上发表论文称，他们发现了水稻分蘖的重要调控新机制，这对水稻产量研究具有重要意义。

水稻的分蘖是决定产量的一个重要农艺性状，适当的分蘖数目直接决定水稻的产量。研究人员说，水稻的分蘖不仅是直接调控产量的一个关键农艺性状，同时也是在植物生物学中决定株型建成的一个核心科学问题。

在早期工作中，研究人员以水稻单分蘖突变体为材料，解析了其野生型基因单分蘖突变体调控分蘖的分子机理，发现它编码一个植物特异的转录因子。单分蘖突变体控制分蘖芽的起始和生长等过程，是调控分蘖芽生长发育的主控因子。单分蘖突变体的发现和功能分析，是单子叶植物分枝机理研究领域的重大突破，引起了国内外学术界的广泛关注。

单分蘖突变体作为一个调控分蘖的主控因子，其本身的调控机制机理不甚明了。在进一步的研究中，研究人员发现，水稻多分蘖突变体直接作用于单分蘖突变体，导致单分蘖突变体以依赖于细胞周期进程的方式降解。这项研究，揭示了通过细胞周期调控分蘖以及植物株型建成的新机制。

（3）成功鉴定出调控水稻分蘖的氮高效基因。2021 年 1 月 7 日，中国科学院遗传与发育生物学研究所储成才研究员领导的研究团队，在《自然》网络版以长文形式发表研究成果，宣布成功鉴定出一个水稻氮高效基因，它是调控水稻分蘖的关键调控因子。该成果是中国科学家在水稻绿色发展研究上取得的一项重大突破，获得国际同行专家的高度评价。

该研究团队通过对过去 100 年间，收集于全球不同地理区域的 52 个国家及地区 110 份早期水稻农家种，在不同氮肥条件下进行全面的农艺性状鉴定，发现水稻分蘖（分枝）氮响应能力，与氮肥利用效率变异间存在高度关联。

研究人员利用全基因组关联分析，结合多重组学技术，鉴定到一个水稻氮高效基因 OsTCP19，其作为关键调控因子调控水稻分蘖。进一步研究发现，OsTCP19 上游调控区一小段核酸片段（29-bp）的缺失与否，是不同水稻品种分蘖氮响应差异的主要原因。

储成才指出，最新鉴定的氮高效基因，其氮高效类型 OsTCP19-H，在起源于贫瘠土壤的品种中富集，而现代栽培种大多丢失。氮高效类型 OsTCP19-H 在水稻品种中出现的频率，与稻田土壤氮含量显著负相关，并且野生稻中 90% 以上为氮高效基因型，暗示其贡献了水稻对低土壤肥力地区的地理适应性，且在水稻驯化过程中在低肥地区得到保留。

研究团队将 OsTCP19-H 导入现代水稻品种，在减氮水平下可以提高氮肥利用效率 20%~30%，表明该基因在农业绿色发展领域有重要应用潜力。

4. 探索优化水稻株型影响因素的新发现

（1）研究水稻株高调控获得重要进展。2011 年 2 月 9 日，中国科学院上海生科院植物生理生态研究所何祖华率领的研究小组，在《植物细胞》杂志网络版发表的论文表明，他们在水稻株高发育的调控研究方面，取得新的重要进展。

水稻株高是控制水稻产量的重要农艺性状，主要由水稻节间的伸长调节。水稻最上节间的伸长可以促进幼穗的抽出，进而开花、授粉和灌浆。因此，最上节间的发育是影响水稻产量的重要节点。该研究小组一直致力于水稻节间发育的研究，继克隆和功能分析了水稻长节间基因 Eui 后，他们又成功克隆了 BUI1 基因，并系统阐述了 BUI1 蛋白的生理和生化功能。

BUI1 编码一个植物特异的 Class Ⅱ formin 蛋白，调控细胞微丝骨架的装配和动态变化。微丝骨架是细胞形态和多种生理过程的基础。BUI1 的突变导致细胞中肌动蛋白含量降低、肌动蛋白束数目减少，细胞的伸长和极性扩展受到抑制，进而影响 BUI1 突变体植株的节间发育，表现为最上节间严重缩短，呈弯曲生长。

他们通过与中国科学院植物研究所黄善金研究员项目组合作，系统分析了 BUI1 的生化功能，证明 BUI1 参与了微丝骨架装配的各个过程，并呈现其特有的调控性能。这项研究，通过一系列体内染色和体外生化实验，证明 Class Ⅱ 成员 BUI1 是微丝骨架的重要调控因子，在高等植物微丝骨架装配和生长发育中发挥重要作用，该研究同时为水稻株高发育调节提供了一个新的研究方向。

（2）发现杂交稻稳产高产的株型基因。2020 年 3 月 28 日，中国农业科学院中国水稻研究所钱前院士、深圳农业基因组研究所熊国胜研究员与中国科学院遗传与发育生物学研究所李家洋院士领衔的研究团队，在《分子植物》杂志发表论文称，他们发现了杂交稻实现"绿色革命"的株型伴侣基因，这一基因决定杂交稻稳产高产的性能。

钱前介绍说，植物株型是一种非常复杂的农艺性状，是影响作物产量的主要因素。通过植株高度、茎枝数和穗粒数等植物株型的适当改良，可以显著提高作物产量。

20世纪50—60年代，为解决发展中国家人口的温饱问题，育种家利用"矮化基因"改良水稻、小麦等粮食作物进行高产育种研究，被称为"绿色革命"。其中的代表性成果是国际水稻研究所于1967年培育的"IR8"，这一品种成功解决了东南亚地区的粮食问题，被誉为奇迹稻。奇迹稻"IR8"高产、矮小，这两个基因分别来自不同的水稻植株。

我国水稻工作者也是率先开启水稻矮化育种的研究团队之一。此次研究发现，我国超级稻父本品种"华占"含有"独脚金内脂合成基因"的新等位基因，能够有效增加水稻茎枝数和产量。研究人员称，"华占"最大的一个特点就是茎枝较多，稳产性好，以"华占"为父本育成的品种超过300个，一系列超级稻组合，推动了新一轮的杂交水稻品种的更新换代，在生产上有良好的效果。

研究团队进一步发现，奇迹稻"IR8"和我国大面积推广的"双桂""明恢63"和"华占"等多个具有代表性的品种中，都携带稳产高产的"独脚金内脂合成基因"等位基因，而控制矮秆性状的有利等位基因，则是来自中国台湾地区水稻品种"低脚乌尖"。这表明，在现代籼稻品种育种过程中，这两个基因同时被育种家选择并广泛利用。

三、水稻病害防治研究的新成果

（一）研究稻瘟病防治的新信息

1. 探索稻瘟病发病机理的新发现

发现稻瘟病病原菌的遗传基因。2007年3月，首尔大学农业生命工学科教授李龙焕领导的科研小组，在《自然·遗传学》杂志网络版上发表论文称，他们已成功确定水稻稻瘟病病原菌的数百种病原性遗传基因。

研究人员表示，今后将联合生物学、遗传学和电脑方面的专家，建立生物信息学研究体系，进一步分析稻瘟病病原菌遗传基因之间的相互关系。

据介绍，研究人员从2005年开始对稻瘟病病原菌进行深入研究。他们在对稻瘟病病原菌的2万多种变体进行生物学实验后，确定了病原菌的741种遗传基因，其中202种是病原性遗传基因。稻瘟病是一种常见水稻疾病，由真菌病原体引起，多发于气候湿热的国家，其造成的水稻产量损失高达15%~30%。据测算，由于稻瘟病的危害，全球范围内每年减产的水稻，足以养活 6000 万以上人口。

2. 探索阻止稻瘟病扩散的新发现

发现可阻止稻瘟病菌扩散的一个新途径。2018 年 3 月 26 日，英国埃克塞特大学发布新闻公报，该校和美国堪萨斯州立大学等机构组成的一个国际研究小组，在《科学》杂志上发表论文称，他们最新研究发现，抑制稻瘟病菌的一种特定蛋白质活动可阻止病菌在水稻细胞间传染。

稻瘟病是水稻的主要病害之一，它由真菌感染而引起，可使稻株萎缩或枯死。每年全球因稻瘟病损失的水稻产量高达 30%。新发现将帮助深入理解稻瘟病的机制，开发实用的抗病药物和技术。稻瘟病菌通过菌丝侵袭水稻细胞，在细胞内复制出更多菌丝，然后通过细胞之间细微的连接通道：胞间连丝隐蔽地传染其他细胞，且不会被水稻的免疫系统攻击。

该研究小组表示，用化学遗传学手段抑制稻瘟病菌 PMK1 蛋白质的活动，就能将病菌束缚在细胞内部，阻止其传染其他细胞。研究人员发现，PMK1 蛋白质调控着一系列基因的表达，这些基因有的能抑制水稻免疫系统，防止它识别和攻击稻瘟病菌；还有的会使病菌菌丝具备"缩骨功"，能缩得很小以便在胞间连丝的管道里穿行。

研究人员表示，这是一个重大发现，但目前还不能应用于实际。他们希望在此基础上能找到 PMK1 蛋白质的作用目标，搞清楚稻瘟病的分子机制。

3. 探索稻瘟病防卫机制的新进展

（1）揭示激活稻瘟病防卫基因的机制。2019 年 4 月 9 日，中国科学院植物生理生态研究所何祖华研究员主持的研究团队，在《分子细胞》网络版发表论文称，水稻病害中最让农民头疼的一种"顽症"是稻瘟病。该病害严重影响水稻产量，甚至导致颗粒无收。他们在广谱和持久抗稻瘟病研究中获得新突破，发现了激活稻瘟病防卫基因的控制机制。

此前，该研究团队已分离鉴定出广谱持久抗瘟性新基因位点 Pigm，并发现它是一个包含多个抗病基因的基因簇，编码一对"黄金搭档"功能蛋白：PigmR 和 PigmS 免疫受体，可以让水稻具有高抗、广谱和持久抗病性且高产。

该研究成果，进一步破解了 PigmR 为什么能控制广谱抗病的问题。研究人员发现，植物中存在一类新的调控基因表达的因子即转录因子家族 RRM。PigmR 就像"司令"，RRM 好比"将领"，它听从"司令"指令，选择性地与广谱抗病蛋白直接作用，进入细胞核，激活下游的"士兵"：防卫基因，从而使水稻产生广谱抗病性。如果 RRM 直接进入细胞核，水稻即使没有抗病基因，也可以产生抗病性。这是说，可用 RRM 改良不同作物的抗病性。

这项研究，为植物抗病蛋白的信号转导和广谱抗病机制的探索，以及实际的抗病育种，提供了重要理论依据和技术支持。

（2）成功克隆出一个抗稻瘟病新基因。2019 年 8 月 23 日，中国工程院万建民院士领导，南京农业大学王家昌博士、中国农业科学院作物科学研究所任玉龙副研究员参加的研究团队与中国科学院上海生命科学研究院植物生理生态研究所、中国科学院遗传与发育生物学研究所等单位合作，在《细胞研究》杂志网络版上发表了有关水稻抗稻瘟病分子机制的最新成果。他们克隆出调控水稻先天免疫的一个新基因，并对其影响水稻苗期稻瘟病抗性的分子机制进行深入研究。

植物主要依靠自身的免疫系统抵御病原的入侵。在模式触发的免疫反应中，植物通过定位于细胞膜上的模式识别受体，识别病原相关分子模式，从而激活免疫反应。细胞质中钙离子浓度的瞬时上升，一直被认为是植物触发免疫反应的早期核心事件之一，但水稻中负责介导这一过程的钙离子通道仍然未知。

王家昌介绍，该研究团队以一个苗期稻瘟病抗性减弱的水稻突变体为材料，通过图位克隆的方法，获得一个编码环核苷酸离子通道蛋白的基因 OsCNGC9，该基因对水稻苗期稻瘟病抗性具有正向调控作用，并被进一步鉴定为一个钙离子通道蛋白。

任玉龙说，在水稻触发免疫反应过程中，该基因积极调控病原相关分子诱导的胞外钙离子内流、活性氧爆发和触发免疫反应相关基因的表达。进一步研究还发现，一个水稻触发免疫反应相关的类受体激酶 OsRLCK185，可以与 OsCNGC9 互动，通过将其磷酸化从而改变其通道活性。使其过表达以显著提高水稻的触发免疫反应和苗期稻瘟病抗性，这初步展现了该基因在水稻抗病遗传改良中的潜在应用价值。

万建民认为，这项研究建立了一条从病原菌识别到钙离子通道激活的免疫信号传导途径，填补了植物模式触发的免疫反应中缺失的重要一环，也为利用 OsCNGC9 进行水稻抗病遗传改良提供了理论基础。

（二）研究水稻白叶枯病防治的新信息

成功克隆水稻白叶枯病"克星"基因。2021 年 1 月，浙江师范大学马伯军课题组与中国水稻研究所钱前院士课题组联合组成的研究团队，在《植物通信》杂志发表论文称，他们成功克隆水稻白叶枯病的"克星"：持久抗病基因 Xa7。

通过揭示 Xa7 高抗、广谱、持久、耐热特性的新抗病分子机制，为水稻白叶枯病的长效防控奠定基础。

白叶枯病是我国水稻生产中的"三大病害"之一，严重影响水稻产量和品质。资料显示，20 世纪 80 年代以前，白叶枯病常导致水稻减产 20%~30%，严重时可达 50%，甚至绝收。

据有关专家介绍，由于我国主栽水稻品种引入 Xa4、Xa21、Xa23 等抗性基因，白叶枯病曾得到有效控制。但随着全球气候变暖、白叶枯病菌不断变异，陆续出现新型致病变种，导致主栽水稻品种逐渐失去抗病性。近些年，水稻白叶枯病呈逐年加重趋势，这种老病新发现象日益严重，产量损失巨大。

一直以来，Xa7 是国际公认对白叶枯病菌抗性最持久的"明星基因"，从最初发现其持久抗病性至今已有 20 年。但由于该抗病遗传位点的序列与参考基因组完全不同，国际上许多实验室在 Xa7 基因的分离鉴定上一直未获成功。

该研究团队经过多年攻关终于取得突破性进展。他们在精细定位的基础上，通过辐射诱变和遗传筛选，终于把 Xa7 锁定在 28kb 范围，并通过大量分子功能验证，成功克隆 Xa7 基因。同时，这项成果还表明，在高温下，Xa7 受诱导产生防卫反应阻止病菌入侵表现更为突出。也就是说，在全球气候变暖情况下，该基因具有更大的育种价值。

四、水稻基因与繁育研究的新成果

（一）水稻基因研究及其带来的新发现

1. 水稻基因组测序的新进展

（1）步步为营破译水稻基因密码。2014 年 1 月 1 日，《中国科学报》报道，中国科学院上海生命科学研究院副院长、中国科学院国家基因研究中心主任韩斌院士，从率领团队完成水稻第 4 号染色体的精确测序，到发现几百个与水稻性状有关的遗传位点，步步为营破译水稻遗传密码，为全球育种专家提供培育优良水稻品种的金钥匙。

2001 年 2 月，韩斌担任国家基因研究中心主任、水稻基因组测序工作专家组组长。2002 年 11 月，《自然》杂志以蓝天下"乐弯了腰"的金黄稻穗图片为封面，发表韩斌研究团队的重要成果：水稻第 4 号染色体的精确测序图，并将其誉为"冲过水稻基因组研究终点线"的里程碑性工作。《科学》将该成果评为"2002 年度十大科技突破进展"之一。

经过对水稻第4号染色体序列的解读分析，韩斌研究团队共鉴定4658个基因，并将其注释在染色体的准确位置上，为进一步鉴定这些基因的功能奠定基础。同时，首次完整测定高等生物染色体中决定其稳定性的"着丝粒"的序列。通过测序，可获得大量的水稻遗传信息和功能基因，为培育水稻新品种打下良好基础。

此外，以水稻基因组序列为"镜"，还有助于了解小麦、玉米等重要粮食作物的遗传秘密，由此推动整个农作物基因组的研究。如今，韩斌研究团队已完成几千份水稻样品的测序，为各个品种的水稻制作了"基因身份证"。在此基础上，研究人员正在进行全基因组关联研究，即寻找与水稻各种性状相关的基因变异。

该研究团队利用基因组学技术，还解开了栽培稻的起源和驯化之谜。这一成果发表在2012年10月的《自然》上。此后，他们又与其他单位合作，在国际上率先完成谷子单倍体型图谱的构建，以及大量农艺性状的全基因组关联分析，2013年6月23日，《自然·遗传学》网络版发表了相关成果，标志着我国在谷子遗传学研究领域取得重要的突破。

这些成果为谷子的遗传改良及基因发掘研究，提供了海量的基础数据信息，丰富了禾谷类作物比较遗传学、功能基因组学的研究内容和体系架构，同时也将对未来禾谷类作物的品种改良、能源作物的遗传解析产生影响。

（2）完成水稻5个"近亲"全基因组测序。2014年11月5日，中国科学院昆明植物研究所高立志研究员率领的研究团队在美国《国家科学院学报》网络版上发表论文称，他们历时7年，低成本、自主地完成亚洲栽培稻5个"近亲"的全基因组测序，获得高质量的基因组参考序列。这对促进野生稻种资源的高效利用、拓宽水稻育种的遗传基础有着重要意义。

亚洲栽培稻（水稻）是中国第一大粮食作物，养活了80%以上的中国人口。在24个物种组成的稻属中，水稻与另外7个稻种是AA基因组类型。由于与水稻有着密切的亲缘关系，其蕴藏着许多我们尚未认识与利用的优异基因。

研究人员称，迄今水稻常规育种取得的大多数突破，几乎都与发掘利用上述AA基因组野生稻的优异基因相关。比如，袁隆平等利用海南岛的一株雄性不育普通野生稻中的细胞质雄性不育基因，育成了闻名中外的杂交水稻。此次，成功测序稻属AA基因组5个近缘物种，更是意义重大。同时，研究人员对水稻与这5个近缘物种的全基因组进行比较分析发现，相当高比例的重要功能基因为适应不同生态环境而发生改变，包括与开花发育、繁殖和抗病虫等生物学过程密切相关的基因。

研究人员指出，这一研究，诠释了亚洲栽培稻及其野生祖先种，与非洲栽培稻及其野生祖先种，在亚洲和非洲的不同适应性进化历史，揭示了亚洲栽培稻相对于其他近缘物种的基因组和基因的变异与进化规律。

该研究团队已完成高度杂合的普通野生稻和长雄蕊野生稻基因组精细图谱的绘制。随着稻属 AA 基因组 8 个物种基因组图谱的全面完成，将为我国和世界水稻科学家高效地发掘与利用野生稻种质资源及其丰富的基因资源，提供强大的研究平台。

2. 水稻基因研究带来的新发现

（1）通过大规模基因重测序确认亚洲栽培稻起源。2011 年 5 月 2 日，美国纽约大学生物学家迈克尔·普鲁加南等组成的一个研究小组，在美国《国家科学院学报》发表论文称，他们通过大规模基因重测序分析稻谷进化史的研究中确认，亚洲栽培稻起源于中国，最早可能 8000 多年前就出现在中国长江流域。

亚洲栽培稻是世界上最古老的农作物物种之一。此前曾有研究认为，亚洲栽培稻有两个起源地：印度和中国。但美国学者在这项新研究中说："分子学证据表明（亚洲）栽培稻只有单一起源……最早出现在中国长江流域。"

亚洲栽培稻具有籼稻和粳稻两个主要亚种，其起源相应也出现两种理论，其中一种为单一起源理论，即籼稻和粳稻均由野生稻栽培而来；而另一种多起源理论认为，籼稻和粳稻在亚洲不同地点分别栽培而来。近年来，由于科学界观测到籼稻和粳稻更多的遗传差异性，多起源理论稍占上风。

该研究小组利用此前已公布的数据库，以及更先进的计算机运算规则，重新分析了亚洲栽培稻的进化史。他们的结论是，籼稻和粳稻具有同一起源，因为两者尽管具有诸多遗传差异性，但彼此间的遗传关系仍比与印度或中国发现的任何野生稻种类的遗传关系都要近。

他们还对栽培稻和野生稻染色体上 630 个基因片段进行了重测序，结果也是基因测序数据与单起源理论更一致。研究人员利用稻谷基因的分子钟，分析了亚洲栽培稻的进化时间。他们认为，亚洲栽培稻大约 8200 年前开始出现，而籼稻和粳稻在大约 3900 年前开始分离。这一结论，与考古学发现一致。考古学家发现，中国长江流域 8000~9000 年前出现了栽培稻，而印度恒河流域大约 4000 年前才开始出现栽培稻。

普鲁加南说："随着栽培稻通过商人以及农民由中国传入印度，它很可能与当地野生稻进行大范围杂交，这就是为什么我们曾认为栽培稻可能起源于印度，但实际上是来自于中国。"

（2）基因研究表明东南亚水稻种植源自中国。2018 年 5 月，美国哈佛大学人口遗传学家大卫·里奇、奥地利维也纳大学体质人类学家罗恩·平哈西同东南亚古人类考古学家联合组成的研究团队,在《科学》杂志上发表论文称,水稻种植在古代东南亚得到远距离和大范围扩散,但其是如何到达那里的一直是个谜。他们对该地区罕见发现的 4000 年前 DNA 进行研究,结果表明,它伴随着从中国迁入的农民而来,而中国是水稻种植的起源地。这意味着,已经生活于此的狩猎采集者并非自己或者从最近的邻居那里学会水稻种植,而是从迁入其领地的远方之人那里获得经验。

科学家一直试图了解东南亚史前史,因为该地区炎热、潮湿的环境往往会将 DNA 降解。不久前,该研究团队的考古学家,挖掘出 146 具东南亚古代人类骨架。随后,他们利用最先进的基因取样和测序技术,恢复了来自这些遗骸的 DNA。仅有 18 具骨架"放弃"了它们的基因故事。这足以为了解东南亚的过去,打开一扇新的窗口。研究表明,4100~1700 年前,他们生活在越南、缅甸、泰国和柬埔寨。这个时间段,恰好覆盖东南亚农业开始直到该地区铁器时代到来的全过程。

最古老的骨架来自越南北部一个名为曼巴克的遗迹。在那里,考古学家挖掘出包括彩绘陶和精美玉饰品在内的文物。它们同在中国较早的水稻种植地发现的文物类似。考古学家一直认为,当地的狩猎采集者同最新到达的水稻和小米种植者一起生活在曼巴克。的确,该遗迹居民的基因组证实了这一数据。它们表现出两个血统的混合:一个属于当地居民,另一个同来自中国南部的人存在更多关联。这表明,农民曾迁入曼巴克,扩散他们的技术和文化,并且同当地的狩猎采集者人群融合。

这些早期的农民,可能还留下一笔"遗产":一种发展成今天的南亚语系并在东南亚广泛分布的语言。今天讲这些语言的人群,包括印度尼科巴群岛讲尼科巴语的人以及泰国和老挝交界处讲拉比语的人等,他们的基因组,表现出在曼巴克发现的相同血统的混合。里奇介绍说,这表明早期农民曾在整个地区扩散他们的基因和文化。

(二)水稻驯化研究的新信息

1. 考古研究发现的水稻驯化遗存

发现水稻曾被美洲原住民驯化的迹象。2017 年 10 月 11 日,英国埃克塞特大学古植物学家何塞·伊里亚特领导的研究团队,在《自然·生态与进化》杂志网络版发表论文称,他们发现,水稻在野生植物中很独特,因为它分别在亚洲、非洲和如今的南美洲 3 个大洲分别被驯化。约 4000 年前被驯化的南美洲品种,在欧洲人到达后显然被放弃。不过，它的基因遗产可能帮助改良了栽培稻。如今，栽培稻是全球一半人口的膳食主要成分。

该研究团队分析了 320 个从蒙特·卡斯特洛一处沟渠获取的水稻植物岩。蒙特·卡斯特洛是一个位于巴西亚马逊盆地西南部的考古地点。从挖掘地点的最古老地层到最年轻地层，植物岩的大小和数量均在增加。研究人员在文章中推断，这表明野生水稻因为人类的干预而得以改良，从而产生了较大籽粒。伊里亚特表示："这是美洲原住民在植物育种方面富有创造性的另一项证据。"

该研究团队提出，新世界的水稻种植是对 4000~6000 年前，蒙特·卡斯特洛日益增加的降水作出的反应。降水使湿地扩张，并且导致季节性洪水。这种状况对其他食物来源是非常不利的，但很适合野生栽培稻。这促使当地农民最终驯化了水稻，即便他们同时种植着玉米和南瓜等作物。

论文作者表示，欧洲殖民期间，土著人口的衰减以及文化破坏，为美洲驯化水稻敲响了丧钟。有关专家认为，研究人员现在可以分析野生稻群体，以寻找亚马孙河流域早期农民培育出来的遗传性状。如果这些性状存在，它们很可能被用来改良现代的栽培稻品种。

2. 当今研究野生稻快速驯化的新进展

异源四倍体野生稻快速从头驯化获得新突破。2021 年 2 月 4 日，中国科学院遗传与发育生物学研究所李家洋院士领导的研究团队，在《细胞》期刊发表论文称，他们首次提出异源四倍体野生稻快速从头驯化的新策略，旨在最终培育出新型多倍体水稻作物，从而大幅提升粮食产量并增加环境变化适应性。

论文第一作者余泓表示，对于植物来说，多倍化是其进化的重要机制。当前田间的栽培稻由"祖先"二倍体野生稻经过数千年的人工驯化而来，驯化过程在改良其重要农艺性状的同时，也造成了遗传多样性的大量减少、优势基因资源的缺失。

过去研究发现，除了二倍体栽培稻，稻属还有其他 25 种野生植物，按照基因组特征又可以分成 11 类，包括 6 类二倍体基因组和 5 类四倍体基因组。其中，CCDD 基因组异源四倍体野生稻，把 CC 基因组水稻和 DD 基因组水稻的两套完整二倍体染色体进行了融合，有天然的杂种优势。此外，还具有生物量大、环境适应能力强等优势。

不过，异源四倍体野生稻同时也具有非驯化特征的缺点，无法作为可被人类利用的作物进行农业生产。近年来，李家洋提出异源四倍体野生稻快速从头驯化策略，着力破解其技术瓶颈，探索创制新作物的可行路线。

他们通过与国内外同行合作，整理已有的种质资源，确定了具有最大生物量及最强胁迫抗性的目标材料"CCDD 型"，一共收集了 28 份异源四倍体野生稻资源，并通过对组培再生能力、基因组杂合度及田间综合性状等进行系统考察，筛选出一份高秆野生稻资源作为后续研究的基础，并将其命名为多倍体水稻 1 号（简称 PPR1）。研究表明，PPR1 的生物量极大，株高可达 2.7 米，穗长可达 48 厘米，叶宽可达 5 厘米，但它也具备典型的未经过驯化特征。

接着，研究团队历时近 4 年突破三大技术瓶颈，建立野生稻快速从头驯化技术体系，包括高质量参考基因组的绘制和基因功能注释、高效遗传转化体系和高效基因组编辑技术体系。至此，PPR1 遗传转化效率可达到 80%，转化苗再生效率最高达 40% 以上。研究人员利用最新的测序技术及基因组组装策略，组装完成了首个异源四倍体水稻参考基因组，该基因组大小为 894.6Mb，是栽培稻的两倍左右，共注释出了 81 000 多个高可信度基因，并进一步系统分析了四倍体水稻的基因组特征。

另外，研究人员还按照品种分子设计与快速驯化设想，注释了栽培稻中 10 个驯化基因及 113 个重要农艺性状基因在异源四倍体野生稻中的同源基因，系统分析其同源性，并进一步对 PPR1 中控制落粒性、芒长、株高、粒长、茎秆粗度及生育期的同源基因进行基因编辑，成功创制了落粒性降低、芒长变短、株高降低、粒长变长、茎秆变粗、抽穗时间不同程度缩短的各种基因编辑材料。

有关专家认为，这项研究对未来应对粮食危机提出一种新的可行策略，是该领域一项重大突破性进展，未来四倍体水稻新作物的成功培育，有望给世界粮食生产带来颠覆性的革命。李家洋说："接下来，我们会解析更多的基因，直到最后创制一个真正新的优质品种或超级品种，放到不同区域，甚至不同国家试种。"

第三节　麦类作物栽培研究的新进展

一、小麦栽培研究的新成果

（一）培育特性优异新品种的信息

1. 育成有抗病功能的小麦新品种

利用沙伦山羊草基因培育抗病小麦。2007 年 8 月，以色列特拉维夫大学和美国明尼苏达大学联合组成的一个研究小组，在美国植物病理学会期刊《植物病害》上发表论文称，他们正在研究沙伦山羊草对小麦常见病菌株的抗病性，探索把沙伦山羊草用于小麦育种的可能性。

生长在以色列沿海平原和黎巴嫩一些地区的沙伦山羊草，是栽培小麦的一个远方亲缘植物。研究人员发现，沙伦山羊草对于茎锈病、叶锈病、镰刀霉、白粉病等一些病害具有抵抗力。把沙伦山羊草基因用于小麦育种，将会增强小麦常见病菌株的抗病性。

据悉，研究人员正在收集更多的沙伦山羊草，存放在特拉维夫大学的基因库中，进行深入研究。以色列是一个野生谷物种质资源很特殊的地方，近年来在这里发现的一些野生谷物品种及其优异特性，引起了科学家的重视。

2. 育成耐涝或耐盐碱的小麦新品种

（1）培育出耐涝能力更强的小麦新品种。2010年10月，俄罗斯媒体报道，当洪涝灾害发生后，在旱地生长的小麦植株，如果长期被水浸泡，就有可能因根部缺氧而死亡。为解决这一问题，俄罗斯研究人员通过诱导小麦的愈伤组织，培育出耐涝性大大提高的小麦新品种。

俄罗斯科学院植物生理学研究所的科研人员发布的公报显示，他们将取自某种小麦的一组细胞放入含生长素的培养液中，诱导其产生组织团块，这便是愈伤组织。将这种组织置于固态培养基中，可分化成新的小麦植株。

然而，为了提高小麦的耐涝性，俄罗斯研究者将小麦愈伤组织泡在装有液态培养基的烧瓶中，并向烧瓶里注入氮气，将瓶中的含氧空气"挤走"，促使愈伤组织在浸泡和缺氧环境下分化生长32小时。此后，经过如此"加工"的愈伤组织，被取出分割成体积相同的小块，继而放入固态培养基中，在正常通风条件下继续培育。一个月后，部分愈伤组织最终发育成小麦植株。

在此后的对比实验中，研究者在26℃的环境下，将新培育出的上述小麦的根部浸泡在水中16天，结果有2/3的小麦植株最终存活下来。而对照组的普通小麦中，只有1/3的植株幸存。此后持续进行的实验显示，这种新品种小麦的耐涝特性能力，稳定遗传给了它们的第二代和第三代。

（2）培育出可在盐碱地维持高产的小麦新品种。2012年3月，澳大利亚阿德莱德大学等机构组成的一个研究小组，在《自然·生物技术》杂志发表研究成果称，他们开发出一种新品种耐盐小麦，它在盐碱地中的产量，最多可比某些普通小麦高出25%。

研究人员称，这个小麦新品种具有耐盐能力的奥秘，是研究人员为该小麦引入了一个名为"TmHKT1；5-A"的基因。这个基因是从野生小麦中得到的，这种野生小麦与现在广泛种植的小麦曾经是"近亲"，但后者已在长期人工种植过程中失去了这个基因。

据介绍，这个基因指导合成的一种蛋白质，可阻止盐分抵达小麦叶片部位。通常在盐碱地中种植小麦会面临的问题，是盐分上升到小麦叶片部位并干扰光合作用等对小麦生存至关重要的机制，从而导致产量降低。此次培育的耐盐小麦，是把"TmHKT1；5-A"基因引入硬质小麦所得到的。硬质小麦多在意大利、北非等国家和地区种植，常用于制作意大利面等面食。

实验显示，在普通土地中，新品种小麦的产量与普通硬质小麦差不多，但在含有一定盐分的土地中，它的产量比对照组的某些普通硬质小麦最多高出 25%。研究人员还指出，他们已将该基因引入了常用于制作面包的小麦品种，但还需一段时间才能获得田间实验结果。

研究人员介绍，在培育耐盐小麦的过程中，他们采用的是传统杂交技术，而不是转基因技术，因此这个新品种小麦，在一些对转基因技术有限制的地方也能推广。

3. 培育更有利于健康的小麦新品种

（1）开发出对肠道健康更有益的小麦新品种。2017 年 12 月，国外媒体报道，澳大利亚联邦科学和工业研究组织发表声明称，该机构科学家艾哈迈德·雷吉纳领导的研究团队，开发出一种富含抗性淀粉的新品种小麦，它比普通小麦更有利于肠道健康，有助于抵御肠癌和 II 型糖尿病。

据悉，这一新品种小麦，含有比普通小麦多 10 倍的抗性淀粉。抗性淀粉又称抗酶解淀粉、难消化淀粉，在小肠中不易被酶解，但在人的肠胃道结肠中可以与挥发性脂肪酸起发酵反应。雷吉纳说，抗性淀粉能改善消化系统健康，帮助抵御肠癌发生之前会出现的基因损伤，并有助于对抗 II 型糖尿病。而大部分西方人的膳食结构中都比较缺乏这种淀粉。

小麦是膳食纤维最常见的来源，世界 30% 的人口食用小麦制品，但普通小麦中纤维含量达不到专家推荐的健康水平。这种富含抗性淀粉的小麦，可以让人无需改变饮食习惯就能增加这种重要纤维的摄入量。

雷吉纳等人发现，直链淀粉含量大幅提升会促进抗性淀粉含量提升。只要在小麦中减少两种特定酶，就能增加直链淀粉的含量。在取得这些突破性发现后，他们采取传统育种方法，把小麦籽粒的直链淀粉含量，从约 20% 提高到前所未有的约 85%，从而把抗性淀粉的含量提高到谷物总淀粉含量的 20% 以上，而普通小麦的含量还不到 1%。

（2）运用基因技术培育低致敏小麦品种。2018 年 8 月，澳大利亚默多克大学农业生物技术中心高级研究员安格拉·尤哈斯主持，挪威生命科学大学相关专家参与的一个研究小组，在《科学进展》杂志上发表论文称，他们一项新研究，成功确定小麦基因组中产生致敏蛋白质的基因，这一成果将有助于培育出低致敏的小麦品种。

小麦是重要的主粮，但也是常见的食物过敏源之一，会引发麸质过敏，导致乳糜泻、职业性哮喘，以及"小麦依赖运动诱发的过敏性休克"。研究人员检测与麸质过敏相关的蛋白质，确定了小麦基因组中产生致敏蛋白质的基因序列及位点。尤哈斯说："这项工作是培育低致敏小麦品种的第一步。了解小麦的遗传变异性和环境稳定性，将有助于食品生产商种植低过敏原粮食。相比完全避免食用小麦，这可以作为一种安全健康的替代选择。"

研究人员发现，生长环境对谷物中致敏蛋白质含量有很大影响。气候变化以及由全球变暖所引发的极端天气，都会对农作物生长造成压力，从而改变谷物蛋白的免疫反应性。

尤哈斯指出，谷物生长期结束时，与职业性哮喘及食物过敏相关的蛋白质明显增加。另外，开花期中遇到天气高温，会增加引发乳糜泻等腹腔疾病，以及"小麦依赖运动诱发的过敏性休克"相关蛋白的表达。

4. 培育多基因聚合的小麦新种质

获得一代聚合多个优异基因的小麦新种质。2021 年 4 月 9 日，中国农业科学院作物科学研究所夏兰琴研究员等人组成的作物转基因及基因编辑技术与应用研究团队，在《分子植物》网络版发表论文称，他们利用多基因编辑技术，实现冬小麦一代多个优异等位基因聚合，并成功获得无转基因、聚合多个优异等位基因的小麦新种质，为小麦和其他多倍体农作物开展多基因聚合育种提供重要的技术支撑。

夏兰琴介绍道，小麦是保障我国粮食安全的重要主粮作物。目前，利用 CRISPR/Cas9 系统介导的基因编辑技术，已广泛应用于农作物功能基因组学研究和作物遗传种改良，但由于小麦为异源六倍体、基因组比较庞大且背景复杂，遗传转化效率相对较低，目前仍然缺乏高效的小麦多基因编辑体系。

该研究团队利用 CRISPR/Cas9 系统和多顺反子 tRNA 自剪切体系，开发出一种高效、通用的多基因编辑技术。研究人员以控制穗发芽抗性、氮吸收利用、株型、支链淀粉合成和磷转运的 6 个基因作为靶基因，分别构建同时靶向 2 个、3 个、4 个和 5 个基因组合的多基因编辑载体，以黄淮麦区大面积种植的小麦品种郑麦 7698 为受体材料，实现 15 个基因组位点同时编辑，获得了 2 个、3 个、4 个、5 个基因编辑植株，最高编辑效率可达 50%。进一步通过胚拯救和后代分离，成功获得了无转基因、多个优异等位基因聚合的小麦新种质。

研究人员表示，他们利用 CRISPR/Cas9 系统介导的小麦多基因编辑，获得了聚合多个优良等位基因的小麦新种质。这种小麦高效、通用多基因编辑体系的建立，将有助于促进小麦分子生物学研究和复杂性状形成的网络解析，定向创制小麦新种质，加速育种进程。

（二）提高小麦产量研究的新信息

无需改变基因大幅度提高小麦产量的新方法。2016 年 12 月 15 日，英国牛津大学官网发布公告称，该校化学研究实验室化学家本·戴维斯，与英国洛桑研究所联合组成的一个研究团队，在《自然》杂志上发表论文称，他们人工合成出天然糖分海藻糖 -6- 磷酸的前体，并证明这些分子能把麦粒大小和淀粉含量均增加 20%。这一全新的化学技术，可提高几乎所有农作物产量并增强抗旱能力，有助于应对人口增长和气候变暖导致的全球性粮食危机。

该论文详细描述了这种首次利用化学技术调控植物内糖分吸收的全新方法。洛桑研究所科学家研究发现，天然糖分海藻糖 -6- 磷酸在调控小麦对蔗糖吸收中起着重要作用，而蔗糖又对麦粒发育至关重要，麦粒吸收海藻糖 -6- 磷酸越多，产量越高。

戴维斯利用其化学专长，对海藻糖 -6- 磷酸进行化学修饰获得其前体分子。把它的溶液喷洒到植物上后，能被植物吸收，遇见阳光又会释放，从而在植物内形成像脉搏跳动式浓度波动，这种浓度变化有助于麦粒吸收更多蔗糖以合成更多淀粉。

研究人员在实验室检测了海藻糖 -6- 磷酸前体对麦粒大小和产量的影响。他们在小麦开花后向其喷洒不同浓度的海藻糖 -6- 磷酸溶液（0.1~10 毫摩尔每升），大约每 5 天喷洒一次，等成熟后对麦粒进行称重和分析后发现，麦粒大小和其内淀粉与蛋白质含量都提高了 20%。

他们还通过实验证明，海藻糖 -6- 磷酸前体分子能增强小麦抗旱能力。在小麦长出根茎后的 10 天内不给其浇水，第 9 天向其喷洒这种溶液，等重新浇水并成熟后发现，麦粒成功经受住了干旱考验。

戴维斯指出，几乎所有农作物和植物都有相同的海藻糖 -6- 磷酸机理，因此新化学技术能广泛用来提高各种农作物产量。转基因技术在提高农作物产量和性能方面引领了一场"绿色革命",但其安全性频频遭受质疑,新化学技术无需改变基因,同样也能在未来粮食危机中造福人类。研究人员表示,下一步会开展海藻糖 -6- 磷酸前体的田间试验,进一步认识其规模化运用及不同环境下的效果。

(三)防治小麦病害研究的新信息

1. 防治小麦真菌病害探索的新进展

(1)发现小麦抗条锈病新基因。2007 年 7 月,中国农业科学院作物科学研究所的一个课题组,在《作物学报》发表论文称,他们经过 4 年多的研究,人工合成了小麦新种质 CI108,发现其含有一个抗条锈病新基因 YrC108,并利用分子标记对该基因进行了染色体定位。该成果不仅为抗条锈病小麦育种提供了新抗原,而且为高效分子育种提供了选择标记。

小麦条锈病是我国小麦生产上的重要病害,20 世纪 50 年代至 90 年代曾几次在我国大面积暴发,引起小麦大面积减产。它是一种真菌病害,病菌的孢子就相当于植物的种子一样,从发病的基地(即菌原地)通过气流传播到新的发生区域。在适合的气候条件下,其孢子萌发,侵入小麦,经过 5~7 天的潜伏期后,小麦叶片像生锈一样,直至枯黄。这种病害暴发性强、流行快、发生范围广、危害性大。特别是在我国,它的发生范围较广,损失比较严重。

人工合成小麦新种质 CI108 及其抗条锈病新基因的发现,为小麦抗条锈病育种提供了新抗原,对拓宽小麦品种抗性遗传多样性、增加抗病品种使用寿命有重要意义。

(2)分离出小麦赤霉病抗性基因。2016 年 11 月,美国马里兰大学、华盛顿州立大学等多所大学组成的研究小组,在《自然·遗传学》杂志上发表论文称,他们利用先进的小麦基因组测序技术,分离出具有广谱抗性的 Fhb1 基因,这一发现不仅对小麦赤霉病,而且对各种受到真菌病原体——禾谷镰刀菌感染的类似寄主植物的抗病防治,也将产生广泛影响。

禾谷镰刀菌产生的毒素,使受感染的作物不适合人类和动物食用,这种农作物病害在美国、加拿大以及欧洲、亚洲和南美洲有关国家大规模频繁流行。小麦赤霉病一直以来也是一个难以解决的问题,它是一种全球性小麦疾病,会造成作物产量急剧下降,每年给全球农业生产造成巨大损失。

研究人员表示,掌握了广谱抗性 Fhb1 基因的来源后,它的复制进程将可在实验室中以更快的方式进行。一旦最终了解了基因的作用性质,此项发现还可用于控制其他镰刀菌引起的葫芦、西红柿、土豆等农作物的腐烂。研究人员未来准备利用广谱抗性 Fhb1 基因，克服由病原体造成的大量农作物病害，并把这种抗性，通过育种、转基因、基因组编辑技术等进行优化后，转移到其他易感染镰刀菌的农作物中。

（3）找到攻克小麦赤霉病的"金钥匙"。2020 年 5 月 22 日，山东农业大学农学院孔令让教授领导的研究团队，在《科学》杂志发表防治小麦赤霉病研究领域的重大成果——首次从小麦近缘植物长穗偃麦草中克隆了小麦抗赤霉病基因 Fhb7，并揭示了其抗病遗传及分子机制。

Fhb7 基因已经申请国际专利，携带该基因的材料已被多家单位用于小麦育种，并表现出稳定的赤霉病抗性。这一发现为解决小麦赤霉病世界性难题找到了"金钥匙"。

据介绍，小麦赤霉病是世界范围内极具毁灭性且防治困难的真菌病害。受制于理论认知和技术水平，半个多世纪以来，关于赤霉病的研究全球鲜有突破性进展，特别是小麦种质资源中可用的主效抗赤霉病基因非常稀少。

孔令让说，经过长期探索，研究人员不仅把 Fhb7 基因成功转移至小麦品种，明确了其在小麦抗病育种中的稳定抗性和应用价值，还发现 Fhb7 基因对很多镰刀菌属病原菌具有广谱抗性，携带该基因的小麦品系在抗赤霉病的同时，对小麦另一重大病害茎基腐病也表现出了明显抗性。

孔令让研究团队这一成果，是我国科学家在小麦赤霉病研究领域的又一重大突破，也是我国小麦研究领域首篇《科学》主刊文章。该研究受到国家自然科学基金和国家重点研发计划"七大农作物育种"重点专项等项目联合资助。目前，携带 Fhb7 基因的多个小麦新品系已经进入国家、安徽省、山东省预备试验和区域试验，同时被纳入我国小麦良种联合攻关计划，为从源头上解决小麦赤霉病问题提供了解决方案。

2. 防治小麦穗发芽病探索的新进展

发现小麦抗穗发芽病基因。2013 年 9 月，美国媒体报道，小麦最怕遇到连续降雨，这将会导致小麦在收获前因麦穗发芽而造成严重损失。美国农业部农业研究局和堪萨斯州立大学组成的一个研究小组，在小麦中发现并克隆出一个被命名为 PHS 的能防止植物提前发芽的基因，这一基因的发现将阻止麦穗提前发芽。

鉴定 PHS 基因的大部分工作，主要来自于研究人员对普通小麦的全基因组测序。由于小麦的基因组差不多有人类基因组的 3 倍大，分离 PHS 基因就是一个十分庞大的工作。通过来自于普通小麦基因组彻底排序的努力——基因蓝图，研究人员能够研究出普通小麦基因组中的测序片段，搜寻到自然产生的抗性基因，而若没有这些测序片段，这些 PHS 基因是很难被发现的。

据了解，白小麦是最受堪萨斯州消费者欢迎的品种，它没有红小麦的苦味，且通过研磨能够生产出更多的面粉，但白小麦对穗发芽病却非常敏感。因此，在小麦播种作物之前识别 PHS 基因，是创收的最好保证。因为一旦小麦生长了一年后，这种基因就能够抵抗穗发芽病。

研究人员表示，将来，育种者可以携带一小部分小麦植物组织样本到实验室里测试它们是否具有抗穗发芽病基因，而不是在庄稼种好后才发现它们。

（四）小麦基因组及其相关研究的新信息

1. 小麦基因组测序研究的新进展

（1）绘制出首幅小麦基因组物理图谱。2008 年 10 月 4 日，新华网报道，法国国家农艺研究所专家克莱蒙·费朗牵头，美国、澳大利亚等国科学家参与的研究团队，为小麦的一个基因组绘制出首幅物理图谱。这一成果，将有助于培育出更高产和抗旱的小麦新品种。

基因组物理图谱，是指有关构成基因组的全部基因的排列和间距的信息，它是通过对构成基因组的 DNA 分子进行测定而绘制的。绘制物理图谱的目的，是把有关基因的遗传信息及其在每条染色体上的相对位置，线性而系统地排列出来。

据悉，小麦的基因组不但数量多，且结构复杂，因此对其进行测序被视为"不可能完成的任务"。小麦的染色体共含有 170 亿对碱基，是水稻的约 40 倍，是人体的约 5 倍，因此测序工作进展相对缓慢。研究人员介绍，绘制基因组物理图谱是为基因组测序打基础，所以他们从小麦最大的染色体 3B 入手。这条染色体含有 10 亿对碱基和 1036 个基因重叠组，科学家们通过对基因进行标记，成功地将其排列顺序，并绘出了物理图谱。

研究人员表示，物理图谱能帮助人们迅速锁定控制小麦产量和数量的基因，从而对作物的品种进行改良。研究人员已根据该图谱确定了一个抗黑锈病基因的具体位置。黑锈病会严重影响小麦产量，如能培育出抗该病的新品种，将有望大幅提高小麦产量。

（2）完成小麦野生远祖基因组测序。2017 年 11 月 15 日，美国加州大学戴维斯分校植物学教授简·德沃夏克领导的国际研究团队，在《自然》杂志发表论文称，他们成功为小麦的一种野生远祖节节麦进行了基因组测序，向破解小麦基因组难题迈进了一步。

作为全球主要粮食作物，小麦为人类提供了超过 20% 碳水化合物和 23% 蛋白质等营养需求，但因其基因组规模庞大且复杂，科学家们一直没能完成小麦全基因组的测序任务。小麦及其野生远祖的基因数量为人类的 6 倍，含有的碱基数有 17 兆之多，且小麦基因组是六倍体，这意味着它由 3 套不同的基因组组成，所有这些特点，使得为小麦进行基因组测序变得非常困难。

这次破解的节节麦也是如此。节节麦也叫山羊草，是一种生长在荒芜草地或麦田中的野生小麦，具有对极端环境的高适应能力以及耐病特性。但其基因组一样具有规模过大和复杂等特点，其 84% 基因组由重复序列构成。该研究团队结合多种先进测序技术，最终获得具有参考价值的节节麦基因组序列，将为改良小麦品种、提高小麦面粉质量提供主要的基因来源。

德沃夏克表示，他们的新成果已经收获实效：利用节节麦中发现的两种抗小麦秆锈病基因，培育出了全新的小麦品种。未来，研究人员可以根据节节麦的基因组序列，找到改善小麦烘焙质量、抗病性以及对寒冷、干旱、高盐等极端环境条件忍耐力的新基因。

2. 小麦基因组测序相关研究的新进展

（1）成功解读硬粒小麦全基因组图谱。2019 年 4 月 8 日，一个由意大利、加拿大和德国等国科学家组成的国际研究小组，在《自然·遗传学》杂志上，发表题为"硬粒小麦基因组突出了过去的驯化特征和未来的改进目标"的文章，绘制并解读了硬粒小麦的全基因组图谱，这对于比较和挖掘小麦祖先中的优异等位基因具有重要意义。

野生二粒小麦是硬粒小麦和面包小麦等重要经济作物的直接祖先。现代作物的野生亲缘种可作为各种优良性状（如抗病性和营养品质）的遗传多样性来源。栽培作物及其野生祖先间的比较基因组学分析，是检测新的有益等位基因、了解作物进化和选育历史的关键策略。

研究人员分析了硬粒小麦品种 Svevo 的全基因组，并通过遗传多样性，分析揭示了数千年经验选择和育种所带来的变化。与驯化和育种相关的遗传分化显著特征区域，在基因组中分布广泛，但是在着丝粒周围区域有几个主要的多样性缺失。

此外，5B 染色体上携带一个编码金属转运蛋白的基因（TdHMA3-B1），该基因具有非功能性变异，会导致镉在谷物中大量累积。"高镉"等位基因在硬粒小麦品种中广泛存在，但是并未在野生二粒小麦品种中发现，"高镉"等位基因从驯化的二粒小麦到现代硬粒小麦中的存在频率逐渐增加。TdHMA3-B1 的快速克隆拯救了一个有益的野生等位基因，证明了 Svevo 基因组在小麦改良中的实际应用价值。

研究人员表示，这项成果，有助于进一步提高面食小麦的品质和产量，为小麦的育种创新提供了巨大的潜力。

（2）揭开六倍体小麦遗传多样性。2019 年 7 月 12 日，西北农林科技大学旱区作物逆境生物学实验室一个研究团队，在《基因组生物学》上发表论文，揭示出六倍体小麦遗传多样性来源于频繁地与野生小麦的种内杂交，以及与更远缘野草的种间杂交。

作为国际小麦基因组测序联盟成员，该研究团队在 2016 年年底率先获得了内部共享、尚未发表的六倍体小麦参考基因组信息，对来自全世界的 93 个野生小麦、六倍体农家种和主栽品种开展全基因组重测序。

研究人员面对高重复的多倍体基因组分析难题，通过开发新的分析流程，建立全面的小麦变异组信息，揭示全球最广泛种植的作物六倍体小麦各亚基因组的遗传变异、群体内和群体间的遗传分化程度、驯化和改良阶段的受选择信号等全方位的变异系谱和变异来源。

这个大规模全基因组重测序研究，提供了目前数量最多、覆盖最全的六倍体小麦及其野生祖先的基因组变异集合，筛选出来自多个野生小麦群体和远源物种的大量基因渗入，其中一些渗入片段在群体中的出现频率，随着驯化或改良显著增加。频率改变并与已知数量性状连锁区域的重叠，提示这些片段在驯化和改良过程中可能扮演重要角色。

该研究将为了解小麦起源、进化和驯化历史，克服小麦遗传资源同质化，促进小麦遗传改良提供重要的数据资源。

（3）利用古埃及埃默小麦基因组揭示其传播和驯化历史。2019 年 11 月，英国伦敦大学学院等单位组成的研究团队，在《自然·植物》杂志上发表研究成果称，他们通过分析一个约有 3000 年历史的古埃及埃默小麦基因组，发现了小麦传播和驯化的历史。

四倍体二粒小麦，是目前世界上种植最广泛的作物六倍体面包小麦的祖先，也是四倍体硬粒小麦的直接祖先。埃默小麦是古代最早被驯化的谷物之一。公元前 9700 年左右，埃默小麦开始在黎凡特种植，而后随着新石器时代农业的普及，逐步扩展到西南亚、北非和欧洲。

在本研究中，研究人员报道了一个埃默小麦糠博物馆标本的全基因组序列。

运用碳十四测年技术，推定其年代为公元前 1130～前 1000 年的埃及新王国时期。其基因组序列显示，与落粒性、种子大小和萌发相关的基因座，以及其他推测的驯化基因座，与现代驯化的埃默小麦有相同的单倍型，这表明这些性状在埃默小麦被引入埃及之前有着共同起源。

同时，其基因组也不寻常地携带了现代埃默小麦缺失的单倍型。基因组之间的相似性可用于推断作物在世界各地的传播历史。古埃及埃默小麦与现代阿拉伯和印度埃默小麦之间的遗传相似性，表明一个早期的向东和向南传播。

该研究结果表明，博物馆藏品作为基因数据来源，对于揭示古代谷物的历史和多样性具有重要意义。

（五）小麦加工品研究的新信息

1. 探索小麦麸质的新进展

发现低麸质饮食对肠道菌群有一定影响。2018 年 11 月，丹麦哥本哈根大学生物学家奥拉夫·佩德森主持的一个研究小组，在《自然·通讯》杂志上发表论文称，低麸质饮食诱导 60 名健康人的肠道菌群和生理发生了一定的变化。研究人员提出，这些影响大多数可能源于富含麸质的食物减少后膳食纤维发生质变。

麸质是小麦、黑麦和大麦的主要成分，由部分耐消化的蛋白质组成。它可能对患有乳糜泻等特定疾病的人群有害。然而，减少麸质摄入对健康人群的影响仍不清楚。

该研究小组开展了一项随机对照交叉试验，试验对象为 60 名没有已知疾病的丹麦中年人。该试验包括两次为期 8 周的干预，以对比每天 2 克麸质的低麸质饮食，与每天 18 克麸质高麸质饮食的效果，两次干预之间的间隔至少为 6 周，间隔期间采用习惯性饮食，每天 12 克麸质。研究人员发现，低麸质饮食诱导了肠道微生物群轻微变化，包括双歧杆菌的丰度降低，以及某些尿液代谢物轻微变化。

这两种饮食不仅在麸质含量方面不同，而且在膳食纤维的组成方面也不同。因此，研究人员观察到的效果，可能是因为富含麸质的食物减少后膳食纤维发生了变化，而不是因为麸质摄入量本身有所减少。作者总结表示，目前尚不清楚，这些研究结果，如何能够推广到不同年龄、种族背景或生活方式的其他人群。

2. 探索小麦淀粉的新进展

揭示过热蒸汽对小麦淀粉性质的影响。2021 年 8 月，江南大学食品学院徐学明教授领导的研究团队，在《食品凝胶》杂志网络版发表研究论文，报道过热蒸汽对小麦淀粉水分迁移、结构特性和流变学性质的影响，对提高食品品质作出基础性探索。

过热蒸汽处理能够改善谷物基食品的品质。淀粉作为谷物基食品的主要成分，在食品品质中发挥着关键作用。以前研究发现，小麦淀粉糊化是小麦粉过热蒸汽处理来改善蛋糕品质的一个重要因素。小麦淀粉糊化程度在不同过热蒸汽处理条件下变化不大。而且，研究报道过热蒸汽能够通过加工湿面粉来增加抗性淀粉的含量，然而不会改变加工的天然面粉的消化性。由于水分迁移，过热蒸汽可能改变小麦淀粉的结构特性、分子量分布和流变学性质。

然而，在应用过热蒸汽的情况下，淀粉颗粒和蒸汽环境之间的水分迁移相关信息较少。而且，过热蒸汽处理的小麦淀粉的分子量分布和流变学性质也需要阐明。

在这项研究中，研究人员利用低场核磁共振、小角 X 射线散射和尺寸排阻色谱来探究过热蒸汽处理对小麦淀粉水分分布、层状结构和分子量的影响。

相比天然淀粉，过热蒸汽处理能够减少结晶层的平均厚度和引起淀粉分子的解聚，这归因于有限的水分迁移导致淀粉颗粒的部分糊化。相对天然淀粉，过热蒸汽处理的淀粉样品的粒径和降解温度增加。同时，淀粉结构的变化能够引起淀粉样品的流变学性质的变化，包括稳态剪切特性、蠕变性和粘弹性。相对天然淀粉，过热蒸汽处理的淀粉样品具有更弱的假塑性特性，但能够增加凝胶系统的可变形性和流动性。而且，相对天然淀粉，过热蒸汽处理的淀粉样品具有更低的 $\tan\delta$ 值，这表明凝胶系统趋向于具有类固体行为。

二、大麦栽培研究的新成果

（一）研究大麦生理现象的新信息

1. 探索大麦花朵生理现象的新发现

首次发现控制大麦开花期基因。2005 年 11 月，有关媒体报道，英国约翰因纳斯中心科学家大卫·劳里博士领导的研究小组在农作物最佳开花期项目的研究中取得突破性进展。他们发现，大麦中一种被称为 Ppd-H1 的基因可控制大麦的开花期，是控制大麦日照反应的遗传途径之一。该研究有助于人们了解如何利用日照时间的长短，确保所种植的农作物选择最佳时期开花。

研究人员发现，大多数植物每年都在特定的时间开花。长期以来，植物一直是利用周围环境的刺激来控制花期。日照时间的长短，对于包括大麦在内的许多农作物发生作用，并以此来决定它们的花期。当春季日照时间较长时，一些反应迅速的大麦品种在初夏就能开花，而反应较慢的品种则开花较迟。在夏季干热的地方如地中海地区，早开花比较有利，因为在酷暑来临之前，植物就能够完成它们的生命周期。而对于像英格兰这类夏季凉爽而又潮湿的地区，农作物的生长周期较长且开花较晚，更有利于提高农作物产量。

研究人员发现，植物与人类及其他许多生物一样，有一个内在的生物钟。大麦中的生物钟调节着 CO 基因的活性，CO 基因的活性峰值与植物暴露在足够长光照下的情况一致。当 CO 基因激活一个叫 FT 的基因后就会刺激开花，Ppd-H1 基因则影响 CO 基因在一天中的表达时间。研究人员在开花较晚的大麦中发现了不同的基因，这些基因致使 CO 表达的峰值推后。因此，只有白天的时间足够长时，FT 基因才能表达，否则就会延迟开花。研究人员今后将进一步研究大麦中的 Ppd-H1 基因的不同变异情况，以便使之与不同的环境相适应。

劳里认为，不同品种的大麦或其他农作物，对于日照长度的反应是不同的，而不同品种的多样性可以适应不同的耕种环境。研究人员首次识别出的这种可控制农作物开花反应的 Ppd-H1 基因，将有助于育种专家培育出新品种，以适应全球气候变化所造成的环境条件的改变。同时，该研究还有助于科学家了解农作物的进化历史，有助于了解在世界不同环境中，农作物是如何繁衍生息的。

2. 探索大麦叶子生理现象的新发现

揭示大麦叶绿体超分子复合体的空间结构。2021 年 12 月 9 日，中国科学院植物研究所匡廷云院士项目组与浙江大学张兴项目组联合组成的研究团队，在《自然》杂志网络版发表论文称，他们首次解析了大麦中一个包含 55 个蛋白亚基的叶绿体超分子复合体的高分辨率空间结构，该复合体是目前最大的已获得高分辨率结构的高等植物叶绿体超分子复合体，并首次揭示光合膜上这个"绿巨人"的组装原理。

研究人员表示，光合作用中光能的吸收、传递和转换发生在光合膜上，是由光合膜上具有一定分子排列和空间构象的蛋白质超分子复合体完成的。光合膜上有光系统 I 和光系统 II 等多个超分子复合体，是光能高效吸收、传递和转化的场所。

光合生物的光系统是不尽相同的。大麦是一种高等植物，因此，大麦光系统复合体的空间结构有典型性，同时也能为研究其他植物的叶绿体超分子复合体提供参考。

（二）研究大麦营养价值的新信息

大麦中发现一种全新的碳水化合物。2019 年 1 月，美国《新闻周刊》网站报道，澳大利亚阿德莱德大学资深科学家阿兰·利特主持的一个研究小组在大麦中发现了一种新型复合碳水化合物，是一种多糖。这也是科学家首次发现此种碳水化合物，有望应用于食品、医药等领域。

多糖，是一种由不同的简单糖分子链结合在一起形成的碳水化合物。研究表明，新碳水化合物基本上由葡萄糖和木糖组合而成。葡萄糖是最丰富的单糖，而木糖一般存在于大多数可食用植物的胚胎中。而且，根据葡萄糖和木糖之间比例的不同，新碳水化合物可以呈现为两种不同的形式：黏性凝胶或更坚硬的物质。

利特说："新发现的这种多糖有望应用于食品、医药、化妆品和其他诸多领域。对这种新多糖的了解将为我们打开新的窗口，让我们进一步确定其在植物中扮演何种角色。我们现在知道，可以在大麦根部发现它，这表明它可能在促进植物生长或抵抗外部压力（盐度或疾病）中发挥作用。通过观察不同谷类作物中这种多糖的自然变异，我们将确定其与重要农业特性之间的关联。"

目前，多糖主要被用于改善某些食物中营养素的质量。一旦研究人员更多地了解这种新化合物，其潜在应用将变得更加清晰。利特说："我们可以操纵新多糖的性质，满足人们的需求，增加其潜在用途。"此外，研究人员还发现了参与这种新型多糖生物合成的基因。不仅仅是大麦中，而是在所有主要谷类作物里，都可以找到相同的基因。利特认为，这些基因的发现，可能具有重要意义。他说："我们现在可以利用这些知识，找到增加作物中这种多糖的方法，为工业应用提供一系列具有不同物理特性的植物原料。"

（三）研究大麦基因组的新信息

1. 大麦基因组破译方法研究的新进展

开发出破译大麦基因组的新方法。2011 年 7 月，德国莱布尼茨植物遗传学与农作物研究所等机构组成的一个国际科研团体，在《植物细胞》网络版上发表成果称，他们经过两年努力，终于首次观察到谷类作物大麦的全基因组。研究人员借助自己建立的新方法，已能确定大麦全部基因 2/3 的排序，这些成果成为完整破译大麦与相近的小麦基因组的基础。

根据世界粮农组织的统计，小麦与大麦在全球种植最多的谷物排名中，分别占据第一和第五位，它们对经济与科研具有重要意义。研究人员只有在掌握植物的遗传密码后，才能理解为其复杂性状负责的分子机制。而了解遗传密码，也是改善作物重要性能的基础，比如耐旱性与病虫害抵抗力。

然而谷物基因组极其庞大且构造复杂，这使得完整解码困难很大。研究人员称，大麦基因组成功测试的新方法，现已用来研究更为庞大的小麦基因组。由于很多农作物具有相似性，研究人员可以将大麦的遗传信息与特征表现之间的关系，转用于研究比如黑麦等其他近似的谷类。

2.大麦基因组测序及相关研究的新进展

（1）成功绘制出大麦基因组草图。2012年10月17日，物理学家组织网报道，众多国家相关研究机构参与的国际大麦基因组测序联盟，在《自然》杂志上公布了高分辨率的大麦基因组草图。这项突破，是朝着研发更优良的大麦新品种迈出的关键一步，不仅有助于防治禾谷类作物疾病，满足气候变化条件下的粮食需求，同时也会对啤酒和威士忌行业产生重要影响。

大麦基因组的大小几乎是人类基因组的两倍，测定其DNA（脱氧核糖核酸）序列对科学家而言是一个重大挑战。这主要是因为，大麦基因组中包含的密切相关的序列所占比例相当大，很难拼凑成一个真正的线性顺序的序列。该联盟的研究人员，为此开发和采用了一系列创新策略，从而克服了这些困难，成功绘制出一张具有高分辨率的大麦DNA序列组装草图，其中包含了呈线性顺序排列的大部分大麦基因。

这张草图提供了一份关于大麦基因组中功能部分的详细概览，揭示了其3.2万个基因中的大部分的顺序和结构，并对处于不同发育阶段的不同组织中的基因，在何处以及何时开启，进行了详尽分析。研究人员还在草图中描述了大麦基因组中动态区域的分布，例如，包含能够将抗病性传递下去的基因的区域所在的位置，这将有助于更深入地了解大麦的免疫系统。此外，这项研究成果还以前所未有的细节强调了几个不同大麦品种之间的差异。

参与此项研究的罗比·沃教授说："有了基因序列的组装目录，就可以通过育种来培植新的大麦品种，以更好地抵御害虫和疾病，对抗诸如干旱和炎热等恶劣的环境条件，从而提高大麦产量。"他表示，这将加快对大麦及其近亲小麦的相关研究，有了这些信息，局限于一个快速变化的环境下的育种专家和研究人员，将能够更有效地应对粮食安全的挑战。

（2）大麦基因组研究取得重大突破。2017年4月27日，澳大利亚默多克大学西部大麦联盟主任李承道教授课题组与浙江大学农业与生物技术学院张国平教授课题组参与的国际大麦测序联盟，在《自然》杂志网络版以封面文章形式上，发表题为"利用染色体构象捕获技术进行大麦基因组测序"的论文，同时该刊还配发了题为"基因组学：大麦基因组破解"的新闻报道。国际大麦测序联盟的主要成员来自德国、英国、澳大利亚、中国和丹麦等国家。

大麦是全球第四大禾谷类作物，且集饲料用、啤酒用和粮食作物于一体，在我国曾是栽培面积达一亿亩以上的重要农作物之一。高质量的大麦基因组参考序列，是大麦遗传与育种研究取得突破性成果的重要支撑。

大麦基因组全长 5.1 Gb，约为水稻基因组的 11 倍，含有 3.9 万多个蛋白编码基因，且多数为多拷贝，形成了复杂的基因家族，并富含转座因子，因此全基因组测序工作难度巨大。国际大麦测序联盟耗费了近 10 年时间，综合运用包括染色体构象作图和生物纳米作图等多种最先进的测序和组装技术，利用约 2.5Tb 大麦基因组测序数据，组装完成了一个包含 4.79 Gb 的大麦高质量参考基因组序列，每条染色体均被排成一个线性分子，其中 94.8% 的组装序列明确定位在大麦各条染色体上。

这是科学家首次对大麦在长达一万年之久的驯化与选择过程中，基因组发生遗传侵蚀的全面剖析，为有效拓宽栽培大麦日趋狭窄的基因库提供了应对策略。以此为基础，中、澳等国的研究人员共同对他们长期关注的大麦麦芽品质相关基因进行深入分析，明确大麦麦芽品质相关基因的结构变异，为高品质大麦育种指明方向。该成果，对大麦种质资源利用及相关基因的克隆和鉴定工作，都具有重要意义。

上述研究成果，也证明了张国平课题组提出的"我国的青藏高原及其周边地区是世界栽培大麦的一个重要进化和起源中心"论点。这些研究成果对我国大麦，尤其是西藏野生大麦研究工作的又一重要贡献，显著提升了我国大麦研究的整体水平和在国际同行中的地位，并将有力地推动我国大麦遗传育种研究以及产业的进一步发展。

三、其他麦类栽培研究的新成果

（一）研究青稞与藜麦的新信息

1. 探索青稞基因组的新进展

成功绘制出首个青稞基因组图谱。2014 年 3 月 3 日，新华社报道，西藏自治区农牧科学院副院长尼玛扎西研究员任首席专家，该学院与深圳华大基因科技服务有限公司相关专家为成员的研究团队向媒体透露，继全球首个大麦基因绘制成功后不久，他们率先在世界上完成青稞基因组图谱的绘制。该项科研成果将为深入揭示西藏青稞起源、驯化及栽培选育过程等提供坚实的遗传学基础。

青稞，在藏语中称为"乃"，在分类学上是一种裸大麦。青稞在青藏高原经过 3500~4000 年的驯化栽培，已经适应高原极端气候。西藏是全球唯一大规模集中种植青稞的地区，同时也是青稞的驯化和多样化品种栽培中心。

基于青稞的重要性和丰富的种质资源，2012 年，西藏自治区农牧科学院与全球知名的基因组学研究机构华大科技，共同启动青稞全基因组图谱及重测序合作项目。

研究人员经过两年多的科研攻关，青稞基因组图谱已绘制完成。据介绍，用于基因组图谱构建的青稞品种，是西藏古老的地方品种"拉萨钩芒"。研究显示：青稞基因组大小估算为 4.5Gb，组装基因组大小 3.89Gb，共包含 39 197 个蛋白编码基因。

由于青稞基因组重复含量很高，达到 80% 以上，为达到理想的组装效果，研究人员进行了高测序深度的全基因组测序。此外，研究人员还将青稞与小麦 A、D、水稻、高粱、玉米等单子叶植物做了比较分析，通过构建系统发育树，研究基因扩张情况，从比较基因组方向进一步解析青稞的生物学特质，为后续优良栽培品种选育、青稞产业发展奠定基础。

尼玛扎西说："成功绘制青稞基因组图谱，并完成解析，这在世界上还是首次。这项研究对中国的青稞产业发展意义重大，借助它将有望培育出比青稞新品种'藏青 2000'更为优异的青稞品种，从而进一步提升青稞的产量。"

2. 探索藜麦基因组的新进展

公布首个藜麦高质量参照基因组。2017 年 2 月 8 日，沙特阿拉伯阿卜杜拉国王科技大学植物学家马克·特斯特主持的一个研究团队，在《自然》杂志网络版发表新研究成果，介绍了首个藜麦高质量参照基因组。这项新成果将促进藜麦的遗传改良和育种策略，有望提高全球粮食安全。

藜麦是一种营养丰富、无麸质、血糖指数低的作物，所含人体必需的氨基酸、纤维、脂肪、碳水化合物、维生素能和矿物质达到出色的平衡，是唯一一种单体植物，可基本满足人体基本营养需求的食物。最重要的是，它能够在各种环境条件下生长。

其实，这种植物已经有 5000~7000 年的食用和种植历史，在 20 世纪 80 年代，藜麦就被美国国家航空航天局用作宇航员太空食物。但迄今为止，藜麦仍属于一种利用不足的作物，为了扩大其在全球范围内的生产，还需要通过育种工作改善其农业性状。

此次，该研究团队检测了智利沿海的藜麦品种基因组序列，以及另外的藜属品种基因组序列，以表征藜麦的遗传多样性，理解藜麦基因组的演化。

作者进一步分析了所述基因组数据以识别调控皂素形成的基因，皂素是藜麦籽壳中存在的一种苦味分子，必须在人类消费之前去除。作者认为，他们发现的基因标记或可用于开发皂素含量降低的无苦味或甜味藜麦商业品种。

在论文随附的新闻与观点文章中，美国佐治亚大学安德鲁·皮特森总结表示，该发现为加速藜麦的遗传改良打下基础，而其目标正是保障全球日益增多的人口的粮食安全。

（二）研究燕麦利用方式的新信息

1. 食用燕麦历史的考古发现

发现人类食用燕麦可追溯至旧石器时代。2015 年 9 月，意大利佛罗伦萨大学马里奥蒂·莉皮领导的一个研究小组，在美国《国家科学院学报》上发表研究报告称，狩猎采集者食用燕麦，最远可追溯至 3.2 万年前，早在农耕文明前就是一种生活方式。

莉皮说，这是已知最早的人类食用燕麦的行为。研究人员在分析了来自意大利南部一个古代石磨工具上的淀粉粒后，获得了此项发现。她介绍道，旧石器时代的人们，把野生燕麦碾碎形成粉末，然后可能煮一下或烘焙成简单的面包干。

他们还似乎在研磨谷粒前将其加热，或许是为了在当时较为寒冷的气候下把谷粒烘干。莉皮表示，这还会使谷粒更容易研磨并且保存得更加长久。

这个多段工艺过程，很耗费时间但却有益。谷粒具有营养价值，而将其变成粉末是运输谷粒的一种极好方式。这对旧石器时代的游牧民来说是非常重要的。

莉皮研究小组希望继续研究古代磨石，以便更多地了解旧石器时代的植物性饮食。美国华盛顿大学的埃里克·特林考斯说，磨石有着悠久的历史。人们很可能在 3.2 万年前，便开始捣烂并且食用各种野生谷粒。

2. 研究燕麦保健功效的新发现

（1）发现燕麦有利于保持良好的血液循环。2009 年 9 月，美国专家研究发现，燕麦中含有的抗氧化剂可以通过抑制黏性分子来有效减少血液中的胆固醇。当血细胞黏着在动脉壁时，引起炎症、物质沉积，导致血流通道狭窄。但是燕麦抗氧化剂可以抵御这种物质沉积，逐步减轻导致动脉硬化的脉管收缩现象。

为了测试混合物在动脉壁内的抗退化活性，科学家净化了燕麦抗氧化剂，把他们放入人类的动脉壁细胞中 24 小时，他们对混合物进行观察，结果发现黏着在动脉壁细胞的血细胞大大减少。燕麦的水溶纤维，可以减少在血液中循环的低密度脂蛋白（LDL）胆固醇数量，一直受到公认。

为了利用纤维和抗氧化剂起到对心脏的保健作用，科学家建议将燕麦产品添加到健康饮食当中，削减高脂肪、高胆固醇食品的摄入量。

（2）研究揭示燕麦及黑麦麸对人体健康有益处。2020 年 7 月 3 日，有关媒体报道，东芬兰大学教授马尔尤卡·科莱麦宁牵头，芬兰国家技术研究中心和香港大学生物科学学院专家参加的一个研究小组，发表项目研究报告称，他们发现了燕麦和黑麦麸纤维促进肠道中有益微生物生长的机制。

研究人员称，在这项研究中，小鼠被分别喂食富含燕麦或黑麦麸的高脂饮食，最终结果表明燕麦能够增强小鼠肠道中的乳酸杆菌属，黑麦麸则提高了肠道中的双歧杆菌属水平。

动物肠道中数量庞大的微生物被称为肠道菌群。此前，人们已知膳食纤维会引起肠道菌群功能的改变，从而调节肠道环境，但具体调节与代谢路径和机制，在很大程度上尚未清楚。据介绍，这项研究确定了补充燕麦和黑麦麸纤维后，肠道菌群产生的代谢产物的差异，以及如何与宿主在代谢中产生不同的相互作用。

研究发现，燕麦会影响胆汁酸受体的功能，黑麦麸会改变胆汁酸的产生过程，从而以不同方式改善人体内胆固醇的代谢。两者都可以减轻与脂肪肝等疾病相关的肝脏炎症，并抑制体重增长。

科莱麦宁表示，这项研究或将促进提供单独的燕麦或黑麦麸纤维成分产品的面世，而摄入这两种纤维的好处，还包括能增加人体内其他有益物质。在芬兰，燕麦和黑麦是深受人们喜爱的食物。黑麦面包是芬兰传统特色食品。

（三）研究荞麦栽培应用的新信息

1. 探索荞麦栽培育种的新进展

（1）推进荞麦属物种多样性及应用价值研究。2019 年 11 月，中国农业科学院作物科学研究所周美亮率领的研究团队，在《生物技术进展》杂志发表论文称，他们通过细致梳理不同种的荞麦属植物，指出荞麦营养成分与其他主要粮食作物可以形成很强的互补性，进而阐明荞麦的育种策略及应用价值。

该研究团队以荞麦营养品质提升为主题，对荞麦属植物的形态特征、栽培历史、种类及亲缘关系进行了详细论述，对荞麦属植物的 21 个种进行了细致分析与系统梳理，阐明荞麦特有的营养成分，及其与别的主要粮食作物之间具有的明显互补关系。此外，荞麦在医药研究领域具有极大开发价值。论文阐述了利用基因组学等现代生命组学技术，挖掘调控荞麦品质性状的关键基因及其作用功能。

该研究团队对荞麦的育种发展策略进行了展望：实现营养物质及生物活性成分差异的精准解析与筛选。针对荞麦芦丁、槲皮素等关键代谢产物，进行基因分型和遗传多样性分析，明确基因型与生态环境及营养物质成分间关系。挖掘尚未开发的野生荞麦种质资源，深化荞麦营养物质代谢调控关键基因挖掘方面的研究。精准定位调控荞麦营养品质性状的关键基因并深入解析其作用机理。广泛开展功能性荞麦产品研发，加强多组学研究等新型分子生物学技术在荞麦科研领域的应用，加速荞麦营养品质改良。

（2）发现荞麦属新种长花柱野生荞麦。2021年1月29日，中国农业科学院作物科学研究所周美亮研究员主持，四川旅游学院唐宇教授参与的特色农作物优异种质资源发掘与创新利用研究团队，以张凯旋副研究员为第一作者，在《植物分类学》杂志上发表论文称，他们在四川省凉山彝族自治州发现了蓼科荞麦属一个新种，并把它命名为长花柱野生荞麦。

周美亮介绍道，荞麦属植物起源于中国，目前报道有21种，其中栽培种甜荞和苦荞已从中国传播至世界各地，其余种主要分布在我国四川、云南、西藏等西南高海拔地势险峻山区及金沙江流域。

野生荞麦资源富含丰富的基因资源，对栽培荞麦的育种改良具有重要的促进作用。20世纪90年代，日本京都大学荞麦种质资源学家大西近江教授，在中国西南地区连续发现报道荞麦属7个新种，其中发现的齐蕊野荞麦由于是等花柱自交亲和类型花，被国际上广泛用于栽培甜荞的育种改良，对甜荞产量和品质育种起到极大的促进作用。

据悉，近几年来，周美亮带领研究团队，连续多年对我国西部多个省份，开展野生荞麦资源搜集和调查工作，累计行程达5万多千米，总计收集20多种1069份野生荞麦种及栽培种野生类型材料，并采集了第一手的图片和标本资料，摸清楚了我国野生荞麦资源分布的范围和丰度。

长花柱野生荞麦，就是在此过程中，从四川省凉山彝族自治州会理县境内发现的一个荞麦属新种。据介绍，该种在野外发现时，其植株上的花全部为长花柱类型花，表现为雌蕊显著长于雄蕊，未发现有短花柱花。

2018—2020年，在北京、成都和凉山3个试验场，分别进行严格单株隔离，观察其授粉和结实情况，表明是完全自花授粉，结实情况正常。对后代的植株形态和花进行观察，其形态特征与野外生长完全一致，遗传性状十分稳定。

研究指出，此次发现的长花柱野生荞麦，是异型花柱中唯一的单型花荞麦种，即仅有长花柱（短雄蕊）型花，而且自交亲和，打破了传统上对荞麦属花型的认知。研究人员认为，这个新种的发现，为提高荞麦产量、优化育种和探索荞麦属起源驯化，提供了重要的材料基础，也为植物花型进化和自交亲和性研究提供了重要的基因资源。

2. 探索荞麦基因组的新进展

构建苦荞麦基因组变异图谱。2021 年 1 月 14 日，光明网报道，中国农业科学院作物科学研究所周美亮研究员领导的特色农作物优异种质资源发掘与创新利用研究小组联合四川省凉山彝族自治州西昌农业科学研究所高山作物试验站、比利时鲁汶大学、捷克国家作物科学研究所、斯洛文尼亚农业研究所和日本九州冲绳农业研究中心等 10 多家科研单位组成的研究团队，对来自 14 个国家的 510 份苦荞麦核心资源的全基因组进行重测序，构建苦荞麦基因组变异图谱，解析苦荞麦种质资源的遗传多样性和群体结构，揭示苦荞麦的起源和传播驯化路径，明确我国西南地区作为全世界苦荞麦多样性中心和栽培苦荞麦起源驯化中心的独特地位，为研究苦荞麦驯化和性状改良奠定重要的理论基础。

苦荞麦属于蓼科荞麦属，生长快速、生命周期短、适应性强，能耐瘠薄土地，在全世界，尤其是东亚及东欧地区广泛栽植，至今已有 4000 多年历史。苦荞麦富含众多生物活性物质，是重要的药食同源和健康养生作物，具有保健价值及诸多药用功效，我国是目前全球最大的苦荞麦生产国和消费国之一，栽培面积接近 1 万平方千米，年产量超过 120 万吨，是西南彝区、边疆藏区和高海拔冷凉山区的主要粮食。然而，目前科学家关于苦荞麦的遗传基础和驯化过程并不清楚，重要性状和品质形成机理研究缺乏，严重制约其性状改良和遗传育种。

该研究团队利用中国丰富的荞麦种质资源优势，在不同生态区和耕作制度条件下筛选优异荞麦种质资源，对优异品质性状形成机理进行解析，并挖掘其应用价值。为解开苦荞麦的起源、传播和驯化之谜，研究人员连续多年跋山涉水，从我国的西南地区搜集野生和农家荞麦资源上千份，构建了涵盖野生种、农家种不同层次的 510 份苦荞麦核心种质资源，并进行基因组测序，挖掘到 109 万余个单核苷酸多态性（SNP），全面系统地构建成苦荞麦基因组变异图谱。并从分子水平证明了苦荞麦起源于泛喜马拉雅地区，后传播到中国的南方和北方，从而形成中国南北栽培苦荞麦的两个独立分支，再后来从中国北方传播到韩国、中亚、欧洲以及北美等国家和地区。

研究人员在栽培群体中分别鉴定到与株高、千粒重、果皮颜色、黄酮类物质含量等农艺和品质性状相关的独立驯化区间及重要遗传位点，从而在基因组水平上解开了苦荞麦的起源、传播和驯化的谜题。

研究人员还对苦荞麦资源进行槲皮素、芦丁和山柰酚等功能成分的黄酮醇含量测定，发掘出一批与3种黄酮醇含量显著相关的遗传位点，以及调控槲皮素和黄酮含量的关键因子。这些关键位点和基因的发现，及其调控苦荞麦黄酮含量分子机理的阐明，将极大地推动荞麦的品质改良，加快荞麦的遗传育种进程。

第四节　玉米及其他谷物栽培研究的新进展

一、玉米栽培研究的新成果

（一）玉米生理现象研究的新信息

1.探索玉米特性与功能的新发现

（1）发现开放染色质决定玉米多样性特征。2016年5月16日，美国康奈尔大学和佛罗里达州立大学联合组成的研究小组，在美国《国家科学院学报》上发表论文称，他们发现，仅占玉米基因组1%左右的开放染色质，决定着将近一半玉米多样性的特征。这一发现，使科学家能够更容易地开展转基因玉米研究，开发出更耐旱或更高产的玉米品种，从而缓解人类面临的粮食压力。

大多数基因组中的DNA链都紧紧盘绕在细胞核内，如果将人类或玉米细胞中的DNA链延展开来会有2米长，而在细胞核内，它们被压缩至原来的百万分之一左右。但也有一些区域的DNA链并没有紧紧盘绕，它们被称为开放染色质，协调着复杂的基因调控模式。为更好地了解开放染色质的功用，该研究小组利用一种基因映射技术，对玉米基因组进行研究。

研究人员培育了600株玉米苗，从其根、茎和叶片中收集组织，提取细胞核。他们利用一种可以切除DNA特定部分的酶来处理细胞核，然后通过数据计算和统计分析，确定基因组中的开放染色质。他们发现，这一小部分染色质包含了大量信息，决定了玉米棒的大小、形状，玉米粒的淀粉含量以及植株的压力反应等特质。

研究人员称，有大约一半的玉米多样性特征，是由这些开放染色质决定的，另一半则由其他基因决定，这两部分基因加在一起，只占整个玉米基因组的 3% 左右。

玉米是世界主要粮食作物之一，同时也被认为是一种进行科学研究的典型物种。几十年来，科学家在玉米遗传机制研究方面，取得了不少突破性进展。研究人员表示，最新研究成果，不仅可以大大缩小玉米育种和基因编辑所需筛查的基因范围，加快作物改良进程，开发出更耐旱或更高产的玉米品种，同时也为其他农作物研究指明了方向，这对缓解日益严峻的全球粮食问题，无疑是一个好消息。

（2）研究表明玉米也可以有固氮功能。2018 年 8 月 7 日，美国玛氏公司联合加州大学戴维斯分校相关专家组成的研究团队，在《公共科学图书馆·生物学》期刊上发表论文称，玉米是全球最主要的农作物之一，而种植玉米会消耗大量氮肥，他们一直在寻找不依赖氮肥也能高产的玉米品种。他们发现一个能与细菌构建和谐关系的玉米品种，可从空气中获取植株生长所必需的氮。

这个玉米品种是由美国玛氏公司农业总监雅娜·夏皮罗于 20 世纪 80 年代发现的，它生长在墨西哥南部瓦哈卡州一个氮贫乏之处塞拉米什地区。近些年，随着基因组学的兴起，该研究团队与当地玉米种植者合作，对该品种玉米进行深入研究。

这种玉米的气生根很发达，能够分泌一种富含碳水化合物的黏液。研究人员对黏液中的菌群进行分析后发现，其能够把空气中的氮转化成植株可以利用的形式。研究团队在塞拉米什地区进行的田间试验表明，该种玉米所需氮素营养的 29%~82% 是依靠黏液菌群特有的固氮功能获得的。

一直以来，人们普遍认为只有豆科作物才具有固氮功能，能将空气中的游离氮转化为化合态氮。例如大豆，会依靠与其共生的根瘤菌将空气中的氮转化为植株可吸收的酰胺类化合物或脲类化合物。而此次塞拉米什玉米的发现，则改变了人们的这一看法。

研究人员指出，氮是植物必需的营养物质，对许多非豆科作物来说，氮肥是它们获取氮的最主要途径，而氮肥的生产不仅要耗费大量能源，还会产生温室气体。玉米种植需要消耗大量氮肥，开发出具有固氮功能的玉米是育种专家几十年来的重要目标，塞拉米什玉米的发现给他们带来了希望。研究人员表示，如果传统玉米品种也具有如塞拉米什玉米一样的固氮功能，将有望大幅减少玉米种植对氮肥的需求，增加土壤贫瘠地区的玉米产量，从而有力地推动玉米种植业的发展。

2. 探索玉米生长调控机制的新发现

发现玉米发育及免疫调控机制的信号开关分子。2019 年 12 月，中国农业科学院、山东大学和美国冷泉港实验室等多家机构专家组成的国际研究团队，在美国《国家科学院学报》上发表论文称，他们发现玉米细胞一个重要信号开关分子 G 蛋白，对玉米发育及免疫信号的双重调控机制，为提高玉米产量提供指导。

G 蛋白是对细胞信号传导起重要作用的开关分子，由 α、β、γ 3 个亚基组成。此前研究表明，G 蛋白分子对植物的分生组织发育起着重要的调控作用，而对玉米等农作物来说，分生组织发育情况决定了影响单产的果穗形态等，因此研究玉米 G 蛋白分子调控机制，对玉米增产具有重要意义。但是，该领域存在诸多瓶颈，尤其是对 Gβ 亚基的研究。由于玉米等单子叶植物敲除了 Gβ 亚基相关的基因就会死亡，导致无法对其功能进行深入解析。

在这项最新研究中，研究团队首先确认，玉米 Gβ 亚基基因突变致死，是由自体免疫所致，随后通过遗传筛选，使发生 Gβ 亚基基因突变的玉米，在特定条件下"起死回生"，并首次展现其发育表型。研究团队通过关联分析发现，Gβ 亚基基因与玉米穗的行数这一重要性状显著关联。

研究人员表示，这一研究不但能帮助理解植物 G 蛋白分子的信号传导功能，也为优化发育和免疫平衡、提高玉米及其他作物的综合产量提供重要依据。

3. 探索玉米叶子生理现象的新进展

利用基因技术揭开玉米叶片的面纱。2020 年 10 月 9 日，山东农业大学农学院、香港中文大学农业生物技术实验室和美国康奈尔大学基因组多样性研究所等联合组成的研究团队，在《自然·通讯》杂志上发表论文称，他们利用高通量研究玉米转录因子调控位点技术、借助大规模转录因子数据，重构玉米叶片基因表达的调控网络。这一新成果将帮助玉米基因编辑有的放矢，更加精准。

该研究团队表示，他们经过实验攻关，全面解析了玉米叶片表达转录因子的结合位点，同时分析了转录因子结合位点对叶片形态、吐丝开花等农艺性状的影响。

玉米是重要的粮食作物，玉米叶片是保证玉米产量的重要器官。研究玉米植物转录因子的组合作用，将帮助学界形成预测转录因子结合和共定位的模型，从而实现智能、高效、定向培育玉米新品种。

（二）玉米新品种培育的信息

1. 探索玉米育种的新进展

（1）研发出玉米杂交制种新技术。2020年7月8日，中国农业科学院作物科学研究所谢传晓研究员领导的一个研究小组，在《分子植物》杂志网络版上发表论文称，他们利用基因编辑技术，研发出创制核不育系及其保持系的新技术，为第三代杂交制种提供了高效技术方案。

谢传晓介绍道，我国玉米播种面积超过6亿亩，几乎全都是杂交品种，而创制和利用雄性不育系正是杂交制种的关键技术。作物雄性不育是指植物雄蕊发育异常、不能产生有功能的花粉，但雌蕊发育正常、能够结实的现象。作物雄性不育技术的每一次进步都对农业作出巨大贡献，如基于细胞质不育系的"三系法"杂交稻、基于光温敏感不育系的"两系法"杂交稻都获得了大面积应用。

为克服"三系法"严格的恢复系限制、"两系法"对光温等不可控环境因子的依赖，随着分子生物学与现代生物技术发展，基于细胞核不育系的第三代杂交制种技术应运而生，但相关步骤仍然烦琐。

经过研究人员对玉米育性基因的功能结构域进行定点定向删除后，目标杂交种的母本就转变成保持系，这一保持系能够应用于杂交种制种与亲本繁殖。研究人员解释说，用基因编辑技术创制的这一保持系，在自交繁殖时会得到两种后代：一种是不育系种子，可用于杂交制种的母本；另一种是保持系种子，在荧光灯下会呈现红色，可被肉眼或机器识别，从而实现保持系与不育系种子的无损分拣。

因此，用这种技术育成新品种后，在进行制种时不再需要人工或机械去雄，可以实现"一步法"制种，提高了效率、降低了成本。去雄是指除去雄蕊的花，这是生产杂交种子的一项技术措施。谢传晓指出，同样的技术策略也可以应用于水稻、谷子、小麦、高粱等作物的杂交育种及制种生产。

（2）利用全基因组选择技术预测玉米育种值。2021年8月17日，沈阳农业大学联合国际玉米小麦改良中心组成的研究团队，在《作物学报》网络版发表论文称，他们利用全基因组选择技术，预测了3个测交试验中杂交种产量和自交系配合力的表现，试验中的所有自交系亲本进行了中密度分子标记鉴定，所有杂交种开展了多环境产量鉴定试验，测定了自交系的配合力。

玉米育种有两大重要任务，一是选育一般配合力、特殊配合力高的自交系，二是鉴定具有高产潜力的优良杂交种。常规育种中，需要开展多环境试验鉴定具有高产潜力的优良杂交种，在亲本间开展遗传交配设计来估计亲本自交系的配合力。遗传交配设计通常只能在少数亲本自交系间组配，且多环境试验费时费力，从而限制了通过常规育种大规模估计自交系的配合力，以及在高配合力自交系间大规模鉴定具有高产潜力的优良杂交种。

全基因组选择技术，是利用遍布整个基因组的分子标记，预测未测试育种材料的基因组估计育种值，利用基因组估计育种值代替田间测试表型进行选择。随着高密度分子标记鉴定费用的降低，全基因组选择技术有望替代多环境试验和大规模遗传交配设计，预测未测试杂交种产量和自交系配合力表现。

该研究团队的研究结果显示，包含自交系和测验种加性效应的统计模型，预测杂交种表现的相关系数，在 0.59~0.81；同时包含加性和非加性效应的统计模型，可将预测杂交种表现的相关系数，提高至 0.64~0.86。仅包含自交系遗传效应的统计模型，预测产量一般配合力的相关系数较低，在 -0.14~0.13；同时包含自交系和测验种所有遗传效应的统计模型，可将预测产量一般配合力的相关系数，提高至 0.49~0.55；所有测交试验中，预测产量特殊配合力的相关系数，均为负值。不同测验种间，预测杂交种产量表现的相关系数，在 -0.66~0.82，表明测验种间杂交种产量表现的相关性很难被预测。

研究人员表示，全基因组选择技术，可利用分子标记信息，预测玉米测交试验中杂交种产量和自交系一般配合力表现，仅须对少数材料开展多年多点鉴定来构建训练群体，这将显著降低育种的总成本。

（3）研发具有自主知识产权的玉米核心种质。2021 年 12 月 22 日，中新网报道，河南农业大学作物遗传育种专业陈彦惠教授率领的研究团队，从 1990 年以来，经过 31 年南繁北育 50 多个生长季节的不断研究，创造出具有中国特色自主知识产权的核心种质，经培育出的 14 个新品种在中国黄淮海、西南、西北三大玉米产区累计推广 8000 多万亩，获得社会经济效益 70 多亿元，为保障国家粮食安全作出了重要贡献。

陈彦惠说，没有优异的种质资源就无法培育出优良的新品种。原产于墨西哥热带地区的玉米已经过 9000 年的历史驯化，而中国仅有 500 年的玉米种植历史，相比之下，中国在玉米种质源头上存在先天不足等问题。

20 世纪 80 年代以后，中国玉米育种与生产中的突出问题是，长期依赖引进国外杂交种作为选育自交系原始材料，缺乏具有独立知识产权的优异玉米新种质。种质资源创新的难点困境，严重制约了中国玉米生产发展的核心问题。面对这种情况，该研究团队决心自主创新，着力研发具有自主知识产权的玉米新品种为此，研究团队从多年多点的 10 万个杂交组合田间试验中，最终筛选出"豫单 9953"等品种。在屡创高产纪录的同时，此举弥补了中国玉米长期以来籽粒机收的短板，实现了让玉米像小麦一样方便快捷的籽粒机收，进而提高生产效率、降低劳动强度，推动了中国玉米向现代化生产方向的快速发展。

2. 培育特性优异玉米新品种的进展

（1）开发出能抵抗条纹病毒的玉米新品种。2007 年 7 月 8 日，南非开普敦大学和南非种子公司科学家组成的一个研究小组，在美国芝加哥举行的美国植物生物学家学会年会上报告称，他们开发出一种玉米新品种，可以抵抗玉米条纹病毒。他们希望这一进展，将有助于改善粮食安全，并在非洲改善转基因食品的名声。

研究人员声称，新品种在多代种植和与其他品种杂交后，都表现出抗病毒的特性。这个全部由非洲科学家组成的研究小组，希望该技术将有助于解决其他影响非洲粮食作物的病毒疾病，例如小麦矮病毒、甘蔗线条病毒和其他影响大麦、燕麦和黍的病毒。

玉米条纹病毒在撒哈拉以南非洲和印度洋岛屿上流行，会妨碍被感染植株的生长，导致它们结出畸形的玉米穗轴，减少可收获的粮食数量。

该研究小组，不是采取把不同程度抗玉米条纹病毒的品种杂交的方法，而是让一种基因发生突变，然后把它插入到玉米植株中。这种基因负责编码玉米条纹病毒自身复制所需的一种蛋白质。当该病毒感染这种转基因玉米的时候，突变蛋白的存在，阻止了病毒复制和杀死玉米。这种作物的大田实验计划将很快开始。

肯尼亚农业研究所生物技术部门负责人西蒙·吉楚奇说，完全证明这一品种的抗病毒特性需要通过大田试验。肯尼亚农业研究所已经用这种方法开发出了一系列作物，例如木瓜和甘薯，但是一些大田试验没有成功。温室环境和农场环境不同，大田试验还将评估这种新作物对环境的影响。吉楚奇还说，让农民种植这种新的作物还需要时间，因为任何新的抗病害作物需要或者批准并进行国家级试验，从而确定它们的特异性、一致性和稳定性。

这个南非科学家组成的研究小组，还研究了 389 种乌干达玉米条纹病毒的样本，评估了该病毒的多样性以及遗传特征。他们发现，最流行的玉米条纹病毒毒株，是不同病毒基因型重组的产物。这一研究，有助于凸显该病毒的进化过程，以及它是如何导致玉米患病的。

（2）开发生物质含量高的玉米新品种。2009 年 3 月，有关媒体报道，美国伊利诺伊大学遗传学家斯蒂芬·穆斯利用转基因技术，开发出一种理论上有望大量生产生物质的玉米作物。新作物由于具有更繁茂的叶子和更粗壮的主茎，因而可能让人们收获到更多的玉米青贮，成为理想的能源作物。

玉米作物中存在着名为"光泽15"（Glossy15）的基因。过去，人们认为，它原本的作用是帮助玉米青苗在表面形成一种蜡状膜，像防晒霜那样保护青苗。没有"光泽15"基因，玉米青苗在阳光下则不会有光泽。然而，进一步的研究显示，"光泽15"基因的主要功能是减缓玉米作物发芽成熟。

认识到"光泽15"基因的主要功能，穆斯决定了解如果增强该基因的作用，会对作物有何种影响。他把该额外的"光泽15"基因，植入玉米作物，以加强该基因的活动，结果玉米作物生长速度减缓，到夏季末时玉米作物更粗壮。他推断中的原因可能是作物对夏季更长的白天更敏感。

同普通的玉米作物相比，经过转基因处理的新玉米作物的玉米收成要少，然而它对家畜而言却是更好的饲料。穆斯表示，这是因为新开发的玉米作物茎中含有更多的糖分，这样可能更受家畜的喜爱。他认为这种玉米作物可能满足食草肉牛的饲料标准。

穆斯提醒说，如果给玉米作物植入过多的"光泽15"基因，就会让作物生长过于缓慢，从而导致玉米在成熟前因霜冻而死。

新的玉米作物要实现商业化播种，需要得到美国政府管理机构的批准。对此，穆斯表示，"光泽15"是一种安全基因，它本身就源于玉米作物，他们所做的只不过是将额外的基因植入作物中以增强基因的作用而已。

（3）培育出维生素强化的玉米新品种。2009年5月，美国学者保罗·克里斯托，在美国《国家科学院学报》发表论文称，他与自己的同事一起，培育出一种转基因玉米，它富含在传统玉米品种中通常缺乏的3种维生素。

克里斯托等人设计出一种生物强化的白玉米，它含有高浓度的贝塔胡萝卜素（维生素A的基本组成部分）、维生素C和叶酸（维生素B9）。他们向10~14天的玉米胚胎，注入一系列用5种基因包裹的金属颗粒：2种基因用于合成贝塔胡萝卜素，1种用于合成叶酸，1种用于合成维生素C，还有1种是标记基因。

这种改造的玉米与野生型白玉米相比，维生素含量增加5倍，叶酸含量增加1倍，而它的贝塔胡萝卜素的含量，更是比正常值高168倍。这个数值，是此前科学家培育出的强化转基因水稻"金米"的贝塔胡萝卜素含量的5倍。研究者提出，他们的技术可以用于为谷物补充维生素，并帮助解决影响全世界将近一半人口，特别是在发展中国家人口的多种维生素缺乏问题。

（4）培育出抗盐碱性的高产玉米新品种。2009年12月18日，德国吉森大学植物营养学研究所发表公报称，该所研究人员用传统育种方法进行杂交，培育出一种在盐碱地上也能高产的玉米新品种。

以往研究表明，不同品种的玉米耐盐碱能力各异，吉森大学研究人员选取了多个具有较强耐盐碱特性的玉米品种，并将这些品种的玉米进行杂交，最终培育出了这种博采众家之长的耐盐碱玉米新品种。据介绍，这种玉米的抗盐碱能力很强，且产量高。

在世界各地尤其是干旱地区，土地盐碱化降低了土壤的肥力，并影响经济作物的种植。研究人员称，这一成果有助推动在盐碱化土地上种植经济作物的研究。

（三）玉米种植研究的新信息

1. 探索提高玉米种植产量的新进展

第 7 次刷新我国玉米亩产纪录。2020 年 10 月 19 日，《光明日报》报道，中国农业科学院作物科学研究所栽培与生理创新研究团队的玉米密植高产示范田喜获丰收。10 月 16 日，农业农村部玉米专家指导组组织专家对其进行实收测产，结果显示，示范田玉米最高亩产达到 1663.25 千克，打破现有 1517.11 千克的全国高产纪录，实现 146.14 千克的大幅提高，这是该研究团队第 7 次刷新我国玉米的高产纪录。

该玉米密植高产示范田位于新疆奇台，参试品种共 78 个，该研究团队连续12 年在这里开展玉米产量潜力突破研究，以及全程机械化技术示范推广。此次测产实收的面积合计 30 亩，结果显示，示范田内"MC670""中单 111""中单8812"等 11 个品种，单产均超过每亩 1500 千克。高产的实现主要是由于亩穗数和单穗粒重均有提高，其中最高产田每亩穗数达到 8600 穗，每穗单穗粒重达192 克。该项技术经过长期研究已趋于成熟，可稳定实现亩产 1500 千克水平。

这是我国实施"藏粮于技"以来，玉米品种和栽培技术的重大突破。据研究团队首席专家李少昆研究员介绍，他们自 2004 年起，在全国多个生态区组织实施玉米高产潜力探索，明确了以"密植增穗增产，培育高质量抗倒群体，增加花后群体物质生产和高效分配"为核心的产量突破途径，创新了高环境压力选择耐密、抗倒品种，高密度种植提高收获穗数，以及水肥与化控相结合的抗倒、防衰为核心的高质量群体调控关键技术等，实现了高产突破与节水节肥绿色生产的协同。

2. 探索影响玉米种植因素的新进展

发现气候变暖可增加全球玉米歉收概率。2018 年 6 月 11 日，美国华盛顿大学大气科学教授戴维·巴蒂斯蒂领衔的一个研究小组，在美国《国家科学院学报》上发表论文称，随着气温上升，到 21 世纪末，全球玉米主产区同时歉收的可能性会大幅增加。

据这项研究显示，美国、巴西、阿根廷和乌克兰是全球玉米主要出口国，占全球玉米出口量的 87%。目前，4 个玉米主要出口国一年内同时歉收（产量比常年降低一成）的概率几乎为零。但研究预测，如各国实现减排目标，即在 21 世纪末将全球表面平均温度增长控制在 2℃ 以内，上述 4 国同年玉米歉收的风险会增加到 7%；如果温室气体排放继续增长，地球表面平均气温预计在 21 世纪末将会升高 4℃，这种风险则会增加到 86%。

研究显示，温度升高将严重影响美国东南部、东欧和非洲次撒哈拉地区的玉米平均产量，并增加美国等主要出口国的玉米产量波动性。

巴蒂斯蒂说，即使乐观估计，到 21 世纪中叶，美国玉米产量两年间的产量波动性也会增加一倍，其他主要玉米出口国的情况也一样。研究人员表示，农作物产量的变化是国际市场食品价格的重要决定因素，对食品安全和贫困消费者购买力有很大影响。

3. 探索玉米禁止种植品种的新进展

禁种一种转基因玉米。2013 年 7 月 12 日，意大利农业部网站报道，意大利农业部、卫生部和环境部当天联合签署法令，禁止在意境内种植 MON810 转基因玉米。

MON810 转基因玉米，由美国孟山都公司研发并推广，是目前获准在欧盟种植的两种转基因作物之一。意大利农业部在其网站上发布公告说，签署这项禁令，是因为意大利和欧洲研究发现，抗虫的 MON810 转基因玉米，有可能对生物多样性造成负面影响，同时也不排除它可能对水生生物造成影响。

意大利农业部长农齐亚·德吉罗拉莫在该网站上表示，颁布禁令是为了保护意大利农产品的独特性，避免单一化。多样性和质量是意大利农业的根本，农业部不会为经济利益而冒险，并且转基因食品在价格上并未表现出明显的竞争力。

根据相关法律，此份联合签署的法令将在政府公报正式刊出后立即生效，但需要在 18 个月内通过议会投票成为正式法律，否则将失效。

（四）玉米病虫害防治研究的新信息

1. 探索玉米病害防治的新进展

发现转基因玉米能让有毒霉菌失效。2017年3月，美国媒体报道，有毒霉菌是一个潜藏在常见食物中的沉默杀手。来自霉菌中的一种致癌毒素，每年在全世界会导致成千上万人死亡，并迫使数百万吨农作物被丢弃。但一种新方法，可以关掉产生这种毒素的开关，即便霉菌就长在农作物上也可实现。

玉米植株通常被基因修饰，以产生一种干扰核糖核酸（RNA），使生长在农作物上的真菌中的毒素基因静默。这种转基因作物可以警戒植株上的曲霉真菌，停止其制造会导致肝病和癌症的黄曲霉毒素。尽管这种技术可能仅可以在植物生长过程中发挥作用，并不能在谷物储藏阶段继续抑制毒素形成，但它依然被证明有效。

美国农业部植物病理学家蕾妮·阿里亚斯说："我们从收获时的黄曲霉毒素水平，可以判断出储藏时的水平。所以，如果我们可以使这个水平降低到零，那么即便储存时毒素会增长，也可以使其降低到有毒水平以下。所以，在收获前使它降低到一半，就意味着这场战役已经胜利了一半。"还有专家表示，让水和空气远离储藏的玉米等谷物，对于降低真菌生长也很关键，它还有助于防止虫害。

2. 探索玉米虫害防治的新进展

（1）发现可杀灭玉米根虫的新蛋白。2016年9月22日，美国杜邦先锋公司研究主管刘璐负责的一个研究小组，在《科学》杂志发表的一项新研究显示，从土壤微生物中发现的一种蛋白，可有效杀灭玉米主要害虫之一：西方玉米根虫。这为研制取代Bt杀虫剂的抗玉米根虫新农药铺平道路。

Bt杀虫剂，是目前世界上应用最为广泛的微生物杀虫剂，其中含有Bt蛋白，这种蛋白能够杀虫，但对人类却没有毒性，因此也广泛应用于转基因作物。但研究人员近年来发现，一些害虫已发展出对Bt蛋白的抗性，寻找新型微生物杀虫剂势在必行。

刘璐说，他们从抗西方玉米根虫土壤中分离出微生物，然后从一种叫假单胞菌的细菌中发现一种蛋白，并命名为IPD072Aa，实验显示对玉米根虫有杀虫效果。

（2）推出用于玉米害虫防治的3D打印无人机。2017年4月，国外媒体报道，意大利索莱昂无人机公司，一直在用3D打印来减少无人机组件的重量，提高其效率。该公司的最新产品之一"阿格罗"，是一款用于玉米害虫防治的无人机，它有一个激光烧结的聚酰胺身体。

"阿格罗"虽然可以用在多种农业环境中，但实际上它有一个特定的目标：防治玉米螟虫，这种害虫每年都会毁掉大量的农作物。但与其他害虫防治方案不同的是，"阿格罗"喷洒的不是化学药品，而是赤眼蜂的卵，赤眼蜂是一种喜食玉米螟虫的黄蜂。通过均匀而高效地喷洒这些黄蜂的卵，3D打印"阿格罗"无人机绝对是一个非常有用的农业工具，它本身看起来甚至就像一只黄蜂。

"阿格罗"的身体和零件，是用一台激光烧结3D打印机来打印的，打印材料为聚酰胺和填充有玻璃颗粒的聚酰胺。聚酰胺耐用而轻便，填充有玻璃颗粒的聚酰胺则更坚硬，更不易受振动影响。因此，填充有玻璃颗粒的聚酰胺被用来打印靠近电机的部件。

索莱昂公司经理解释说："3D打印的最大优势在于，我们可以很快地创造出各种复杂的系统，即使数量不多。通常这些零件会在一个星期内打印好并发送给我们。作为一家小公司，这能让我们对客户想法的改变和愿望快速作出反应。我们已经成功让'阿格罗'成为市场上最具成本效益和性能最佳的产品。"

（五）玉米基因组及相关研究的新信息

1. 玉米基因组测序研究的新进展

（1）完成玉米全基因组测序。2009年11月20日，美国圣路易斯华盛顿大学基因组测序中心主任理查德·威尔逊负责，亚利桑那大学等机构参加，成员达150名的研究团队，在《科学》杂志刊登成果宣布，他们已经完成玉米的全基因组测序工作，这一成果有望用于培育更高产的玉米品种。

该研究团队历时4年多才完成这一项目。他们以代号为B73的玉米品种为研究对象，进行测序。结果显示，玉米共有10对染色体，约3.2万个基因，23亿个碱基。测序还发现，玉米基因组中85%的碱基序列是重复的，在玉米的27个自交系中出现了数百万个基因变异。

玉米是世界主要农作物之一，在很多国家被广为种植。美国是世界上玉米产量最大的国家，每年约出产2亿吨玉米，占世界总产量的40%以上。

威尔逊说，完成玉米全基因组测序，将使培育更高产、耐热、耐旱的玉米新品种，变得更加容易。相关数据公布在互联网上后，种子企业和玉米基因专家可以利用这些数据，寻找其中意的基因。

（2）绘制出更详细的玉米基因组图谱。2017年6月12日，美国冷泉港实验室与加州门洛帕克太平洋生物科学公司等机构联合组成的研究团队，在《自然》

杂志网络版上发表论文称，他们利用新一代测序技术，对玉米自交系 B73 进行测序，得到了新的、更详细的基因组图谱。研究显示，玉米具有良好的表型可塑性，不同品系玉米的基因组差异明显。这意味着在全球气候环境变化不断加剧的情况下，玉米仍有巨大的发展空间。

玉米是生物学研究中的重要模式植物。2009 年，美国冷泉港实验室研究人员与爱荷华州立大学等机构研究人员合作，完成了对玉米自交系 B73 的基因组序列的测定，轰动一时。但当时使用的测序技术并不完备，无法解决玉米基因组中大量的重复序列，错过了基因间的大量区域，也无法准确捕捉到诸多细节。

此次，该研究团队使用单分子实时测序和高分辨率光学制图技术，通过解读长测序，构建新的、更详细的 B73 基因组图谱。新技术让研究人员能对玉米基因间区域进行详细的观察，从而了解这些基因是如何受调控的。而新的基因组图谱也显示出前所未有的细节，让研究人员对玉米基因表达的变异性有更深刻的认识。

通过比较新的 B73 系基因组图谱，与在不同气候条件下生长的 W22 系和 Ki11 系基因组图谱，研究人员发现，后两个品系的基因组与 B73 的基因组差异巨大，平均只有 35% 的部分匹配一致。这种差异不仅表现在基因序列变化方面，还表现在基因表达的时间、位点以及表达水平方面。这表明，玉米基因组具有良好的表型可塑性，也意味着其环境适应能力极强。

研究人员指出，卓越的表型可塑性，意味着玉米可以使用更多的组合来适应环境变化，这是育种者的福音。在全球人口不断增加、气候变化问题不断加剧的背景下，玉米作为主要粮食作物，仍有巨大的潜力可挖。

2. 玉米基因组测序相关研究的新进展

（1）由基因组学研究揭示玉米中杂交优势的机制。2010 年 11 月，中国农业大学玉米中心、华大基因研究院、美国爱荷华大学和明尼苏达大学等单位共同组成的一个国际研究团队，在《自然·遗传学》杂志上，发表题为"基因丢失与获得的多态变化揭示玉米中的杂交优势的机制"研究成果。它公布了中国重要玉米骨干亲本全基因组的单核苷酸多态性、插入或缺失多态性，以及基因获得和缺失变异图谱，为玉米的遗传学研究和分子育种提供了宝贵资源。

该研究对 6 个中国重要玉米杂交组合骨干亲本，进行全基因组重测序，发现了 100 多万个单核苷酸多态性位点（SNPs）和 3 万多个插入缺失多态性位点（IDPs），建立了高密度分子标记基因图谱。同时，研究还发现了 101 个低序列多态性区段，在这些区段中含有大量在选择过程中与玉米性状改良有关的候选基因。

此外，研究人员通过将玉米自交系 Mo17 及其他自交系的基因序列，与玉米自交系 B73 的基因序列比对，对玉米自交系中基因丢失与获得的多态性进行研究，发现在不同的自交系中存在不同数量的基因丢失与获得性变异。他们利用 SAOPdenovo 软件，对在其他自交系中存在而在 B73 中缺失的序列进行组装，发现了很多目前公布的 B73 参考基因组序列中丢失的基因。这些发现，不仅为高产杂交玉米育种骨干亲本的培育提供了重要的多态性标记，同时也补充了玉米基因数据集，为进一步挖掘玉米基因组和遗传资源提供了大量数据。

研究人员称，玉米具有非常显著的杂交优势，利用这种优势是提高产量的主要手段之一。他们选择中国历史上和目前广泛流行的高产杂交组合骨干亲本，并根据多态性追踪这些骨干亲本育成过程中基因组的变化方式。研究人员还发现，这些骨干亲本组合基因组的组合，可弥补另一方功能元件的缺失，此种基因丢失与获得的多态变化，与其他无义突变的互补作用，可能与杂种优势有关。

（2）发现玉米基因组中存在远距离顺式调控元件。2019 年 12 月，美国佐治亚大学等单位相关专家组成的研究小组，在《自然·植物》杂志上发表论文称，他们对粮食作物遗传图谱展开较深入的专题研究，发现玉米基因组中广泛存在的远距离顺式调控元件。

研究人员表示，农艺性状可以由基因及远端基因间区位点调控。尽管这些基因在染色体上所占的位置，具有重要的生物学意义和潜在的农艺用途，但迄今为止，尚缺少在所有作物物种中对这些基因在染色体上所占位置的深入研究。

在本研究中，研究人员提供的遗传、表观基因组和功能性分子证据，支持了玉米基因组中广泛存在的基因及远端基因间区位点，可以作为远距离转录顺式调控元件，来发挥调控作用。这些位点丰富了常染色质特征，表明它们具有调节功能，假定的远距离转录顺式调控元件通过染色质环与基因连接。利用自我转录活性调控区测序技术，发现假定的远距离转录顺式调控元件，也显示了转录增强子活性的提高。这些结果，为远距离转录顺式调控元件控制基因表达提供了功能支持。

（六）玉米驯化与演化研究的新信息

1. 探索玉米驯化历程的新进展

（1）揭开玉米的身世之谜。2014 年 2 月，一个由美国学者组成的研究小组，在《国际第四纪》上发表研究报告认为，玉米是一种驯化作物，它与小麦、水稻有明显的野生近缘种不同，人们很难找到果实颗粒分排密布在玉米轴上的野生品种。按照基因分析显示，玉米的祖先是一种生活在墨西哥的细长型野草大刍草（又称为类蜀黍）。事实上，大刍草与现代玉米可以杂交，自然繁殖为新的品种。

1492 年，哥伦布在美洲发现印第安人以玉米为食物，于是将其带回欧洲，随后传播种植到世界各地。中国则在明代将玉米引进种植。

研究人员称，他们一直在思考，这种丑陋的野草，如何摇身一变，成为世界上最重要的农作物呢？对此，他们作出深入的研究。为了模拟 1.4 万年前，人类刚开始种植大刍草时的环境，研究人员把现代大刍草，置于温室内培养，确保室内二氧化碳含量，比室外二氧化碳含量少 40%~50%，并将温度控制在 20.1~22.5℃。培育结果显示，大刍草生长得更矮，且所有的雌穗都生长在主干，而非枝干上。

此外，温室内大刍草的绝大部分种子，在同一时刻成熟，而现代大刍草的种子要经历数周时间才能全部成熟，研究者不得不一次又一次地收割。如果大刍草曾经很容易收割，人类祖先对它的驯化就变得更加合情合理。尽管大刍草并没有穗轴，但这必然是驯化的结果。

野生谷物为了更大范围传播其种子，以求较高存活性，其种子成熟时便自动脱落。但植物天生的求生本能，却导致农民不能充分收获种子，只有这些种子留在穗上，等到所有种子成熟方能充分收获。要成为粮食作物，这些野生谷物便要减弱其落粒性，人类祖先一直在驯化谷物的低落粒性。人们在采集的时候，倾向于采集那些不易于脱落的种子，这种无意识地选择驯化的长期结果，便是产生不落粒品种。

另外，与其他多数作物不同，玉米被人类驯化得失去了自然繁衍的能力，必须靠人为手段才能得以繁衍。研究还表明，作物驯化并非快速、本地化的过程，而可能是在不同区域进行很长时期的不断试错过程。

当然，到现在玉米育种早已不再是自然杂交产生的选育。作为高新农业育种技术，转基因玉米已经有抗虫、抗除草剂、抗旱、转植酸酶玉米等多个品种，而复合性状转基因玉米更是大受农民欢迎。

（2）发现由于数千年来的基因修饰让玉米变得无壳且美味。2015 年 7 月，有关媒体报道，科学家称，今天的玉米之所以长成现在的样子，是因为该作物的基因发生了一种小变化。大约在距今 9000 年前，墨西哥人利用野生墨西哥类蜀黍培育出了玉米，那时的玉米粒被一层坚硬的外壳包裹着，使其不适宜人类食用。数十年来，科学家一直在研究野生苞谷如何生长成现在人们食用的玉米。

现在，一项遗传学领域的新研究，进一步对比了玉米和墨西哥类蜀黍的特征，研究发现在随后数千年内发生的一种 DNA 基础交换，即通过 tga1 基因的 C—G 序列的基础交换，产生了柔软的、裸露在外的玉米粒。

这项研究成果，表明了古代作物驯化者，如何通过人工选育对作物遗传基因作出小幅改变，从而让玉米进化成人们今天所熟悉的样子。

2. 探索玉米演化机制的新进展

阐明玉米与其古老祖先不同的演化机制。2019 年 6 月，美国卡内基大学马修·埃文斯博士领导，他的同事卢永贤、托马斯·哈特维格，以及威斯康星麦迪逊大学杰瑞·克米克尔参加的研究小组，在《自然·通讯》杂志发表论文称，他们通过阐明玉米与其古老的祖先类蜀黍不同的演化机制，以便准确地把一个物种与另一个物种区别开来。

物种的形成需要隔离。典型的隔离屏障是地理环境，例如山脉或岛屿将两个种群分开，阻碍了杂交，直到它们形成不同的物种。但在其他情况下，物种分化的障碍是生理因素，如是否成功配对或产生存活的后代。研究人员解释说："在植物中，这种遗传隔离可以通过阻止一个物种的'雄性'花粉，成功授给另一个物种的'雌性'雌蕊的特征来维持。"

大约 9000 年前，玉蜀黍，或者说玉米，是从墨西哥巴尔萨斯河流域的类蜀黍驯化而来的。这两种植物的一些种群在育种上是相容的，而另一些则在同一地区生长并同时开花，但很少产生杂交品种。

众所周知，一组名为 Tcb1-s 的基因，是导致这些很少杂交的玉米和类蜀黍群体不相容的 3 种基因之一。与其他两种不同，它几乎只在野生类蜀黍中发现。野生类蜀黍包含的雄性和雌性基因编码具有拒绝玉米花粉授粉的能力。

在有性繁殖的植物中，花粉（基本上类似精子活动）落在雌蕊上，形成一根管子，伸长并向下钻入卵子受精处的子房。但当玉米花粉落在野生类蜀黍的雌蕊或丝上时，情况并非如此。

该研究小组证明，Tcb1- 雌性基因编码的蛋白质能够修饰细胞壁，可能使玉米花粉管的弹性降低，从而阻止它们到达类蜀黍的卵子。当这些管子不能一直延伸到卵子时，就不能受精，杂交也就不可能发生。更重要的是，由于类蜀黍花粉可以自我受精，研究人员认为 Tcb1- 雄性基因编码了一种能力，使类蜀黍花粉能够克服这种花粉管屏障的建立。埃文斯说："大多数依靠风和水而不是鸟类或昆虫授粉的农作物物种，多样性都很低。"

（七）玉米加工研究的新信息

1. 探索玉米制造生活用品的新进展

用玉米纤维制成衣服。2006年8月，墨西哥媒体报道，在加拿大多伦多举行的一次生物科技会议上，模特们身穿用玉米纤维制成的衣服，表演了一场时装秀。这种名叫"英吉尔"的新纤维布料，很可能代表着服装发展的一个方向。

据报道，传统的化纤或人造纤维，是用石油提炼成的，而"英吉尔"完全从玉米等可循环再生资源中提取。这种纤维制成的衣服吸湿排汗、容易清洗、穿着舒适、垂感好，现已被奥斯卡·德拉伦塔和娜泰拉·范思哲等时装设计大师采用，很可能引领未来时装潮流。

报道称，由于消费者越来越担忧尼龙和聚酯等化学纤维对人体健康的影响，生物技术在时装产业得到了越来越多的应用。在时装界，一些服装生产商，正在利用转基因作物生产的天然纤维开发生物布料。使用"英吉尔"生产服装的劳德米尔克时装公司负责人说："我们相信生物布料前景广阔，因为消费者已经开始注意到它们与化纤布料和棉布的不同之处。"

2. 探索玉米制造药物的新进展

从玉米中提取出抗艾滋病蛋白酶突变体。2010年11月，香港中文大学邵鹏柱教授研究小组，与中国科学院昆明动物研究所郑永唐研究员研究小组合作，在《核酸研究》期刊上发表论文称，他们从玉米中获得一种能够选择性地杀伤艾滋病病毒（HIV）感染细胞的蛋白酶突变体。这项研究成果，为研发特异性靶向HIV感染细胞的新型抗艾滋病药物提供新思路和新策略。

据悉，HIV存在潜藏机制，可以长期潜伏在细胞中而逃逸宿主免疫系统的攻击，目前已上市的抗HIV药物，均不能选择性地杀伤感染细胞而根除病毒。郑永唐认为，新的研究思路对开发新型抗HIV药物显得非常重要，研究具有选择性地杀伤HIV感染细胞，而保护正常细胞不受伤害的抗艾滋病药物极有前景。

核糖体失活蛋白（RIPs）具有RNA N-糖苷酶活性，可以阻遏延长因子EF-1或EF-2与核糖体的结合，抑制蛋白质的生物合成。因此，RIPs具有很高的细胞毒性，常常被开发成为免疫毒素、抗病毒或抗肿瘤药物。RIP分为3类：Ⅰ型、Ⅱ型和Ⅲ型。其中，Ⅲ型RIP以玉米RIP为代表，先合成无活性的含有一段25氨基酸的内部失活结构域的前体蛋白，前体蛋白被切除该结构域后才成为有活性的核糖体失活蛋白。

在香港研究资助局、科技部"973"项目、国家重大科技专项、中国科学院等项目的资助下，研究人员对玉米 RIP 的内部失活结构域进行一系列的结构修饰和改造，获得了对 HIV-1 蛋白酶特异识别并激活的玉米 RIP 突变体。

细胞水平实验的研究表明，突变体对未感染细胞毒性低，但突变体进入 HIV-1 感染细胞后则可被细胞内的 HIV-1 蛋白酶识别并切割去除失活结构域转变成为活性蛋白，从而选择性地杀伤 HIV-1 感染细胞。同时，通过增加突变体进入细胞的效率，对 HIV-1 感染细胞的杀伤力更强。突变体也可以被 HIV-1 蛋白酶耐药株的蛋白酶识别并激活，因此突变体对 HIV-1 蛋白酶耐药株感染细胞也有很好的选择杀伤性。

二、其他谷物栽培研究的新成果

（一）研究谷子与糜子的新信息

1. 探索谷子基因组的新进展

绘制成谷子基因组单倍型图谱。2013 年 6 月 23 日，由中国农业科学院作物科学研究所、中国科学院上海生命科学研究院国家基因研究中心、中国科学院遗传与发育生物学研究所等 8 家单位组成的研究团队，在《自然·遗传学》杂志网络版上发表研究成果称，他们在国际上率先完成谷子单倍体型图谱的构建，以及 47 个主要农艺性状的全基因组关联分析。

据介绍，谷子为二倍体，基因组小、自花授粉，具有突出的抗旱、耐瘠薄和高光效特性，是发展潜力巨大的旱生禾谷类模式作物。我国的谷子资源占世界存量的 80% 以上，但长期以来，由于缺乏可靠、高效的分子标记信息，研究人员对这些遗传资源的群体结构仍缺乏了解，进而限制了对谷子基因资源的高效发掘和深度利用。

该项目通过采用第二代高通量测序技术，对国内外 916 份谷子品种，开展了全基因组低倍重测序和序列分析构建出一张精细的谷子单倍体型图谱，对一份谷子品种和一份近缘野生种，开展深度基因组序列组装，从而构建了 200 万个以上高密度分子标志单倍型图谱，并采用全基因组关联分析，在 5 个不同纬度环境下系统鉴定出 512 个与株型、产量、花期、抗病性等 47 个农艺性状紧密相关的遗传座位，同时鉴定发掘出 36 个谷子新品种培育过程中受到选择的特异基因位点。

相关专家认为，该成果为谷子的遗传改良及基因发掘研究提供了海量的基础数据信息，将促进谷子发展成旱生禾本科和高光效作物光合作用研究的模式作物，同时将对未来禾谷类作物的品种改良、能源作物的遗传解析产生深远影响。

2. 探索糜子基因组的新进展

首次构建高效节水谷物糜子全基因组精细图谱。2019 年 2 月，中国科学院上海植物逆境生物学研究中心张蘅和朱健康等人组成的研究团队，在《自然·通讯》杂志上发表研究成果显示，他们首次构建成禾本科作物糜子的基因组精细图谱，为该作物的分子育种和功能基因组学研究奠定基础，同时揭示出糜子的进化历程及其特殊的 C4 光合作用模型。

糜子，又称黍、稷，籽粒去皮后即为俗称的"黄米"。糜子是生产单位重量籽粒需水量最低的禾谷类粮食作物。它是人类最早驯化利用的作物之一，其种植历史可追溯到前 8000 ~ 前 6000 年的黄土高原。直到前 1000 年，糜子仍是我国北方地区的主粮之一，并通过游牧民族广泛传播至亚欧大陆的其他区域。

研究人员运用全基因组第三代测序系统（PacBio），这是一台换代创新的 DNA 测序系统，它融合了新颖的单分子测序技术和高级的分析技术，在测序历史上首次实现人类观测单个 DNA 聚合酶的合成过程，它可以大幅度降低染色体精细图谱的拼图难度。同时，结合二代因美纳（Illumina）测序平台，以及高密度遗传连锁图谱构建技术，获得糜子基因组 18 条染色体精细图谱，并注释出 55 930 个蛋白编码基因和 339 个 microRNA 基因。研究发现，99.3% 的基因定位在染色体上。专家认为，糜子全基因组图谱质量很高，对作物抗逆机理和抗逆育种等研究提供了可贵的参考依据。

研究人员称，光合作用是生物界最基本的物质代谢和能量代谢，对生物的进化具有重要作用。他们通过比较基因组和转录组分析发现，糜子基因组中与光合作用 NADP-ME 型和 NAD-ME 型两种亚型相关的酶和转运蛋白不但同时存在，而且还可在光合作用组织中维持较高表达水平，这表明 C4 光合作用途径的 3 种亚型可能同时存在于糜子中。

随着全球水资源危机日益严重，越来越多的科学家致力于对以糜子为代表的节水、低耗性能的杂粮作物的研究，以期提高其产量，助力人类未来的粮食安全保障工作。

（二）研究高粱栽培及加工的新信息

1. 探索高粱基因组的新进展

完成高粱全基因组测序和分析。2009 年 1 月 29 日，美国能源部联合基因组研究所等机构组成的研究团队，在《自然》杂志上发表论文称，他们日前完成了高粱的全基因组测序和分析。

研究团队利用全基因组乌枪测序法，完成了对高粱基因组的测序。结果显示，高粱基因组大约有 3 万个基因，有 7.3 亿个核苷酸，比稻谷约多 75%。科学家以及工业界人士认为，高粱基因组测序的完成将促进该作物的改良，并有助于完成其他相关植物的测序工作。

由于高粱耐寒且生产生物燃料的效率高，目前它是美国仅次于玉米的第二大生物燃料作物。此外，随着利用植物纤维生产乙醇的技术日趋成熟，高粱生长迅速的特点更让其成为理想的生物燃料来源。美国能源部生物和环境研究中心副主任安娜·帕尔米萨诺说，该研究是发展低成本、非粮食生物燃料的重要一步。美国孟德尔生物技术公司总裁尼尔·格特森也认为，这项成果将对生物燃料和可再生能源产业产生重要影响。

2. 探索高粱栽培的新进展

批准"超级高粱"种植试验。2009 年 7 月，有关媒体报道，南非管理机构批准南非科技与工业研究院（CSIR）种植基因改良作物的请求，允许他们在比勒陀利亚的温室中，试验性地种植经过基因改良的营养强化高粱，俗称"超级高粱"。

基因改良是指通过识别、移除或替换，决定动、植物特殊品质的基因片段，创造出具有理想特性，如产量更高、更能抵御病虫害、更能适应气候变化等的新变种。南非的"超级高粱"研究，是"非洲生物强化高粱"项目的一部分，得到了南非土地事务与农业部的支持。美国比尔及梅琳达·盖茨基金会为其提供了 1690 万美元的资助。

研究人员称，高粱虽然是少数几种能在非洲干旱气候条件下生长的农作物之一，但缺乏很多必要的营养成分，其蛋白质也不易被消化。该项目的目标，就是通过增加高粱中重要氨基酸的含量，进而提高必要的维生素，主要是维生素 A 和维生素 E 的含量，来改善粮食质量。

研究人员称，他们的种植试验将在符合 3 级生物实验室安全标准的温室中进行，还将采取额外的措施，以保证符合最高的安全要求。非洲国家的食品价格一直在高位徘徊，非洲的粮食安全面临着很大的风险。生物技术在农业、食品科学、生物加工等领域的应用，为保证非洲粮食安全提供了机会。事实上，基因改良作物使杀虫剂的使用量大大下降，从而使人类和环境受益。

3. 探索高粱加工的新进展

从高粱种子中提取出光致变色材料。2015 年 12 月，日本东京工科大学一个研究小组宣布，他们从植物中提取出一种与阳光中的紫外线发生反应后会变红的色素。由于这种色素对人体无害，所以它有望用于在室外颜色就会变浓的化妆品或食品中。

光致变色材料是指照射光线后会出现颜色、停止照射后颜色会消失的材料。光致变色材料可以用于太阳镜镜片颜色的调整等。但此前，人工合成的材料无法作为直接接触人体的材料使用。

日本研究人员利用液相色谱法，从高粱种子中分离出 3- 脱氧花青素。研究人员随后把这种色素加入化妆品保湿剂——多元醇溶液中。在照射紫外线时，溶液会出现鲜艳的红色，但是在遮光状态下，溶液又会变为无色。这表明，这种色素可以作为光致变色材料使用。

研究人员准备继续展开研究，使这种色素在加工成糊状的情况下，依然能发挥作用，并争取在 3 年内达到实用化。

第五节 豆类作物栽培研究的新进展

一、大豆栽培研究的新成果

（一）大豆新品种培育的信息

1. 培育出抗芽腐病大豆新品种

2005 年 6 月，有关媒体报道，美国密西西比农业研究服务中心研究人员培育出抗芽腐病大豆新品种，由于这种疾病，大豆种植者和生产者饱受产量下降之苦。

芽腐病是由土壤菌灰色茎枯病病原引起的，是美国中南部和全球其他大豆产区限制产量的主要疾病。它在炎热、干燥的种植区繁殖旺盛。

研究人员表示，目前芽腐病没有化学控制，很难确定抵抗力。因此他们的新突破将为美国农业注入新的活力。

2. 培育出转基因大豆新品种

2007 年 8 月，巴西农牧业研究院宣布，经过 10 年研究和实验，该院与德国巴斯夫公司合作初步成功培育出转基因大豆新品种。这是巴西本国第一个转基因大豆品种。据介绍，这种转基因大豆含有植物拟南芥的 ahas 基因，可以抗目前广泛使用的咪唑啉酮类除草剂，而美国孟山都公司培育的转基因大豆，主要对草干灵类除草剂有抗性。有专家认为，这两种转基因大豆有可能成为直接的竞争对手。

为了让新转基因大豆适合在不同土壤和气候条件下种植，巴西农牧业研究院在全国 10 个地区进行了转基因大豆育种实验。研究人员还对新品种的生物安全性进行了系统研究，包括建设一个榨油厂，用于对新转基因大豆制成的豆油进行检验等。

这一转基因大豆的食品和环境安全评估研究已接近完成。巴西农牧业研究院计划向巴西国家生物安全技术委员会提出申请，并着手进行投入市场的准备工作。

巴西农牧业研究院转基因项目负责人佩雷斯说："我们培育的转基因大豆种子价格低廉，为农民提供了新选择。我希望这种大豆种子可以对进口产品形成有力挑战。"

据统计，目前转基因大豆已占巴西大豆播种总面积的 1/3 左右，但转基因大豆的种子均从美国孟山都公司进口。近年，巴西大豆产量位居世界第二，出口量位居世界第一。

（二）防治大豆虫害研究的新信息

揭开胞囊线虫入侵大豆植株的作用机制。2017 年 2 月，国外媒体报道，美国密苏里大学植物科学部戈尔纳·米丘姆副教授负责的研究团队对危害农作物的胞囊线虫展开研究，发现它入侵大豆植株并从中吸走营养元素的作用机制。肉眼不可见的胞囊线虫对农业来说是一个重大威胁，可导致全球作物每年损失高达数十亿美元。

了解了植物与胞囊线虫之间相互作用的分子基础，可能有助于发展出控制这些农业主要害虫的新策略。根据美国农业部的数据，大豆是世界上 2/3 动物饲料的主要组成部分，同时也是美国消费的超过一半的食用油原料。可以说，胞囊线虫通过"劫持"大豆生物机能，危害了全球这一重要食物源的健康生产。

米丘姆说："胞囊线虫是世界范围内，最具经济毁灭性的植物寄生线虫群体之一。这些线虫，通过在寄主的根部创造一个独特的取食细胞，吸血鬼般地从大豆植株上吸取养分，来破坏它的根系统。"这会导致作物发育迟缓、萎蔫，以至于出现产量损失。研究人员希望探索出胞囊线虫"霸占"大豆植株的途径和机制，并阻止其作用。

大约 15 年前，米丘姆和同事解开了线虫利用小氨基酸链或肽链从大豆根部取食的线索。现在，运用过去不曾有的新一代测序技术，米丘姆实验室的研究人员迈克尔·加德纳和王建英有了一个了不起的新发现。

这个发现就是，线虫具有产生第二类肽的能力，它可有效"接管"植物干细胞。正是植物干细胞创造了遍及植物全身以运输营养物质的管径。研究人员对比了这些肽类和植物产生的肽类，发现它们是同样的，被称为 CLE-B 肽。

研究人员称，植物向它的干细胞发出这些化学信号，便开始生长各种功能，包括植物用来运输营养物质的管径。高级测序表明，线虫使用相同的肽类来激活相同的过程。这种"分子模拟"有助于线虫制造取食网，从那里就可以吸取植物营养物质了。

为了验证他们的理论，米丘姆实验室的博士后郭晓丽合成了 CLE-B 线虫肽，将其应用到常被当作模式植物的拟南芥的血管细胞中。研究人员发现，线虫肽在拟南芥中的生长反应与植物自身的肽影响其发展的方式相似。接下来，研究人员"敲掉"拟南芥中用以向自身干细胞发出信号的基因。这时线虫表现不佳，因为不能向植物发信号，线虫的取食网被破坏了。

米丘姆表示，当线虫攻击植株根部时，它选择沿根的血管干细胞。通过切掉这条途径，减少了线虫用来操控植物的取食网的规模。这是第一次证明线虫调节、控制着植物管径。明确植物寄生线虫如何为自己的利益操控宿主植物，是帮助人们培育抗虫植物的关键一步。

（三）大豆加工品研究的新信息

1. 探索用大豆生产食品和药品的新进展

（1）发现大豆制成的纳豆能降低脑中风死亡风险。2017 年 2 月，日本媒体报道，日本岐阜大学一个研究小组发布的一项大规模调查研究发现，常吃纳豆的日本人比不常吃纳豆的日本人，死于脑中风的风险要低得多。这可能与纳豆中含有的纳豆激酶有关，纳豆激酶具有防止血管堵塞的作用。

纳豆是由大豆通过纳豆菌发酵后制成的豆制品，具有黏性、气味较臭、味道微甜，不仅保有大豆的营养价值、富含维生素 K2、能够提高蛋白质的消化吸收率，更重要的是发酵过程产生了多种生理活性物质，具有溶解体内纤维蛋白及其他调节生理机能的保健作用。

1992 年，该研究小组调查过岐阜县约 2.9 万人的健康状态和饮食习惯等情况，并于 16 年后再次调查这些人的生存状态和死因等情况。在这一期间，共有677 人死于脑中风。

在剔除年龄、吸烟状况和运动习惯等影响因素后，研究人员分析发现，与几乎不吃纳豆的人相比，每天平均食用约 7 克纳豆的人，死于脑中风的风险要低32%，死于心肌梗死的风险也较低。脑中风是一组以脑部缺血及出血性损伤症状为主要临床表现的疾病，又称脑卒中或脑血管意外，具有极高的病死率和致残率。

（2）发现多吃大豆类食品有利于身体健康。2017 年 12 月，美国乔治敦隆巴迪综合癌症中心一个研究小组，在《乳腺癌研究与治疗》杂志上发表论文称，目前的乳腺癌治疗手段多会产生一些副作用，如潮热、盗汗等。这些副作用可能会持续数月甚至数年，严重影响幸存者生活质量。他们认为，多食用豆浆、豆腐等大豆类食品和西兰花等十字花科蔬菜，可能会降低这些乳腺癌治疗的常见副作用。

该项研究征集了 365 名乳腺癌幸存者，其中 173 名为非西班牙裔白人，192名为华裔美国人。研究显示，多食用十字花科蔬菜和豆类食品会降低乳腺癌治疗的副作用，但其效果存在族群差异，对白人乳腺癌患者的效果比对华裔乳腺癌患者更明显。研究人员对此解释称，因为华裔女性更年期症状通常较少，而且她们本来就经常食用十字花科蔬菜和大豆类食品，因此很难在这一个亚群中看到显著效果。

研究人员称，降低癌症治疗副作用的功劳或应归功于大豆类食品中的异黄酮和十字花科蔬菜中的硫代葡萄糖苷。异黄酮与雌激素受体结合，会产生微弱的雌激素作用；而硫代葡萄糖苷，会影响代谢酶对炎症和雌激素水平的调节，进而减轻乳腺癌治疗的副作用。

此外，他们还发现，在食用较多豆类食物的女性中，关节病、头发稀疏、记忆力下降等症状也较少，但这种关联并不具有统计学意义。

研究人员称，他们还需要进行更深入研究，构建更大规模的受试人群样本和更详细的饮食数据，在没有进一步研究成果之前，他们不建议乳腺癌患者突然过多地食用大豆类食品。

（3）实验证明大豆异黄酮可预防慢性阻塞性肺病。2019 年 8 月 29 日，日本大阪市立大学呼吸器内科学专业浅井一久准教授牵头的研究团队，在《自然》杂志网络版上发表论文称，他们通过小白鼠实验确定，大豆中所含的异黄酮，对肺气肿和慢性支气管炎等慢性阻塞性肺病具有预防效果。

慢性阻塞性肺病，是主要由于香烟烟雾导致患者出现气喘和呼吸困难等症状的疾病。据世界卫生组织统计，在 2016 年死亡原因排行榜中该病位居世界第三，预计日本国内约有 500 万名慢性阻塞性肺病患者。虽然通过实验确定大量食用大豆制品的人，具有不易患上这种病的倾向，但具体原因还未查明。

研究团队展开了为期 12 周的实验，让小白鼠每天"吸烟" 1 小时，再根据

"吸烟"与异黄酮的有无观测差异。实验过程把小白鼠分为"吸烟"与"不吸烟"两个小组。结果表明,"吸烟"小组比"不吸烟"小组更具有不易增加体重的倾向。而且,在"不吸烟"的小白鼠中,食用饵料里添加了0.6%异黄酮的小组比食用不添加异黄酮的小组更能够抑制支气管和肺泡炎症以及肺气肿在体内的发展。

浅井一久表示:"对于预防慢性阻塞性肺病来说,戒烟是第一位的。但是,此次实验证明,大豆异黄酮可以抑制肺气肿在体内的发展。因此,大豆异黄酮能够用于抑制肺气肿发病和发展的治疗。"

2. 探索用大豆生产其他产品的新进展

(1)用大豆纤维和羊毛制成高端服装面料。2007年12月,国外媒体报道,意大利比埃拉地区的里达公司(Reda)是高级男装羊毛织品制造商,一直为世界顶级男装品牌提供羊毛面料。经过一年多的研发过程,这家公司在2007年12月发布一项新成果——羊毛与大豆纤维融合的高端面料,它体现了这家企业在不断创新技术的同时对环境保护的注重。

大豆纤维原色为黄色,触感柔软而细密,自身性能好于棉和丝,而且易于上色,具有出色的光泽度。它有棉的手感、吸湿能力和更好的透气性,有丝绸的亮丽光泽,而且富含氨基酸,对皮肤有保护作用。因此,大豆纤维织品比棉织品更舒适,更有益于健康。

把大豆纤维与羊毛融为一体形成的新型面料,具有诸多优越的特性:富有弹性、经久耐穿、舒适透气,又保留了羊毛的热隔绝性能,防严寒、耐高温。

研发者认为,越来越多消费者,寻求在整个生产过程中,产品及特质都具有自然特性的创新面料。这里研发的羊毛与大豆纤维这种新型面料,其目的正是为了满足消费者的这种需求。同时,研发者表示,这种新面料生产过程,严格控制所涉及的化学助剂,最大程度地保证成品的自然特性,确保穿着者的安全,以及在生产过程中最小程度地对环境造成影响。

(2)使用大豆油燃料的飞机试飞成功。2007年4月,阿根廷《民族报》报道,该国科学家研制的用酯化后的植物油作燃料的飞机在阿空军飞行试验中心成功升空。这是南美洲第一架使用大豆作燃料的喷气式飞机,也是世界航空史上第二架生物燃料飞机。

报道称,这架"普卡拉A-561"型飞机,配备两个法国制造的涡轮螺旋桨发动机。其中一个发动机使用通常的航空煤油(JP1),另一个则使用20%的大豆油衍生物和80%的JP1混合燃料。

试验证明，使用大豆油燃料的发动机，比使用航空煤油的发动机更加清洁，而且能散发芳香。这种燃料在作用上，与纯粹的 JP1 燃料无异，但在环境保护和经济方面，却具有巨大优势。报道指出，这次试飞是阿根廷科学、教育、农业和军事部门众多合作项目的其中之一。这些项目，将使阿根廷在农业燃料使用方面处于世界领先地位。

据悉，除为"普卡拉 A-561"型飞机的生产技术谋求专利，并让其在全世界商务飞机生产领域普及之外，阿根廷还制定了另外一项关于生物燃料生产技术的国家计划，即使用甜高粱生产生物乙醇燃料以及使用油菜生产生物柴油。

二、豆类作物栽培研究的其他新成果

（一）木豆与豌豆基因组研究的新信息

1. 木豆基因组测序研究的新进展

破译木豆基因组加速其育种发展。2011 年 11 月 7 日，由印度国际半干旱地区热带作物研究所主导，美国佐治亚大学、美国加州大学戴维斯分校、美国冷泉港实验室、美国国家基因组资源中心，以及深圳华大基因研究院等单位共同组成的研究团队，在《自然·生物技术》杂志网络版发表论文，宣称成功破译木豆基因组，这是继大豆之后第二个完成基因组测序的食用豆类。其基因组测序的完成，将有助于科学家们从基因组水平更好地了解木豆的生物学特性，对提高木豆的质量和产量，以及促进亚洲及撒哈拉以南非洲等地区的可持续性粮食生产，具有重大意义。

食用木豆是木豆属中唯一的一个栽培种，为世界第六大食用豆类，也是迄今为止唯一的一种木本食用豆类作物。木豆原产于印度，距今大约已有 6000 年的栽培历史，主要分布在亚洲、非洲撒哈拉沙漠以南和美国中南部。其中，栽培面积最大的是印度，占世界的 80% 以上。木豆在世界的半干旱地区是一种非常重要的食用豆类，由于其高蛋白含量被称为"穷人的肉"，与谷类一起搭配食用，可保证当地居民的膳食平衡。推进木豆基因组结构和功能的研究，有利于提高木豆的质量和产量，有利于增强木豆抵抗恶劣环境的能力，也有利于加强木豆病虫害的防治。

研究人员通过新一代测序技术，对木豆的 DNA 进行测序、组装和注释，推测出木豆的基因组大小约为 833.07Mb（组装得到的基因组大小约为 605.78Mb），并预测其含有 48 680 个基因。他们发现了一些木豆所特有的耐旱基因，这些基因可以被转入到大豆、豇豆或者菜豆等其他豆类植物中，从而提高这些豆类的耐旱性，这将有助于改善干旱地区贫困农民的生计。

华大基因该项目负责人陈文彬介绍说："在对木豆的基因组进行分析时，我们发现这些与耐旱相关的基因，在整个木豆的驯化及其祖先的进化历史上，很可能扮演着非常重要的角色。木豆基因组序列图谱的完成，为深入探讨其重要农业性状奠定了坚实的遗传学基础，并将有助于具有优良性状的木豆新品种的研究与开发。"

国际半干旱地区热带作物研究所所长威廉·达尔说："目前全球正面临着几十年来最严重的旱灾和饥荒，尤其是非洲。以科学为基础的、可持续的农业发展，对帮助干旱地区人民摆脱贫困和饥荒是至关重要的。木豆基因组序列图谱的完成，对加速新品种培育、提高作物产量，以及改善民生具有非常重要的意义。"

该项目首席科学家拉杰夫·瓦尔什尼博士解释说："目前，通过传统的方法培育一个新品种，需要 6~10 年的时间，而木豆基因组序列图谱，将有助于加快木豆'优良基因'的筛选，可使培育一个新品种的时间缩短到 3 年，同时也会使成本大大降低。"

华大基因杨焕明院士表示："此次木豆基因组项目的重大成果，对中印两国科学家之间的合作具有里程碑式的意义，说明中印两国的科学家在基因组学研究领域已经建立了良好的合作关系和深刻的共识。希望将来我们能有更多的合作机会，为整个世界和人类作出更多贡献。"

2. 豌豆基因组测序研究的新进展

破译世界上最坚硬豆子黑眼豌豆基因组。2019 年 6 月，美国加州大学河滨分校计算机科学教授斯特凡诺·洛纳迪、加州大学洛杉矶分校植物学教授蒂莫西·克洛斯共同领导的研究团队，在《植物杂志》上以封面文章形式发表成果称，他们破译了黑眼豌豆的基因组。这有利于了解该豆子特有的抗旱性和耐热性基因，最终也能帮助其他作物具有更强大的生理功能。

黑眼豌豆是一种中间部分呈黑色的小豆子，是豇豆的一个亚种，最早在亚洲种植和食用，传入东南亚后，在西印度群岛迅速扩散，并在那里变得非常流行，从而在当地传统食物上留下不可磨灭的印记。几个世纪以来，它一直是种植区域的主食之一，因为它具有环境韧性和特殊的营养品质，如高蛋白和低脂肪。目前，在撒哈拉以南的一些非洲区域，它仍然是人类饮食中蛋白质的头号来源。

基因组是决定颜色、身高和疾病易感性等特征的全部遗传密码的集合。所有的基因组都包含高度重复的 DNA 序列，洛纳迪把它比作成千上万个相同的拼图。

他说，弄清楚拼图序列是如何组合在一起的过程，在计算上颇具挑战性。为了做到这一点，研究团队用不同的软件工具和参数多次组装基因组。然后，他们创造了新的软件，能够把这些不同的基因组解决方案，合并成一个单一的，完整的图片。随着这个项目的成功，黑眼豌豆加入了少数其他主要作物的行列，这些作物的基因组已经完全测序。

40 多年前，加州大学河滨分校就开始了对黑眼豌豆的研究。研究人员称，黑眼豌豆是一种豆科植物，也被称为豇豆。这项成果是豇豆的第一个高质量参考基因组。与人类一样，豇豆个体之间也存在差异。了解哪些基因决定个体的品质，如颜色、大小或抗病性，将有助于育种者培育出能够更好地抵御外部挑战的新品种。

有了基因组序列，科学家们就可以选择亲本植物进行杂交，从而产生他们想要的后代。研究人员现在正试图了解的豇豆特性，是它从干旱胁迫中获得恢复的非凡能力。克洛斯说："我们正在试图弄清楚豇豆为何对恶劣环境如此有抵抗力。随着我们进入一个可用于农业的水资源越来越少的世界，利用这种能力并加以扩大将是很重要的，宜从豇豆开始带头改进易受气候变化影响的其他作物。"

（二）豆科植物与根瘤菌共生关系研究的新信息

1. 豆类固氮菌基因组测序研究的新进展

破译一种豆类固氮菌的基因序列。2006 年 3 月，墨西哥媒体报道，墨西哥国立自治大学基因学专家科利亚多领导的研究小组，在美国《国家科学院学报》上发表论文称，他们经过 7 年研究，成功破译了一种豆类作物固氮菌的基因序列，并首次为这种固氮菌绘制了完整的基因图谱。

科利亚多说，他们研究的这种细菌名为埃特里根瘤菌，它能在豆类作物根部固定游离氮元素，合成含氮养料供作物享用。专家在研究中发现，这种固氮菌拥有的碱基对超过 650 万个，其基因序列很复杂。科利亚多指出，破译固氮菌的基因序列有助于为豆类、玉米等作物研制新的生物肥料，使这些作物有可能在贫瘠土地中生长。

据墨西哥媒体报道，这是墨西哥首次在基因研究领域取得突破，墨西哥也由此成为拉美地区第二个破译生物基因序列的国家。此前，巴西科学家破译了与葡萄种植有关的一种细菌的基因序列。

2. 探索豆科植物与根瘤菌共生体系调控机制的新进展

破解豆科植物固氮的"氧气悖论"。2021 年 10 月 29 日，中国科学院分子植物科学卓越创新中心杰里米·戴尔默里率领的研究团队,在《科学》杂志发表研究成果称,他们成功破解豆科植物固氮的"氧气悖论",首次发现转录因子NLP家族调控根瘤中豆血红蛋白基因表达的分子机制。据悉,杰里米于2017年全职加入分子植物科学卓越创新中心。目前,其研究团队同时隶属于中国科学院与英国约翰·英纳斯中心合作共建的国际联合单元植物和微生物科学联合研究中心。

根瘤被称为豆科植物的"固氮工厂",反映豆科植物与固氮根瘤菌的共生关系。豆血红蛋白(又称共生血红蛋白)存在其中,是根瘤中调节氧气浓度的"开关"。氧气是豆科植物和根瘤菌呼吸所必需的,但根瘤菌中的固氮酶却更喜欢低氧环境,于是,"氧气悖论"就产生了。这一悖论始终悬而未决,也就是说,迄今为止,有关根瘤内豆血红蛋白基因表达的调控机制,仍不清楚。

杰里米研究团队把目标瞄准了NLP。NLP家族是植物特有的一类转录因子,它能够结合靶基因启动因子中的特殊"元件",即硝酸盐响应元件,进而激活下游基因的表达,参与调节植物氮代谢过程。他们研究发现,NLP家族中的两个成员NLP2和NIN在根瘤中具有"高人一等"的表达量。

研究人员在对NLP2突变体根瘤进行分析时意外发现,当植物缺少它后,豆血红蛋白的表达也受到了影响,并具有比野生型更浅的粉红色。杰里米指出,NLP2突变体根瘤中的豆血红蛋白和血红素水平显著降低,这就解释了为什么突变体根瘤粉红色较浅。因为突变发生在转录因子中,这是一种可以启动其他因子表达的蛋白质。因此他们猜测,这个基因可能会激活豆血红蛋白的表达。

然后,研究团队对不同种类豆科植物的豆血红蛋白基因进行分析发现,一个DNA序列存在于所有豆血红蛋白基因启动子中,他们称之为双重硝酸盐响应元件。接着,研究人员发现,NLP2能"认出"双重硝酸盐响应元件,用以调控豆血红蛋白的表达,从而平衡固氮所必需的氧气微环境,也就是说为根瘤菌找到了"舒适的家"。

杰里米认为,双重硝酸盐响应元件和NLP2仅在豆科植物中高度保守,暗示着其进化有助于提高根瘤中豆血红蛋白的表达水平。而非共生血红蛋白在植物体内清除氧气方面起着重要作用,有助于植物在低氧环境下生存。这也为水稻、玉米等非豆科植物实现自主固氮的研究提供了新见解。有关专家表示,成功破解豆科植物固氮"氧气悖论",给生物固氮成为新型氮肥来源提供了可能,对节约农业生产成本和生态环境保护具有重要意义。

第六节　薯类作物栽培研究的新进展

一、马铃薯栽培研究的新成果

（一）马铃薯品种及种植研究的新信息

1. 开发栽培型马铃薯品种的新进展

（1）开发出风味独特且有益于健康的彩色马铃薯品种。2007年1月3日，日本共同社报道，北海道农业研究中心马铃薯育种小组，开发出红色、紫色和黄色3种颜色的新品种马铃薯。这种马铃薯不仅能丰富餐桌上的色彩，还具备独特风味，并且富含健康成分。预计这种既养眼又健康的马铃薯，将受到消费者青睐。

据报道，研究人员是把野生品种中的有色马铃薯，经多次杂交，使其颜色逐渐加深后培育而成的。这些马铃薯各具特色。红色和紫色的马铃薯中，含有大量可降低胆固醇和预防眼睛疲劳的一种成分，而黄色马铃薯具有栗子般的风味。

（2）培育出优质高产的马铃薯品种。2007年5月，国际马铃薯研究中心发表报告称，秘鲁科学家经过一年努力，成功培育出一种优质高产的马铃薯。

该马铃薯品种的培育方法，是把已培育出的优良马铃薯品种种植在框架上，让根系生长在框架下面，所结出的马铃薯就像葡萄一样一串串悬挂着。用此法培育马铃薯，不仅使它的产量提高，还由于方便采摘而节省了生产成本。

目前，秘鲁已成为全球从事马铃薯研究和开发的重要国家之一，国际马铃薯研究中心就设在那里。这个国际机构汇集了一批来自世界各地的高级研究人员，并拥有大规模的马铃薯种子和基因资源库。

（3）培育出"无毒"更安全的食用马铃薯品种。2016年7月，日本媒体报道，马铃薯放久了皮会变青发芽，误食可能会中毒。日本理化学研究所与大阪大学等机构组成的一个研究小组，在美国《植物生理学》网络版上发表论文称，他们开发出一种"无毒"马铃薯，有望让食用马铃薯变得更安全。

马铃薯在自然生长过程中，会产生多种配糖生物碱，其中最重要的是 α -茄碱和 α -卡茄碱，占马铃薯总配糖生物碱含量的95%。马铃薯块茎中配糖生物碱含量最低，芽、皮和芽眼周围含量最高。因此食用正常马铃薯时，摄入的配糖生物碱量无需担心，但如果是发芽的马铃薯，会导致配糖生物碱摄入量超标而中毒，400毫克的茄碱就能使成年人致命。

该研究小组最新研究发现，马铃薯的两个基因PGA1和PGA2，分别与α-茄碱和α-卡茄碱的生物合成途径有关。利用转基因技术抑制这两个基因作用后，马铃薯中这两种物质的含量会大大降低，同时植株的生长和块茎的成熟并不受影响。

马铃薯收获后会有几个月的"休眠期"，过后马铃薯就会开始发芽，因此很难长年保存。这次的研究还发现，上述两个基因被抑制后，马铃薯在存储期间也不会发芽。

这项研究，使得抑制马铃薯生成毒素乃至控制马铃薯发芽成为可能，将有助于提高食用马铃薯的安全性，以及存储管理的便利性。

2. 寻找野生型马铃薯品种的新进展

发现钙含量超高的野生马铃薯品种。2016年3月，外国媒体报道，美国威斯康星麦迪逊大学农业育种专家詹斯姬主持，她的同事及美国农业部农业研究中心有关专家参与的研究小组发现了一种钙含量大大超过普通栽培马铃薯品种的野生品种。

研究人员称，在切马铃薯时，可能会发现有黑点或空心的部分。早期研究表明，这些缺陷可能是马铃薯缺钙的结果。而从遗传学角度看，马铃薯块茎钙的多少与其质量好坏相关。

无论是食品杂货店的消费者，还是专业生产薯片和薯条的公司，都不喜欢那些低钙有缺陷的马铃薯。除了外观的问题之外，那些马铃薯在贮存时也更容易腐烂。

大多数繁育的马铃薯品种，含钙水平天生就少。所以，研究小组把目光转向野生马铃薯。其目标是培育含钙水平高的马铃薯新品种。

许多野生马铃薯的近亲仍在南美洲。它们的存在意味着在那些地区种植马铃薯常常与野生品种交换基因。詹斯姬说："这是当气候变化或病虫害模式变化时，它们进化演变的一种方式。但是，在美国，那个环境已经移除了。想要改良栽培品种，我们必须从野生亲缘品种中找到新的基因。"

对科学家来说，这些野生亲缘品种是无价资源。詹斯姬说："如果你开车到那里，就能看到在路边和田野中生长着像杂草般的野生植物。如果要寻找马铃薯的任何性状，每次都能在野生品种中找到。"这次，研究小组确定，首先寻找高钙马铃薯。很幸运，研究小组发现了一种钙含量比普通品种高近 7 倍的野生马铃薯品种。

詹斯姬表示，下一步的工作是分离出钙的特性。研究小组通过杂交配种，培育了高钙和低钙的马铃薯。由此产生的后代显示出"分子标记"——植物天然 DNA 的一种模式，这种模式引导研究人员探索植物中钙的特性。

詹斯姬说："找到这个标记，将使我们和其他育种者，在选育块茎含有高钙的马铃薯上取得更快进展。"在过去，这项工作是耗费时间且困难的。研究人员必须种植所有的种群，收获块茎，然后为所需的特性对马铃薯的块茎进行分析。

这是一个漫长而艰苦的过程。一个标准的育种过程，每年要种植和评估 10 万多株幼苗，然后，花上 10~15 年时间，发布一个作物的特殊品种。

研究人员表示，分子标记简化了这一过程。他们可以采集幼苗的 DNA，然后检测其分子标记。如果有这些标记，那么就选择该幼苗，这样可以节省大量的时间和劳力。

3. 利用特殊环境种植马铃薯试验的新进展

在无重力环境中研究马铃薯生长。2009 年 8 月，俄罗斯媒体报道，南美洲的秘鲁是马铃薯的故乡，那里的马铃薯品种多达 4000 种，深受国内外人士的喜爱。如今，秘鲁的这一特产又被俄罗斯航天局看中，将其送上太空种植。

俄罗斯航天局宣布，选中秘鲁马铃薯作为太空科研项目，并将其送入国际空间站，在零重力的环境中研究马铃薯的生长，希望人类有朝一日探索火星时，能够携带马铃薯作为日常食品。

据了解，人类探索火星的旅程至少需要 3 年时间，因此稳定而营养丰富的食品来源，对于保障宇航员的体力尤其重要。如果秘鲁马铃薯能够适应太空中的环境，在密闭空间正常生长，它就有望成为宇航员的一种主食。负责培训俄罗斯宇航员的官员谢尔盖·尼古拉耶维奇在接受采访时说："鉴于宇宙探索工作的特殊性，我们需要高质量的食品，秘鲁可以提供这些食品，因为秘鲁出产高质量的马铃薯以及其他东西。"

秘鲁自古以来就是马铃薯大国，马铃薯品种多，各种颜色、各种形状的马铃薯应有尽有，而且口感细腻、非常好吃。

（二）马铃薯基因组及其相关研究的新信息

1. 马铃薯基因组测序研究的新进展

（1）发布马铃薯基因组序列框架图。2009 年 9 月 23 日，有关媒体报道，由

14 国科学家组成的"国际马铃薯基因组测序协作组"，分别在北京、阿姆斯特丹、伦敦、纽约、利马等地同时宣布马铃薯基因组序列框架图的完成。中国参与这项工作的单位主要有中国农业科学院蔬菜花卉所和深圳华大基因研究院。

早在 2004 年，由荷兰瓦赫宁根大学发起和筹划国际马铃薯基因组测序协作组，2006 年正式成立并开始工作。中国农业科学院副院长、马铃薯专业委员会主任委员屈冬玉博士是项目发起人之一。他通过引进人才和横向联合组建了中国马铃薯基因组测序团队。

2006—2008 年年底，国际协作组遇到了基因组高度杂合、物理图谱质量不高、测序成本高等难以克服的困难。在这种情况下，中方首席科学家黄三文博士另辟蹊径，提出一套创新性的策略：以单倍体马铃薯为材料来降低基因组分析的复杂度，并采用快捷的全基因组鸟枪法策略和低成本的新一代的 DNA 测序技术。这一策略的改变，不仅大大提高了整个联盟的进程，提前两年完成马铃薯全基因组的测序，而且促进中国团队实现从参与到主导的过程。

在 2009 年 6 月爱尔兰召开的协助组会议上，各国成员决定把所有资源都投入到中方发起的单倍体测序中。目前围绕基因组序列的转录组测序、基因注释、比较基因组分析等工作正在紧张有序的进行。

马铃薯基因组有 12 条染色体，8.4 亿个碱基对。该框架图覆盖了 95% 以上的基因。深圳华大基因研究院的新一代 DNA 测序技术平台和新的基因组拼接软件，在项目中发挥了关键作用。新技术使基因组测序的成本和时间，都降低到原来的 1/10。

基因组序列将帮助科学家从分子水平上了解马铃薯是如何生长、发育和繁殖的，从而有助于继续提高马铃薯品种的产量、品质和抗病性。更重要的是，以基因组序列为工具，马铃薯育种家将加速新品种的培育，原本需要 10~12 年的育种过程，可以缩短到 5 年左右。

出席北京新闻发布会的有关专家表示，"蓝图"绘制完成，对于马铃薯这一重要农作物的遗传改良和育种将发挥巨大的推动作用。本项测序工作，使得我国直接进入马铃薯遗传育种研究的第一方阵，这为培养具有自主知识产权的优良品种打下坚实的基础。

（2）完成马铃薯基因组测序。2011 年 7 月 10 日，由中国华大基因研究所牵头，26 家中外科研机构共同参加的一个国际研究团队，在《自然》杂志网络版上发表题为"块茎作物马铃薯的基因组测序及分析"的论文，该成果为马铃薯的遗传学研究及分子育种，提供了非常有价值的资源。

早在 2006 年，中国农业科学院屈冬玉博士作为项目发起人之一，组建了由农科院蔬菜花卉所和深圳华大基因研究院的专家组成的中方团队，参与启动国际马铃薯基因组测序计划。针对马铃薯基因组高度杂合、物理图谱质量不高、测序成本高等难以克服的困难。中方首席科学家黄三文博士，提出以单倍体马铃薯为材料来降低基因组分析的复杂性，并采用快捷的全基因组鸟枪法策略和低成本的新一代 DNA 测序技术的新策略。这一策略的改变，大大提高马铃薯基因组测序的研究进程，并促使中国团队实现从参与到主导地位的改变。

在这篇新文章中，研究人员沿用了上述策略，他们首先把一种普通四倍体马铃薯栽培种诱导生成一种纯和的双单倍体植株。随后，他们针对这一单倍体植株进行基因组测序，并拼接了马铃薯 844 Mb 基因组中的 86% 的序列，从中研究人员推测马铃薯基因组约包含有 39 031 个蛋白质编码基因。

研究结果显示，马铃薯至少存在两次基因组复制事件，表明其古多倍体起源。测序结果还证实马铃薯基因组中包含被子植物进化枝中 2642 个特异基因。此外，研究人员还对一个杂合二倍体马铃薯植株进行测序，发现了一些基因组变异以及一些可能与马铃薯近交衰退有关的高频率的有害突变。研究结果表明基因家族扩增，组织特异性表达，以及新通路中基因的招募导致了马铃薯的进化。

马铃薯既是重要的粮食作物，也是最重要的蔬菜作物。破译马铃薯基因组序列对帮助科学家们从分子水平上了解马铃薯的生长、发育及繁殖过程，以及改良和提高马铃薯的品种产量、品质和抗病性具有重要的意义。此次马铃薯全基因测序研究，为研究人员对马铃薯这一重要农作物进行遗传改良，提供了重要的数据资源和平台。

2. 马铃薯基因组测序相关研究的新进展

通过基因组研究揭示欧洲马铃薯进化史。2019 年 6 月 24 日，一个由德国、秘鲁、英国和西班牙相关专家组成的国际研究团队，在《自然·生态与进化》杂志上发表论文称，他们对大量马铃薯品种进行测序，以了解更多关于现代欧洲马铃薯的历史。同时，他们在论文中描述了对马铃薯历史的研究以及新发现。

过去的研究表明，马铃薯是在 17 世纪被引入欧洲的。当时已知的第一种马铃薯种植在西班牙。马铃薯传入欧洲后的历史至今尚未得到很好的研究。在这项新研究中，研究团队对几种马铃薯进行了测序，以更多地了解现代欧洲马铃薯的起源

此前有研究表明，最早进入欧洲的马铃薯来自赤道附近的安第斯山脉。由于白昼长短的差异，一定发生了某种适应，使马铃薯得以在欧洲生存。此外，生长

在安第斯山脉的马铃薯一年四季都可以生长。而在欧洲，马铃薯生长在春季、夏季和秋季，并在冬季之前收获。研究团队获得了 88 个现代马铃薯样本和保存于 1660—1896 年间的标本，为了更多地了解这些植物所经历的遗传适应，他们对所有样本进行了测序。

研究人员发现，欧洲的马铃薯最初几乎与安第斯山脉的相同。但随着时间的推移，基因变化悄然而至。例如，一种 CDF1 基因的变体出现，这种变化使马铃薯能够适应欧洲的夏季。产自智利的马铃薯也具有类似的适应性，这很自然地引发了关于该地区的马铃薯是否可能进口的问题。进一步的测序显示，这些变体的差异表明它们是独立发展的。

研究人员发现了欧洲马铃薯在 19 世纪中期发生其他变化的一些证据。他们猜测，这可能是农民开始用产自南美的马铃薯品种来培育而形成的，其目的是对抗导致马铃薯饥荒的枯萎病。他们还发现了 20 世纪杂交繁殖的迹象，研究团队猜测是农民们再次试图使他们的作物对疾病有更强的抵抗力。

二、其他薯类栽培研究的新成果

（一）红薯栽培研究的新信息

1. 开发栽培型红薯品种的新进展

培育成功淀粉品质改良的转基因红薯品种。2009 年 10 月 24 日，新华网报道，中国科学院上海生命科学研究院植物生理生态研究所张鹏研究员主持的研究小组，承担的淀粉改良的转基因红薯培育项目取得成功，并在试验田顺利收获。研究人员透露，田间试验收获的新型红薯，是通过转基因技术改变了红薯的淀粉品质，这将增强我国红薯育种潜力和拓宽其应用领域。

红薯，又名番薯、山芋、甘薯、白薯、地瓜等，是继水稻、小麦、玉米之后的我国第四大粮食作物。国家《生物产业发展"十一五"规划》明确提出，红薯为重要的非粮能源作物之一，在长江、黄淮等地区是生产燃料乙醇的主要原材料。然而，红薯为无性繁殖的作物，通过传统杂交育种培育新品种非常困难。利用基因工程改良红薯农艺性状，可加快红薯新品种种质创新，因此这一领域研究为全球关注。

红薯的淀粉组成是影响其产业化应用的重要因素。常规红薯淀粉直链淀粉含量在 20%~30%。以淀粉为原料的生物基产品的加工需要原材料品质多样化。然而，依靠传统育种来改变淀粉品质非常困难，耗时长，需要大量人力物力，难以满足淀粉加工业的急切需求。

据悉，张鹏与山东泰安农业科学院高级农艺师刘桂玲合作，在山东泰安农业科学院试验田顺利收获了转基因红薯。在此基础上将进一步扩大试验，通过与我国优良传统红薯杂交，培育更多改良的红薯新品种，同时在山东与相关部门合作开展研究，为工业化应用提供新材料和技术。

2. 红薯起源研究的新进展

（1）研究红薯起源和演变的新发现。2018 年 4 月 12 日，英国牛津大学科学家罗伯特·斯科特兰主持，其同事穆尼奥斯·罗德里格斯等人参与的研究团队，在《当代生物学》杂志上发表的论文表明，红薯在人类开始食用前就出现了。研究结果还表明，在没有人类帮助的情况下，红薯就从美洲到达了波利尼西亚。这一发现，让人们猜测波利尼西亚和美洲大陆之间是否在前哥伦布时期就已开始接触。

红薯是世界上被广泛食用的作物之一，也是维生素 A 前体的重要来源。斯科特兰说："除了确定它的祖先之外，我们还发现，红薯早在 80 万年前就已经出现。因此，当人类第一次发现这种植物时，它很可能已经存在。"

该研究团队研究了红薯的起源和演变，还试图探索一个几个世纪以来一直存在的问题：在欧洲人到达波利尼西亚之前，这种美洲红薯是如何在波利尼西亚广泛传播的呢？

研究人员把基因组和目标 DNA 捕获物结合起来，对代表红薯及其所有野生亲缘的 199 个标本进行整个叶绿体和 605 个单拷贝核区域测序。这些数据表明，在一个基因组复制事件发生后，红薯出现了。它最接近的野生亲属是野薯。研究结果证实，没有其他现存的物种参与了红薯的起源。

虽然对 DNA 序列的系统发育分析产生了相互矛盾的家族树，但研究人员报告说，这些相互冲突的模式可以用野薯的双重角色来解释。红薯起源于野薯，后来与野薯杂交，产生了另一种独立的红薯品系。研究人员称："我们证明了这两种不同品系的存在，是红薯和祖先之间古老杂交的结果。"

这一发现，对红薯而言是个好消息。因为作物遗传多样性的丧失是粮食安全的主要威胁，改善或加强粮食作物理想特性的一种方法，是与最亲近的野生亲属杂交。因此，斯科特兰指出，对红薯祖先的鉴定，为更准确地了解其在红薯育种中的潜在作用打开大门。

关于红薯历史的新观点，也对理解人类历史有重大意义。罗德里格斯说："我们的研究结果不仅挑战了红薯被人类带到波利尼西亚的假设，还挑战了美洲人和波利尼西亚人之间的古老联系。根据鸡、人类和红薯的证据，这些接触被认为是真实的。但现在看来是有问题的，因为红薯被认为是这些接触者的剩余生物证据。因此，我们的研究结果驳斥了主流理论。"

（2）研究显示红薯可能起源于亚洲而非美洲。2018年5月21日，美国印第安纳大学与印度比巴尔·萨尼古代科学研究所等机构组成的研究小组，在美国《国家科学院学报》上发表论文称，红薯通常被认为起源于美洲，但他们这项新研究认为，"红薯家族"可能起源于亚洲。

红薯属于旋花科番薯属，此前化石证据显示，"红薯家族"植物可能在3500万年前起源于北美洲。但该研究小组在印度东北部梅加拉亚邦，找到了5700万年前的一些叶片化石，研究结果显示，里面包括红薯在内的旋花科番薯属植物，表明红薯可能起源于古新世时期。古新世距今6500万年到5300万年，当时地球上的大陆分布与今天不同，红薯起源地属于当时的东冈瓦纳大陆，这个地方现在属于亚洲。

这项研究中使用的17块化石，是迄今发现最早的旋花科化石。旋花科番薯属植物因质地较软，其化石难以保存。研究人员用显微镜分析了化石叶片的形状和结构，并与现存番薯属植物的叶脉和细胞进行对比，发现了它们之间的进化关系。新研究还表明，"红薯家族"旋花科番薯属与"土豆家族"茄科茄属，在进化树上分叉的时间比此前认为的更早。

（二）木薯栽培研究的新信息

1. 绘制较完整的木薯基因组草图

2010年1月16日，有关媒体报道，中国热带农业科学院热带生物技术研究所所长彭明研究员率领的研究团队，在首届中国农业科技创新论坛上发布消息称，他们已完成3个木薯品种的基因组深度测序，同时采用几种超高通量测序技术，综合组装获得较完整的基因组草图。

彭明介绍道，木薯是三大薯类作物之一，全球第六大粮食作物，被誉为"淀粉之王"，是世界6亿人口赖以生存的食粮。在中国，木薯作为新型能源、工业原料和潜在的粮食作物，具有良好的发展潜力，是热带地区最重要的经济作物之一，现有种植面积0.5万余平方千米，产量1000万吨，年总产值140亿元，潜在种植面积1.5万平方千米，预计年产值在500亿元。

2006年，中国热带农业科学院在全球组建了木薯基因组学与生物技术研究团队，由院所两级资助，实施木薯全基因测序。只用了一年的时间，就完成木薯推广品种 Ku50（高淀粉）、W14（野生祖先种）和 CAS36（糖木薯）3 个木薯品种的基因组深度测试，同时采用 Solexa、454 和 BAC 混拼策略，完成基因组数据组装。

彭明说："中国在木薯基础生物学与基因组研究领域，已处于国际领先地位。"截至目前，美国只完成了 1 个木薯品种的基因组草图，而中国完成了 3 个。

据介绍，这些基础数据的获取，能够阐明木薯基因组结构的基本特征，为进一步破解木薯高效转化太阳能累积淀粉及抗旱耐贫瘠的分子调节机制奠定基础，有利于提高全球粮食的安全性，也有利于生物能源的可持续发展。

2. 完成木薯基因组测序并揭示其进化特征

2014 年 9 月 13 日，有关媒体报道，973 项目"重要热带作物木薯品种改良的基础研究"课题，在海南海口市召开验收会议。据悉，中国热带农业科学院热带生物技术研究所彭明研究员为首席科学家的课题组，同步完成木薯野生祖先种和栽培种两个全基因组测序，首次揭示栽培木薯高光效、光合产物运输及淀粉高效积累途径基因的进化特征，这为今后通过分子定向设计育种培育出"超级木薯"奠定良好的基础。

课题组研究人员介绍道，经过 5 年的努力，他们在完成木薯野生祖先种全基因组测序的同时，也完成了木薯栽培种的全基因组测序，覆盖基因区遗传密码的 95%，发现 2.8 万余个共有基因模型，以及野生种与栽培种中特有的基因。

彭明指出："木薯具有耐旱、耐贫瘠、生长速度快、产量高的特性，此次木薯基础研究领域的新突破，对我国未来的粮食安全和生物能源安全具有很大意义。"

（三）山药与芋栽培研究的新信息

1. 山药栽培研究的新进展

破译雌雄异株植物山药基因组。2017 年 9 月，日本岩手生物技术研究中心寺内龙海博士领导，英国厄勒姆研究所本杰明·怀特等专家参与的一个国际研究团队，在《BMC 生物学》杂志上发表的研究成果表明，他们对白色几内亚山药的基因组进行测序，生成 594Mb 的参考基因组，并重点关注似乎影响性别决定的区域，以促进基因组学育种。

山药是非洲主要的粮食作物。尼日利亚的山药产量占世界总产量的 70% 左右，但目前的消费需求量已超过其产量。破译山药基因组变得至关重要，因为与小麦、玉米和水稻等粮食作物不同，山药尚未被驯化，属于被忽视的"孤儿"作物。了解这种孤儿作物的基因组学，将有助于农民提高山药的产量和可持续性，也有助于改善世界的粮食安全状况。

山药是薯蓣科薯蓣属的成员之一。在西非和中非，最受欢迎的种类是白色几内亚山药。然而，这种植物是雌雄异株的，这可能影响了收成。在开花植物中，雌雄异株的植物只占 5%~6%，包括山药和芦笋。

研究人员从几内亚山药的叶子中提取 DNA，并开展测序。他们利用因美纳测序平台的设备和软件，生成 85.14 Gb 序列，这使得基因组覆盖度达 149 倍。之后利用组装软件，他们产生了超过 4723 个长序列片段，基因组大小约为 594 Mb。

利用各个组织的数据，研究人员预测山药基因组包含 26 198 个基因。其中，大约 5557 个基因在短柄草、水稻和拟南芥中有直系同源物，但另外 12 625 个似乎在这些物种中没有直系同源物或旁系同源物。

研究人员还锁定决定植物是雌性还是雄性的基因组区域。他们对 253 株植物开展 QTL-seq 分析，发现 11 号伪染色体上的一段区域在雄性植物中是纯合的，在雌性植物中是杂合的。研究人员指出，ZZ 表型稳定产生雄性植物，而 ZW 表型不大稳定，它们通常带来雌性植物，但有时也会产生雌雄同株或雄性植物。

2. 芋栽培研究的新进展

芋基因组研究取得突破性进展。2020 年 8 月 18 日，江苏省农业科学院经济作物研究所殷剑美研究员、张培通研究员等组成的药食同源类作物研究团队，在《分子生态学资源》杂志网络版发表题为"世界上最古老作物之一芋高质量基因组"的论文，推进了芋分子遗传及新品种选育的探索。

芋归于天南星科芋属，是热带和亚热带地区最古老的主要粮食作物之一，具有较好的食用、药用、观赏和文化价值。中国芋的栽培面积居世界第四位，总产量居第二位，且野生资源和地方品种非常丰富，仅江苏省就有 7 个芋地方特色品种，被认定为中国地理标志农产品。

但芋栽培品种以三倍体为主，很难进行杂交育种。该研究利用三代测序和 Hi-C 技术对江苏地方特色芋品种"龙香芋"基因组进行了从头组装。基因组大小 2.41Gb，长序列片段 N50 为 159.4Mb，其中 96.09% 的重叠群序列锚定到 14 条染色体上，重复序列达 88.43%。预测基因 28 695 个，其中芋特有基因比例较高。

该研究首次利用 Hi-C 技术，对高杂合高重复的芋基因组进行染色体水平组装，是芋研究上的一个突破性进展，不仅对于芋属，乃至天南星科的其他物种的遗传、形态和进化都具有重大意义，尤其是为芋的分子遗传及新品种选育，提供了重要的理论研究基础。

第三章　经济作物栽培研究的新信息

经济作物一般具有栽培技术高、市场商品率高和获利价值高等特点，同时具有较明显的地域性差别，具有较严格的自然条件要求，宜于集中成片栽培和专门化生产，其产品大多用作工业原料。广义的经济作物，也包括各类园艺作物。这样，除了粮食作物以外的其他种植业产品，几乎都可以囊括在经济作物之内。21世纪以来，各国学者在园艺作物栽培研究领域，投入了大量时间和精力，考察对象涉及蔬菜、花卉、瓜类和果品等各个方面及主要种属，探索的重点是对其主要品种进行基因组测序，并以此为依据开展深入的相关剖析，从而揭示其营养价值、特殊风味和保健功能，以及它们形成的分子机制，揭示导致根、茎、叶、花和果实形态变异的关键基因，揭示染色体遗传结构以及丰富的种质资源多样性，从而为园艺作物的品质改良和分子育种奠定基础。在经济作物栽培其他方面的研究，主要集中于纤维作物的棉花、蚕桑、黄麻和苎麻，油料作物的花生、油菜、向日葵、亚麻、芝麻、蓖麻、油橄榄树、油棕榈和油桐树，糖料作物的甘蔗和甜菜，饮料作物的茶叶、咖啡和可可，药用作物的青蒿、人参、灵芝、铁皮石斛、延胡索、红豆杉、甘草、常山、射干、甜叶菊、雷公藤等。此外，还对藻类、牧草与竹子，以及杨树、冷杉、柚木和橡胶树等做过一些研究。

第一节　蔬菜作物栽培研究的新进展

一、根菜类作物栽培研究的新成果

（一）探索萝卜栽培的新信息

萝卜基因组主要部分获得解读。2014 年 5 月 18 日，日本东北大学、岩手大学和上总 DNA 研究所专家组成的研究团队，在英国科学杂志《DNA 研究》网络版上发表研究报告称，他们成功解读了萝卜基因组的主要部分。这项研究成果，将有助于调整萝卜的味道和颜色等，从而培育出新品种。

萝卜是日本栽培面积最大的一种蔬菜。虽然是一种非常普通的食物，但由于其基因组十分复杂，所以解读工作一直滞后。该研究团队对日本广泛销售的绿头萝卜进行研究。这种萝卜长叶子的一端呈淡绿色，水分多且口感甜，辣味较轻。研究人员通过相关数据对照分析后，明确了绿头萝卜约有 5.3 亿个碱基对，并发现了约 6.2 万个基因。此外，研究团队还确定绿头萝卜、樱岛萝卜等 8 个品种的萝卜体内，决定相互差异的不同碱基序列。

研究人员称，目前开发抗病害能力强的新品种萝卜需要 5~10 年时间，而利用此次成果，开发速度将出现飞跃性提高，将来还有可能开发出集各种萝卜优良特征于一身的新品种。

（二）探索胡萝卜栽培的新信息

1. 优质胡萝卜品种培育的新进展

培育出更有利于钙吸收的胡萝卜品种。2008 年 5 月，得克萨斯州贝勒医学院肯德尔·赫尔斯奇教授等人组成的一个研究小组，在美国《国家科学院学报》发表论文表示，他们已经培育出一种转基因胡萝卜，可以利用它快速补钙。他们希望将这种蔬菜添加到饮食中，能帮助预防骨质疏松症等缺钙引起的疾病。

研究结果显示，吃了这种新胡萝卜的人，比食用普通胡萝卜者，吸收的钙多 41%。目前，这种富含钙的蔬菜，仍须进行大量安全试验。赫尔斯奇说，这些胡萝卜在密切监控的可控环境中生长。但在这种胡萝卜上市之前，还需要进行更多的研究。

但科学家希望，他们的胡萝卜最终能为补充足量的矿物质，提供一种更健康的方式。乳制品是补充钙的首要饮食来源，但有些人对乳制品过敏，有些人则被告知不要喝太多的奶，因为奶里的脂肪含量较高。对此，科学家想出了妙招，即改变胡萝卜里的一种基因，这样做，可以让胡萝卜里面的钙，更易穿过表皮细胞膜被人体吸收。

2. 胡萝卜基因组测序研究的新进展

发表首个完整的胡萝卜基因组。2016 年 5 月 9 日，来自美国威斯康星大学麦迪逊分校、美国农业部、中国深圳华大基因科技有限公司，以及意大利、西班牙、阿根廷、土耳其、波兰等处 21 位专家组成的国际研究团队，在《自然·遗传学》杂志网络版上发表论文，公布了胡萝卜中产生类胡萝卜素的基因，类胡萝卜素是维生素 A，以及使一些水果蔬菜呈现明亮橙色或红色色素的一个重要来源。

类胡萝卜素这个明星基因被命名为 DCAR_032551，出现在第一个完整的胡萝卜基因组解码中。这项研究指出："维生素 A 缺乏症，是全球的一个卫生挑战。丰富的类胡萝卜素，使胡萝卜成为人类饮食中维生素 A 的一个重要来源。"类胡萝卜素首次在胡萝卜中被发现（因此得名），但在新统计的 32 115 个蔬菜基因中，哪个基因主要负责它的形成，仍然是一个谜。

胡萝卜现在归入十几种蔬菜的一个小组，它们包括土豆、黄瓜、番茄和辣椒，其基因组已经测序完成。研究人员称，一旦揭开胡萝卜的遗传学秘密，我们就能很容易地提高其他物种的抗病力和营养价值。在发现控制类胡萝卜素积累的机制后，我们也许可以通过基因编辑，将其导入其他主要根菜类蔬菜中，如木薯，原产于南美洲，广泛种植于非洲。

菠菜和豌豆等蔬菜的生长强劲，但是当谈到促进健康的效用时，它们很难比得上胡萝卜。胡萝卜富含 β- 胡萝卜素，身体可以将这种天然的化学物质，转化成维生素 A。橙色的颜色越深，β- 胡萝卜素就越多。维生素 A 对于正常生长和发育、免疫系统的正常运行以及视力，都是至关重要的。类胡萝卜素也是抗氧化剂，被认为能够通过中和某些所谓的"自由基"，预防心脏病和一些形式的癌症，自由基是单个氧原子，能破坏细胞。

通过回顾植物的谱系图，科学家已经能够确定，在大约 1.13 亿年前胡萝卜与葡萄进化枝分开，在之后大约 1000 万年，与猕猴桃进化枝分离，当时恐龙还在地球上称霸。胡萝卜最初是白色的，其野生祖先可能来自于中亚。在过去的40 年里，胡萝卜的全球作物产量翻了两番，在世界各地被广泛食用。目前，在国际市场上还没有转基因胡萝卜。

二、白菜类作物栽培研究的新成果

（一）探索白菜类作物基因的新信息

1. 主导完成白菜全基因组研究

2011 年 8 月 29 日，由中国农业科学院蔬菜花卉研究所和油料作物研究所、深圳华大基因研究院牵头，英国、韩国、美国、法国等国专家参与的项目研究团队，在《自然·遗传学》网络版发表研究成果，公布白菜全基因组序列图谱，这是由中国科学家主导、通过国际合作完成的又一重大成果。

白菜类蔬菜，包括结球白菜、小白菜、菜心和芜菁等形态各异的一大类蔬菜。据了解，研究人员开展了白菜基因组注释、比较基因组学、基因组进化和各种相关的生物学分析。结果表明，白菜基因组大小为约485Mb，共包含约4万多个基因。白菜的祖先种与模式物种拟南芥非常相似，它们在1300万~1700万年前发生分化，两者依然维持着良好的基因间线性对应关系。

研究人员发现，白菜基因组存在3个类似但基因密度明显不同的亚基因组，其中一个亚基因组密度显著高于另外两个亚基因组，推测白菜基因组在进化过程中经历了两次全基因组复制事件与两次基因丢失的过程。他们还发现，白菜在基因组发生复制之后，与器官形态变异有关的生长素相关基因发生显著扩增，白菜基因组复制导致许多与形态变异有关的基因保留更多拷贝，这可能是白菜类蔬菜具有丰富的根、茎、叶形态变异的根本原因。这一成果对研究不同产品器官的形成与发育具有重要价值。

白菜是迄今为止测定的与模式物种拟南芥亲缘关系最近的物种。而拟南芥是目前世界上研究最为透彻的物种，大量的拟南芥基因功能得到阐明，这为利用模式物种信息进行栽培作物的改良奠定良好基础，将极大促进白菜类作物和其他芸薹属作物的遗传改良。白菜全基因组序列图谱的完成，进一步丰富了蔬菜遗传育种理论，对巩固和提高我国白菜类作物育种的国际领先地位有着十分重要的作用。

2. 首次明确白菜等蔬菜的祖先基因

2013年5月，中国农业科学院蔬菜花卉研究所王晓武研究员率领的研究团队，在《植物细胞》杂志网络版发表论文，表明他们对芸薹属物种基因组进化的研究获得了重要成果。

很少人知道，百姓餐桌上经常"露面"的白菜、甘蓝、芥菜和油菜等，在蔬菜专业研究领域都属于芸薹属。长期以来，这些蔬菜的"祖先"到底是谁？对于研究芸薹属植物起源与进化的科学家来说，一直是个难解之谜。

该研究在完成白菜基因组测序的基础上，首次明确芸薹属及其近缘物种具有7条染色体的共同祖先基因组，阐明芸薹属基因组进化的关键环节。在此基础上，重新构建白菜的3个亚基因组，并精确定义十字花科模式基因组的7个重组区块，解决了白菜、甘蓝、油菜、萝卜等重要作物多年未解的染色体进化难题。

业内专家表示，明确芸薹属及其近缘物种共同祖先的基因组，不仅对阐明芸薹属作物的进化过程具有重要意义，而且对芸薹属基因功能研究将产生重大影响。该研究团队多年从事芸薹属物种的研究，主导了白菜基因组的测序工作。

（二）探索甘蓝类作物基因及功能的新信息

1.甘蓝类作物基因研究的新进展

（1）发表甘蓝的基因组测序草图。2014年5月23日，中国农业科学院油料作物研究所刘胜毅研究员主持，中国农业科学院蔬菜花卉研究所、华大基因等多家研究机构参与的研究团队，在《自然·通讯》杂志上发表论文称，他们已完成对甘蓝基因组的测序，同时公布了这种作物的基因组草图。

多倍化为植物的适应性进化提供了大量的遗传变异。但迄今为止人们还不清楚，这种基因组加倍是如何推动物种分化的。芸薹属植物是研究多倍体进化的一个理想模型，它属于十字花科，包含多种重要的农业及园艺作物，例如白菜、甘蓝等。

研究人员通过现代测序方法，完成了甘蓝的基因组草图，并将其与之前测序的姊妹种白菜进行比较。研究显示，甘蓝的基因组加倍区域存在着大量的染色体重排和基因丢失事件，其转座元件大量扩增。在甘蓝和白菜的基因组中，特定通路的基因保留和基因表达存在差异，许多旁系同源和直系同源基因出现了选择性剪切。此外，该研究还鉴定了与抗癌植物素生产和形态差异有关的基因，展现了基因组加倍和差异化的结果。

白菜和甘蓝是我国主要的蔬菜作物，这项基因组研究不仅有助于人们进一步理解芸薹属的基因组进化，还为许多重要作物的研究提供宝贵线索。解析芸薹属的基因组进化和分化过程，可以帮助人们更好地对相关蔬菜和油料作物进行育种。

（2）构建完成西兰花DNA指纹图谱库。2020年1月11日，新华社报道，国家西兰花良种重大科研联合攻关组在浙江省台州市举办的2019浙江西兰花新品种大会上宣布，他们构建完成西兰花DNA指纹图谱库，并建立相应的鉴定技术体系。这将为实现西兰花种质资源共享与利益分配提供强有力的技术保障，为品种权保护和种质材料的共享共用保驾护航。

西兰花又名青花菜，是全球重要的健康蔬菜之一，近10多年来西兰花产业在中国发展迅速。然而，中国西兰花种子供给却无法自给，长期受外国公司的垄断。

2018年，农业农村部成立国家西兰花良种重大科研联合攻关组，由浙江省种子管理总站牵头，浙江省农业科学院为首席专家单位，联合国内主要西兰花科研教学单位和种业企业共 20 多家开展联合攻关。2019 年，攻关组以加快构建完成中国西兰花种质材料及主要育成品种 DNA 指纹图谱库、建立"分子身份证"为工作重点，建立种质亲缘关系和纯度鉴定技术体系，以推进种质材料的共享共用，并切实保护自主知识产权，加快西兰花品种的"国产化"进程。同时，育成新品种 51 个，其中申请品种权保护 31 个。

据了解，如同人类的指纹作为身份标识一样，植物的 DNA 指纹图谱为其贴上了"分子身份证"，可用来规范种子市场，防止出现"同物异名或同名异物"的现象，在品种知识产权保护、种子纯度检验等方面具有重要的应用价值。

2. 甘蓝类作物功能研究的新发现

发现甘蓝类蔬菜有益于肠道健康。2017 年 10 月，美国宾夕法尼亚州立大学加里·佩尔迪尤等学者组成的研究小组，在荷兰《功能性食品杂志》上发表研究报告称，西蓝花、抱子甘蓝、花椰菜和圆白菜等甘蓝类蔬菜中含有名为吲哚类芥子油甙的有机化合物，这种物质可以分解为吲哚并咔唑等化合物。当吲哚并咔唑与芳香烃受体结合后，会激活芳香烃受体在肠屏障中的作用，帮助维持肠道菌群平衡，预防癌症等疾病。也就是说，西蓝花等蔬菜有助于促进肠道健康。

研究人员在研究中发现，当实验鼠吃下西蓝花后，比没吃西蓝花的实验鼠，可以更加耐受肠漏症和大肠炎等消化系统问题。肠漏症是由慢性炎症引起的，小肠壁的细胞间会产生空隙，使小肠毒素、细菌、微生物和食物颗粒进入血液，进而刺激自体免疫系统，危害肝脏、胰脏等器官，引起哮喘、心脏病等疾病。

实验鼠吃下的西蓝花约占饮食总体分量的 15%。佩尔迪尤表示，对于人来讲，这相当于每天吃 3 杯半的西蓝花。而抱子甘蓝中含有的吲哚类芥子油甙是西蓝花的 3 倍，所以人们在吃抱子甘蓝时，只需要 1 杯的量即可达到同样效果。

（三）探索芥菜类作物基因的新信息

绘制出首张榨菜高质量基因组图谱。2016 年 9 月 6 日，浙江大学农业与生物技术学院园艺系张明方教授课题组联合北京百迈客生物科技有限公司、中国农业科学院蔬菜花卉研究所、美国内布拉斯加大学、澳大利亚西澳大学、印度德里大学等国内外科研单位组成的一个国际研究团队，在《自然·遗传》杂志网络版发表论文称，他们通过高通量测序技术，绘制出世界上第一张榨菜全基因组图谱，并从基因组选择与进化层面解答了榨菜"家乡味"的成因，这一进展将对芥菜类蔬菜作物的改良产生重要意义。

菜用芥菜是我国重要的加工蔬菜，榨菜和雪里蕻、大头菜等都属于不同的变种，它们在浙江、四川、重庆等南方许多省市广泛栽培。那么榨菜、梅干菜的"家乡味"，是受什么基因影响呢？通过全基因组分析，研究人员找到两组同源基因序列。一组与硫代葡糖糖苷代谢有关，它们发生了差异化进化，这就是为什么我们有的榨菜闻起来香，有的香味不明显。另一组则与油脂代谢有关，决定着油用芥菜的产油量和油脂的组分。

研究人员介绍道，多倍化是植物进化中的普遍现象。半个世纪以来，众多学者以小麦、棉花、油菜等为模式作物，对复杂基因组组装和同源基因表达进行了广泛研究，但尚未揭示多倍体物种中同源基因表达与选择的机制。这种机制，终于通过我国的"乡土"作物榨菜得到了揭示：异源多倍体芥菜亚基因组间呈非对称进化，亚基因组间同源基因中具有显著表达差异的基因表现出更快的进化速率，这些基因在菜用和油用芥菜分化中受到选择。

张明方认为，榨菜全基因组信息的解析，不但可以推动芥菜类蔬菜作物分子育种的进程，同时，还能以从理论上预测重要农业性状的选择，推动对基因组育种的认识和应用。他说："我们将进一步寻找植物性状与基因序列之间对应的关系，将来，我们就可以在实验室里精准地进行分子设计育种，加速新品种选育的进程。"

三、绿叶蔬菜类作物栽培研究的新成果

（一）绿叶蔬菜功能研究的新信息

1. 探索绿叶蔬菜信号传递功能的新进展

用纳米技术把菠菜开发为爆炸物的探测器。2016年10月31日，美国麻省理工学院化学工程系教授迈克尔·斯特拉诺拉领导的研究小组，在《自然·材料学》杂志上发表论文称，地下水中或许存在某些危险物质，人类很难察觉出来，但利用纳米技术改造的菠菜类植物却能做到。他们通过在叶子中嵌入碳纳米管，把菠菜变身为能探测爆炸物的传感器，并可用无线方式把信息传递到智能手机等手持设备。

斯特拉诺称，这种纳米仿生技术的目标是将纳米粒子引入植物，赋予其非原生功能。他们借助一种被称为"血管灌注"的技术，将含有纳米粒子的溶液注射到叶子背面——即将硝基芳烃传感器嵌入到菠菜叶子光合作用最强的叶肉层。研究人员还嵌入可发射恒定荧光信号的碳纳米管作为参考。通过比较两个荧光信

号，更容易确定传感器是否检测到了爆炸物，如地下水中存在爆炸物分子，植物10分钟即可将其传送到嵌有传感器的叶片。

研究人员为了读取信号，将激光打到叶片上，激发其中的纳米管发射近红外荧光。荧光可由连接到一台小型电脑的红外相机检测到。通过移除红外滤光片，具有拍照功能的普通智能手机也能检测到这一信号。目前，研究人员已能在离植物1米远的地方进行检测。

斯特拉诺表示，新方法为克服植物与人类的通信障碍提供了可能，它也可用以警示污染和干旱等环境问题。此外，新技术还具有多功能性，今后可扩展到任何植物。植物学家利用这些传感器可以更好地监测植物健康，最大限度地增加植物合成药用化合物的产量。

下一步他们将利用转基因技术对植物进行基因改造，让植物不再生成叶绿素，而是随周围物质成分的不同改变叶子颜色，这样获得的植物不需红外传感器等额外装置，依靠自身即能完成检测任务。

2. 探索绿叶蔬菜保健功能的新进展

（1）从香菜中提炼出具有广谱杀菌能力的食物油。2011年9月，葡萄牙贝拉英特拉大学一个由生物学家组成的研究小组，在《医学微生物学报》上发表论文称，他们在一种作为香料的香菜中，提取到具有广谱杀菌能力的香菜油。

研究人员把香菜油配制成溶液，对大肠杆菌、沙门氏菌、蜡样芽孢杆菌和金黄色葡萄球菌等12种有害病菌进行测试，发现香菜油浓度为1.6%，甚至更低的浓度时，就可以杀死大多数病菌和抑制它们生长。

研究发现，香菜油通过破坏病菌细胞的保护膜阻断病菌和周遭环境的联系，例如抑制病菌的呼吸，从而使其窒息而死或停止生长。香菜油这种杀菌方式先前不为人们所知。研究人员认为，这种香菜油可以作为食物添加剂或医学临床制剂，预防和控制食物来源的细菌性疾病，甚至可以用于防治具有抗抗生素能力的病菌。

（2）发现绿叶蔬菜可预防脂肪肝。2018年12月，瑞典卡罗林斯卡医学院生理学和药理学系副教授马蒂亚斯·卡尔斯特罗姆主持的研究小组，在美国《国家科学院学报》发表论文称，大量摄取存在于多种蔬菜中的无机硝酸盐，可以减少肝脏中的脂肪积累，目前，没有真正可以治疗脂肪肝的药物获得批准使用，这种疾病很容易发展成威胁生命的肝硬化和肝癌。

肝脏脂肪变性，又称脂肪肝，是一种常见的肝脏疾病，大约影响25%的人口。最重要的原因是超重或饮酒过量，目前没有针对这种疾病的药物治疗方法。

研究证明，摄入来自天然蔬菜的较多无机硝酸盐，可以防止肝脏积累过多脂肪。卡尔斯特罗姆说："当我们给以高脂肪和糖为食的小鼠补充膳食硝酸盐后，小鼠肝脏中的脂肪比例显著降低。"

两种不同的人类肝细胞培养实验，证实了小鼠研究结果。此外，研究人员还发现，除了可以降低脂肪肝风险，这种处理还可以改善 2 型糖尿病小鼠的血压和胰岛素或葡萄糖稳态。

研究小组把目光从饮食改变转移到微观世界。之前的研究表明，蔬菜中的硝酸盐可以提高线粒体效率，从而提高身体耐受力。研究还表明，水果和蔬菜摄入量越高，对心血管和糖尿病越有益处。

研究人员称："我们认为，这些疾病可能存在某些相连的机制，例如氧化应激损害一氧化氮信号传导，对心脏代谢功能存在有害影响。现在，我们展示了一种代替一氧化氮的方法：在我们的饮食中，摄入更多硝酸盐，它们将可以被转化为一氧化氮和其他生物活性氮。"

尽管已经有许多临床研究，但是关于蔬菜的什么特性使它们有益于健康，仍存在相当大的争论。卡尔斯特罗姆说："目前还没人关注硝酸盐，我们认为这是个关键。现在，我们要开始临床研究，以评估补充硝酸盐对降低脂肪肝变性风险的治疗价值，结果可能导致新的药理和营养策略。"在进行更大规模的临床研究证实硝酸盐的作用之前，研究人员建议患者尽量多吃绿叶蔬菜，如莴苣或富含硝酸盐的菠菜和芝麻菜。研究人员说："据我们观察，并不需要太大量的蔬菜我们就能获得保护力，大约每天摄入 200 克。"

（二）绿叶蔬菜基因研究的新信息

1. 绿叶蔬菜基因组测序研究的新进展

（1）发布高质量的香菜基因组序列。2019 年 12 月 10 日，华北理工大学生命科学学院王希胤教授率领的研究团队，在《植物生物技术》杂志网络版上发表论文称，他们利用最新测序技术和生物信息学方法，制作成一个高质量的香菜参考基因组，研究了香菜基因组的进化，并为调节香菜风味确定潜在的候选基因。

香菜也称为芫荽或中国香菜，属于伞形科植物。伞形科植物包括 434 个属 3700 多个种，包括胡萝卜、芹菜、当归、茴香等重要经济作物。香菜是一种全球重要的蔬菜作物。根据世界粮农组织的数据，其全球产量从 1994—2016 年增加了两倍，尤其是在亚洲，占全球产量的 71.4%。其可食用的叶和茎被广泛用作蔬菜，而其干燥的种子可以用作一种香料。

香菜含有甘露醇、乙醛、糠醛和芳香醇等挥发性物质，可散发出独特的香味，用香菜烹饪能消除肉类的腥味，增加食物的味道。香菜营养丰富，富含维生素 C、胡萝卜素、维生素 B1 和维生素 B2，它维生素 C 的含量异常高，7~10 克的叶子便可以满足人体一天的需求，而香菜叶子中胡萝卜素的含量则是番茄、豆类和黄瓜的 10 倍以上。香菜还具有重要的药用价值，它的茎和叶可以增加食欲，改善消化，它的果实可以调节肠道，降低血压，还有利尿的功能。

该研究团队使用多种技术组合对香菜基因组进行测序，通过分析发现，香菜的杂合度为 0.47%，重复序列比为 80.58%。同时，他们利用 Pacbio 平台共产生 197.45Gb 测序数据，组装香菜基因组的长序列片段 N50 长度为 2.15Mb。

香菜香味的分子基础及其调控网络，目前尚未得到很好研究。对此，他们认为香菜及相关植物中萜类物质的合成途径，与植物挥发性物质的形成有关。此外，他们还鉴定了香菜和其他植物中的 TPS 基因家族。有趣的是，他们发现一个 TPS-g 组基因（Cs06G00661.1）在不同组织和发育阶段都有高表达，表明其可能在编码芳香醇和香叶烯合成酶中发挥重要作用。

高质量的香菜基因组序列，结合比较转录组和代谢组学分析，通过对香菜相关基因的鉴定，探索其在不同组织和发育时期之间的表达，为深入剖析植物香气和风味积累的遗传机制奠定基础，具有应用于作物育种的潜力。

（2）公布芹菜的基因组序列。2020 年 1 月，南京农业大学作物遗传与种质创新实验室熊爱生教授率领的研究团队，在《园艺研究》杂志上发布芹菜的基因组序列，推进这种富含芹菜素重要叶菜作物的基础理论和遗传育种技术研究。

芹菜为伞形科一、二年生草本植物，原产于地中海和中东地区，目前在全球范围内均有栽培，是一种世界性的蔬菜。芹菜以嫩叶和叶柄作为主要的食用部位。芹菜含有丰富的维生素、类胡萝卜素、蛋白质和膳食纤维等多种营养成分，其茎、叶、种子中还含有多种挥发油化合物、类黄酮、不饱和脂肪酸等具有生理活性的物质，具有很高的食用和药用价值。

随着人民生活水平提高和健康意识的增强，芹菜的需求量越来越大，这也对芹菜的遗传育种和基础理论研究提出了更高的要求。该研究团队构建了 6 个不同长度 DNA 文库，通过对芹菜基因组进行测序，共获得 600.8 Gb 的数据量，经过组装后得到 2.21Gb 的芹菜基因组序列，预测出 34 277 个编码蛋白质的基因。

基因组加倍事件是植物基因组进化的重要驱动因素，研究人员发现，芹菜在进化过程中发生两次全基因组加倍，而且存在大量的基因家族扩张和收缩。芹菜基因组含有 1698 个转录因子，约占整个基因组总基因数的 5%。芹菜素具有多种生物活性和药理功能，特别是芹菜中含有大量的芹菜素。芹菜还具有独特的风味，这与萜类物质的存在密不可分。根据芹菜基因组数据，这项研究对芹菜素、萜类等物质合成途径相关基因，进行了鉴定与分析。

2. 绿叶蔬菜进化和代谢关键基因研究的新进展

探索莴苣进化和代谢关键基因取得新突破。2020 年 8 月，华中农业大学园艺植物生物学实验室闻玮玮和匡汉晖教授课题组，与德国马克斯普朗克研究所艾莉斯代尔·费尼教授课题组联合组成的一个国际研究团队，在《植物杂志》发表题为"莴苣初级代谢驯化型遗传结构的剖析"的论文，表明在莴苣进化和代谢生物学研究领域取得新突破。

研究团队利用搜集到的野生和栽培莴苣材料的转录组和代谢组数据，系统地研究初生代谢网络及其在不同莴苣类型间的变异，并挖掘到与莴苣初生代谢通路驯化及类型分化相关的多个关键基因。现代栽培莴苣包含结球型、奶油型、散叶型、罗马型和莴笋型等多种类型，他们是由野生刺莴苣驯化而来的。匡汉晖课题组前期研究发现，现代栽培莴苣是由一次单一的驯化事件起源，经历上千年的时间，在不同国家及地区，慢慢演变成现代的各种栽培类型。

这项研究中，研究人员测定了 189 份莴苣材料的 77 种初生代谢产物，基于代谢数据的多种方法研究，发现野生莴苣与栽培莴苣存在明显的差异，符合莴苣单一驯化起源的假说。然而相较于基因组水平，现有栽培类型的莴苣间，在代谢水平并未形成明显分化。

研究人员进一步发现代谢物肌醇半乳糖苷、苹果酸、奎宁酸和苏糖酸，可能在莴苣的驯化或者类型分化的过程中，有着重要的意义。全基因组关联分析鉴定了 154 个 mQTL 位点，挖掘出与绿原酸、奎宁酸和肌醇半乳糖苷等含量变异关联的功能基因和等位变异，并发现多个位点位于选择性清除区域。研究中，利用另一莴苣群体对位于选择清除区域的候选基因，进行验证并推测 HQT 等基因在启动子区域的变异，可能导致其启动子活性发生变化，进而影响其表达水平，以及奎宁酸和绿原酸在野生及栽培莴苣中的含量变化。

研究人员还对莴苣驯化和类型分化中初生代谢物的变异进行系统研究，并分析其遗传基础。研究发现，栽培莴苣中奎宁酸与绿原酸含量，均明显低于野生莴苣。鉴于绿原酸在食品和保健方面的重要作用，该研究对莴苣改良营养成分和提升品质提供了信息和线索。

四、葱蒜与生姜类作物栽培研究的新成果

（一）洋葱与韭菜栽培研究的新信息

1. 探索洋葱营养成分的新发现

研究显示洋葱皮营养成分高。2011 年 7 月，西班牙马德里自治大学与英国克兰菲尔德大学联合组成的研究团队，在《植物类食品与人类营养》杂志上发表论文称，他们研究表明，洋葱皮富含人体需要的多种营养要素，可用来制成营养补充剂，而不应将其扔弃。他们研究发现，棕色洋葱皮富含纤维、酚类化合物、栎精、黄酮醇以及硫磺化合物等有益健康的成分。

研究人员指出，常吃富含纤维的食物，可降低患心血管疾病、胃肠不适、结肠癌、2 型糖尿病和肥胖症的风险，而补充酚类化合物和黄铜醇则有助于预防冠心病和癌症。此外，硫磺化合物具有抗氧化和消炎的作用，可起到防止血小板积聚，改善血液流通，促进心血管健康的作用。他们认为，洋葱皮的营养价值应该受到重视，可以用它来制造非水溶性的营养补充剂，或将洋葱皮提取物添加到其他食品中，以造福人类。

2. 探索韭菜风味的新进展

揭开韭菜风味的形成机制。2021 年 5 月 19 日，北京市农林科学院蔬菜中心刘宁研究员与武占会研究员主持的一个研究团队，在《基因组学》杂志网络版发表论文。该成果显示，他们着重探索蔬菜品质和风味调控技术及其作用机理，这次又系统分析了韭菜品质和风味的组织特性转录组。

韭菜是我国传统特色蔬菜，富含有机硫化物 S- 烃基半胱氨酸亚砜而具有特殊的辛香。这类含硫化合物是韭菜风味物质的前体分子，构成了韭菜风味品质和保健功效的物质基础。

探究 S- 烃基半胱氨酸亚砜生物合成的分子机制，既是一个重要的科学问题，也能指导韭菜品质栽培的技术创新。然而与番茄、白菜、黄瓜等大宗蔬菜相比，韭菜功能基因组学研究进展非常缓慢，国内外相关报道较少，韭菜风味形成的分子机制研究尚属空白。

该研究团队首次详细鉴定和分析了韭菜硫代谢和 S- 烃基半胱氨酸亚砜合成过程的关键基因，初步勾勒出韭菜风味前体分子的生物合成框架，为深入开展韭菜风味调控机制研究奠定坚实的工作基础。

这项研究以国内主栽品种"791"韭菜为实验材料，利用高通量测序技术，

系统分析了韭菜叶片、花、花序、根状茎、根和种子的组织特异性转录组，从中鉴定到 22 万个韭菜基因，发现有 205 个基因参与硫同化、半胱氨酸和谷胱甘肽合成、S- 烃基半胱氨酸亚砜合成与水解释放香气的生化过程，并据此推测出韭菜特征香气形成的分子通路及其关键基因，详细分析它在不同组织或器官中的表达模式。研究结果，初步揭示出韭菜风味物质合成的分子途径，为开展韭菜风味改良的分子育种工作提供若干新靶点。

该研究还有一个有趣的发现，在韭菜的不同组织中，S- 烃基半胱氨酸亚砜的积累量以韭花为最高，其分别是叶片的 5.2 倍、花序的 8.7 倍。尽管尚不清楚韭花大量积累 S- 烃基半胱氨酸亚砜的生物学意义，但该结果在一定程度上解释了韭花酱作为中国特色调味品而深受人民群众喜爱的科学基础。

研究人员表示，他们将在这项研究基础上，继续聚焦韭菜风味相关基因的功能，解析其相关分子调控网络，深入研究这一中国特色蔬菜风味形成的分子机理，为韭菜风味调优技术创新提供科学理论支撑，助力中国特色蔬菜产业提质增效和可持续发展。

（二）大蒜栽培研究的新信息

1. 探索大蒜繁殖方式的新进展

恢复大蒜植株的有性繁殖能力。2004 年 9 月，以色列耶路撒冷希伯来大学校长海姆·拉比诺维奇，以及该校农作物科学和遗传学研究所研究人员罗伯特·史密斯领导的研究小组，在《美国园艺学学会会刊》上发表论文称，他们成功地使目前无法进行有性繁殖的大蒜植株恢复了有性繁殖能力。这一成果，为更广泛和深入的科学研究开辟了道路，由此可能显著提高大蒜的产量和质量。

大蒜是一种世界性的重要蔬菜和调味品，起源于中亚地区。其绝大多数品种丧失了有性生殖能力，虽然过去也发现了一些能够进行有性繁殖或半有性繁殖的品种，但目前栽培的商业性大蒜都不具备这种能力，只能通过鳞茎分瓣等无性方式进行繁殖。无性方式繁殖系数低，种苗生产用地多，容易引起病害累积，影响产量和质量。为什么大蒜会失去有性生殖能力以及如何重建这种能力，一直是困扰科学界的难题。

以色列研究小组，经过 7 年潜心研究大蒜的形态学和发育生理学，终于找到了化解大蒜无法有性生殖这一难题的简便方法。

仔细观察大蒜的生长过程，其植株在春天同时形成鳞茎和开花，因为这两个过程都是由温度和白昼长短决定的。在商业种植过程中，种植者都会选择那些鳞茎看起来大而早熟的植株。鳞茎的快速生长"攫取"了绝大多数营养和能量，使开花必需的养料所剩无几。这种养料短缺导致花芽在植株的早期发育阶段就凋落，最终植株失去了有性繁殖能力。即便某些植株的花茎"顽强"地萌生出来，它们在发育的稍后阶段也会被植株顶端的小鳞茎"扼杀"，因为随着白昼的增长，这部分鳞茎生长得更为迅猛。

在了解了大蒜不育的原因之后，研究人员就着手试验将大蒜置于控制条件下生长，也就是调节温度和光照时间，延缓鳞茎生长而促进开花过程，由此成功地重建了大蒜的生殖能力，获得了成熟的种子。拉比诺维奇说："通过制造开花和结子，我们也得以'解冻'大蒜几千年来保存的遗传多样性。"

国际上的专家称赞以色列科学家完成了一项"里程碑式的研究"，这一工作开启了对大蒜这一世界性重要蔬菜，进行全新生理学和遗传学研究的可能性。这一试验获得的种子，可以应用到各种培植方案中，通过使用一些传统的农业技术生产出具有各种优良性状的大蒜品种：如具有强的抗病虫害和气候条件耐受能力，高产优质，可在不同季节生长以及鳞茎适于长期保存等。研究者目前的工作，主要集中在大蒜开花过程的分子基础，他们力图确定调控开花的基因。

2. 探索大蒜特殊气味的新收获

利用计算机破解大蒜的气味难题。2016年10月，美国纽约洛克菲勒大学安德烈亚斯·凯勒和莱斯利·沃斯霍尔等学者组成的一个研究小组，在生命科学预印本网站发表研究成果称，他们利用计算机破解了一道困扰化学家几个世纪的难题：从分子结构预测大蒜、香料或水果的味道。这一成果，或许使香水制造商和味道专家，得以在试验和错误大大减少的情况下创造新产品。

与通过分析光波长或声音预测视觉和听觉结果不同，人类的嗅觉一直很神秘。研究嗅觉的化学家，从来没能预测出某个特定的分子闻上去是何种气味，除了在一些特殊情况下，由于一个分子结构的很多方面可能在决定其气味上发挥着重要作用。研究小组决定利用机器学习的力量解决这一问题。他们让49名志愿者，依据气味的浓度和愉悦程度，及其同大蒜、香料或水果等19个其他描述语的匹配度，对476种化学物质的气味进行评分。

随后，研究人员公布了407种化学物质的数据，以及测定化学结构的4884个不同变量，并且邀请所有人开发能搞清楚这些模式的机器学习算法。他们利用剩下的69种化学物质评估了各种算法的准确性，其中有22个研究团队接受了这一挑战。事实证明，最好的算法，比此前预测志愿者对接受测试的化学物质所作描述的任何努力，要准确很多。这些努力不太理想，部分原因在于人们在第二次接受测试时，极少能对相同的气味给出一样的评分。

有关专家表示，现在做的是对单个分子进行评定，下一个挑战则是弄清楚化学物质的混合物将产生何种味道，更有用的是知道哪些成分能被很好地集成在一起。

3. 探索大蒜基因组测序的新进展

绘制成功首个染色体水平大蒜基因组图谱。2020 年 7 月 27 日，中国农业科学院麻类研究所刘头明研究员主持的南方蛋白饲料植物资源开发与利用项目组，联合有关高校和企业组成的研究团队，在《分子植物》网络版发表首个染色体水平大蒜基因组图谱。被测序的大蒜品种是二水早紫皮蒜，其适用性广，在我国种植地域范围最大。

刘头明介绍道，大蒜是重要的蔬菜作物之一，我国大蒜的年播种面积达到 1000 万亩以上。大蒜具有膨大的鳞茎，富含大蒜素，不仅可用作蔬菜和调味料食品，也被广泛用于医药产业。但栽培种大蒜一般不育，严重阻碍大蒜生物学研究及大蒜育种工作。

大蒜基因组庞大且复杂，具有重复序列高、杂合度大等特点。研究发现，基于基因组系统进化分析，大蒜与天门冬目石蒜科物种亲缘关系最近，并推断大蒜的 3 次全基因组复制事件及重复序列急剧扩张，是驱动其基因组庞大的根本原因。大蒜素是葱属作物中特有的化合物。该研究通过基因组扩张收缩分析，结合转录组数据，确立了大蒜素生物合成通路。

作为首个葱属物种中完成测序的基因组，大蒜基因组测序组装工作的完成对于研究物种进化具有重要的意义。

（三）生姜类作物栽培研究的新信息

探索生姜基因组测序的新进展。2021 年 8 月 12 日，《园艺研究》杂志网络版以背靠背形式发表两篇论文，同时公布两个不同品种生姜基因组数据。这两项成果，丰富了生姜基因组信息，加深了对生姜内在机理特别是姜辣素合成调控机制的理解，有利于促进生姜分子育种技术的开发。

生姜是一种具有很高价值的食药两用园艺作物，既为传统中药的重要成分，又是重要的调味料，在我国有悠久的栽培历史。中国生姜栽培面积、产量和出口量均居全球第一位。是推动乡村振兴的优选产业。

姜具有多年生宿根，根茎肉质肥厚，内含多种营养成分，它除了含有蛋白质、碳水化合物、多种维生素和矿物质外，还含有姜辣素、姜油、姜醇等生物活性物质，具有调味、抗癌、抗真菌、抗炎症、抗氧化和抗血小板聚集等用途，是香料家族和药用植物家族的重要成员。姜辣素是生姜特有的呈味物质，也是生姜多种功能活性的主要功能因子，在调味品、化妆品和医疗保健等领域具有广阔的应用前景。

尽管姜在世界范围内有显著的经济价值，但由于其有性繁殖困难，基因组庞大、杂合度高，相关的分子生物学和遗传选育工作一直停滞不前。此外，长久以来生姜基因组信息的缺乏，限制了对姜辣素合成调控机理的理解，导致生姜分子育种发展缓慢。

平顶山学院植物遗传育种研究组与北京林业大学等单位联合组成的研究团队，在《园艺研究》上发表的论文题目是：栽培生姜单倍型解析基因组组装及等位基因特异性表达。它研究分析我国重要的传统生姜品种单倍型基因组序列，揭示单倍型基因组间差异，推断姜高度不育的基因组基础，初步澄清姜酚或姜辣素的生物合成通路，为后续的功能研究和分子设计育种奠定重要基础。

该论文以全国首个国家农产品地理标志登记保护的生姜品种'张良姜'为研究对象。据记载，自汉代起"张良姜"已有2000多年的种植历史，现保存在河南省平顶山市鲁山县张良镇。此品种有"姜中之王"美称，具有色泽深黄、辛辣芳香、气浓味长、质实丝多、百煮不烂、久贮不腐等优良特性。

该论文利用先进的长读长测序技术，解析"张良姜"单倍型基因组序列。检测两个单倍型基因组间的遗传差异，以此推断出与姜高度配子败育率相关的结构变异区。揭示出两套基因组间等位基因表达差异，可能与基因顺式调控区、编码区序列差异、转座子的临近效应以及选择压有关。同时，利用基因共表达网络分析，初步解析姜酚或姜辣素生物合成相关的基因调控机制。

重庆文理学院与西南大学等单位联合组成的研究团队，在《园艺研究》上发表的论文题目为"二倍体生姜单倍型解析基因组及其独特的生姜酚生物合成途径"。它研究分析西南地区主栽品种'竹根姜'的基因组，利用第三代测序系统及相关方法，组装出竹根姜两套单倍型高质量基因组。分析揭示生姜驯化过程经历的相似选择压力。

通过等位基因分析发现，占所有基因的72%在两个单倍型中具有同源性。另外，发现生姜基因组杂合度为3.6%，是目前已报道杂合度最高的植物基因组。重复序列高，其中长末端片段重复占61.06%，可能是导致其基因组大、杂合度高的主要原因，同时也是生姜基因组进化的主要驱动力。生姜等位基因在两套单倍型中没有展现出表达差异，17 226对等位基因中有2055对，占11.9%，在转录水平表现出染色体偏好性。

通过整合基因组、转录组和代谢组数据进行整合分析，该研究构建了生姜特有成分姜辣素的合成通路，筛选出 12 个参与姜辣素合成的关键酶家族，鉴定出 38 个可能调控姜辣素合成的重要转录因子家族，并绘制出姜辣素合成的分子调控网络。

五、茄果类作物栽培研究的新成果

（一）研究番茄栽培的新信息

1. 番茄育种探索的新进展

首个番茄单倍体诱导系创建成功。2021 年 12 月，中国农业大学陈绍江教授领衔的国内外单倍体育种技术研究团队，在《植物生物技术》杂志上发表论文称，他们首次建立了番茄单倍体诱导系统，为创建单双子叶作物通用的跨物种单倍体快速育种技术体系奠定基础。

研究团队在克隆玉米单倍体关键诱导基因 ZmDMP 的基础上，发现它在番茄中存在 1 个同源基因。实验证明番茄中 SlDMP 基因突变，同样具备独立的单倍体诱导的能力。对杂交产生的单倍体进行的高通量测序结果表明，这些单倍体均不携带来自父本的染色体组，这说明 SlDMP 突变体诱导产生的是纯母本单倍体。

由于番茄种子小，单倍体鉴别较为困难。为克服这一技术瓶颈，研究团队建立了荧光快速鉴别方法，通过浸种和萌发根尖荧光的两步观察，可实现番茄单倍体的精准鉴别。借助这一方法，以番茄单倍体诱导系为父本与 36 个材料杂交，发现均能够产生母本单倍体，诱导率变幅为 0.5%~3.7%，平均诱导率为 1.9%，这表明番茄单倍体诱导体系无明显的基因型依赖性，表现出很好的通用性。同时，由于番茄具有较好的繁殖性能，有助于单倍体加倍并实现较高通量的双单倍体纯系创制。

陈绍江称，现有进展为攻克番茄单倍体育种的国际性难题进行了成功探索，通过番茄 DMP 基因单倍体诱导功能的验证，首创了番茄单倍体诱导系及其配套的诱导鉴别技术，突破了关键技术瓶颈。研究结果不仅为番茄单倍体快速育种技术研发起到奠基性的引领作用，也为在更多作物上，创建通用的跨物种单倍体育种技术体系及杂种优势利用效能的提升，开辟了新的路径。

2. 番茄虫害防治探索的新进展

发现番茄属植物能让毛虫同类相食。2017 年 7 月，美国威斯康星大学综合生物学家约翰·奥洛克主持的研究小组，在《自然·生态与进化》杂志上发表论文称，他们已经证明，番茄属植物能够直接把毛毛虫变成同类相食的"恶魔"。

美国加利福尼亚大学戴维斯分校的理查德·卡班，是从事食草动物及其宿主植物之间互动研究的专家。他虽然没有参与这项研究，但觉得该成果有重要的理论价值，他说："这是一种新的诱导抗性的生态机制，它有效地改变了昆虫的行为。"

草食性害虫通常会在食物质量不佳，或耗尽的情况下，互相攻击。并且，一些植物被认为通过使害虫对其他物种更具掠夺性，从而影响它们的行为。但到目前为止，科学家还不清楚植物是否能够直接导致毛虫同类相食。

该研究小组通过研究和使用甲基茉莉酸，在番茄属植物中诱发出一种防御反应。甲基茉莉酸是一种在空气中传播的化学物质，植物通过释放它来互相警告提防害虫的侵袭。研究人员发现，当用甲基茉莉酸做出暗示时，番茄属植物会产生毒素作为响应，这些毒素使得它们对于昆虫来说变得没有什么营养。

随后，研究人员让一种叫作"小斑点柳树蛾"的常见毛虫，来攻击这些农作物。8天后，他们观察发现，与对照组作物或是那些接收了较弱诱导的作物相比，经过更强烈甲基茉莉酸暗示的植物损失的生物量较少。这意味着，这种响应在某种程度上对于保护农作物是有效的。

接下来，研究小组想要测试这些植物的响应，是否会在毛虫中引发同类相食的行为。因此，他们用甲基茉莉酸给番茄属植物提示，然后用经提示植物的叶子和非提示对照组植物的叶子，给容器中的毛虫喂食。同时，这些容器中也放置了一定数量的死毛虫。两天后，研究人员观察到，与那些用对照组植物叶子喂食的毛虫相比，用处理过的植物叶子喂食的毛虫，会比前者更早地把目光对准死掉的幼虫，并且吃掉更多的幼虫。

奥洛克指出，毛虫最终都是要彼此相残的，但是时机的不同却是至关重要的。他说，如果番茄属植物能诱导害虫更早地同类相食，那么便会有更多的番茄属植物保存下来。不过，他又提醒道，植物激活这套防御系统的成本非常高。植物很可能会打破一个平衡，进而判断这些攻击是否严重到足以激活防御系统的水平。

3. 番茄基因组测序探索的新进展

（1）完成番茄全基因组测序。2012年5月31日，中国、美国、荷兰和以色列等14个国家300多位科学家组成的"番茄基因组研究国际协作组"，在《自然》杂志以封面文章形式，发表对栽培番茄全基因组精细序列的分析研究结果。

据介绍，研究人员在解码的番茄基因组中共鉴定出约 34 727 个基因，其中 97.4% 的基因已精确定位到染色体上。进化分析表明，番茄基因组经历的两次三倍化，使基因家族产生了特异控制果实发育及营养品质的新成员。

协作组同时绘制了栽培番茄祖先种野生醋栗番茄基因组的框架图，两个基因组仅有 0.6% 的区别。分析表明，经过人工驯化和育种选择，栽培番茄比野生番茄果实更大，品质更好，番茄红素、β-胡萝卜素和维生素 C 等生物活性物质含量明显提高。

据了解，这项工作将极大推动番茄乃至包括马铃薯、辣椒、茄子等在内的茄科植物功能基因组研究，为培育具有高产、优质、抗病虫害、抗逆等优良性状的番茄新品种打下良好基础，对推动全世界番茄生产具有重要意义。我国科学家高质量地完成了番茄基因组测序总任务的 1/6。其中，中国科学院遗传与发育所研究员李传友和薛勇彪负责第 3 号染色体的测序工作，中国农业科学院蔬菜花卉所研究员黄三文和杜永臣负责第 11 号染色体的测序工作。

（2）构建番茄变异组图谱。2014 年 10 月 13 日，中国农业科学院黄三文研究员领导，杜永臣、叶志彪和李景富为骨干的课题组，与美国、法国、以色列、意大利和瑞士等相关专家共同组成的国际研究团队，在《自然·遗传学》杂志网络版上发表论文称，他们构建了番茄的变异组图谱。这是继 2012 年完成番茄全基因组序列图的绘制后取得的另一重要成果，研究人员对番茄展开了更为全面和深入的探索。

研究人员通过对 360 份番茄种质全基因组的分析，发掘了 1100 多万个 SNP 标记，重建了番茄驯化和育种的基因组学历史，为番茄生物学研究提供了新的工具，也奠定了番茄全基因组设计育种的基础。

番茄起源于南美洲的印地斯山脉，随着人类迁移逐渐传到中美洲和墨西哥一带，16 世纪传到欧洲，在随后的几百年中番茄被传播到世界各地。如今番茄已经为品种多样，世界范围内普遍种植的第一大蔬菜作物，据联合国粮农组织统计总价值达 550 亿美元。在科研上，番茄也是植物遗传、发育和生理研究的重要模式植物。

4. 番茄采摘设备研制的新进展

开发人工智能机器人采摘番茄。2019 年 5 月，国外媒体报道，美国马萨诸塞州一家名为 Root AI 的初创公司开发出一种机器人，可利用人工智能自动识别果实成熟度，并能熟练、轻巧地采摘番茄。

据公司官网介绍，这是该公司首次开发应用于农业领域的人工智能机器人。

它的核心特点是应用人工智能软件，实现实时检测果实成熟度、轻柔触碰摘取、三维导航智能移动。

利用人工智能技术，该机器人能识别番茄的成熟度，确定哪些果实可以采摘，据称其识别效率要高于传统的人工识别。采摘过程中，这款机器人可自动行驶，前端安装有传感器和照相机充当"眼睛"，机械臂上两个像钳子一样的"手指"，能用合适的力度采摘番茄，不会捏破番茄，也不会扯断藤蔓。

据悉，这个关键的采摘"手指"，是用食品安全级别塑料制成的，其柔韧度与信用卡的材料相当，也易于清洗。公司创始人兼首席执行官乔希·莱辛对媒体介绍说，采摘"手指"是否易清洗十分关键，因为这有助于预防采摘过程中霉菌、病毒及虫害等的传播。

今后，研发人员还可针对不同果实的软硬度、形状等特征，开发新的人工智能软件及配套的传感器和摘取钳，实现一机多用。目前市面上已有或研发中的采摘机器，通常只针对某一种特定作物来进行。与之相比，人工智能机器人要更聪明，更灵活，适应性也更大。

据介绍，人工智能机器人的机身上安装有灯光设备，因此日间和夜间均可在大面积的温室大棚内采摘作业。目前这款机器人已在美国及加拿大的温室，进行商业级别的采摘试用，预计不久即可实现更大规模的商业应用。

（二）研究辣椒栽培的新信息

1. 辣椒功用探索的新进展

发现辣椒可成为减肥秘方。2015年8月，澳大利亚广播公司报道，澳大利亚阿德莱德大学营养与胃肠疾病研究中心斯蒂芬·肯蒂什博士领导的一个研究小组发现，辣椒中的一种化学物质，可帮助人们减少食量，从而达到减肥的目的。

该研究小组一直在探寻辣椒中的化学物质，是如何刺激胃部神经，并向大脑传递胃部已饱和信息的。他们还发现，高脂膳食，可能削弱胃部神经传递饱和信号的功能，导致人们暴饮暴食。肯蒂什表示，之前的研究，已经证明辣椒里的辣椒素，能够帮助人减少食物摄入量。此次研究已经确定，如果去除被研究的老鼠胃部的这种化学感受器，让神经对辣椒素的刺激无法做出反应，它们会吃掉更多的食物。这也表明，这在控制食物摄入量上起关键作用。

肯蒂什表示，将要开发一种化学药品，使人们在吃含有大量辣椒的食物时，没有辛辣的感觉，以适应绝大多数人的食用需求，达到减肥和抑制增肥的目的。

2. 辣椒基因组测序探索的新进展

（1）公布甜辣椒基因组序列草图。2014年2月，唐伊尔·昌耶等人组成的一个研究小组，在《自然·遗传学》公布了一种甜辣椒的基因组序列草图。甜辣椒营养价值高，是全球产量丰富的蔬菜之一。这种特殊的辣椒植株产自墨西哥，对很多植物病原体都具有高抵抗性，同时被广泛用于研究和育种。

该研究小组公布了甜辣椒的全基因组序列图，并对两种培植辣椒和一种野生品种黄灯笼椒进行了重新测序。他们发现与近亲西红柿的基因组相比，甜辣椒的基因组将近多3倍。他们还发现了决定辣椒的辣味、成熟过程和抵抗疾病的遗传因素。

（2）完成辣椒全基因组序列测定。2014年3月，由我国科技人员主导完成的"栽培种和野生种辣椒的全基因组测序揭示辣椒属的驯化与特异性"论文，在美国《国家科学院学报》刊发。这篇论文正式发表，标志着辣椒基因组序列成功解码，我国辣椒基础性研究取得重大进展，跃入分子育种阶段。

美国农艺学会主席、新墨西哥州立大学辣椒研究所所长保罗·波斯兰教授认为：中国科学家主导的高质量辣椒基因组图谱的完成，为辣椒的研究打开新的一页。该图谱将促进辣椒抗性、品质等重要农艺性状基因的定位研究，为通过分子育种进行辣椒品种改良奠定基础，同时还将促进茄科植物的进化研究，以及果实发育机理等基础生物学研究。

我国辣椒的选育种一直以来以传统的杂交育种为主，应用生物技术辅助选育种的水平相对较低，特别是干辣椒选育种水平则更低，均以常规品种为主。为了提高辣椒的育种水平，发展生物技术辅助育种，2010年遵义市农业科学研究所牵头，与四川农业大学、华南农业大学合作，联合华大基因启动辣椒基因组测序研究。这项研究，还得到墨西哥生物多样性基因组学国家重点实验室等13家科研院所的支持。

据介绍，该项研究通过现代基因组测序方法，成功测定遵义市农业科学研究所选育的栽培品种"遵辣1号"和其来自墨西哥的野生种"Chiltepin"的基因组，这为茄科植物的生物学研究提供了宝贵的新资源。研究人员通过对18个栽培品种和2个其他野生种的重测序数据分析，鉴定得到511个候选的驯化基因，可用于解释野生和栽培种辣椒之间的差异。在这些基因中有一些可能与种子休眠缩短、抗病原体和抗逆性增强以及储存寿命增加有联系。

同时，研究人员对不同辣度的辣椒相关转录组数据的比较分析，揭示辣椒素合成的相关基因，其中两个相邻的酰基转移酶基因（AT3-D1和AT3-D2）可能负责辣椒素的最终合成，初步解释了"辣椒为什么会辣"这个备受关注的生物学问题。另外，研究人员还对辣椒和西红柿果实的发育进行深入的比较分析，获得辣椒果实成熟后仍然坚硬等生物学特性相关的候选基因。这些发现，为辣椒开展分子标记辅助育种提供重要的基因资源。

3. 辣椒采摘设备研制的新进展

开发采摘甜椒的机器人。2018 年 10 月 7 日，国外媒体报道，以色列内盖夫本 - 古里安大学当天宣布，该校研究人员与其他多国同行共同组成的研究团队开发出一款采摘甜椒的机器人。

这款名为"清扫者"的机器人，由内盖夫本 - 古里安大学研究人员主导开发，其他参与开发的研究人员来自美国、瑞典、比利时和荷兰。研究人员用一种经过改造的商业种植甜椒品种，对"清扫者"进行了初步试验，结果显示，它可以在 24 秒内采摘一只成熟的甜椒，成功率达 62%。研究人员表示，这款机器人还在进一步改进中，一旦改进完毕，可以 24 小时从事采摘工作，大大减少果蔬腐烂损失，降低劳动力成本，使农民少受市场波动的影响，从而给农业经济带来重要变化。

目前，研究人员正在努力通过计算机视觉技术，提升"清扫者"判断成熟甜椒的能力，从而加快采摘速度。预计未来 4~5 年，这款甜椒采摘机器人可以投入商业化应用，相关技术也可用于采摘其他农作物。

六、豆类与菌类作物栽培研究的新成果

（一）探索豆类作物栽培的新信息

1. 长豇豆驯化遗传基因探索的新进展

揭秘长豇豆的育种驯化史。2012 年 3 月，浙江省农业科学院蔬菜所李国景研究员率领的研究团队，以徐沛副研究员为第一作者，在《自然·遗传学》杂志上发表他们对长豇豆育种驯化的最新研究成果，认为亚洲人对豇豆三条特定染色体的持续人工选择，是导致长豇豆超长豆荚形成的遗传主因。

我国老百姓饭桌上常见的长豇豆，可具有长达 1 米的长荚。然而，在非洲，长豇豆的洋兄弟，即普通豇豆的豆荚，却只有人的手指般长短。是什么原因导致这种"两兄弟，大不同"的现象出现呢？该研究团队通过基因组学研究，来回答这个问题。

研究人员利用 1127 个单核苷酸多态性（一种 DNA 变异），标记分析了我国

95 份长豇豆资源，以及 4 份来自美国和非洲的普通豇豆 DNA。通过以"全基因组连锁不平衡（LD）分析"为主的遗传学方法，结合日本学者提出的"LD 变异组分分解"，研究人员确定长豇豆和普通豇豆"本是同根生"，并推测出其兄弟当年"分道扬镳"的可能图景。

最初豇豆的老祖宗生活在非洲，并且将种子供给当地人民作为蛋白质的主要来源。后来一小部分豇豆随人口流动迁移到了亚洲，但亚洲人并不喜欢吃它的豆子，却喜欢食用其嫩荚。于是人们一代代地选留那些荚长最长的豇豆种子进行繁殖，并且让它们彼此杂交并继续选择。千百年来，人们在不知不觉中对豇豆第 5，7 和 11 号染色体，进行了高强度的定向选择，而控制豇豆荚长的基因正位于这些染色体上。最终，在亚洲形成了拥有可长达 1 米超级豆荚的豇豆新亚种——长豇豆亚种。

徐沛解释说，这项研究，还首次提出在遗传上把长豇豆划分为"典型菜用型"和"非典型菜用型"两大类群，因为它们存在着明显的遗传"群体结构"。

2. 豌豆基因组测序探索的新进展

完成豌豆首个参考基因组。2019 年 9 月 2 日，国外媒体报道，格雷戈尔·孟德尔是遗传学的奠基人，被誉为现代遗传学之父。他发现了遗传学三大基本规律中的两个，分离规律及自由组合规律，统称为孟德尔遗传规律。孟德尔当年是通过豌豆实验揭示了这些遗传学规律，他进行了长达 8 年的豌豆实验，通过对不同代的豌豆的性状和数目进行细致入微的观察和分析，最终揭示了生物遗传奥秘的基本规律。据说，孟德尔经常对客人指着豌豆十分自豪地说："这些都是我的儿女！"如果没有豌豆，这些遗传规律或许还要晚多少年才能面世。

然而，贡献如此之大的豌豆，它的基因组却一直未能获得破解。其中的一个重要原因，是豌豆基因组非常大，有 4.45Gb。但近年来，随着相关技术的发展，大型基因组的测序和组装已成为可能。

报道称，当天，法国勃艮第 - 弗朗什孔泰大学科学家朱迪思·布斯汀领衔，多国同行参加的研究团队，在《自然·遗传学》网络版，发表题为"豌豆参考基因组提供了对豆科植物基因组进化见解"的论文，表明其已经完成了豌豆的首个参考基因组，为豆科植物的基因组进化提供了新见解。豌豆是继大豆之后世界上第二重要的豆科植物。自 18 世纪以来，它一直被用作遗传模型进行研究。豌豆基因组之所以很大，可能是由于最近逆转录转座子的扩增和多样化。豌豆基因组的早期重新关联动力学研究表明，75%~97% 是由重复序列群组成。

豌豆是重要的豆科植物，也是一种重要的蔬菜作物。这项新研究，以法国育种公司 1973 年发布的近交豌豆品种为材料，首次完成豌豆的基因组草图，包含七条染色体基因组注释信息。研究人员通过对不同豆科植物进行系统遗传学和古基因组学分析，发现豆科植物的基因组重排，并揭示重复序列在豌豆基因组进化中的重要作用。与其他已测序的豆科基因组相比，豌豆基因组具有强烈的动态化，可能与从其他豆科分化时的基因组扩张有关。在豌豆进化过程中，易位和转座在不同的谱系间发生差异。

总的来说，豌豆的参考基因组序列，为豆科植物基因组进化提供了新的见解。研究结果将加深对豆科作物重要农艺性状的分子基础的理解，同时对相关作物的遗传改良也具有重要的参考意义。

（二）探索食用菌类作物栽培的新信息

1. 培育食用菌类作物的新进展

（1）首次人工培育成功野生食用菌松乳菇。2020 年 11 月 20 日，中新社报道，中国科学院昆明植物研究所于富强博士及其研究团队，在松乳菇人工培育研究方面取得系列进展，并在贵阳种植园内出菇。这是中国首次有充分证据显示的松乳菇人工培育成功。

松乳菇是红菇科、乳菇属真菌。这类真菌大部分可食用或药用且美味，其中以松乳菇最为著名，它与松露、松茸、牛肝菌、羊肚菌、鸡油菌等名贵野生食用菌比肩，在北半球各国被广泛采食。研究人员介绍道，松乳菇是典型的外生菌根型食用菌，与松树具有专性共生关系。菌根合成是实现人工培育的关键环节。2015 年开始，他们系统进行乳菇菌种收集、培养基优化、菌根合成和共生机制等方面研究。

于富强说："我们使用 6 种松树与 4 种乳菇进行菌根合成，其中 14 个组合形成菌根，10 个为首次报道，8 个组合表现优异，在人工栽培上潜力较大。"自 2018 年 4 月开始，研究团队陆续在云南、贵州、湖南、四川、山东、甘肃建立乳菇种植园 16 个，总面积超过 100 亩。至 2020 年 11 月，在贵阳 2 个种植园内的多棵树下，松乳菇和红汁乳菇分别出菇，菌根苗移栽至种植园时间仅为两年半。

该结果通过多人现场确认、视频记录、标本留存和微卫星 DNA 标记验证，是中国首次有充分证据显示的人工培育成功的松乳菇，也是 3 年幼龄林下松乳菇、红汁乳菇培育出菇的首次报道。

于富强透露，菌根型食用菌的人工培育，不同于香菇等腐生型食用菌的栽培模式，它利用树木和真菌之间的共生关系，通过无菌育苗、菌根合成、菌根苗移栽、种植园建立和后期管理，来实现人工培育和多年出菇。该模式结合植树造林，在苗木初长成时即开始出菇，此后可连续收获 15~50 年不等，是困难立地植被恢复、退耕还林和中低产田改造中不可多得的可持续发展模式。

（2）发现两个可食用的白块菌新物种。2021 年 12 月，中国科学院昆明植物研究所于富强博士主持的研究团队，在《植物分类学》杂志发表论文称，他们在云南发现 2 个白块菌新物种，它们都具有一定食用和经济价值。

块菌隶属盘菌目块菌科，是一类著名的野生食用菌，其中以意大利白块菌和法国的黑孢块菌最为名贵，被誉为"厨房里的钻石""地下黄金"等。因其生长在地下，依靠猪、鼠、兔等哺乳动物传播，常被中国西南各地百姓叫作"猪拱菌"，商业上多称为"松露"。

中国块菌资源丰富，物种数量在全球占比超过 1/3，主要分布于西南山区。据统计，迄今，中国发现块菌 70 余种，其中云南报道 40 余种，且均为中国特有种。

该研究团队在大量野外调查、标本采集、形态解剖和系统发育研究的基础上，继此前发表的 11 个广义块菌新种后再次在云南发现两个新物种——松露块菌和曲靖块菌，两者均属狭义的"白块菌"。

研究人员介绍，就已发表的多数块菌新种来看，具有明显的碎片化零星分布、生境特殊和宿主植物专一性强等特点，且主要依赖小型啮齿类动物等进行传播扩散；在市场上这些稀有物种经常被混杂在大宗块菌中销售，且多数尚未成熟，严重威胁它们的生存繁衍。20 多年来，随着大规模商业化收购和不科学的采挖，块菌生境遭到极大破坏，局部块菌产量呈明显下降趋势，大部分物种处于易危或濒危境地。

研究人员建议，有关部门尽快将更多具有经济价值的块菌列入保护物种行列，并开展抢救式资源调查评价和种质收集保藏等研究，以保障中国西南这一独特生物资源的永续利用。

2. 探索食用菌基因组测序的新进展

公布 4 种松露遗传路径与基因组。2018 年 11 月 14 日，法国国家农业研究院南锡研究中心科学家弗朗西斯·马汀、克劳德·穆拉特负责的一个研究团队，在《自然·生态与进化》杂志网络版上发表的论文中，公布了 4 个松露物种的遗传路径及基因组。这是为期 5 年的"千种菌物全基因组测序计划"的一部分，该计划将填补对生命树最大分支之一的认识空白。

松露对生长环境的要求极其苛刻，且无法人工培育，产量稀少。其实，它是生长在植物根部真菌的长满孢子的子实体。能形成松露的真菌种类，已经独立演化了 100 多次，几乎出现在肉质真菌的所有主要类群中。然而，人们对松露生活模式演化的根本疑问仍未得到解答。

该研究团队此次对珍贵的皮埃蒙特白松露、勃艮第松露、沙漠松露和猪松露的基因组，进行了测序。他们将这些基因组与佩里戈尔黑松露和无松露形成的真菌基因组进行比较，结果发现，虽然这些松露种从数亿年前分化以来就遵循各自独立的演化路径，但出乎意料的是，它们仍具有遗传相似性。例如，这些松露在与植物共生以及汲取土壤养分的能力方面，就具有相似的基因。

研究人员还发现，由于特定基因有限，松露不擅于分解它们所寄生植物的细胞壁。不过，松露含有大量能产生异味即挥发性有机物的基因，其产生的浓烈气味会吸引其他动物，如猪和松露猎狗，帮助扩散松露的孢子。

此次报告的 4 种松露的基因组，揭示了全球最稀有、最昂贵食材之一的遗传基础，研究结果将有效地弥补相关领域认识的严重不足。

七、蔬菜作物栽培研究的其他新成果

（一）探索水生蔬菜及芦笋栽培的新信息

1. 探索水生蔬菜栽培的新进展

（1）利用基因技术培育出"超级保健"水芹。2005 年 4 月，英国布里斯托尔大学一个研究小组，在《自然·生物技术》杂志上发表研究报告说，他们利用转基因技术，使水芹富含多不饱和脂肪酸，成为一种"超级保健"蔬菜。

ω-3 和 ω-6 多不饱和脂肪酸，能够调节血压和免疫反应并参与细胞信号活动。ω-3 还被认为能促进大脑发育、降低成人心脏病及风湿性关节炎的发病率。

海藻和蘑菇中富含天然多不饱和脂肪酸。英国研究小组报告说，他们从海藻和蘑菇中分离出负责制造多不饱和脂肪酸的 3 个基因，并把它们植入水芹，培育出富含多不饱和脂肪酸的转基因水芹。研究人员认为，这一成果，将有助于未来新一代健康蔬菜食品的开发与研究。

伦敦圣乔治医院营养学家凯瑟琳·科林斯说，这种转基因水芹可以直接食用，也可以通过喂养动物进入食物链后，再供人食用。这一成果，是功能性食品研究的又一进展。人体自身不能合成 ω-3 和 ω-6 多不饱和脂肪酸，只能从天然食物中摄取。大自然中，禽蛋类食品富含 ω-6，谷物、鲑鱼、大比目鱼和沙丁鱼

等冷水鱼中富含 ω-3。但由于鱼类资匮乏及污染导致的鱼肉毒素超标，研究人员一直在寻找富含这两种营养成分、又容易获取的食物来源。但一些人一直对转基因食品心存疑虑，这种"超级保健"水芹能否最终端上餐桌目前还不得而知。

（2）揭开水生作物菱角起源驯化之谜。2021 年 12 月 14 日，中国科学院武汉植物园邱英雄研究员率领的研究团队，在《植物生物技术》杂志网络版发表论文称，他们通过解析菱属植物的起源和驯化过程加深了对水生植物的多倍体起源、演化和驯化的认识，佐证了长江流域是我国农业文明的重要起源地。

菱角在我国栽培驯化历史十分悠久。史料记载，在南宋时期菱角已成为江南地区居民重要的食物来源。研究人员主要针对这种水生作物的起源和驯化展开研究。

据悉，研究团队通过基因组测序和组装获得了高质量的四倍体欧菱参考基因组，并对中国分布范围内的栽培欧菱、野生欧菱以及细果野菱共 57 个个体进行了重测序，确定了菱属存在 3 种基因组类型，即 AA、BB 和 AABB。模型模拟结果显示，二倍体欧菱（AA）与细果野菱（BB）的分化发生在约 100 万年前，气候动荡导致两物种在更新世中晚期，通过杂交形成异源四倍体欧菱（AABB）。

利用系统发育分析证实，所有栽培菱角均来源于二倍体欧菱（AA），起源于长江流域。与考古证据及历史文献记载一致，模型模拟结果支持栽培菱角的驯化历史最早可追溯至新石器时代（距今约 6300 年），并在南宋时期得到进一步改良，产生诸如乌菱等特色品种。研究人员的研究还为菱属的育种工作奠定良好基础。

2. 探索芦笋栽培的新进展

加深芦笋基因组测序的相关研究。2017 年 12 月 8 日，江西省农业科学院陈光宇博士主持，周劲松副研究员等参与的国际合作项目"芦笋基因组测序分析"研究团队，在《自然·通讯》杂志发表题为"芦笋基因组揭示 Y 染色体起源与演化机制"的论文，推进了芦笋现代育种技术及新品种选育方法的研究。

国际合作项目芦笋基因组计划由江西省农业科学院发起，2010 年 12 月在南昌正式签约实施，陈光宇任首席科学家。7 年间，先后有中国、美国、荷兰、意大利、德国、日本和泰国 7 个国家的 23 个研究机构参与，已成功组装出高质量的复杂芦笋基因组，绘制基因组参考图谱，并由此揭示天门冬属植物 Y 染色体起源与演化分子机制。

此次研究完成了对雌性抑制基因（SOFF）和雄性特异基因（aspTDF1）的分离鉴定，对提高芦笋全雄育种效率意义重大。芦笋雄株因不结果实消耗养分少，产量比同期生长条件相同的雌株高出 25% 以上，且寿命长，抗性强，全雄品种成为国际芦笋种子市场的宠儿。

利用这一研究成果，将可以通过基因型选择，精准育出高产、优质、抗病虫害等优良性状的芦笋新品种，解决长期困扰产业发展的育种周期长、难度大等问题，有了这一技术依托，因珍稀、名贵而远离大众消费的这种独特蔬菜有望迅速走上寻常百姓餐桌。

（二）探索蔬菜栽培的其他新信息

1. 破译世界性蔬菜害虫基因组

2013 年 1 月 13 日，福建农林大学副校长尤民生教授主持的课题组，与深圳华大基因研究院和英国剑桥大学等共同组成的研究团队，在《自然·遗传学》杂志网络版发表题为"小菜蛾杂合基因组揭示昆虫的植食性和解毒能力"的论文，表明他们在全球首次破译世界性蔬菜害虫小菜蛾基因组。此举奠定了中国在小菜蛾基因组研究领域的国际领先地位，并将为农业害虫的可持续控制提供新的研究思路。

小菜蛾又名小青虫、两头尖、吊丝虫等，属鳞翅目菜蛾科，是主要危害白菜、油菜、花椰菜、甘蓝、芥蓝、芥菜、榨菜、萝卜等十字花科蔬菜的一种重要的寡食性害虫，被认为是分布最广泛的世界性害虫。由于其发生世代多、繁殖能力强、寄主范围广、抗药性水平高，给防治工作带来极大的困难，在东南亚部分地区可造成 90% 以上的蔬菜产量损失，给蔬菜生产和餐桌安全造成严重影响，全世界每年因小菜蛾造成的损失和防治费用超过 40 亿美元。

小菜蛾基因组的破译，宣告世界上首个鳞翅目昆虫原始类型基因组的完成，同时也是第一个世界性鳞翅目害虫的基因组。该成果对于揭示小菜蛾与十字花科植物协同进化，及其抗药性的适应进化与治理等，均具有重要的科学价值。同时，也为鳞翅目昆虫的进化和比较基因组学研究，提供宝贵的数据资源。

2. 挖掘和繁育营养健康的原生蔬菜

2015 年 6 月，有关媒体报道，早春三月的一个午餐时段，位于肯尼亚首都内罗毕的"克奥瑟伟"餐馆人满为患。服务员不停地从厨房跑进跑出，将冒着热气的盘子端上桌，其中有深绿色的非洲龙葵，看上去充满活力的苋菜汤，以及腌好的豇豆叶。

如今，原生蔬菜正在当地兴起。它们填满了大型超市的货架，种子公司也开始繁育更多的传统品种。2011—2013 年，肯尼亚农民种植的这类绿叶蔬菜的面积增加了 25%。随着非洲东部的人们认识到这些蔬菜的益处，对这类作物的需求开始激增。

与此同时，来自非洲和其他地方的科学家正紧锣密鼓地研究这些原生蔬菜，旨在开发它们对健康带来的好处，并且通过繁育试验对其进行改良。他们希望，这些努力能让传统品种在农民和消费者中间更加流行。

对于肯尼亚乔莫·肯雅塔农业与技术大学园艺研究人员玛丽·阿布库萨来说，原生蔬菜让她回忆起了孩童时代。牛奶、鸡蛋和一些鱼都曾让阿布库萨病倒，因此医生建议她避开所有动物蛋白。于是，家里的女人们用房屋周围长得像野草一样的绿色蔬菜做成各种可口的菜肴。阿布库萨的母亲经常以非洲龙葵的泪珠状叶子、黏滑的长蒴黄麻以及豇豆的绿叶为原材料煮各种饭菜，而祖母总是将南瓜叶和花生酱或芝麻酱放在一起做菜。阿布库萨喜欢所有这些饭菜，并且在吃这些绿色蔬菜时，会配以在非洲东部常见的玉米糊状乌伽黎为主食。

阿布库萨选择在农业领域追求自己的事业，是因为想挖掘非洲原生蔬菜隐藏的潜力。在这个强劲和快速发展的领域，她被认为是非洲并逐渐成为全球的领军者。在内罗毕大学负责园艺学研究的简·安布科表示："她几乎像是肯尼亚原生蔬菜的母亲。"

阿布库萨在 20 世纪 90 年代开始，调查并收集肯尼亚的原生植物，旨在分析农民们正在使用的种子的生存力。在此后的几十年里，她主要关注蔬菜的营养属性。

由阿布库萨研究团队开展的研究表明，苋菜、蜘蛛草和非洲龙葵含有大量的蛋白质和铁，并且在很多情况下，含量超过甘蓝和卷心菜。这些蔬菜通常还富含钙、叶酸以及维生素 A、维生素 C 和维生素 E。阿布库萨一直在研究如何利用不同烹饪方法使营养功效最大化。

同原材料相比，煮熟和炸过的绿色蔬菜含有更多可利用的铁，并且能帮助对抗在非洲东部部分地区常见的贫血症。她说，这类蔬菜还是重要的蛋白质来源，它们对买不起肉的人来说是难得的营养品。

目前，阿布库萨正在研究原生蔬菜的抗氧化活性，以及它们对气候变化带来的影响具有多大适应力。大多数传统品种比非本地作物收获的速度快，因此如果全球变暖，导致雨季更加不稳定时，它们将成为最有希望的选择。在干旱时，粉苞苣的生命力尤其顽强，因为它会很快长出主根。阿布库萨说："如果气候变化导致雨季变短，它能生存下来。"她正在和其他研究搭档合作，挑选能忍受日益增加的降水和温度波动的蔬菜。

第二节　花卉作物栽培研究的新进展

一、研究蔷薇科花卉栽培的新成果

（一）探索玫瑰花栽培的新信息

1. 探索玫瑰花生理机制的新发现

发现对玫瑰花香形成至关重要的水解酶。2015 年 7 月 6 日，有关媒体报道，法国圣太田大学植物分子生物学家让·路易斯·马格纳领导的研究小组在《科学》杂志上发表论文称，他们发现了一个在玫瑰花香形成途径中发挥关键作用的焦磷酸水解酶—— RhNUDX1，这对揭示玫瑰花香的形成机理，并培育香气浓郁的玫瑰花品种具有重要意义。

玫瑰花的芳香程度，对于玫瑰油的提炼有重要意义。但是在长期育种过程中，许多玫瑰品种的芳香特征逐渐消失，而原因却不清楚。

马格纳说，通过对两种花香程度不同的玫瑰品种，进行转录组学分析发现，91 个基因在花香更浓的玫瑰品种中表达量更高，其中焦磷酸水解酶基因在两种玫瑰品种中表达量差异最大。该基因表达，与形成花香的香叶醇，以及其他单萜分子（一类植物特有的化合物）的含量，呈正相关。

研究小组通过对焦磷酸水解酶基因表达模式分析发现，该基因主要在花瓣中表达，在花瓣发育后期其表达量会升高。当该基因表达受到抑制后，花瓣中单萜类物质的含量大幅降低。研究表明，焦磷酸水解酶能够促进玫瑰花瓣中香叶醇的合成，从而提高花瓣芳香程度。玫瑰花的芳香程度，很可能依赖于焦磷酸水解酶基因的表达量，以及由焦磷酸水解酶所催化合成的单萜物质含量。

美国弗吉尼亚理工大学的多罗西·索尔教授表示，焦磷酸水解酶的发现揭示了玫瑰花瓣中香叶醇的一种特殊合成机制，同时也提出了新的科学问题。比如，植物为何进化出这种特殊机制？它何时产生？在其他植物中是否广泛存在？索尔认为，由该种酶介导的芳香醇合成途径，很可能是在玫瑰进化晚期形成，并很可能在其他植物中广泛存在，但若想精确回答上述问题，仍须进行大量后续研究。

2. 研究玫瑰花虫害防治的新进展

发现玫瑰花蕾中螨虫的藏身地。2019 年 4 月，美国园艺部门一个研究小组，在《环境园艺学报》上发布高分辨率图像显示，他们在玫瑰花花朵萼片里，找到螨虫躲避杀虫药的地方。

研究人员表示，下一次闻玫瑰花香不香时，可以留意一下里面有没有小小的螨虫。在研究过程中他们在玫瑰花蕾中发现了螨虫的藏身之所。这些以玫瑰为食的螨虫比一粒盐的体积还小，借助风在玫瑰花间移动，移动过程中会传播玫瑰花环病病毒。

自 20 世纪 40 年代初，人们发现这种极易传播的病毒以来，玫瑰花环病病毒如今已在美国 30 多个州间蔓延。它带来的症状包括花朵变形、花茎生出数量过多的刺等。由于传播这种病毒的螨虫踪迹极难探测，目前花朵染病后没有根治方法。

研究小组为了弄清螨虫何以造成如此严重的破坏，他们研究了患病玫瑰的茎、叶和花，将其与健康的玫瑰花进行比对，结果发现螨虫的容身之地，居然位于花朵萼片的微小绒毛里。这一十分隐蔽的藏身处让螨虫得以躲避杀虫药和各种喷剂的杀灭。该发现，或许能帮助花农找到阻止螨虫和病毒扩散的方法。

3. 探索玫瑰基因组奥秘的新进展

（1）成功破译玫瑰芳香和颜色基因。2018 年 5 月，法国、中国和德国科学家组成的一个国际研究团队，在《自然·遗传学》杂志发表研究成果称，他们成功破解玫瑰基因组的奥秘，确定了负责玫瑰芳香、颜色和多次开花能力的基因。

玫瑰花是情人节、婚礼和周年纪念的"宠儿"，常常被人们认为是爱的象征。同时，玫瑰花瓣也是价值数十亿美元的香水产业不可或缺的一种成分。破译现代玫瑰花的基因组信息，将有助于玫瑰花种植者进一步改善其对害虫以及干旱的抗性，同时还有助于提高玫瑰花瓶插的寿命。

研究人员表示，玫瑰花种植者总在寻找一些畅销的玫瑰品种，也就是试图把迷人的色彩和诱人的香味与抗虫性和低耗水量结合在一起。本次发布的玫瑰花基因组信息，可能有助于种植者加快对不同玫瑰花品种改良的进程。本次绘制的玫瑰花基因组图谱是以一种名为月季（Rosa chinensis）的花朵为试材，它于 18 世纪从亚洲引入欧洲种植。

研究团队发现月季拥有 36 377 个基因，它们对协调玫瑰花朵颜色和香味的蛋白质、生化路径进行编码。研究人员指出，当今数千个玫瑰品种，是由 200 个已知野生品种形成的，他们把这种月季确定为现代玫瑰的主要祖先之一，并认为月季对现代玫瑰花品种开发是非常重要的，月季虽然是一种普通的玫瑰类植物，但人们可从中获取让其四季重复开花的特性。

（2）破译玫瑰内在美的高质量基因组。2021年7月，南京农业大学园艺学院程宗明教授和陈飞博士等人组成的研究团队，在《园艺研究》发表研究论文称，他们破译首个玫瑰植物的基因组，达到高质量染色体的组装水平，并揭示玫瑰耐盐、耐旱等内在美的分子遗传基础，为玫瑰遗传学研究提供科技支撑，对于改良月季、蔷薇等品种的抗性具有较高的育种价值。

玫瑰在分类上属蔷薇目蔷薇科蔷薇属玫瑰种。玫瑰属于落叶灌木，枝干多刺，奇数羽状复叶，小叶5~9片。玫瑰花瓣呈倒卵形，花色有紫红色、白色等，果期8~9月，果实性状呈红色扁球形，看起来很像番茄。

玫瑰是一种良好的经济作物，花朵主要用于提炼玫瑰精油，玫瑰精油应用于化妆品、食品、精细化工等工业用途。而且，玫瑰还是风景园林里非常重要的观赏植物。其生态价值很高，可以抗旱、抗盐碱，因此在海边也能生长。很少有植物既能适应干旱环境，又适应沿海滩涂地带，比如在蔷薇科里的其他植物都没有这么强的生态适应性。玫瑰的原产地是中国，但正因为其抗盐碱，被引入美国东海岸，由于兼具诱人颜值和生存实力，它在北美洲沿海岸迅速繁衍。现在，玫瑰已成为美国东海岸沙滩上非常重要的当家植物。

该研究团队选用高度耐盐碱的野生滩涂玫瑰作为测序材料。然后使用先进的三代测序技术，获得高质量的7条玫瑰染色体序列，基因组大小为382.6Mb。与蔷薇科月季、草莓等基因组相比，该玫瑰基因组序列质量高、完整度好，序列具有高可信度。研究人员通过基因注释还获得玫瑰39 704个基因。

研究人员通过玫瑰与其他蔷薇科植物基因组的比较分析，发现月季中存在一个独特的大倒置片段，并发现草莓中存在全基因组三倍后事件引起的倒位片段。他们还发现在全基因组三倍后保留了与花发育和抗逆信号相关的基因模块。

研究人员称，玫瑰抗逆性比较突出，主要是由于玫瑰在长期进化过程中，保留了两个相关基因。他们发现这两个候选基因对玫瑰的生态适应性有很强作用，可能促成玫瑰这种独特能力以适应恶劣的环境。研究人员认为，玫瑰高质量基因组可为近缘物种比较研究提供很大便利性，将对蔷薇科果树遗传改良以及抗旱性、抗盐碱性改良，提供一些优异的基因资源。

（二）探索月季花栽培的新信息

解密现代月季花的基因组序列。2018年4月30日，法国农业科学研究院植物学家穆罕默德·本达曼主持，里昂大学、法国国家科学研究中心同行参加的一个研究团队，在《自然·遗传学》网络版发表论文称，他们解密了现代月季的基因组序列。现代月季拥有独特的颜色与香味，广受称赞。这项研究帮助人们从分子角度了解这背后的基因和代谢流程。

现代月季的基因组非常复杂，只有解码它的基因组，才能充分利用遗传信息改良该物种。但是，过去的现代月季基因组组装非常碎片化，难以破译。

法国研究团队运用长读长测序和小孢子培养方法，组装获得了月季的高质量基因组，该月季又名"粉月季"。这是现有的最完整的植物基因组序列之一。

研究人员可以把其与草莓、杏、桃、苹果和梨等植物的基因组进行比较分析，探索月季的起源和演化。将所得基因组信息与生物化学及分子分析结果相结合，可以揭示与颜色及香味相关的新的遗传路径。

本达曼等人还鉴定出了与开花相关的候选基因或能作为遗传改良月季栽培的标靶。研究人员认为这一基因组资源及其带来的新见解，为研究人员和育种者调控开花、颜色、用水效率，增强香味，延长月季瓶插寿命奠定了基础。

（三）探索梅花栽培的新信息

1. 绘制出首张梅花全基因组图谱

2012 年 12 月 27 日，北京林业大学张启翔教授率领的项目组，与深圳华大基因研究院及北京林福科源花卉有限公司等多家单位联合组成的研究团队，在《自然·通讯》网络版发表论文称，他们揭示出合成梅花花香中重要成分乙酸苯甲酯的 BEAT 基因家族，并构建完成首张梅花全基因组精细图谱。

梅花因其独特的花香，在很多诗词中成为人们吟诵的对象。那么，它的花香到底来自何处呢？该研究团队选取位于梅花起源中心的西藏野生梅花进行基因组测序，从基因组水平，揭示出合成梅花花香中重要成分乙酸苯甲酯的 BEAT 基因家族 34 个成员，在梅花基因组中显著扩增并且其中 12 个成员串联重复分布，从而使梅花具有独特的花香。研究人员推测梅花基因组中 6 个串联重复的 DAM 基因，以及它上游过多的 CBF 结合位点，是梅花提早解除休眠的关键因子，从而解释"踏雪寻梅"之说。

研究人员称，梅花全基因组测序的完成以及高密度遗传图谱构建，有助于揭示梅花花期早、花香独特等重要观赏性状的遗传基础，有助于挖掘与诸多重要性状相关的功能基因，为今后进一步揭示梅花花期、抗病调控机制、梅花及相关种属的分子育种奠定基础。

2. 发布蜡梅精细基因组图谱

2020 年 8 月 18 日，华中农业大学刘秀群和赵凯歌研究组、金双侠研究组联合西南林业大学陈龙清研究组，共同在《基因组生物学》杂志网络版发表研究成果，公布蜡梅的染色体水平精细基因组图谱。这项成果，系统研究了蜡梅花芽周年发育的生物学特性，破解了蜡梅独特香气之谜。

蜡梅是木兰类樟目蜡梅科蜡梅属植物，为我国历史传统名花，有上千年的栽培历史，是稀有的冬季开花的木本花卉。研究人员意识到对蜡梅进行全基因组测序的重要性。因此，他们利用二代测序和三代测序平台对蜡梅进行测序，结合相关技术获得了染色体水平的精细基因组。该基因组大小为 695.36Mb，99.42% 的序列锚定到 11 条染色体上。

研究人员分析发现，蜡梅经历了两次全基因组复制事件。其中较古老的全基因组复制事件，发生在樟科和蜡梅科分化之前，近期的全基因组复制事件发生在樟科和蜡梅科分化之后。蜡梅基因组在历史进化中经历了复杂的染色体断裂、融合及片段重组过程。

蜡梅因花期特殊、花香浓郁赋予其独特的观赏特性，广泛应用于盆景栽培、园林绿化、切花生产，具有极高的观赏应用价值。目前，几乎所有的中国园林绿地中都栽种有蜡梅。

研究人员称，蜡梅的抗寒性与花香有一定的关系。以前有研究表明，挥发性物质如果以糖苷态的形式贮藏起来的话，能够提高植物抗寒性，而在蜡梅花瓣中检测到大量花香挥发物以糖苷态形式存在。这很有可能是蜡梅花抗寒的关键因素。

研究人员发现，蜡梅花香的主要成分是单萜化合物芳樟醇，占花香总成分近 50%。基因的串联复制以及在花中选择性表达带来了芳樟醇合成酶剂量上的变化，进而导致蜡梅特征香气芳樟醇的形成。他们还发现，苯环类化合物乙酸苄酯也是蜡梅的特征香气成分。乙酸苄酯合成通路关键酶多数是通过全基因组复制和串联复制事件产生的，对蜡梅浓郁而独特香味的形成起到至关重要的作用。

二、研究兰科与菊科花卉栽培的新成果

（一）探索兰科花卉栽培的新信息

1. 调研野生兰科花卉的新发现

（1）丽江玉龙雪山再现特有濒危植物玉龙杓兰。2019 年 8 月 7 日，新华社

报道，中国科学院昆明植物研究所丽江高山植物园研究团队向媒体披露，他们在玉龙雪山野外考察时，发现了我国特有濒危植物玉龙杓兰的野外居群。

该研究团队明升平助理工程师介绍道，玉龙杓兰是杓兰属植物，仅分布在云南省西北部，由植物学家乔治·福雷斯特于 1913 年在丽江地区采集并命名，属于极小种群野生植物，其受威胁等级被世界自然保护联盟评价为濒危。

明升平说，由于生存环境丧失和人为因素干扰，玉龙杓兰命名后一直保持着神秘状态。该研究团队于 6 月 8 日在玉龙雪山自然保护区考察时，发现了一个单丛 40 余株的玉龙杓兰野生居群。玉龙杓兰再现玉龙雪山，说明近年来保护区保护工作成效显著。

研究人员观察研究这一玉龙杓兰野外居群，发现其叶片上的斑点并不是一个稳定的性状，同一居群同时存在有斑点和无斑点的叶片，容易和小花杓兰混淆，这是对玉龙杓兰形态学分类的一个重要补充。

据介绍，研究人员将通过人工授粉扩大结实量，利用种子无菌萌发技术，扩大种群数量进行人工保育，并联合玉龙雪山省级自然保护区管护局对这一野外居群加强保护和研究。

（2）发现 31 个野生兰科植物新种。2021 年 12 月，有关媒体报道，全国野生兰科植物资源专项调查项目组公布的阶段性重要成果表明，他们查清了云南、广西、西藏等 16 个兰科重点分布区域野生兰科植物的种类和分布情况，发现了贡山小红门兰、米林舌唇兰、中华珊瑚兰等 31 个新种，条纹双唇兰、广椭牛齿兰等 12 个中国新记录种。

近年来，由于无序开发利用和原生地生态系统退化等因素，导致野生兰科植物资源急剧减少，甚至区域性灭绝，全面加强保护已迫在眉睫。为加大我国兰科植物资源保护力度，建立科学的管理监测体系，国家林业和草原局于 2018 年启动全国野生兰科植物资源专项调查项目。至今共完成样方调查 78 776 个，记录兰科植物约 13.2 万次，记录物种约 1258 种。其中约 800 种原生兰科植物在植物园中得到迁地保护，约 65% 的物种在自然保护区有分布。

我国是世界兰科植物多样性最丰富的国家之一，目前记载兰科植物共 181 属 1745 种。其中，国家重点保护的野生兰科植物占我国重点保护野生植物种类总数的 1/4。兰科植物具有重要的经济价值和独特的观赏价值，在我国开发栽培历史悠久，并形成了独特的"兰文化"。

2. 探索兰花基因组测序的新进展

公布首个兰花基因组完整序列。2014 年 11 月 24 日，清华大学深圳研究生院黄来强教授，与国家兰科植物种质资源保护中心刘仲健教授主持，台湾成功大学、中国科学院植物研究所、比利时根特大学、深圳华大基因研究院、华南农业大学林学院等机构参与的研究团队，在《自然·遗传学》杂志以封面文章形式，公布了植物界种类最丰富的家族之一兰花的全基因组。

兰花具有独特的吸引昆虫完成传粉的机制，吸引了自达尔文以来无数的演化生物学家和植物学家，对其进行大量细致的观察和研究。全世界大量的兰花爱好者，也沉醉于这个至今仍不断有新物种发现的植物大家族。然而兰花生物多样性的遗传基础，是哪些基因导致兰花演化出如此丰富的多样性，一直是悬而未决的问题。

本项研究成果，完成了小兰屿蝴蝶兰全基因组测序和组装，这是一种广泛用于杂交育种的具有重要园艺价值的兰花。同时，小兰屿蝴蝶兰也是第一个全基因组测序的景天酸代谢植物。所谓景天酸代谢，是指生长在热带及亚热带干旱及半干旱地区的景天科肉质植物，所具有的一种光合固定二氧化碳的附加途径，这类植物通过改变其代谢类型来适应环境，因此虽然生长慢，但能在其他植物难以生存的生态条件下生存和生长。

从基因组序列上看，小兰屿蝴蝶兰共有 29 431 个蛋白编码基因。这些蛋白编码基因的平均内含子长度达到 2922 碱基对，这一长度显著超过迄今为止所有植物基因组中平均内含子长度。进一步分析发现，蝴蝶兰内含子中大量转座元件是蝴蝶兰超长内含子的主要原因。

由于基因组中含有杂合性区域，这为蝴蝶兰全基因组测序和组装带来巨大挑战。研究人员发现兰花基因组中重叠区域可能是由杂合产生，在参与自交不亲和途径的基因中尤为富集。这些基因也是下一步分析兰花自交不亲和作用机制的候选途径之一。

与其他许多植物基因组相似，研究人员也在这种植物中发现了一种兰花特有的古多倍化事件，即古代植物细胞中基因成倍复制，这也许能用于解释为何兰花会成为地球上最大的植物家族之一。研究人员还通过比较其他植物基因组同源基因，发现随着兰花品系发展，出现基因重复和景天酸代谢基因丢失的现象，这表明基因重复事件可能导致蝴蝶兰景天酸代谢光合作用的演变。

（二）探索菊科花卉栽培的新信息

1. 培育菊科花卉特色品种的新进展

（1）通过基因重组培育出蓝色菊科大丽花。2012 年 6 月 5 日，日本千叶大学研究生院园艺学教授三位正洋率领的研究小组，对当地媒体宣布，他们通过基因重组，在世界上首次培育出蓝色的菊科大丽花。

原产墨西哥的菊科大丽花，颜色非常丰富，但没有开蓝花的自然品种。研究人员说，他们是在粉色的单瓣品种大丽花"大和姬"中，植入开蓝花的鸭跖草的蓝色基因，培育出开蓝紫色花朵的大丽花，然后再与重瓣的大丽花杂交，最终培育出重瓣的蓝色大丽花。

它们的种子培育出的下一代也非常稳定，能够继续开蓝色花朵，并且能够与其他颜色的大丽花杂交。三位正洋表示，接下来研究小组还准备把蓝花品种与其他品种杂交，培育出形态更优美、蓝色更深的新品种。

（2）首次培育出蓝色菊花。2017年7月，日本农业和食品产业技术综合研究机构野田尚信等人组成的研究团队，在《科学·转化医学》杂志上发表论文称，蓝色花卉给人高贵、冷艳的感觉，但人们常见的观赏花卉却少见蓝色。他们利用植物转基因技术，第一次在世界上培育出一种"真正蓝色"的菊花。

菊花、玫瑰、康乃馨和百合等花卉，是全球花卉市场上的主要观赏植物。研究人员介绍说，虽然这些花卉已经有了白色、黄色、橙色、红色、洋红色和绿色的品种，但一直没有培育出蓝色品种。因此，培育出蓝色品种，引起花卉行业以及园艺与植物科学界的特别兴趣。

自然界中的天然蓝色花卉，通常产生被称为花翠素的蓝色色素。但此前研究发现，利用人工方法让常见观赏花卉含有花翠素，培育出的不是蓝色花，而是紫色或紫罗兰色花。

该研究团队此次的新方法涉及两种基因。首先，他们把蓝色风铃草的一种基因"插"入菊花，修改花翠素让花朵呈紫色；其次，他们"插"入来自蝶豆花的第二种基因，这种基因给花翠素增加了一种糖分子，结果菊花就变成了"真正的蓝色"。研究人员称："这是此前从未报告过的新方法，它简单实用，是培育各种观赏植物开蓝色花的一种很有前景的途径。"

2. 研究菊花基因组测序的新进展

率先完成菊花全基因组测序。2017年12月7日，有关媒体报道，中国中医科学院中药研究所和安利植物研发中心联合组成的研究团队，对外发布消息称，他们在菊花全基因组计划获重大进展的同时，还完成重要的药用菊花品种杭白菊的全长转录组遗传信息发掘。此举使我国成为世界上首次完成菊属植物菊花全基因组测序的国家。

据了解，菊属植物染色体结构复杂，包含从 $2n=18$ 到 $8n=72$ 之间的各种染色体组结构。生产上作为菊花茶使用的菊花，如著名的杭白菊，是一个复杂的多倍体物种，有多套二倍体亚基组成。菊属是一个非常大的植物分类单位，包括菊组和苞叶组两大分支。而被广泛熟知的野菊花、甘菊、菊花、异色菊等，都属于菊组，该分支植物主要特点为全部总苞片草质，边缘白色、褐色、棕褐色或黑褐色膜质。

面对菊花的复杂染色体遗传结构以及丰富的种质资源多样性，进行菊花基因组测序，对于揭示菊属物种的起源进化及物种多样性具有重要意义。对此，2016年，中国中医科学院中药研究所和安利植物研发中心共同开启科研攻关，最终利用纳米孔测序技术，突破复杂基因组测序，在菊属植物研究中迈出人类认知的重要一步。

研究人员称，菊花基因组测序的完成，不仅对菊属的物种多样性研究、菊花的遗传进化机制研究和分子遗传育种等研究工作具有重要的意义，而且对研究具有重要药用价值的多倍体药用菊花杭白菊具有重大的参考价值。他们在全球率先使用纳米孔测序这一最新的测序技术，完成高等植物中全基因组测序，并克服之前在二代测序技术时代解决不了的高杂合、高重复基因组组装的难题，此举必将极大推动植物基因组，尤其是药用植物基因组研究的发展，是本草基因组学研究的一项重要突破。

该研究团队透露，相关研究成果和基因组数据自即日起，在中国中医科学院中药研究所官网及安利植物研发中心学术研究网站公布，免费向全世界研究菊花的学术团队和非营利组织开放。

三、研究毛茛目与百合目花卉栽培的新成果

（一）探索毛茛目花卉栽培的新信息

1. 研究毛茛目芍药科花卉栽培的新进展

首次破译"花中之王"牡丹的基因组。2017年9月26日，新华社报道，洛阳农林科学院与深圳华大基因农业控股有限公司，共同召开新闻发布会宣布，中国科学家在世界上首次成功破译牡丹基因组。研究和应用牡丹基因组成果，可实现牡丹科研上的根源性创新、解决牡丹育种周期长且效率低等技术难题，将会大大促进牡丹产业的发展。

研究人员介绍，牡丹基因组的破译，在国际植物基因组研究上，填补了芍药科植物基因组的空白，在牡丹研究方面具有里程碑意义。此次破译取得三项世界领先成果：第一，首次完成牡丹基因组精细图的绘制，使"数字化牡丹"精彩呈

现。完成牡丹基因组组装大小 12.25Gb，拼接片段重叠群 N50 为 128Kb，基因组完整度 98%，双端比对率 98.8%，锚定染色体 85% 的基因组精细图谱，实现了超大基因组三代测序技术的完美组装。第二，首次注释 65 898 个牡丹基因，使"定制化牡丹"成为可能。获取包含牡丹花形、花色控制基因及与牡丹籽油合成相关的基因，为精准化牡丹分子育种提供了技术支撑。第三，首次构建牡丹基因组及表型数据库，使"信息化牡丹"触手可及。依托研究成果建成牡丹基因组数据库，涵盖 1000 余份牡丹品种资源，从基因视野对牡丹进行分类、甄别，实现大数据查询应用。

研究人员表示，基于此项研究成果，可以更加科学地做好牡丹品种资源的溯源、保护工作，可以实现牡丹精准定向分子育种，可以加快牡丹产业化发展。

据了解，牡丹基因组极其复杂，达 12.5Gb，约是人类基因组的 4.5 倍。2014年 12 月，洛阳市政府、深圳华大基因签署协议，共同开展洛阳牡丹基因组学研究。双方经过近三年的协作攻关，动用包括国家银河超算在内的各种科研资源，应用全球最先进的第三代测序技术，在世界上首次破译牡丹基因组。

2. 研究毛茛目莲科花卉栽培的新进展

（1）历经两年迎来圆明园古莲盛开。2019 年 7 月 9 日，《中国科学报》报道，中国科学院植物研究所高级实验师张会金等组成的研究小组把圆明园考古发掘所得 11 颗古莲种子中的 6 颗培育成活，它们已在圆明园荷花基地开花，可满足现代人的好奇。

这 11 颗古莲子，是 2017 年在圆明园静香池考古工作中发掘出来的，其中有 3 颗用于碳 14 测年。其余的 8 颗中有 6 颗，经过科学家们两年的悉心培育，最终"复活"。

古莲种子中培育而来的莲花与今天的莲花并无不同，古莲种子能在地下存活百年以上，其结构功不可没。它的外表皮具有一层既厚又致密的栅栏组织，使种子内部不易受外界腐蚀。同时，莲子长埋于地下，不受空气干扰、温度恒定，便于长期保存。此外，莲子中含有的抗坏血酸和谷胱甘肽等化合物比其他植物高若干倍，这类化合物的存在也是莲子长寿并保持萌发力的重要原因。

（2）培育出 5 个获得国际认证的荷花新品种。2019 年 11 月 27 日，新华社报道，中国科学院武汉植物园研究人员杨美、刘艳玲等人培育的 5 个荷花新品种通过国际睡莲及水景园艺协会认证，并获得该协会授予的认证证书。这 5 个荷花新品种分别是绛芙蕖、秋牡丹、早白雪、武植子莲 1 号和武植子莲 2 号。

据悉，国际睡莲及水景园艺协会是国际莲属植物新品种登录的权威认证机构，获得这一机构认证，意味着这些荷花新品种得到了国际认可。中国科学院武汉植物园相关负责人说，自 2015 年开始国际登录认证荷花新品种以来，中国科学院武汉植物园迄今已有 14 个荷花新品种获得国际认证，其中大部分品种属于长花期秋荷品种，引领着国际长花期秋荷育种的方向。

研究人员表示，秋荷系列品种在长江中下游及其以南地区的正常自然条件下，整体花期可从 6 月持续到 10 月下旬，突破了只能夏季赏荷的限制。栽种这些品种，在秋末初冬仍然能够看到荷花盛开的美景，可以满足公众国庆和中秋赏荷的需求。

（3）破译荷花遗传密码的莲基因组数据库。2021 年 2 月，有关媒体报道，武汉市园林科学研究院和中国科学院武汉植物园携手，研发出破译荷花遗传密码的莲基因组数据库。目前，该数据库在国际知名学术期刊公布，供各国荷花研究人员免费共享。

据介绍，水生植物莲是地球上最早出现的开花植物之一。研究发现，早在约 1.4 亿年前蕨类植物和恐龙称霸地球的时代，在北半球许多水域已有莲的分布。莲浑身是宝，用途极广，具有食用、药用、观赏等价值，是我国重要的水生经济作物，分布于我国南方诸省。

武汉市园林科学研究院具有悠久的荷花研究传统与历史，目前收集、栽培国内 300 多个荷花品种，2018 年以来还引进栽培美洲莲，以及印度、泰国、越南等国的莲品种。中国科学院武汉植物园在莲属植物的科研上全国领先，2013 年完成中国古代莲的基因组测序和分析，绘制了基因组框架图谱。

2019 年 12 月，两家单位的学者联手打造的莲基因组数据库问世。2020 年 9 月，这个数据库取得国家版权局授予的计算机软件著作权。2021 年 1 月，该数据库在学术期刊《科学数据》网络版发表。中国科学院武汉植物园李会博士和武汉市园林科学研究院杨星宇博士，为论文并列第一作者。目前，研究样本的基因组相关数据，已上传至全球通用的 NCBI 数据平台，对全球学术用途公开。

研究人员表示，这个数据库有助于莲的群体遗传学和分子育种的相关研究，以及全面了解莲全基因组的遗传变异特征。通过数据追溯了解莲的栽培驯化历史，以便培育高产、优质的新品种，同时提高育种技术水平和速度。从这个意义上讲，该数据库是一把破解荷花分子遗传密码的"金钥匙"。

3. 研究毛茛目睡莲科花卉栽培的新进展

获得蓝星睡莲的高质量基因组。2019 年 12 月 19 日，福建农林大学、南京农业大学、比利时根特大学、复旦大学、美国宾州州立大学等单位相关专家组成的一个国际研究团队，在《自然》杂志网络版发表论文称，他们已获得蓝星睡莲的高质量基因组，并对其进行了分析，为破解开花植物如何在2亿年内快速占领地球之谜，迈出关键一步。

作为开花植物的代表之一，睡莲不仅是世界多地公园、小区池塘中的"常客"，乃至出现在多国国徽、国旗、钱币、邮票上，体现了其分布的广泛性。专家介绍，开花植物的快速辐射能力，被达尔文认为是"恼人之谜"：自2亿年前起源至今，开花植物已产生30多万种，而其兄弟裸子植物只有800多种。

研究人员称，基于睡莲基因组数据的分析结果显示，睡莲祖先发生过多倍化，且多倍化对睡莲的起源和广泛分布有贡献，加深了人们对多倍化的认识。由于睡莲在开花植物进化过程中的独特位置，研究结果对揭示开花植物起源和进化具有重大意义。此外，这项研究成果对睡莲的花色花香途径进行了解析，对园艺植物的花色花香研究具有重要参考价值。研究人员说，比如睡莲有独特的蓝色花瓣，是很多育种学家想复制到其他观赏花卉的颜色。

（二）探索百合目花卉栽培的新信息

1. 研究百合目百合科郁金香栽培的新进展

成功破译郁金香的基因组。2017年11月，《中国花卉报》报道，荷兰橙色多盟集团，与荷兰最大的DNA分析实验室baseClear，以及荷兰莱顿市专业基因组学中心Generade等机构联合组成的研究团队成功测出郁金香的基因组DNA序列，并将此科研成果公布于世。此成果对未来郁金香的生产和繁殖将产生较大影响。

郁金香的基因组数量庞大，它的一条染色体就相当于人类整个基因组。DNA的组合和排序，决定郁金香的遗传特性。郁金香基因组中含有大量相同的DNA，这些片段可以完整分离，人们借助DNA测序技术，可以把这些DNA读取出来。之后在育种过程中，可以将与理想性状相关的基因进行重组，以便将这些优良性状结合到一起，而这项成果将很快应用到郁金香的育种中，新的优良品种也会很快出现。橙色多盟研发总监汉斯·霍伊维尔表示，掌握郁金香基因组信息，可以有针对性地培育抵抗常见疾病的郁金香新品种，这也将减少植保产品的使用，降低后期维护成本。

baseClear首席执行官贝斯·瑞查特表示，郁金香基因组测序成功，说明基因组技术在观赏园艺领域有不可估量的影响，使用这项技术将进一步加快观赏园艺的发展，为环保事业添贡献。郁金香行业正面临经济挑战，基因测序成功，使这一行业又向前迈出一大步。

2. 研究百合目石蒜科水仙花功用的新进展

受水仙花茎启发设计出稳定结构。2016 年 6 月，韩国首尔国立大学力学专家崔海川和亚洲大学同行等组成的研究小组，在《流体物理学》杂志上发表论文称，他们研究中受到水仙花茎的启发，发现拥有扭曲的螺旋形状和椭圆形横截面的结构能减少阻力，并消除侧向力的波动。

1940 年，塔科马海峡吊桥以戏剧性的方式坍塌：在风中轻轻摇晃，然后突然断裂并掉到下面的水中。随着风吹过大桥，气流诱发了来回振荡的侧向力。这促使大桥在开通仅数月后便发生了坍塌。这种类型的侧向力振荡还会破坏天线、塔台和其他结构。

无论风何时吹过细长的物体，侧向力都会发挥作用。比如，当人从一辆正在行驶的汽车一侧伸出胳膊时，空气会在胳膊周围流动，并且形成以交替方式从胳膊前面和后面脱落的旋涡。这种旋涡脱落会将周期性外力传给人的胳膊。

为找到减少这些力的方法，研究人员向大自然寻求灵感。他们特别研究了水仙花茎的形状。水仙花茎扭曲且形似柠檬的横截面，使其能避开风并保护花瓣。

研究人员利用计算机模拟，探究了水仙花茎扭曲成螺旋形的椭圆柱时，其周围的流体动力学。他们在平稳的层状气流以及更狂暴的风中测试了各种变化，比如拥有更加椭圆的横截面或更似螺旋状。在两种情形下，水仙花形状呈现出很大的不同。

崔海川表示："一些呈螺旋形扭曲的圆柱避开了旋涡脱落，导致阻力减少并且使侧向力变为零。"同圆形柱子相比，水仙花形状使层状气流和湍流气流的阻力分别减少 18% 和 23%。

四、研究花卉作物栽培的其他新成果

（一）探索其他木本花卉栽培的新信息

1. 研究杜鹃花栽培的新进展

绘制成杜鹃花的高质量基因组图谱。2020 年 10 月，北京林业大学林木分子设计育种高精尖创新中心，联合中国科学院植物研究所以及比利时、瑞典、加拿大等国专家组成的一个研究团队，在《自然·通讯》杂志上发表论文称，他们破译了杜鹃高质量的基因组图谱及其构成特点，揭示了花色形成相关的基因调控模式、关键的转录因子及结构基因，为杜鹃花关键性状遗传机制研究和高效分子设计育种技术，提供重要基础。

野生杜鹃花又名映山红、照山红、山踯躅和山石榴等，主要分布在我国东部。它是当前万余个园艺杜鹃花品种的原种，也是百余年来欧美日等国杜鹃花杂交育种的主要亲本。

该研究基于长读长测序技术，获得杜鹃花高质量的基因组组装和功能注释，并识别开花和花色相关的重要代谢调控通路。同时利用基于时间序列的基因共表达分析，揭示出与花色决定有关的等级基因调控网络，检测到 MYB、bHLH 和 WD40 三个转录因子家族成员，可能构成复合体从而共同决定着花色形成。

杜鹃花是著名花卉，我国十大名花之一，具有较高观赏价值。杜鹃花属包括约 1000 个野生种和 3 万多个栽培品种，因其丰富、多样的美丽花冠而闻名于世。多样的杜鹃花品种，在欧洲、北美和亚洲各国，作为盆栽植物和景观灌木的地位日益突出。仅在比利时栽培杜鹃花的年产量已达 4000 万盆。

尽管具有全球范围认可度和庞大的产业规模，但杜鹃花的选育途径还停留在基于表型性状的亲本选择与杂交，关键性状决定机制不明，高效精准的现代育种技术体系还未建立。解析高质量杜鹃花植物基因组，是杜鹃花功能研究和高效分子设计育种的前提基础，对杜鹃花产业发展有重要推动作用。

2. 研究木槿花功能的新发现

发现木槿花提取物具有抗癌功能。2019 年 11 月 20 日，韩媒报道，韩国山林厅国立山林科学院与忠北大学药学院李美京教授课题组共同组成的研究团队，在《植物化学通讯》杂志发表论文称，他们研究显示，在韩国国花木槿花中，发现了具有抑制肺癌细胞增殖效果的新抗癌物质。

报道称，研究团队从木槿花根提取物中，分离出 6 种抑制肺癌细胞增殖的天然化合物。并在此过程中，首次发现了迄今为止从未报告过的 3 种新物质。

研究人员对从木槿花中提取的 6 种天然物质进行分析后发现，它们可以抑制人体肺癌细胞株的增殖，特别是新发现 3 种物质中的 1 种物质，其抗癌效果较其他物质相比，极为显著。研究人员表示，此次研究结果正在韩国国内申请专利。

国立山林科学院森林资源改良研究科科长表示，此次研究结果，确认了木槿花药用材料开发的可能性，具有很大的意义。另外，今后也会通过木槿花研究，发掘新的功能性有用物质，同时继续进行培育研究。期待能对今后利用植物成分提取物来研究开发抗癌剂方面，做出巨大贡献。

（二）研究其他草本花卉栽培的新信息

1. 牵牛花栽培与育种探索的新进展

（1）用金鱼草基因培育出黄色牵牛花品种。2014 年 10 月，日本基础生物学研究所发表公报称，他们与鹿儿岛大学和三得利全球创新中心的同行合作，通过向牵牛花植入金鱼草基因，成功培育出了黄色的牵牛花品种。

日本江户时代的文献中，记载有"像菜花一样的黄色牵牛花"。但这一品种，却未能保留下来，现代人无缘得见，所以黄色牵牛花也被称为"梦幻牵牛花"。

牵牛花最初只开蓝花，经过多年的改良与培育，现已有红色、桃色、紫色、茶色、白色等多种颜色品种。一般来说，开黄色花需要植物体内有类胡萝卜素、橙酮等黄色色素，而牵牛花恰恰缺乏这些色素。研究人员注意到，在开黄花的金鱼草体内，有两种基因能利用奶油色色素查耳酮合成黄色色素橙酮，于是向开奶油色花的牵牛花品种植入这两个基因，成功使其开出了黄色的花，并使花瓣更为舒展。

（2）发现牵牛花种子可胜任星际旅行。2017年5月，法国国立农业研究所凡尔赛宫研究中心名誉植物学家戴维·特普弗与法国巴黎-默东天文台退休物理学家释尼·里奇等人组成的一个研究小组，在《天体生物学》杂志上发表论文称，他们一项新的研究发现，天然防晒剂能够帮助牵牛花的种子，在足以灼伤大多数人类皮肤的紫外线辐射剂量下幸存下来。研究人员指出，普通开花植物的耐寒种子，甚至可能在一次行星间的旅程中幸存下来。

这项研究始于10年前，当时宇航员把大约2000粒来自烟草植物和一种名为拟南芥的开花植物的种子，放在了国际空间站的外面。在558天里，这些种子暴露于高水平的紫外线、宇宙辐射和极端温度波动下，即这些条件，对于大多数生命形式而言都是致命的。

不过，当这些种子于2009年回到地球时，大约有20%的种子发芽并成长为正常的植物。特普弗表示："种子非常适合储存生命。"

但是，科学家刚刚开始了解这些种子是如何存活下来的。如今，10年后，他们仔细研究了其中一些太空旅行种子的脱氧核糖核酸（DNA）。科学家着眼于那些没有人试图发芽的种子，它们在离开地球之前便已经在基因组中插入了一小段遗传密码。这段编码让研究人员测试了暴露在太空中的DNA的结构和功能，进而发现两组DNA都存在退化现象。研究人员指出，一些DNA的结构单元可能发生了化学融合过程，在这一过程中，遗传密码往往会失活。他们推测，被波长很短的紫外线损坏的种子，如果能够随着生长修复DNA损伤，则有可能发芽。

然而，研究人员想看看一粒种子到底能够承受多大的虐待。在实验室后续试验中，他们把牵牛花、烟草和拟南芥等3种植物的种子，暴露在高剂量的紫外线下。最终，他们认为，牵牛花的种子可能基于它们较大的外壳、坚韧的种皮，从而有能力在土壤中存活超过 50 年。

研究人员发现，只有牵牛花的种子，在暴露于大约是通常用来消毒饮用水剂量 600 万倍的紫外线下之后依然能够发芽，而这一剂量会杀死更小的烟草和拟南芥的种子。

研究小组指出，包含黄酮类（一种可作为天然防晒剂的在红酒和茶叶中常见的化合物）的一个保护层可能与牵牛花种子的这种超强生命力有关。特普弗说，给动物喂食含有高黄酮类化合物的饮食，可能会提高它们抗紫外线的能力，从而使它们更适合于星际旅行。

2. 矮牵牛花生理现象探索的新进展

（1）破解矮牵牛花蓝色之谜。2014 年 1 月，一个由植物学家组成的研究小组，在《细胞报告》杂志网络版上发表论文称，世界各地大多数苗圃架子上摆放的鲜花，招展着自己五颜六色的花瓣：黄色、白色、粉色、紫色、红色和绿色。但是，蓝颜色的花却很不常见。现在，他们不仅发现一些矮牵牛花会开出蓝色花瓣，而且已经探明了其中的原因。

研究人员称，这些花，与那些人们熟知的经典红色和紫色矮牵牛花不同。他们发现，蓝色矮牵牛花发生了基因突变，使这种植物细胞中的两个"泵"失灵。

在正常情况下，这些泵能够确保花瓣细胞内的大隔层，保持与一杯咖啡相当的酸度。离开这些泵，花瓣隔室的酸性降低，花瓣化学成分的变化会改变光在花瓣上的反射路径，这就赋予花朵呈现出迷人的蓝色。这项研究成果，可能引导出设计玫瑰和兰花等其他植物品种的新方法，使它们生长出稀有的蓝色花瓣。

（2）发现能帮助矮牵牛花释放花香的关键蛋白。2018 年 6 月，植物生物学家芬米拉约·阿德贝辛、弗朗西斯卡·埃贝尔和乔纳森·格申松等人组成的研究小组，在《视角》杂志发表论文称，他们发现了一种关键蛋白，它能帮助矮牵牛花释放花香。

尽管花朵释放的化合物常常沁人心脾，但它们的意义远不只是宜人的气味；挥发性有机化合物对吸引传粉和播散种子动物、抵御地表上下食草物种和病原体、植物间信号传导都起着不可或缺的作用。在有些情况下，它甚至会干扰竞争植物的生长和成功繁育。然而，它是否通过跨越植物细胞膜做主动转运，还是仅通过简单扩散，则仍然未知。

阿德贝辛用处于脱苞期的某一天及第二天开花期的矮牵牛花的 RNA 测序数据，来确认蛋白表达的转变，这两个时期分别是矮牵牛花挥发性有机化合物释放量最低和最高的发育阶段。当矮牵牛花过渡至挥发性有机化合物高释放状态时，研究人员发现了 PhABCG1 蛋白，预计它有助于挥发性有机化合物的跨细胞膜转运，其表达几乎全部处于绽放花朵的花瓣之中。

研究人员发现，当他们把 PhABCG1 的表达水平降低 70%~80% 时，挥发性有机化合物的释放总量会减少 52%~62%。这些发现表明，PhABCG1 充当的是一种挥发性有机化合物跨越细胞膜的关键性转运蛋白，尽管其他转运蛋白还有待发现。

3. 金鱼草花基因组测序研究的新进展

合作破译金鱼草花基因组密码。2019 年 1 月，有关媒体报道，中国科学院遗传与发育生物学研究所薛勇彪研究员主持，该所梁承志为主要成员的研究团队，与英国等科学家一起，发布了金鱼草花全基因组精细图谱，展示了金鱼草花的进化历程，或为揭开其迷人花色提供线索。

金鱼草花经历数千万年的进化，花色日益多样，观赏价值越来越高，终于形成今日所见的艳丽形象。其绽放之时，花瓣裂为上下两唇，上唇为对称的两裂，下唇 3 裂，酷似一条金鱼，也因此得名为"金鱼草"。

研究人员称，他们完成了一个近乎完整的金鱼草花栽培品种 JI7 的基因组序列，结合遗传图谱辅助组装策略得到了金鱼草花 8 条染色体的分子序列，注解得到含有 37 714 个蛋白质编码基因和 800 个 microRNA 基因，基因组图谱的覆盖度达 97.12%。

在这个过程中，研究人员惊喜地发现，大约 5000 万年前，金鱼草花的祖先发生了特殊的全基因组复制事件，这促使了它获得新的性状：两侧对称，而这个时间与蜜蜂大规模出现的时间是一致的。这也说明，金鱼草花作为一种虫媒植物，其进化及变异与蜜蜂具有密切关系。

第三节　瓜类作物栽培研究的新进展

一、研究黄瓜与甜瓜栽培的新成果

（一）探索黄瓜栽培的新信息

1. 黄瓜基因组测序研究的新进展

（1）绘制出黄瓜基因组精细图。2009 年 11 月 1 日，由我国科学家主导的国际黄瓜基因组研究团队，在《自然·遗传学》杂志网络版，发表了世界第一篇蔬菜作物基因组测序和分析的重要论文，研究了黄瓜和其他瓜类作物的遗传改良和基础生物学，还研究了植物维管束系统的功能和进化，这是国际黄瓜基因组计划第一阶段所取得的重大成果。

国际黄瓜基因组计划，由中国农科院蔬菜花卉研究所于2007年年初发起并组织，由深圳华大基因研究院承担基因组测序和组装等技术工作。参与单位包括中国农业大学、北京师范大学、美国康奈尔大学、威斯康星大学和加州大学戴维斯分校、荷兰瓦赫宁根大学以及澳大利亚多态性芯片技术中心。这是由我国发起的第一个多边合作的大型植物基因组计划。

黄瓜基因组共有约3.5亿个碱基对。项目采用了新一代测序技术，自主开发了一套全新的序列拼接软件，成功地以较低的成本绘制了黄瓜基因组的精细图。这一套测序策略，已经成为了其他植物基因组测序的模式。

研究团队在黄瓜基因组中共发现了26 682个基因。项目创建了包含1800个分子标记的高密度遗传图谱，把基因组的2万多个基因定位在染色体上。目前，已发现与黄瓜产量、品质、抗病性等重要农艺性状相关的候选基因300多个，克隆苦味基因和抗黑星病基因，还与上海交通大学合作克隆跟产量相关的性别决定基因，这些给分子育种提供了快捷准确的工具。

黄瓜有7条染色体，而甜瓜有12条染色体。这项研究表明，黄瓜7条染色体中的5条是由甜瓜的12条染色体中的10条两两融合而成的，这一发现解决了葫芦科染色体进化上一个多年未解的难题。在基因区域，黄瓜和甜瓜有95%的相似性，和西瓜也有超过90%的相似性。黄瓜的基因组序列将推动所有瓜类作物的生物学研究和遗传育种。

植物的维管束系统相当于人体的血管，是植物营养运输和长距离信号传导的主要通道。黄瓜是维管束研究的模式系统。黄瓜基因组研究首次揭示了800个与维管束功能相关的基因，并且发现它们所在的基因家族在低等植物向高等植物进化的过程中得到了扩增。

（2）构建完成黄瓜全基因组遗传变异图谱。2013年10月20日，中国农业科学院蔬菜花卉研究所黄三文研究员率领的国际黄瓜基因组研究团队，在《自然·遗传学》网络版发表论文称，他们对115个黄瓜品系进行深度重测序，并构建包含360多万个位点的全基因组遗传变异图谱，为全面了解黄瓜这一重要蔬菜作物的进化及多样性提供新思路，并为全基因组设计育种打下基础。

黄三文研究员介绍道，黄瓜源自喜马拉雅山脉南麓，本是印度境内土生土长的植物。野生黄瓜果实和植株都比较矮小，果实极苦，原本在印度作为草药使用。经过人类的驯化，黄瓜果实和叶片都变大了，果实也失去了苦味，由一种草药变成了品种多样的可口蔬菜，如今在世界范围内广泛种植。在科研上，黄瓜常被用来作为研究植物性别决定、维管束形成的重要模式系统。该研究团队挑选的115个黄瓜品系分为印度类群、欧亚类群、东亚类群和西双版纳类群4大类，其中印度类群主要来自于野生变种，而其余3个品种均来自栽培变种。通过比较分析发现，印度类群遗传多样性远远超过其他3个类群。这一结果证实印度是黄瓜的发源地，也意味着野生资源中尚有很多待挖掘的基因资源。

研究发现，黄瓜基因组中有100多个区域受到了驯化选择，包含2000多个基因。其中7个区域包括控制叶片和果实大小的基因，果实失去苦味的关键基因，已经明确地定位在染色体5上包含67个基因的一个区域里，为下一步克隆这一重要蔬菜驯化基因打下了基础。

研究人员还发现西双版纳黄瓜一个特有的突变。该突变导致西双版纳黄瓜在果实成熟期不能降解 β- 胡萝卜素，使得其具有特有的橙色果肉，而不是大部分黄瓜所呈现的白色或浅绿色果肉颜色。这一发现，不仅为培育营养价值更高的黄瓜品种提供分子育种工具，也为通过变异组快速挖掘重要性状基因提供新思路。

2. 黄瓜遗传育种研究的新进展

推进黄瓜遗传育种的理论和技术研究。2019 年 1 月，有关媒体报道，在中国农业科学院蔬菜花卉研究所，以黄三文和顾兴芳两个研究团队为主，持续多年采用分子标记多基因聚合育种技术的应用，实现黄瓜常规育种与分子育种相结合的重大变革，并加强新品种的推广应用，为我国黄瓜品种占本国市场主导地位作出重要贡献。

黄瓜是葫芦科作物的模式物种，它仅有 3 亿个碱基对，是蔬菜中最少的。同时，在生产上，黄瓜是五大蔬菜之一，又是常见的设施蔬菜。

但是，国内外黄瓜遗传育种研究一直落后于番茄、白菜等主要蔬菜作物。到21 世纪初，黄瓜一直没有完整的分子标记遗传图谱，最好的遗传图谱只有 200多个分子标记，大部分是 AFLP 等不可移植的标记，且连锁群的个数大于染色体数目，不能有效地覆盖到全基因组，这严重限制了黄瓜遗传育种研究。

2006 年年底，包括黄三文、谢丙炎、顾兴芳等在内的蔬菜花卉研究所专家，提出利用新一代测序技术进行黄瓜基因组测序的建议。蔬菜花卉研究所时任所长杜永臣成先后多次组织召开党委会和所学术委员会进行专题研究。最后决定，为打破黄瓜分子遗传研究落后的局面，提升黄瓜分子育种研究水平，并带动我国其他蔬菜乃至园艺作物的分子育种技术发展，蔬菜花卉研究所自筹千万余元资金，利用新的测序技术进行黄瓜基因组测序。测序工作 2007 年正式启动。

自此开始，以黄三文研究团队为主，蔬菜花卉研究所研究人员抓住新一代基因组测序技术出现的契机，破解了第一个蔬菜作物黄瓜的基因组遗传密码。并以此为基础，研究了世界上主要黄瓜资源的全基因组遗传变异。他们证实，黄瓜原产于印度，经过人类驯化选择成为人们喜欢的蔬菜，后来传播到不同地域，形成了三个主要类型：欧亚黄瓜、东亚黄瓜和西双版纳黄瓜。东亚黄瓜与印度黄瓜的分离时间是 2000 多年，与张骞出使西域给中国带来这个大众蔬菜的史实相吻合。2009—2013 年，上述研究成果先后发表于《自然·遗传学》和美国《国家科学院学报》等期刊上。

同时，以顾兴芳研究团队为主，在黄瓜研究方面也取得了几项重大原创性成果。他们花十几年时间收集保存并系统评价了 5637 份种质，极大丰富了我国蔬菜种质资源库。通过创建 8 项先进高效的抗病性鉴定和品质评价技术，发掘出抗病优质资源 19 份，研制出黑星病、病毒病等 8 种主要病害的抗病鉴定技术和瓜把长度、黄色条纹等品质评价技术，颁布行业标准 10 项，为优异基因挖掘和优质多抗育种提供了种质基础。他们还率先创制出聚合无苦味、有光泽等 5~6 个优质基因和抗黑星病、病毒病等 5~10 个抗病基因的高配合力自交系 12 个，攻克了优质和抗病基因难以聚合的技术难题。

（二）探索甜瓜与西瓜栽培的新信息

1. 甜瓜基因组测序研究的新进展

完成甜瓜基因组测序及其相关分析。2012 年 7 月，西班牙的 9 个研究中心联合组成的研究团队，在美国《国家科学院学报》上发表论文称，他们利用罗氏 454 平台完成甜瓜基因组的测序。除了甜瓜的全基因组，研究人员还得到 7 个特定甜瓜品种的基因组，

甜瓜在世界范围具有很高的经济价值。联合国粮农组织 2009 年的数据显示，世界范围内的甜瓜产量为每年 2600 万吨，是重要的农业经济作物。

甜瓜基因组测序结果显示，其基因组拥有 4.5 亿个碱基对和 27 427 个编码基因。研究人员通过重建 22 218 个系统进化树，对甜瓜与其已测序的直系和旁系亲属进行了比较分析。甜瓜亲缘最近的是黄瓜，而甜瓜基因组比黄瓜基因组要大得多，黄瓜基因组只有约 3.5 亿个碱基对。研究人员发现这两种作物的基因组大小差异，主要是由转座子扩增引起的。此外，他们没有在甜瓜基因组中发现近代倍增现象，而这一现象在植物中很常见。

研究人员鉴定了与甜瓜抗病能力相关的 411 个基因。这些基因虽然数量少，但实际上甜瓜适应不同环境的能力很强。

科学家感兴趣的另一个方面是甜瓜果实的成熟，这一过程决定了果实的口味和香味等特性。研究人员鉴定了与甜瓜果实成熟相关的 89 个基因，其中 26 个基因与类胡萝卜素累积有关，而类胡萝卜素决定甜瓜果肉的颜色；另外 63 个基因与甜瓜的糖分累积和口味有关，而这 63 个基因中有 21 个是未被报道过的新基因。研究人员说，得到甜瓜基因组和农业价值相关基因，能帮助人们改良甜瓜品种，得到更多口味更佳的抗病甜瓜品种。

甜瓜与黄瓜、西瓜和南瓜同属于葫芦科。这些物种都具有很高的经济价值，尤其是在地中海、亚洲和非洲国家。而影响它们的疾病，如花叶病毒或者真菌会造成很大的经济损失。研究人员希望他们的测序研究能帮助这些作物的种植，改善育种策略，并使人们更加了解葫芦科植物的系统进化。

2. 甜瓜与西瓜驯化演进研究的新进展

首次揭示甜瓜与西瓜的驯化基因组历史。2019 年 11 月 19 日，《自然·遗传学》杂志网络版以两篇长文形式发表两项由中国农业科学院领衔开展的瓜类作物基因组研究成果。两项研究分别构建了甜瓜和西瓜的全基因组变异图谱，揭示两种水果的驯化历史及果实品质的遗传分子机制。

据悉，两项成果为甜瓜和西瓜种质资源研究提供新的理论框架和组学数据，也为甜瓜和西瓜分子育种提供大量的基因资源和选择工具，并将进一步强化我国在瓜类作物基因组学与分子育种领域的国际领先地位。

甜瓜是一种重要的经济作物，深受各国消费者喜爱。尽管甜瓜的栽培历史已有数千年，然而其驯化历史一直存在争议。栽培甜瓜被划分为厚皮甜瓜和薄皮甜瓜两个亚种，但是两者驯化和分化的遗传基础尚不明确。同时，甜瓜作为一种遗传多样性异常丰富的物种，控制其重要农艺性状的基因和位点却鲜有报道。

中国农业科学院郑州果树研究所徐永阳研究员介绍，其所在团队联合中国农业科学院深圳农业基因组研究所、西班牙巴塞罗那基因组中心及中国农业科学院蔬菜花卉研究所等 19 个国内外科研机构，历时 5 年，共同构建世界第一个甜瓜全基因组变异图谱，首次系统阐释甜瓜的复杂驯化历史，以及重要农艺性状形成的遗传基础。研究人员分析了千余份甜瓜种质资源的基因组变异，共鉴定 560 万个 SNP（单核苷酸多态性）。

研究人员发现，甜瓜在漫长的进化过程中，可能发生过 3 次独立的驯化事件。其中一次发生在非洲地区，另外两次发生在亚洲地区，并分别产生了厚皮甜瓜和薄皮甜瓜两个栽培亚种。有意思的是，3次驯化虽然独立发生，但是却有着异曲同工之妙，它们都导致野生甜瓜失去苦味和酸味并获得甜味。

研究人员通过全基因组关联分析等手段，定位200余个与甜瓜苦味、酸味、果实大小、果肉颜色等性状相关的候选基因和位点。徐永阳说："这为深化葫芦科作物进化研究提供重要参考，为甜瓜生物学研究与遗传改良提供新的工具和数据支撑。"

与此同时，中国农业科学院黄三文研究员及联合团队则成功绘制出高质量的西瓜基因组序列图谱。据悉，他们采用单分子测序、光学图谱与 Hi-C 三维基因组联合分析，完成高质量的西瓜基因组序列图谱，继而对400多份种质资源开展基因组变异分析，共鉴定近2000万个 SNP。

在此基础上，研究人员首次明确西瓜7个种之间的进化关系，发现野生黏籽西瓜是距现代栽培西瓜亲缘关系最近的种群，也发现了利用野生西瓜进行抗性改良的基因组痕迹。鉴定获得了与果实含糖量、瓤色、形状等性状相关的43个信号位点，提供了关键候选基因。

二、研究瓜类作物栽培的其他新成果

（一）探索南瓜与冬瓜栽培的新信息

1. 南瓜基因组测序研究的新进展

绘制成功两种南瓜基因组图谱。2017年10月30日，物理学家组织网报道，中国国家蔬菜工程技术研究中心与美国博伊斯·汤姆森植物研究所联合组成的一个国际研究团队，在当月《分子植物》杂志，以封面推荐文章的形式发表研究成果：他们对两种重要南瓜品种进行了完整基因组测序，不仅揭示了南瓜与众不同的进化史，更可为南瓜育种改良提供遗传学方面的参考。

南瓜不仅是西方万圣节用来点缀节日的装饰，对世界上多数人来说，更是一种必不可少的营养主食。据报道，研究团队对印度南瓜和中国南瓜进行全基因组测序，更好地从基因层面解释两种南瓜不同的显性特征，其中中国南瓜在抗病性和对极端温度等的抗压性方面更具优势，而印度南瓜更像水果且营养更丰富。

研究人员表示，基因组序列为南瓜的下一步科研和育种提供重要资源，通过分析基因组，科学家们能够识别出与南瓜不同性状有关的大量基因，更好地理解显性特征背后的遗传学信息。研究团队还培育出两种南瓜的杂交品种，发现其比中国南瓜抗压性更强，将西瓜、甜瓜和黄瓜等其他瓜类的茎，嫁接到这一杂交南瓜的根茎上，能增强它们的抗压性。

更重要的是，这次研究还揭示南瓜育种不同的进化史。之前科研发现，与西瓜的 11 对染色体和黄瓜 7 对染色体不同，南瓜的基因组很大，拥有 20 对染色体。中美科学家将南瓜基因组与其他瓜类基因组进行对比后发现，其他瓜类在形成四倍体后会失去部分祖辈基因，重新回到二倍体状态，而南瓜却仍保留四倍体，比较完整地保存两种祖辈的基因，所以其染色体对数几乎是其他瓜类的两倍。

2. 冬瓜基因组测序研究的新进展

首次绘制成冬瓜基因组精细图谱。2019 年 11 月 16 日，广东省农业科学院蔬菜所为第一完成单位，协同中国农科院蔬菜花卉所等 5 个单位组成的研究团队，在《自然·通讯》网络版发表冬瓜基因组和变异组的研究成果，阐明冬瓜、黄瓜、甜瓜、西瓜、葫芦和南瓜等瓜类作物的基因组演化历史，并揭示冬瓜等果实在驯化和育种改良过程中由小变大的分子机制。

研究人员历时 6 年，首次绘制出冬瓜的基因组精细图谱，含有 2.7 万多个基因，重复序列的大量扩增，导致其基因组比其他瓜类作物大 2~3 倍。通过比较基因组学研究，发现冬瓜是所有已知瓜类作物中保留最多祖先基因状态的最保守作物，以此推断出所有瓜类作物起源于一个拥有 15 条染色体的祖先基因组，经过多次断裂和融合等事件后，形成了目前丰富多彩的瓜类作物。瓜类作物的果实都经历了由小变大的过程，但冬瓜的驯化历史尚不清楚，其果实长度可达 1 米，单果重达 60 千克，巨型果实的分子机制也有待解析。

这项研究，在冬瓜基因组精细图谱的基础上，分析了 146 份冬瓜资源，构建了一张包括 1600 万个单核苷酸多态性位点（SNPs）的全基因组遗传变异图谱，发现冬瓜也起源于印度，果实变大经历了野生种→地方种→栽培种的两步进化过程，有上千个基因发生变化，其中两个控制冬瓜果实大小的候选基因，还在黄瓜、西红柿等果实发育过程中起重要作用。

（二）探索丝瓜与蛇瓜栽培的新信息

1. 丝瓜基因组测序研究的新进展

绘制首个丝瓜高质量基因组图谱。2020 年 3 月，河南农业大学园艺学院孙治强教授领导的研究团队，联合中国农业大学、驻马店市农科院、华大基因等单位，在《分子生态学资源》杂志以封面文章形式发表研究成果，公布全球首个栽培丝瓜染色体级别的高质量基因组序列，显示在丝瓜基因组学研究领域取得重要进展。

丝瓜是原产于印度的一种葫芦科植物，广泛分布于世界温带及热带地区，我国各地均有栽培，是华中、华南等地的大众蔬菜。丝瓜果肉细滑，味道鲜美，果肉中除富含蛋白质、碳水化合物以及钙磷铁等元素外，还含有多种药用成分，如生物碱、类黄酮、甾醇、糖苷和糖蛋白等，具有很强的保健作用和药用价值，值得进一步的研究。

在过去的几年内，相继发布多种葫芦科植物的基因组图谱，有的版本还进行更新、升级，但有关丝瓜基因组变异信息却十分有限，限制了其基因挖掘与应用。为了解决这一问题，研究团队基于第三代测序系统，利用高通量测序技术完成丝瓜基因组的分析与组装，扩展人们对丝瓜基因组和进化的认识。

研究团队结合单分子实时测序、因美纳测序平台和高通量染色体构象捕获技术等方法，获得 74Gb 高质量序列，将 99.5% 的序列锚定到 13 条染色体上，重叠群 N50 和长序列片段 N50 的长度，分别为 5Mb 和 53Mb，GC 含量约 35.9%，最终组装后的丝瓜基因组大小为 669Mb，重复序列含量为 62.18%。同时基于基因组从头测序、转录组数据和同源物种预测等方法，研究团队预测到 31 661 个蛋白编码基因，注释了 27 552 个具有明确功能的编码基因（占 87.02%）。该研究结果为丝瓜的基因发掘及遗传育种提供精准的基因信息。

2. 蛇瓜基因组测序研究的新进展

首次发布高质量蛇瓜基因组。2020 年 12 月 22 日，北京市农林科学院蔬菜研究中心左进华副研究员项目组，与英国诺丁汉大学唐纳德·格里森教授项目组、美国康奈尔大学 BTI 研究所费章君教授项目组联合组成的一个国际研究团队，在《园艺研究》网络版发表研究成果，揭示蛇瓜基因组及其果实成熟的调控机制。

蛇瓜是一种葫芦科植物，因其果形细长弯曲似蛇而得名，长度可达 1.5~2.0 米，瓜形奇特、色彩斑斓，果实营养价值丰富，是集观赏、食用和药用价值于一身的优良作物。

该研究团队在国际上首次发布高质量的蛇瓜基因组。研究人员采用第三代测序技术、因美纳测序平台和高通量染色体构象捕获技术相结合的方法，把 99.89% 的序列锚定到 11 条染色体上，最终生成了 919.8Mb 的基因组组装，是迄今为止报道的葫芦科植物中最大的基因组之一。该基因组含有 22 874 个蛋白质编码基因，而重复序列占整个基因组的 80.0%，该研究为蛇瓜基因发掘和遗传育种提供了精准的基因信息。

系统发育分析表明，蛇瓜与丝瓜的近缘关系最为密切，并在 3300 万 ~4700

万年前由它们的共同祖先分化而来。这项结果将分化年代缩小至更精确的范围，并为丝瓜基因组进化提供理论依据。该研究对蛇瓜果实 3 个不同成熟期，进行了转录组测序和分析。在果实发育阶段，共鉴定出 480 个差异表达基因；而在果实成熟阶段，则鉴定出 4801 个差异表达基因，并进一步系统解析了与果实品质，如色泽、质地、抗病性、植物激素等相关候选基因，在不同成熟期的表达谱。

这项成果还以糖基水解酶家族构建该基因家族系统发育树，分析质地相关基因在蛇瓜和模式物种拟南芥，以及近缘物种南瓜和丝瓜中的进化关系。研究发现，南瓜和丝瓜是与蛇瓜基因家族关系最近的物种。

(三)探索苦瓜与佛手瓜栽培的新信息

1. 苦瓜遗传与驯化研究的新进展

分析苦瓜的遗传多样性和驯化历程。2020 年 6 月，华南农业大学园艺学院胡开林教授率领的一个研究团队，在《园艺研究》杂志上，发表题为"全基因组测序提供了对苦瓜（苦瓜属）遗传多样性和驯化见解"的论文，从进化或驯化的角度，着重解释了苦瓜苦味物质的存在基础及其演变趋势。

苦瓜属于葫芦科苦瓜属一年生草本植物，目前分为两个亚种，即野生苦瓜和栽培苦瓜，其中栽培苦瓜又分为大果型苦瓜和小果型苦瓜两种类型。野生苦瓜与小果型栽培苦瓜都属于小果型苦瓜，但对两者之间的遗传关系以及哪一个是大果型栽培苦瓜的原始祖先，则缺乏有说服力的研究结果。

随着现代科学的发展，已阐明苦瓜的苦味物质与葫芦科黄瓜、甜瓜和西瓜等其他瓜类一样，同属于葫芦烷型三萜化合物，然而苦瓜的苦味物质具有可食性且具有一定的医药功效，它有别于黄瓜苦味的主要物质葫芦素 C、甜瓜苦味的主要物质葫芦素 B 以及西瓜苦味的主要物质葫芦素 E。至于苦瓜苦味物质的形成，在基因组水平和受驯化程度等方面仍然缺乏研究。

胡开林研究团队对苦瓜基因组的探索从 2015 年开始，参与的单位还有中国热带农科院品种资源研究所、广东省农业科学院蔬菜研究所、广西农科院蔬菜研究所、福建省农业科学院作物研究所、湖南省蔬菜研究所、江西省农业科学院蔬菜花卉研究所、世界蔬菜研究中心（泰国）和深圳华大基因股份有限公司。研究团队已完成对栽培苦瓜自交系大沥 -11 和野生苦瓜自交系 TR 的全基因组从头测序，并对收集于全球 16 个国家的 187 份苦瓜种质进行重测序。

通过基因组遗传多样性分析，发现以 TR 为代表的 21 份野生苦瓜，与 166 份栽培苦瓜具有显著的遗传分化，根据分化时间的估算，推测大果型栽培苦瓜来源于小果型栽培苦瓜，而不是来源于野生苦瓜。

通过基因组学比较分析，发现在苦瓜基因组中，并不存在葫芦科黄瓜、甜瓜和西瓜等其他瓜类作物苦味物质合成相关的 Bi 基因簇。进一步的群体选择分析结果表明，苦瓜苦味物质形成的调控位点，也没有受到明显的人工选择。

2. 佛手瓜基因组及相关研究的新进展

推进佛手瓜基因组组成及其果实生长发育的研究。2021 年 2 月 7 日，北京市农林科学院蔬菜中心左进华副研究员团队，与英国诺丁汉大学唐纳德·格里森教授团队，联合在《园艺研究》网络版发表论文称，他们揭示了佛手瓜基因组组成和进化关系，以及果实生长发育的分子调控机理，填补了佛手瓜在基因组、转录组和代谢组研究领域的空白。

佛手瓜因瓜形似佛手而得名，有绿色无刺、绿皮有刺、白皮无刺和白色有刺四个品种，果实富含多种生物活性物质，且具有降血压、降血糖、保肝、防止动脉粥样硬化和脂肪肝、延缓多种慢性疾病的功效，具有很高的食用和药用价值。

该研究首次发布高质量的佛手瓜基因组，其基因组组装大小为 606.42Mb，包含 473 个重叠群和 103 个长序列片段，N50 长度分别为 8.40Mb 和 46.56Mb，基因组中 65.94% 为重复序列，含有 28 237 个蛋白质编码基因。通过基因组比较分析和系统发育分析，发现佛手瓜与蛇瓜的亲缘关系最为密切，并在 2700 万 ~ 4500 万年前由它们的共同祖先分化而来，研究还发现佛手瓜发生过一次全基因组复制事件。

此外，通过对佛手瓜果实发育的 3 个不同生长期转录组和代谢组学研究，鉴定出在佛手瓜生长发育过程中与果实植物激素、质地、风味、类黄酮生物合成和抗氧化性相关的差异表达基因和差异代谢物；进一步对植物激素信号转导途径和苯丙烷生物合成途径进行分析，阐明佛手瓜生长和类黄酮合成的调控机制，并构建佛手瓜果实生长发育的调控模型。本研究为葫芦科植物的基因组进化和果实生长发育调控机理研究提供理论依据。

（四）探索瓠瓜及葫芦科作物栽培的新信息

1. 瓠瓜基因组测序及育种研究的新进展

以基因组为基础研究瓠瓜优质抗逆新品种选育技术。2019 年 3 月，有关媒体报道，浙江省农业科学院李国景、徐沛、吴晓花和吴新义等人组成的研究小组，完成的浙江省蔬菜新品种选育重大专项研究，获得 2018 年省科学技术进步奖二等奖。这项研究以瓠瓜为对象，探索优质新品种的选育及其相关技术。

瓠瓜是我国重要特色蔬菜，浙江省是瓠瓜生产大省。目前，瓠瓜生产上存在外观品质与风味品质难以兼顾，这与瓠瓜基因组和重要性状遗传学基础研究薄弱，育种技术和产业化配套栽培技术研究落后等密切相关。

该研究成果对我国瓠瓜地方品种杭州长瓜进行全基因组测序，构建瓠瓜与亲缘物种比较基因组图谱。开展 50 份中国瓠瓜种质重测序和 150 份国内外种质简化基因组测序，挖掘开发大量 SSR、SNP、InDel 等分子标记，构建含 3186 个标记的首张高密度瓠瓜分子遗传图谱。

同时，建立瓠瓜不同组织表达谱数据，针对不同形状果实和子房建立基因共表达网络。建立基于几何形态法的瓠瓜果实形状精准鉴定方法。探明决定瓠瓜果实鲜味的主要因子为游离谷氨酸，建立相应的鲜味定量评价方法。还构建 CGMMV 侵染性克隆，建立瓠瓜种质 CGMMV 抗性精准鉴定技术。

运用上述方法结合分子标记分析，梳理评价国内外 200 份瓠瓜资源的核苷酸多样性、群体结构、连锁不平衡水平等遗传特征，以及果实形状、鲜味和 CGMMV 抗性等重要表型，遴选出具有重要育种价值的特异种质 50 份。

基于精准表型数据，定位 37 个与果形关联的 QTLs，其中包括 1 个控制长形果向圆形果转变的主效 QTL。定位 26 个与游离氨基酸含量关联的 SNPs。筛选到与苦味互补基因连锁的一对 InDel 标记，根据标记基因型组合可以预测品种果实是否会出现苦味。

利用精准表型鉴定和分子标记技术，育成瓜形美观、品质好、环境适应性强的两个优良新品种，已成为全省乃至全国主导品种，其中"浙蒲 6 号"被评为浙江省十大好品种。

研究人员表示，他们已建立包括浙蒲 6 号、8 号在内的 6 个瓠瓜主要品种 DNA 指纹图谱，以及相应的种子纯度快速检测技术。优化建立以种子干热灭毒为核心的 CGMMV 综合防控技术规程；建立基于 ELISA 技术的瓠瓜种子是否携带 CGMMV 快速检测技术。同时，制定浙江省地方标准——瓠瓜生产技术规程，整合建立首个综合性的瓠瓜生物信息与育种资源平台，为瓠瓜遗传育种研究提供有力支撑。

2. 葫芦科作物基因功能研究的新进展

找到研究葫芦科作物基因功能的新工具。2021 年 4 月，山东农业大学植物保护学院李向东教授领导的研究团队，在《植物生理学报》网络版发表论文称，他们构建成可应用于葫芦科作物基因和微小核糖核酸功能研究的病毒载体，为研究葫芦科作物基因功能提供了新工具。

　　葫芦科作物包括西瓜、甜瓜、黄瓜、西葫芦等多种瓜类，是世界上重要的经济作物，明确不同基因在瓜类作物生长、发育、高产和抗病等过程中的作用，为利用分子育种技术改良作物品种提供科学指导，是当前的国际研究热点。但是葫芦科作物的遗传转化非常困难，有的无法进行，有的转化效率极低，导致相关研究进展缓慢，阻碍了定向育种的开展进度。

　　利用病毒载体沉默或者超量表达某个植物基因，进而明确该基因的功能，是目前普遍应用的研究方法。烟草环斑病毒寄主范围广泛，能侵染葫芦科、豆科、茄科等54个科的300多种植物。该研究团队开发出基于烟草环斑病毒的载体，可携带瓜类作物的特异性基因片段或微小核糖核酸，侵染黄瓜、甜瓜、西瓜和西葫芦后引起不同的表型。根据这些表型就可推断瓜类作物基因的功能。

　　值得一提的是，这是首个应用于葫芦科作物研究微小核糖核酸功能的病毒载体。他们对烟草环斑病毒载体进行改造，提高外源基因的表达量，利用该载体，就可通过超量表达某个基因来研究其功能。将绿色荧光蛋白基因插入烟草环斑病毒载体后，在本氏烟及葫芦科作物植株上，均能观察到非常强的绿色荧光，说明该载体可以高效表达外源基因。

　　研究人员介绍道，烟草环斑病毒作为沉默载体，能高效沉默葫芦科作物的内源基因，沉默效率高是其显著优势。作为超量表达载体，该病毒能承载3500bp的外源片段，可用来研究编码1000多个氨基酸的基因的功能。研究人员称，烟草环斑病毒载体是葫芦科作物基因研究的一把"金钥匙"，可在葫芦科作物基因功能研究中广泛应用，将有力促进葫芦科作物的定向育种工作。

第四节　果品作物栽培研究的新进展

一、研究蔷薇科水果栽培的新成果

（一）栽培蔷薇科梨果探索的新信息

1. 研究苹果基因组序列的新进展

　　（1）绘制成苹果基因组草图。2010年8月29日，意大利、美国、新西兰等国专家组成的一个国际研究团队，在《自然·遗传学》杂志上发表研究报告称，他们绘出了苹果的基因组草图，这将有助于从基因水平上分析苹果性状，培育更多更好的苹果新品种。

该研究团队以广受人们喜爱的金冠苹果为试材，绘出其基因组草图。结果显示，苹果基因组中含有 7 亿多个碱基对，其中有大段重复的基因。研究人员称，也许是大量的重复基因使苹果具有较多的染色体数目。与苹果同属蔷薇科的桃和草莓等水果的染色体数在 7~9 条，而苹果的染色体数为 17 条。

通过基因分析，研究人员还查明苹果的身世。苹果与其他水果亲戚之间的进化分叉，可能发生在 5000 万～6000 万年前，而这正是地球上发生大灾难的时候。这场大灾难导致恐龙灭绝。苹果的祖先植物可能是为了适应大灾难后的环境，逐步发生基因变化，最终进化成今天的模样。

正是这些与其他水果不同的基因，决定了苹果独特的风味和口感。苹果是世界上最重要的水果之一，据有关资料显示，现在全球每年苹果产量超过 6000 万吨。此次绘出的苹果基因组草图，将有助于今后采用基因手段改良苹果，比如培育更脆、更多汁的苹果品种。

（2）完善苹果基因组物理图谱和遗传图谱。2011 年 7 月，中国科学院植物种植资源加强和特色农业重点实验室韩月彭研究员，与美国伊利诺伊大学天然资源和环境科学系主任舒勒·科尔班教授开展合作研究，在《实验植物学期刊》上发表论文称，他们通过对 Co-op17 和 Co-op16 杂交 F1 代 142 个后代个体的基因组序列进行 SSR 标记分析，构建并整合了苹果基因组的物理图谱和遗传图谱。

苹果基因组物理图谱，已于近年通过指纹分析获取。然而，这个图谱中所含有的重叠群在染色体上的定位工作，一直没有深入的进展。这项工作的完成，需要通过把具有很大密度的遗传图谱和物理图谱整合在一起。构建出的遗传连锁图谱，不仅能够指出染色体上多位点的物理位置，并且能够揭示基因组中存在的重复区域。而这些重复区域的存在，对植物和动物基因组结构进化和功能多样性，具有重要的作用。

该研究依据表达序列标记 EST 和细菌人工染色体 BAC 末端序列数据库，开发了 355 个简单序列重复 SSR 标记，并构建出苹果遗传连锁图谱。基于新的文库筛选方法，成功利用新开发的 279 个 SSR 标记，把苹果的物理和遗传图谱整合在一起。在苹果基因组的 17 个连锁群上，共锚定了 470 个重叠群，其中有 158 个重叠群含有 2 个以上的标记。

这些遗传标记重叠群的累积物理长度大约为 421Mb，占整个基因组大小的 60%；单个锚定重叠群的大小在 97kb~24.8Mb，平均值为 995kb；锚定重叠群在各自连锁群上的平均物理长度大约为 24.8Mb，范围在 17.0Mb~37.73Mb。

此外，阐明 BAC 文库 PCR 筛选能够有效检测同源染色体上的相似序列片段，发现了同一分子标记被定位于两条不同染色体上，或同一个染色体相邻区间等现象，明确了苹果染色体两两同源配对关系以及染色体局部复制等特征，这些结果为了解复杂多倍体苹果的祖先起源，提供了更深层次的视野。

2. 研究枇杷生理机制的新进展

解析枇杷富含活性三萜酸的分子进化机制。2021 年 5 月，上海交通大学农生学院刘振华课题组与华南农业大学林顺权课题组及深圳华大基因、莆田学院等单位联合组成的研究团队，在美国《国家科学院学报》上发表论文称，他们通过测序组装高质量的枇杷基因组，揭示三萜酸等活性小分子的进化机制。

枇杷为蔷薇科常绿植物，是起源于我国的名果异树，早在 2000 多年前的西汉时代，我们的先辈就开始生产甜美多汁的枇杷果子。此外，长久以来，枇杷叶片作为传统药物，被我国及周边国家民众用于治疗咳嗽、慢性支气管炎、炎症等多种疾病。药理研究表明，枇杷中的一些三萜酸等天然小分子，如熊果酸和科罗索酸，具有抗癌和降血糖等多种生物活性，也是其入药的重要代谢物基础。然而，枇杷何以富含三萜酸等活性小分子的分子进化机制，一直不为公众所知。

该研究团队首先结合第三代测序系统、高通量测序手段和因美纳测序平台，组装枇杷主栽品种'解放钟'染色体水平的高质量基因组。同时为方便开展比较基因组学分析，研究人员率先组装了苹果族近缘植物阔叶美吐根染色体水平的高质量基因组。多物种的单拷贝基因进化分析表明，苹果族植物（含枇杷、苹果和梨在内）在 1350 万年 ~ 2710 万年前，与阔叶美吐根祖先发生了物种分化。染色体共线性分析发现，阔叶美吐根与苹果族植物的染色体共线性块存在 1:2 的关系，预示枇杷所在分支，在演化过程中发生了全基因组复制事件。

通过对桃、全基因组复制前的阔叶美吐根，以及全基因组复制后的苹果和枇杷，在基因组、代谢组和转录组等多组学的综合研究，研究人员发现，合成乌苏烷类型的三萜酸代谢通路，在全基因组复制前就已经存在。全基因组复制后，该通路得以在枇杷中完整复制和保留。有意思的是，该通路基因在枇杷中的共表达相关性远远高于阔叶美土根，表明全基因组复制后，代谢通路变得更高效。

综上所述，经历全基因组复制、代谢通路的共选择和代谢基因紧密高表达后，枇杷叶获得了更强的熊果酸和科罗索酸等主要活性三萜酸的富集能力。该研究从基因组水平上，为枇杷作为药用植物提供了遗传学与基因组学证据，是全基因组复制事件参与植物代谢物特异富集与分化的又一有力证据。同时，也为利用合成生物学，开发高价值的天然小分子，以及枇杷分子育种提供基因组基础，还为蔷薇科的比较基因组学、进化生物学等研究提供高质量的基因组支撑。

3. 研究梨基因组测序的新进展

（1）绘制完成首个梨全基因组序列图谱。2012 年 5 月 25 日，有关媒体报道，南京农业大学梨工程技术研究中心主任张绍铃教授为组长，由来自南京农业大学梨工程技术研究中心、深圳华大基因研究院、浙江省农业科学院、美国伊利诺伊大学等 7 所国内外科研院所 60 多位研究人员组成的国际梨基因组合作组，成功绘制完成世界首个梨全基因组序列图谱，组装数据已于当天上传至"梨基因组计划"网站，并对外公开。

我国是梨的起源地，也是世界第一产梨大国，年产量占世界总量 60% 以上。梨在我国的种植和分布非常广，除海南省、港澳地区外其余各地均有种植，是仅次于苹果和柑橘的第三大水果。多年来，梨的分子生物学以及基因组学研究相对滞后，限制了基于功能基因挖掘和利用的定向育种以及分子遗传研究发展，已成为梨产业提升和科技进步的主要瓶颈之一。

"国际梨基因组计划"于 2010 年 4 月正式启动。经过 2 年时间的测序、组装和注释等工作，研究人员成功绘制完成"砀山酥梨"的全基因组图谱。砀山酥梨是目前中国、也是世界栽培面积最大的品种。研究人员通过新一代高通量测序平台，高质量地完成了高杂合、高重复序列的二倍体果树基因组组装，其组装长度约占梨基因组全长的 97.1%，通过高密度遗传连锁图谱实现了与 17 条染色体的对应关系。

这项研究成果为培育高产、优质、低投入的新品种梨奠定坚实的遗传基础，并为开展蔷薇科果树的比较基因组学以及进化研究提供丰富的数据资源。

（2）成功组装首个野生梨基因组图谱。2019 年 8 月 1 日，中国农业科学院果树研究所曹玉芬研究员项目小组，与中国科学院遗传与发育生物学研究所田志喜研究员项目小组等联合组成的研究团队，在《植物生物技术》杂志网络版发表世界首个野生梨高质量基因组图谱，这是我国在梨基因组学研究领域取得的又一重大研究进展。

研究人员以山西杜梨为材料，结合三代测序方法、生物纳米光学图谱和高通量测序技术，组装了高质量的杜梨参考基因组序列。杜梨基因组组装大小为 532.7Mb，重叠群 N50 为 1.57Mb，共有 59 552 个蛋白质编码基因和 247.4Mb 重复序列被注释，通过 BUSCO 对基因组完整性进行评估，完整性达到 95.9%。

杜梨扩张基因在次生代谢通路中显著富集，可能进而影响杜梨较强的逆境适应性。同源基因比对分析结果显示，驯化过程中，东方梨的果实大小、糖代谢和转运，以及光合效率受到正向选择。杜梨基因组中总共鉴定出 573 个 NBS 类型抗病基因，其中 150 个是 TNL 型抗病基因，在已发表的蔷薇科基因组中数量最多，解释了杜梨作为野生种的强抗病性。

研究人员称，在驯化过程中，梨属植物果实的酸涩味逐渐消失。他们发现，杜梨原花青素合成结构基因拷贝数显著多于白梨，影响了原花青素的积累。同时，花青素还原酶代谢途径是原花青素合成的唯一途径，山梨醇转运蛋白跨膜转运，可能是影响可溶性有机物质积累的主要因素。该基因组的公布丰富了梨属植物基因组信息，同时将为梨基因组研究、功能基因挖掘、梨属植物驯化以及野生资源利用提供重要保障。

（二）栽培蔷薇科核果探索的新信息

1. 研究杏基因组测序的新进展

发布首个高质量杏基因组。2019 年 11 月 27 日，北京市农林科学院林果院王玉柱研究员领导，姜凤超、张俊环、王森和孙浩元等专家参加的一个研究团队，在《园艺研究》杂志网络版发表论文，报道了首个高质量杏基因组。

杏是我国原产果树树种，栽培历史超过 3000 年。近年来，蔷薇科特别是李属植物的基因组学研究取得长足发展，梅花、桃、樱桃和扁桃的基因组序列相继公布。杏作为李属植物主要成员和核果类主要果树之一，对其进行全基因组测序将为进一步揭示蔷薇科物种之间的进化关系增添证据，并为杏重要农艺性状形成的分子机理及其调控研究奠定基础。

杏基因组杂合度高，组装难度较大，该研究首先利用软件把测序数据加以初步组装，然后利用软件把初步组装和校正后数据，再次进行组装，进一步除去杂合，得到杏全基因组序列，经遗传图谱挂载后得到染色体级别的基因组，预测得到 30 436 个蛋白质编码基因。

杏基因组组装完成，使蔷薇科物种基因组水平的进化关系进一步清晰。研究表明，杏与梅亲缘关系最近，约在 553 万年前产生分化，其次是扁桃和桃，与樱桃亲缘关系最远。在进化过程中，杏尽管没有经历过全基因组复制事件，但在杏基因组中发现大量较大片段的重复区域，涉及 2794 个基因。同时，在进化过程中杏发生了大量基因家族的扩张和收缩，发现了 2300 个杏特有基因。

β- 胡萝卜素是杏果肉主要的呈色物质和重要营养成分。以前研究多是关注 β- 类胡萝卜素合成代谢途径中的关键酶基因。这项研究首次揭示 β- 类胡萝卜素代谢延伸途径中 NCED 基因是调控杏果肉颜色形成的关键基因。在白杏果肉中，

NCED 基因过量表达，将新合成的 β- 类胡萝卜素，通过 NCED 酶催化迅速转化为脱落酸的前体物黄氧素，从而阻止 β- 胡萝卜素的积累。这一结果可为其他果实呈色机理研究提供新思路，为探索杏果中 β- 胡萝卜素含量的调控措施和培育富含 β- 胡萝卜素的杏新品种奠定基础。

2. 研究桃及扁桃和蟠桃基因的新进展

（1）揭开桃基因组变化的奥秘。2021 年 3 月 10 日，中国农业科学院郑州果树研究所王力荣研究员领导的研究团队，在《基因组研究》杂志发表论文称，他们完成的多个环境因子对桃基因组影响的遗传分析，揭开了"桃李满天下"的基因组变化奥秘，有助于帮助育种家建立应对气候变化的植物品种适应性改良的新模式。

该研究团队利用 263 份桃种质资源的基因组数据，构建了桃地方品种和野生近缘种的多类型变异组图谱。研究发现，从基因组来看，桃地方品种和野生近缘种可以分为云贵高原、华南亚热带、长江中下游、华北平原、东北高寒、西北干旱和青藏高原 7 个生态型，与地理分布具有高度一致性，可见环境是驱动桃遗传分布的主要动力。研究人员同时在基因组中发现了 2092 个受选择区间和 2755 个环境因子关联位点，系统全面揭示桃在适应不同环境条件下的基因组模式。

王力荣介绍，在对相关基因位点的研究中，研究团队发掘了控制桃抗寒性、高原适应性和花期纬度适应性的关键基因及其变异机制，阐明"干旱条件下桃果实更甜"的遗传学基础，以及果肉颜色适应性进化的遗传机制。此外，研究团队还发现，目前桃的开花期受全球气候变暖影响，较 20 世纪 80 年代提前 10 天，并找到桃响应气候变化的候选关键基因 LNK1。以上研究结果为优质、广适的桃新品种培育提供重要参考，同时有助于应对全球气候变暖对农业生产影响的研究。

（2）发现扁桃仁由苦变甜的基因突变。2019 年 6 月 14 日，丹麦哥本哈根大学林德伯格·默勒领导，西班牙、意大利等国相关专家参与的研究小组，在《科学》杂志上发表研究成果，公布了扁桃基因组草图，并利用序列信息解释了苦味和甜味基因型之间的遗传差异。

扁桃仁即巴旦杏仁，是一种老少皆宜的健康食品。不过，最早的野生扁桃仁并不好吃，而且还有毒，因为苦杏仁苷水解会释放出氢氰酸。在扁桃驯化的过程中，它们的味道开始变甜，并深受人们喜爱。于是，研究人员利用基因组学技术来了解其中的秘密。

研究人员通过对扁桃基因组进行测序，发现一组编码转录因子的基因与扁桃仁的味道有关。他们发现，一个转录因子的点突变，能够阻止两个细胞色素P450基因的转录，从而使扁桃仁变甜。研究小组分别利用长读长测序和短读长测序技术，对扁桃进行测序。他们主要利用长序列来组装基因组，并利用短序列来填补缺口和搭建支架，最终完成基因组组装。根据扁桃及其近亲桃的转录本数据，他们预计扁桃基因组覆盖 27 817 个基因。

在获得扁桃的基因组序列后，研究人员随后开始寻找赋予扁桃仁味道的甜仁基因座。他们利用与此基因座连锁的标记，对 475 个 F1 代个体进行大规模作图，最终确定了与甜味相关的 46 kb 区域。此区域包含 11 个基因，包括 5 个编码碱性螺旋 – 环 – 螺旋（bHLH）转录因子的基因，分别命名为 bHLH1 到 bHLH5。

他们之后对甜扁桃与苦扁桃品种的外皮组织开展 RT-PCR 分析，发现了bHLH1、bHLH2 和 bHLH4 的表达没有差异，而 bHLH3 和 bHLH5 没有表达。不过，在比较 bHLH1、bHLH2 和 bHLH4 的序列时，他们发现，甜扁桃品种的bHLH1 带有导致截短蛋白的插入缺失，bHLH2 带有替换和插入，而 bHLH4 不存在多态性。

通过一系列的功能分析，研究人员发现 bHLH4 的序列改变会影响其活性。他们报告称，第 346 位的亮氨酸向苯丙氨酸变化，虽然不影响蛋白质的二聚化能力，但它确实导致无功能的二聚体。它无法激活下游两种细胞色素 P450 基因的转录，而它们正是苦杏仁苷合成通路中的一部分。

研究人员认为，这项成果有助于指导扁桃的育种实践。此外，通过分析编码bHLH 转录因子的基因变化，也有望揭示扁桃首次驯化的时间和地点。

（3）扁平果形的基因研究证实蟠桃起源于中国。2020 年 8 月，中国科学院武汉植物园韩月彭研究员主持的果树分子育种研究小组，在《植物生物技术》杂志上发表论文称，他们针对蟠桃扁平果形遗传机理的最新研究证实，蟠桃起源于中国。这项研究，既对认知果树突变性状的形成具有理论意义，又为桃等果树的果形改良提供支撑。

蟠桃扁平果形受位于第 6 号染色体上 S 位点的单基因控制，但其遗传机理此前尚不清楚。该研究小组经过基因分型探索发现，S 位点下游长度达 1.7Mb 的大片段染色体的位置颠倒，是形成蟠桃扁平果形的遗传基础。

韩月彭介绍说，对蟠桃野生近缘种 S 位点进行基因分型发现，染色体倒位现象存在于新疆桃中。这项研究结果，不仅证实蟠桃起源于中国，而且为"新疆是栽培桃驯化起源地"这一推论，提供重要证据。

（三）栽培蔷薇科瘦果探索的新信息

1. 培育草莓特色品种的新进展

（1）培育成转基因草莓新品种。2006 年 3 月，有关媒体报道，美国弗吉尼生物信息学研究所弗拉德米尔·舒勒夫教授，与弗吉尼亚理工学院园艺系的研究人员一起，发明了一种新方法，利用农杆菌把特定的 DNA 序列，转移到林地或高山的野生草莓基因组中，培育成新的转基因草莓。

这一方法利用农杆菌的环形 DNA 分子（T-DNA），将外源 DNA 导入植物体中。它不但方便研究人员对大量的草莓基因功能进行研究，从长远来说，对于提高草莓的营养价值十分有用，而且对于草莓中富含对人体有益的抗氧化剂数量的提高也十分有益。

新的试验方法包括，把草莓的植物性组织，转移到培养基上自然生长和培育，保持草莓的 3 个叶片能正常生长。在种子发芽 6~7 周后，这些叶片就可以使用农杆菌来进行基因转化。由于转基因草莓，用绿色荧光蛋白（GFP）做标记物，转化后的草莓作物很容易通过视觉观察分辨出来。这也是此类研究中，第一次使用绿色荧光蛋白作为标记物。

舒勒夫说，我们在草莓试验方案中取得的进展，对研究人员通过基因组，改变草莓或其他水果作物性状研究来说，是一个重要的里程碑。我们现在能够生产出一系列的突变体，这些品种，不仅对于在蔷薇科家族中发现新基因意义重大，而且对于通过高通量筛选方法来确定这些基因的功能，也有着无法估量的价值。

（2）培育出表面有光泽的白色草莓。2012 年 2 月 24 日，日本东京媒体报道，提到草莓的颜色人们会立刻想到红色，然而日本熊本县阿苏市一所高中的学生成功培育出一种白色草莓，取名为"阿苏的小雪"，并在本月获得专利许可。

据报道，这种草莓呈淡淡的乳白色，表面有光泽，糖度是 14~15，基本上没有酸味。县立阿苏清峰的高中生整整花了 4 年时间，经过反复杂交，终于去掉草莓原有的红色，培育成现在的新品种。

据该校生物科学老师福原伸介绍说，学生培育草莓新品种的动机，是因为草莓价格低迷，想培育出有科学附加值的品种。作为汗水的结晶获得专利许可，学生们特别高兴。福原伸希望"阿苏的小雪"能成为当地的特产，并销往全国。

2. 研究草莓基因组序列的新进展

（1）发现草莓基因组不同位点可以控制性别。2018 年 9 月，美国匹兹堡大学生态学家林恩·阿什曼主持的研究小组，在《公共科学图书馆·生物学》期刊上发表论文称，花了近 20 年的持续研究，终于证明草莓基因组的不同位点可以控制性别。

女人和男人、母牛和公牛、母鸡和公鸡，这种性别相互区分，似乎是大自然的基础，但这对大多数植物来说却是一种奇怪的现象。现在，科学家已经弄明白草莓是如何在雄性和雌性间转变的。草莓的性染色体，比其他已知的植物或动物更年轻。这种不同寻常的"跳跃"基因可能意味着，植物性别差异的变化比之前认为的要快。

动物有共同起源的古老性染色体，但是植物性染色体出现较晚（在过去的几百万年里），大多数植物通常是雌雄同体的。而草莓却有 3 种形态：雌性、雄性和雌雄同体。

为了找出这是如何进化的，阿什曼研究小组从 20 世纪末起，就开始关注草莓基因组，并对基因位点展开探索。然而，要想搞清楚这些基因位点，并不是一件容易的事。草莓基因组与人类不同，人体尽管有 23 条染色体但每条只有 2 份拷贝；而草莓虽然只有 7 条染色体，而每条的拷贝却多达 8 份，总共 56 条。

在本项目探索过程中，研究人员对 60 种草莓植物进行测序，并划分出雄性和雌性，以观察是否有 DNA 是雌性特有的。果然，研究人员发现，所有的雌性草莓都有一个短序列，这个序列在多代繁殖中至少跳跃了两次。

更重要的是，随着每一次跳跃，该序列上雌性特异基因的数量在增加。研究人员推测，那些"旅行的纪念品"增加了性染色体之间的差异。在人类和其他动物中，这种性别差异最终变得极端。在草莓中，该序列包含两个在花粉和果实发育中具有潜在作用的基因。不过，研究人员提醒说，这些基因的功能以及它们如何"跳跃"的细节，仍有待进一步证实。

（2）公布几近完整的高质量草莓参照基因组。2019 年 2 月 25 日，美国密歇根州立大学科学家帕德里克·艾德格及其同事组成的研究团队，在《自然·遗传学》杂志网络版发表研究成果，报告了一个几近完整的草莓参照基因组。该高质量基因组不但为了解草莓起源和演化历史提供新见解，还对未来改善其品种及提高抗病性大有助力。

八倍体栽培种草莓卡姆罗莎有 8 组染色体，也被称为花园草莓，因其味美清香而深受喜爱。此次，该研究团队，对这种八倍体草莓的基因组进行高质量组装和注释，共鉴定出 10 万多个草莓基因。研究人员以拥有两组染色体的二倍体草莓为样本，对其 31 组 RNA 分子进行测序，并把二倍体种的表达基因序列，与八倍体栽培种草莓的表达基因序列进行对比。

研究团队随后通过演化分析，鉴定出森林草莓、饭沼草莓以及此前未知的绿色草莓和日本草莓，是八倍体栽培种草莓的4个二倍体祖先种。该分析结合现存种的地理分布还可以表明，八倍体草莓起源于北美。

除此之外，研究团队还对八倍体草莓的4个亚基因组开展演化动力学分析，他们发现一个占支配地位的亚基因组，能在很大程度上控制草莓的代谢和抗病性状。

研究人员总结表示，草莓的演化和起源信息、占主导地位的亚基因组，以及首个八倍体草莓高质量基因组，未来能作为研究人员和育种者改善栽培种花园草莓口味、香味和提高抗病性的有利资源。

二、研究芸香科与葡萄科水果栽培的新成果

（一）栽培芸香科水果探索的新信息

1. 研究柑橘属水果品种培育的新进展

设计出改良柑橘类水果品种的基因芯片。2006年3月，美国媒体报道，加州大学河畔分校生物学和植物科学系的遗传学教授迈克·卢斯主持的项目组与美国昂飞公司合作，开发出一种柑橘类基因组芯片，它将能帮助改良柑橘类植物的品种，并带来更好地管理柑橘类植物的方法。

该芯片通过确定与口味、酸度和病害等有关的基因，在柑橘类植物组织中的表达，可以向研究人员提供一些有用的信息，从而矫正目前存在的问题并对水果进行改良。这种柑橘类基因组芯片，将被用于研发新的诊断工具，改良柑橘类产业和收获后的水果处理，并将有助于理解柑橘类植物疾病的根本机制。研究人员还将研究与柑橘类产品有关的一些特征，如便于剥皮、无籽、美味成分、害虫和疾病控制、营养特征和繁殖生长等。

卢斯说，这些柑橘类基因组芯片，将帮助他们快速检查柑橘类植物的特征，如果一个特征给消费者带来问题，例如不喜欢的口味，他们可以确认与这种特征相关的基因，并通过对基因的处理来改善口味。他还称，这种芯片还可帮助他们解决柑橘类植物的病害问题，当一棵柑橘树受到一种病毒的攻击，芯片可以帮他们发现柑橘树的细胞中发生了什么变化。另外，使用这种芯片，还能使研究人员更好地了解，当柑橘类水果成熟并被冷藏时，细胞水平的变化，这最终将帮助研究人员，找到更好办法来储藏这些已改良口味的水果。

柑橘类基因组芯片是由昂飞公司制造的，它由一个玻璃晶片制成。在它上面

有近 100 万种不同的柑橘类 DNA 片段被存放在一个栅格或微阵列中，生产方法类似于电脑芯片。这种玻璃晶片被装在一个比一张信用卡小一点的塑料容器中。

当使用芯片时，研究人员要纯化来自植物组织的总 RNA（它反映在组织中表达的基因），再将 RNA 进行化学标记，接着用 RNA 样本"清洗"芯片。如果一种基因在组织中表达，它的相应 RNA 将与芯片中的相应 DNA 序列结合。由于被标记，结合的 RNA 将有一种明显的记号，就像一个计算机屏幕上的明亮和模糊像素。对芯片中发出信号的这段 DNA 的分析，就显示出哪种基因正在组织中表达。

这种芯片是第一个商业化的柑橘类基因组，它对 2 万多种不同基因的表达进行分析。这种基因组，还将用于研究柑橘的详细基因图谱，它将帮助研究人员定位许多基因，而这些定位信息将帮助开发优良的新品种。加州大学河畔分校的蒂莫西·克劳斯教授说，采用公开的柑橘类基因序列来开发一种全新的工具，不仅将有利于所有柑橘类植物研究人员，而且有助于推动当地和全世界的柑橘类水果产业的发展。

2. 研究柑橘属水果基因组测序的新进展

（1）完成并公布柑橘基因组的测序图谱。2011 年 1 月 15 日，美国佛罗里达大学科学家率领的一个国际研究小组，在当天召开的国际植物和动物基因组大会上宣称，他们完成了对甜橙和克莱门氏小柑橘（为柑橘与酸柑杂交的品种）树的基因测序工作，并公布了相关基因图谱，这在柑橘属果树中尚属首次。

研究人员称，该基因图谱的公布将有助于科学家找到新方法来对抗包括柑橘黄龙病在内的病害，并可帮助果农改善果实的风味和品质。据了解，柑橘黄龙病是一种以昆虫为媒介进行传播的细菌性病症。病果小或畸形，果脐歪斜，患病果树枝梢会出现发黄症状，严重者几年内便会枯死。

对基因组的测序，将使研究人员弄清其数以百万计的基因构成顺序。研究人员希望能够利用这些数据生产出更美味、更营养、对温度土壤等环境适应能力更强的转基因柑橘树。遗传学家曾于 2009 年对柑橘黄龙病病毒的 DNA（脱氧核糖核酸）进行了测序，并希望尽快展开对其传播媒介柑橘木虱的基因测序，从而对这种害虫进行有效的控制。

（2）绘出首张甜橙的基因组图谱。2012 年 11 月 26 日，华中农业大学邓秀新院士领衔的柑橘研究团队，在《自然·遗传学》网络版发表题为"甜橙基因组图谱"的论文。这项成果的完成将在理论上为柑橘基因功能研究提供框架，也将在应用上为果实品质，包括色、香、味等重要性状基因的遗传选育发掘及品种改良，提供重要平台。这也是世界上第一例芸香科植物基因组图谱，对柑橘基因及重要农艺性状的解析具有里程碑的作用。

我国是世界上重要的柑橘原生中心，栽培历史悠久。甜橙品种"伏令夏橙"既可鲜食，也是全球最大的加工橙汁品种。该研究团队对这一甜橙品种，采用最先进的全基因组鸟枪测序法（WGS）及远程配对末端标记策略，拼接组装所获得的基因组序列覆盖率近90%，获得注释的基因约3万个。通过结合遗传标记和染色体原位杂交分析，甜橙基因组序列被进一步整合到已知的9条染色体，因此完成了对甜橙基因组接近完全的解码和基因定位。

通过对基因组数据的分析，研究人员发现甜橙基因组中约有一半的基因处于杂合状态，并有显著的橘和柚的遗传特征，其中橘的遗传成分约占3/4，柚的遗传成分占1/4，据此提出甜橙起源的新理论，即甜橙来源于柚作为母本和橘杂交，其后代再与橘杂交而形成的杂种。通过基因表达以及基因组比较分析，发现一个可能在甜橙果实内大量合成维生素C的关键基因。该基因家族的扩增、快速进化、功能分化以及组织特异表达等可能与甜橙果实大量合成维生素C有关。

（3）发布柑橘全基因组变异数据库。2020年2月，西南大学柑桔研究所陈善春研究员率领的一个研究团队，在《园艺研究》杂志上发表题为"柑橘全基因组变异综合数据库"的论文。这项成果向社会公众公布了大量有关柑橘基因变异的数据，这是世界范围内第一个园艺类全基因变异数据库。

柑橘是全世界最重要的商业水果作物之一。利用当前可用于柑橘类水果的大量基因组数据，可以开发分子标记和评估种质遗传关系，服务于分子育种和全基因组选择辅助育种。在这项研究中，为方便访问、利用和分享这些数据，研究人员开发了一个基于Web的数据库，即柑橘基因组变异数据库CitGVD。

研究人员表示，该数据库是首个针对柑橘且专用于全基因组变异数据分析而形成的，包括单核苷酸多态性（SNP）和插入/缺失（INDEL）。CitGVD的当前版本（V1.0.0）是一种开放获取资源，其资源是从内部项目和公共资源中，挑选出来的346个种质的高质量基因组变异和84个表型。

该数据库集成了有关基因组变异注释，相关基因注释以及有关种质的详细信息，并集成了多种内置工具来进行数据访问和分析。它是一个数据与工具的集成分析平台，为柑橘的分子标记挖掘、分子标记辅助育种和分子设计育种提供数据支持。这些功能，使其成为用于柑橘相关研究的综合Web门户和生物信息学平台。

（二）栽培葡萄科水果探索的新信息

1.研究葡萄成熟影响因素的新发现

发现气候变化会使葡萄收获季节提前。2016年3月22日，《自然·气候变化》网络版发表的一项研究成果显示，从历史记录的葡萄收获和气候数据中发现，从1600—2007年，法国和瑞士的葡萄提前收获，与春季和夏季的更高温度相关，但如果春季和夏季雨水较多，葡萄的收获就会延迟。但是研究发现收获时间和干旱的关系，从1980年开始就逐渐瓦解了。

由于干旱而较高的温度往往会加速葡萄的成熟速度，而降水量的增加往往会延迟葡萄的成熟。高品质的法国葡萄酒通常与葡萄的提早收获有关。

干旱和温度之间的关系，在过去对法国酿酒葡萄的收获时间起到了极其重要的作用，而近几十年来由于气候变化，这种关系被削弱了。这项新研究表明，气候变暖可以让法国在不出现干旱的情况下，出现提早收获酿酒葡萄所需的高温，这对于葡萄园的管理和葡萄酒的质量都可能产生影响。

研究人员表示，由于人为温室气体排量增加，气候变暖效应增强，使得热浪在不发生干旱时出现的频率更高了。通过研究法国波尔多和勃艮第地区过去100年的年份葡萄酒评级，他们发现，葡萄酒的质量和干旱之间的关系，从1980年以后减弱了。而在此之前，干旱是夏季让西欧葡萄获得更高温度、提早成熟的必要条件。

2.研究葡萄加工技术的新进展

发明能从葡萄中分离白藜芦醇的新技术。2011年7月，美国哥伦比亚大学的一个研究小组，用一种可以触发某个特定化学反应的试剂，促使白藜芦醇二聚物能接收额外的单体，从而，开发出能从葡萄等植物中分离白藜芦醇的新技术。

研究表明，白藜芦醇在红葡萄皮、红葡萄酒和葡萄汁中含量很高，是一种天然抗氧化物，可以激活一种修复染色体健康的蛋白质去乙酰化酶，从而确保染色体的完整性免遭破坏，具有延缓衰老的作用。研究还表明，它还有助于预防癌症，降低冠心病发病率和死亡率。由于法国人经常饮用富含白藜芦醇的葡萄酒，所以冠心病发病率和死亡率的比例很低。

多年来，很多科学家一直致力于找到从葡萄或其他能产生白藜芦醇的植物中，分离出白藜芦醇的方法，并将其制成片剂让人们服用。然而，从自然来源中大规模分离出白藜芦醇，以及对其进行简单合成，一直是科学家面临的主要挑战。因为植物很顽固，它们坚持只制造出足以对抗真菌等攻击的白藜芦醇。

现在，该研究小组找到了解决办法，他们可有效地从基本单元制造出更多的白藜芦醇，从而可以制造出更多的片剂。到时候，服用白藜芦醇片剂，将让人们获得同喝红酒一样的好处，却不会有任何坏处，比如酒精带来的副作用、喝柠檬类饮料可能导致的牙珐琅质磨损等。

三、研究热带水果栽培的新成果

（一）栽培芭蕉科水果研究的新信息

1. 探索香蕉保鲜技术的新进展

运用基因技术延长香蕉保鲜期。2016 年 4 月，国外媒体报道，以色列农业部下属农业研究中心专家哈亚·弗里德曼主持的研究小组通过改变特定基因，能让香蕉的保鲜期延长一倍，从而大大延长了香蕉这种常见水果的"货架寿命"。

研究人员称，改变特定基因后，香蕉的整个成熟期被拉长，其保鲜的天数至少能延长一倍。相比之下，同时采摘下来的对照组香蕉，却按照正常的速度快速成熟，很快就变黑腐烂。

此前，农业界曾在西红柿中进行过类似的基因改造，使西红柿更不易成熟腐烂。据介绍，与香蕉成熟相关的基因大约有 80 个，研究小组在此基础上进一步锁定负责"催熟"香蕉的特定基因，并通过基因工程改变基因，干扰正常的成熟进程。

对于基因被改造过的香蕉，人们还能愉快享用吗？对此，研究人员称，他们进行的实验室测试显示，改变基因后的香蕉无论质量还是口味都不会受到损害。

弗里德曼说，这种基因改良香蕉对香蕉种植业以及零售业都有帮助。尤其在很多发展中国家，人们依赖香蕉等新鲜果蔬获取营养，但冷链运输存储等又较难实现，因此延长保鲜期的香蕉，无疑更方便运输和储存。

2. 探索香蕉防治病害的新进展

培育出对抗致命真菌的转基因香蕉。2017 年 11 月，澳大利亚昆士兰科技大学生物技术专家詹姆斯·戴尔主持的一个研究团队，在《自然·通讯》杂志上发表论文称，他们开展的一项田间试验表明，转基因香蕉树能抵抗引发巴拿马病的致命真菌。巴拿马病摧毁了亚洲、非洲和澳大利亚的香蕉作物，并且是美洲蕉农的主要威胁。一些农民可能会在 5 年后获得这种转基因香蕉树，但消费者是否买账仍不得而知。

20 世纪 50 年代，一种寄居在土壤中的真菌摧毁了拉丁美洲当时最流行的香蕉品种——大麦克香蕉作物。随后，它被另一个抗病品种"卡文迪什"代替。如今，"卡文迪什"占据了全球 40% 以上的香蕉产量。20 世纪 90 年代，在亚洲东南部，出现一种叫热带枯萎病 4 号（TR4）的相关真菌，它成了"卡文迪什"的杀手。杀菌剂无法控制 TR4，虽然对水靴和农具进行消毒能起到一定作用，但这远远不够。

戴尔研究团队利用一种不受 TR4 影响的野生香蕉，克隆出名为 RGA2 的抗病基因。随后，他们将其插入"卡文迪什"，并且创建了 6 个拥有不同数量 RGA2 拷贝的品系。研究人员还利用 Ced9 创建了"卡文迪什"品系。Ced9 是一种抗线虫基因，能够抵抗多种杀死植物的真菌。

2012 年，该研究团队在距离达尔文市东南部约 40 千米处的一片农田中，种植了这些转基因香蕉，以及基因未经任何修饰的对照组。巴拿马病在 20 年前到达这里。为提高试验效果，这些植物均暴露于 TR4 中，研究人员在每棵植株附近埋下受感染物质。在 3 年的试验中，67%~100% 的对照组香蕉植株死亡，或者拥有枯萎的黄色叶子以及腐烂的树根。不过，若干得到改造的品系表现良好。约 80% 的植株未出现症状，同时两个品系：一个被插入 RGA2，另一个被插入 Ced9，完全未受到伤害。另外，两种抗病基因并未减小香蕉束。

美国佛罗里达大学植物病理学家兰迪·普洛特兹表示："这种抗病性非常出众，并且让人们有了乐观的理由。"不过，隶属于非营利性农业生物多样性机构国际生物多样性中心的植物病理学家奥古斯汀·莫利纳对转基因香蕉的吸引力持怀疑态度，他说："问题在于，目前的市场并不接受它。"

3.探索香蕉基因组测序的新进展

成功绘制香蕉 B 基因组精细图谱。2019 年 7 月 15 日，中国热带农业科学院热带生物技术研究所金志强研究员牵头，联合法国农业研究国际合作中心安吉丽克·德霍特教授，以及深圳华大基因研究院等 11 家单位专家组成的研究团队，在《自然·植物》杂志网络版上发表论文称，他们绘制成双单倍体香蕉野生种 Pisang Klutuk Wulung（BB 基因组）的精细基因组图谱，揭示出香蕉 A、B 基因组的分化，二倍化进程中 A、B 基因组的特点、多倍体香蕉 A、B 亚基因组之间同源交换与重组规律等重要科学问题，为香蕉遗传改良奠定重要基础。

香蕉是芭蕉科芭蕉属重要的草本单子叶植物，被誉为世界第四大粮食作物，也是全球鲜果交易量最大的水果。芭蕉属真蕉组 M. acuminate（A-基因组）和 M. balbisiana（B-基因组）的种内或种间杂交，形成现代丰富多样的可食香蕉类型。

重测序分析表明，多倍体香蕉 A、B 亚基因组之间频繁发生同源交换与重组。整合基因组、重测序、转录组数据，揭示了三倍体粉蕉（Musa ABB group，cv Pisang Awak）基因偏向于 B 亚基因组表达，其中乙烯生物合成和淀粉代谢途径基因显著扩增，并且偏向于 B 亚基因组表达，从而增强了乙烯生物合成和淀粉代谢水平，大大加快了粉蕉的采后成熟过程。

（二）栽培凤梨科水果研究的新信息

1. 首次破译菠萝的基因组

2015 年 11 月 2 日，福建农林大学明瑞光教授领导的课题组，联合台湾大学、中国科学院、美国伊利诺伊大学香槟校区等 17 个研究机构专家组成的研究团队，在《自然·遗传学》杂志网络版发表研究成果"菠萝基因组与景天酸代谢光合作用的演化"，宣布在全世界范围内首次破译菠萝基因组，这标志着该研究团队在菠萝基因组和景天酸代谢光合作用研究方面，处于国际领先水平。

据了解，菠萝是全球仅次于香蕉的最主要热带水果，有 85 个国家生产，种植面积 1 万多平方千米，新鲜菠萝的年产值 86 亿美元。但由于受自交不亲和与高杂合度的限制，菠萝品种很难改良，产业发展极其缓慢。

研究人员介绍，菠萝使用一种独特的光合作用途径，称为"景天酸代谢"，是一种利用昼夜节律的碳固定方法。该项研究在全世界首次鉴定出菠萝基因组中所有参与景天酸代谢途径的基因，首次阐明景天酸光合作用基因是通过改变调控序列演化而来，并且受昼夜节律基因的调控，是光合作用功能演化研究的重大突破。

该研究还首次证明菠萝基因组可作为所有单子叶植物的重要的参考基因组，对包括禾本科粮食作物在内的大量单子叶植物的功能研究和产业发展具有重要的参考意义。研究人员表示，这项成果为改善许多重要的菠萝性状提供有价值的遗传资源，将极大促进菠萝品种改良和产业发展，具有重大的经济和社会价值。

2. 解析菠萝基因组与菠萝驯化机制

2019 年 10 月，福建农林大学基因组与生物技术研究中心明瑞光教授领导的研究团队，在《自然·遗传学》杂志上以封面文章形式发表的研究成果表明，他们在高质量菠萝基因组与菠萝驯化机制研究方面取得突破性进展。

菠萝是重要的热带水果和观赏植物，起源于南美洲，目前全球有 88 个国家和地区种植，海峡两岸地区是我国菠萝的主产区，我国菠萝年产值约占全球总产值的 1/6。菠萝由于受自交不亲和的影响，主要通过无性繁殖。对于无性繁殖的驯化，有假说认为是"一步到位"过程，即被驯化的作物与它的野生祖先之间只相隔一代，或少数几代，一旦一个品种被选定，选择的过程也就完成。有性生殖对于菠萝的驯化过程是否有影响，也不清楚。

该研究团队在解析无性繁殖作物驯化机制方面取得突破性进展。研究人员通过对89种栽培菠萝和野生种进行重测序，并开展群体遗传学基因结构分析、有丝分裂选择信号分析、减数分裂选择清除区域分析和同义、非同义位点频率谱分析，证明菠萝驯化过程是有性生殖与"一步到位"共同起作用的。这是首次用大规模基因组序列数据来验证"一步到位"假说。该发现在概念上是全新的，并为研究有性与无性生殖过程，对无性繁殖作物驯化的作用提供范例，为应用基因组选择快速驯化无性繁殖作物提供理论依据。

此外，在这项研究中，研究人员通过第三代测序系统长片段测序和Hi-C辅助物理作图的方法，把观赏菠萝 bracteatus CB5 的基因组组装到染色体水平。这一高质量的基因组，校正了已发表的水果菠萝 F153 基因组组装中的两处错误。同时，研究人员还通过比较基因组学的手段，解析菠萝中纤维素合成、花青素积累、高蛋白水解酶含量，以及糖分转运和自交不亲和机制产生的遗传学基础。

（三）栽培无患子科水果研究的新信息

1. 探索荔枝栽培环境影响的新进展

揭示干旱和低温对荔枝成花的综合影响。2016年8月，华南农业大学园艺学院陈厚彬教授领导的研究团队，在《科学报告》发表论文称，荔枝成花诱导，受多个环节因素的制约，包括温度和土壤水分条件。他们通过动态的全基因组转录组分析，表明干旱和低温对荔枝花蕾形成会产生一个综合的影响。

荔枝是华南地区的一种具有重要经济价值的常绿果树，并且也广泛分布于亚热带地区。荔枝的年产量主要取决于成功的花芽分化，这是受多个内生和环境因素影响的，包括温度和土壤水分条件。然而，世界范围内的气候变化可能会对花芽分化和花的发育产生不利影响。

低温在春化型植物的开花过程中起着至关重要的作用，也是荔枝花芽分化所必需的，但是不同品种间的需冷量有所不同。冬季或早春的低温暴露会促进荔枝花芽分化，当环境温度高于20℃时可显著降低荔枝开花。冬季不寻常的高温会导致荔枝花芽分化的冷积累不足，从而导致开花不充分。

以往的田间试验表明，在一定程度上，冬冷诱导前的干旱，可以通过降低冷温的要求，而促进荔枝的开花。然而，仅仅干旱处理并不能诱导荔枝开花。尽管荔枝成花诱导的这种综合调控有重要的农艺学意义，但是这种相互作用的分子基础，一直鲜为人知。

春化反应背后的遗传学机制，已经在模式植物拟南芥中得以研究。在拟南芥中，编码一个成花素蛋白，对于通过整合各种开花途径而促使开花起着核心的作用。然而，干旱和温度对植物开花基因的综合作用，还没有得到进一步的研究。在本研究中，研究人员对盆栽荔枝进行干旱处理、低温处理和低温处理后的干旱，以探讨水分胁迫和低温对花芽分化的影响。研究人员采用新一代 RNA 测序，概述成花诱导过程中发生的叶片转录组变化。

研究人员对来自不同处理情况的基因表达谱进行比较和表征，以识别有哪些重要基因，参与荔枝响应干旱和低温的花芽分化。此外，研究人员根据权重基因共表达网络分析，构建重要基因的共表达网络。在荔枝成花诱导中可能发挥中枢调节作用的基因，也被分离出来。总而言之，这些研究结果为荔枝花芽诱导的调控提供了依据，为研究荔枝或类似植物的功能性开花基因，奠定了基础。

2. 探索龙眼基因组测序的新进展

公布首个龙眼全基因组数据库。2017 年 4 月 11 日，福建农林大学园艺学院赖钟雄研究员课题组，联合深圳华大基因研究院、沃森基因组科学研究院、澳大利亚西澳大学等机构组成的研究团队，在 *Giga Science* 杂志网络版发表研究成果，首次在国际上公布龙眼全基因组数据库，这也是无患子科植物第一个全基因组数据库，它标志着我国在相关领域的研究处于国际领先水平。

研究人员介绍，龙眼与近缘属果树荔枝、红毛丹等同属无患子科，是我国著名的亚热带特产果树之一，其果实富含酚类等次生代谢物质，素有"南方人参"美誉。该研究团队通过近 5 年的研究，攻克龙眼基因组杂合度高的难关，组装出高质量的龙眼基因组草图。

研究人员还告知，他们对 10 多个代表性龙眼品种进行重测序，揭示龙眼遗传上的高度多样性。同时，结合不同组织器官的转录组分析，揭示龙眼果实富含酚类等次生代谢物质以及抗性强的机制。这对于龙眼及近缘种属果树的种质资源研究、遗传改良以及药用价值利用具有重要意义，对于无患子科植物进化、比较基因组学和相关领域研究，有重要参考价值。

（四）栽培番木瓜科与木棉科水果研究的新信息

1. 绘制出番木瓜基因组草图

2008 年 4 月 24 日，南开大学、美国夏威夷大学、美国伊利诺伊大学和天津市功能基因组与生物芯片研究中心等机构组成的国际研究团队，在《自然》杂志上发表研究成果称，他们成功绘制出番木瓜的首张基因组草图。这是继拟南芥、水稻、白杨和葡萄之后，科学家破译的第 5 种被子植物（即开花植物）的基因组序列，将为研究开花植物的进化提供新信息。

据悉，研究人员以一种在美国种植多年的转基因番木瓜为样本，绘制出基因组草图。这种番木瓜经过基因工程改良，植入一种特定基因，能使番木瓜抵御常见的番木瓜环斑病毒。

这一草图共测出番木瓜 90% 以上基因序列。初步分析结果表明，番木瓜大约 7200 万年前与拟南芥在进化道路上"分家"之后，便走上了另外一条进化道路。据科学家估计，在大约 1.2 亿年前，拟南芥、白杨、葡萄和番木瓜这几种被子植物门双子叶植物纲的植物，都曾经历过一次"整基因组三倍复制"。在近代的进化过程中，拟南芥又经历了两次"整基因组两倍复制"，但番木瓜和葡萄没有经历类似过程。

研究显示，番木瓜中与木质素合成相关的基因数量少于白杨，多于拟南芥。科学家称这一点与进化相符，因为番木瓜就是从草本植物进化为木本植物的。

基因组分析还发现，虽然与其他几种基因序列已被破译的被子植物相比，番木瓜基因组中的功能基因数量偏少，但与关键酶相关的基因数量明显偏多。例如，番木瓜中负责编码与淀粉制造等相关酶的基因数量，就比拟南芥多。番木瓜中负责编码合成挥发性化合物的基因也较多，这使得番木瓜发出的气味能吸引授粉者，也容易引来动物食用番木瓜，从而将其种子散播到各处。

此外，转基因番木瓜的基因组中，只有 3 处留下了植入基因的痕迹，而位于细胞核内的核基因丝毫未受影响。科学家说，基因组测序，使他们首次了解到，外加基因在转基因番木瓜中引发的基因变化，这将有助于打消人们对转基因番木瓜的疑虑。

番木瓜是已知营养最丰富的水果之一，其果肉中的维生素 A 原、维生素 C、类黄酮、叶酸、泛酸、钾、镁及植物纤维的含量都很高。从番木瓜汁中提取的木瓜蛋白酶，还是一种用途很广的消化酶，可用于酿造业以及化妆品和药品的生产。

2. 发布木棉科榴莲的完整基因组序列

2017 年 10 月，新加坡国家癌症中心与杜克—新加坡国立大学医学院的谭耀宗及同事组成的一个研究团队，在《自然·遗传学》网络版上发表论文，报告了榴莲的完整基因组序列，这项成果，有助于人们从分子角度，认识导致榴莲产生独特口味和气味的基因及代谢过程。

榴莲因独一无二的口味和刺激性气味而被誉为一种美味，其气味常常被比作洋葱和硫。

该研究团队使用互补性单分子 DNA 测序和染色体支架技术，为猫山王榴莲梗组装了一个高质量参照基因组。通过与其他近亲植物（包括可可和棉花）进行对比分析，研究人员在榴莲中发现了一个可能和棉花一样的古代全基因组复制事件。研究人员还分析了果实成熟期间的基因表达，发现果实器官中的硫代谢基因活性水平高于非果实器官中的。与榴莲的近亲相比，榴莲含有更多参与挥发性硫化合物生物合成的基因拷贝，表明这种演化上的扩增是榴莲气味产生的基础。

不同的榴莲品种和品系具有不同的口味和气味刺激度，榴莲基因组序列以及对硫代谢基因的分析，有助于理解榴莲的这些特征，对于榴莲产业而言具有重要意义。

（五）栽培漆树科与仙人掌科水果研究的新信息

1. 发布漆树科芒果的精细基因组图谱

2020 年 3 月 27 日，中国热带农业科学院热带作物品种资源研究所联合中国科学院微生物所等 10 家单位组成的研究团队，在《基因组生物学》杂志网络版上发表论文称，他们绘制成芒果染色体级别精细基因组图谱，并从基因组水平上揭示芒果物种进化机制和栽培品种驯化历史。

芒果是漆树科芒果属热带常绿大乔木，属最重要的热带果树作物之一。芒果种质资源丰富，但现代育种实践中对芒果资源的利用极为有限，长期以来，芒果育种主要依赖实生选种、杂交育种等方式，其育种周期长、限制因素较多。芒果基因组的解析，将为芒果种质资源研究及其分子设计育种打开全新窗口。中国热带农业科学院于 2014 年启动芒果基因组解析研究，经过多年的努力，取得了重大突破。

研究团队通过对传统芒果品种阿方索进行深度测序和组装，得到芒果精细基因组图谱。对组装和注释结果进行分析，结果表明，芒果祖先于 3300 万年前附近发生全基因组复制事件，而复制后的双拷贝基因中，与能量代谢相关的基因被选择性保留下来，这些基因可能为该时期芒果应对大气二氧化碳浓度急剧降低和全球气候变冷提供了适应性优势。

研究团队在众多扩张的基因家族中，发现一个名为 CHS 的家族可能与漆酚合成相关。漆酚是芒果等漆树科物种中特有物质，该物质能引起人体强烈的致敏反应。该发现将为阐明漆酚合成的分子机制提供基础。该项目还对 48 个芒果品种和 4 个同为芒果属的近缘物种进行了重测序。

2. 发布仙人掌科火龙果高质量染色体级列的基因组图谱

2021 年 7 月 25 日，华南农业大学园艺学院与广东省农业科学院果树研究所等单位组成的研究团队，在《园艺研究》杂志网络版发表论文称，他们已破译红皮白肉火龙果基因组，其达到高质量染色体的组装水平，并构建火龙果高密度遗传图谱，筛选到 43 个参与火龙果甜菜素生物合成的结构基因，以及可能调控它们的 557 个转录因子。

火龙果原产于中美洲热带沙漠地区，是石竹目仙人掌科量天尺属或蛇鞭柱属多年生攀援性草本果树，具有结果快、采果期长、产量高、没有大小年、栽培管理容易等优点。火龙果果实营养丰富、功能独特，含有一般植物少有的植物性白蛋白、水溶性膳食纤维和甜菜素等，有解毒、润肺、明目、减肥、降低血糖、润肠等功效。火龙果的种子内含有各种酶、不饱和脂肪酸和抗氧化物质，具有抗氧化、抗自由基、抗衰老、美白皮肤等作用。火龙果花、茎均可作为蔬菜或药物，果皮可以用来提取色素用于食品添加剂。另外，火龙果花期长、花朵大而芳香美丽，果实大而美观，适合作为盆栽或庭院栽培观赏，也可用于建设观光采摘果园。

由此可见，火龙果集水果、花卉、蔬菜、保健和医药为一体，具有很高的经济、营养和药用价值，受到消费者和种植户的喜爱。目前，火龙果育种还处于传统育种阶段，分子育种技术尚处在基础研究阶段；品质形成和保持的生物学机制也了解有限，其主要原因之一，是缺乏高质量的火龙果基因组图谱。

该研究采用第三代测序技术，对红皮白肉火龙果品种进行基因组测序和组装。组装大小为 1386.95Mb，含有 675 个长序列片段，N50 长度为 127.15Mb；7647 个重叠群，N50 长度为 0.58Mb。通过高通量染色体构象捕获技术，把 97.67% 的序列锚定到 11 条火龙果染色体上，染色体长度 97.47Mb~146.67Mb 不等。研究结果表明，基因组数据在染色体水平上具有较高的完整性、连续性和组装质量。

四、研究其他果品作物栽培的新成果

（一）石榴科水果栽培研究的新信息

1. 成功破译石榴基因组遗传密码

2017 年 7 月 11 日，安徽省农业科学院徐义流研究员主持，华大基因、福建农林科技大学、美国伊利诺伊大学、法国农业科学院以及哈佛大学等 6 家单位 17 位专家参加的研究团队，在《植物杂志》网络版发表研究成果，宣告成功破译石榴基因组遗传密码。

据介绍，本次研究人员完成的石榴基因组项目，以安徽传统品种"大笨籽"为材料，利用二代基因组测序技术，组装基因组大小 328Mb，约占预测大小的92%，预测出蛋白编码基因 29 229 个。研究人员对石榴的系统进化、种皮结构发育与进化、功能性成分花青素、鞣花酸、安石榴苷等的代谢机理进行了研究。

该项目成果在理论上将为石榴基因功能研究奠定基础，在应用上为石榴的遗传改良提供重要依据。这也是世界上第一例桃金娘目果树植物的基因组图谱，因而可极大地促进植物的系统进化研究。

近年来，该研究团队在石榴种质资源与遗传改良工作中做了大量工作，其中石榴基因组图谱的完成，对石榴基因挖掘及重要农艺性状的解析具有里程碑的作用，处于世界领先水平。据研究人员介绍，他们将立足产业需求继续开展以大粒、软籽为目标的可食率高、食用方便的优良石榴品种选育工作，开展以高功能性物质石榴新优品种选育工作，同时加速石榴功能性成分的开发与利用，促进石榴更好地为人类健康服务。

2. 破译软籽石榴"突尼斯"基因组密码

2019 年 10 月 8 日，中国农业科学院郑州果树研究所研究员曹尚银领导的研究团队，在《植物生物技术》杂志网络版发表研究成果称，他们完成了软籽石榴"突尼斯"的高质量基因组图谱，为解析软籽和硬籽石榴品种分化遗传机制提供支撑，并为软籽石榴遗传改良研究奠定重要基础。

吃石榴不吐籽，这是软籽石榴的特有优势。然而，与硬籽石榴相比，国内广泛栽培的软籽石榴"突尼斯"不抗冻的特点，严重威胁和限制着产业的健康发展。

石榴是一种古老的落叶灌木果树树种，栽培历史悠久。石榴被誉为"生命之果"，其果皮、果肉以及种子均含有丰富的类黄酮、多酚、花青素等抗氧化物质，有利于预防高血脂、高血压、艾滋病、传染性疾病、冠心病等疾病。尤其是软籽石榴品种，籽粒硬度小，食用时易于吞咽，避免了营养的流失。此外，软籽石榴市场售价通常是普通品种的 2~4 倍，是广大果农脱贫致富的良果佳品。

研究人员介绍，该研究基于二代和三代测序技术，获得软籽石榴"突尼斯"高质量基因组序列，基因组大小为 320.31Mb，重叠群 N50 为 4.49Mb，注释了 33 594 个基因。采用 Hi-C 光学技术结合遗传图谱，把 97.76% 的序列组装到了 8 对染色体上。与现有的"泰山红"石榴基因组相比，"突尼斯"多组装出46.01Mb 序列，重叠群 N50 的平均长度提升 46 倍，在组装完整度及精确度上都得到极大地提升。

比较基因组学研究表明，软籽"突尼斯"基因组与硬籽"泰山红""大笨籽"基因组间，存在着大量的 SNP 和 InDel 变异。对 26 个石榴品种进行群体遗传学分析表明，软籽石榴群体与硬籽石榴群体间，存在着大量的受选择位点。尤其是Chr1 上，存在着高达 26.2Mb 的受选择区段。基因注释信息表明，与基因组变异及选择信号相关的基因潜在地影响着石榴硬籽和软籽特性分化。

（二）猕猴桃科与鼠李科水果栽培研究的新信息

1. 完成中华猕猴桃基因组测序

2013 年 10 月 18 日，合肥工业大学刘永胜教授，与美国康奈尔大学汤姆逊植物研究所费章君博士共同领导，四川大学、四川省自然资源研究院、湖北省农科院、中国科学院广西植物研究所、香港中文大学、复旦大学、西南大学、美国爱达荷大学、美国农业部等单位专家参与的一个国际研究团队，在《自然·通讯》网络版发表发表论文称，他们历时 3 年完成了中华猕猴桃"红阳"的基因组测序研究，为猕猴桃品质改良和遗传育种奠定了重要基础。

该项成果对广泛栽培的中华猕猴桃品种"红阳"的基因组进行分析，发现猕猴桃进化过程中 3 次基因组倍增历史事件，揭示猕猴桃富含维生素 C、类胡萝卜素、花青素等营养成分的基因组学机制，

猕猴桃，又称"奇异果"，被誉为"水果之王"和"维 C 之王"。它含有亮氨酸、苯丙氨酸、异亮氨酸、酪氨酸和丙氨酸等 10 多种氨基酸，以及丰富的矿物质，还含有胡萝卜素和多种维生素，对保持人体健康具有重要的作用。猕猴桃起源于中国，大约 100 年前在新西兰开始驯化和栽培。目前已在中国、新西兰、意大利和智利等 10 多个国家大规模种植，成为风靡全球的营养最为丰富的高端水果之一。

2. 完成鼠李科枣树高质量全基因组测序

2014 年 10 月 29 日，河北农业大学刘孟军教授率领的研究团队，与深圳华大基因科技服务有限公司合作，在《自然·通讯》网络版发表研究成果称，他们在世界上率先完成枣树的高质量全基因组测序任务，使枣树成为世界鼠李科植物和我国干果树种中第一个完成基因组测序的物种。

刘孟军团队自 2010 年启动枣基因组计划起，从枣基因组大小测定、杂交群体建立和高密度遗传图谱构建等开始展开工作。2011 年，与华大基因合作，相继攻克了高度复杂枣基因组的测序和填图补洞等一道道难关。

　　这项研究，对我国著名枣品种"冬枣"展开全基因组测序，组装出高质量的枣基因组序列，总长达 4.38 亿个碱基，达到枣估测基因组大小的 98.6%，并且将其 79.55% 的碱基锚定到了枣的 12 条假染色体上。预测出 32 808 个蛋白质编码基因，发现大量的枣特色基因。特别是在第一号染色体上，发现与枣树独特生物学性状密切相关的高度保守区域，为揭示枣特殊生物学性状的分子机制奠定基础。该研究还发现，枣的基因组在历史进化中经历了复杂的染色体断裂、融合及片段重组过程，但却没有发生最近一次的全基因组复制事件。

　　研究人员首次发现，枣果同时具有柑橘和猕猴桃两种积累维生素 C 的分子机制。一方面，类似柑橘，半乳糖方法合成维生素 C 的途径得到大幅度加强；另一方面，类似猕猴桃，维生素 C 再生途径中的关键基因家族出现极显著扩张。

（三）杨梅科与柿科水果栽培研究的新信息

1. 分析杨梅基因组和性别遗传机制

　　2018 年 8 月，浙江大学农业与生物技术学院果树科学研究所高中山教授率领，杭州和壹基因公司、中国农业科学院作物科学研究所、上海市农业科学院林木果树研究所和慈溪林业技术推广总站等单位专家参与的研究团队，在《植物生物技术》杂志上发表论文称，他们完成了中国杨梅全基因组测序组装、基因注释，并解析了雌雄性别控制遗传模式。

　　杨梅属于木兰纲杨梅属常绿乔木，雌雄异株。杨梅原产浙江余姚，1973 年余姚境内发掘新石器时代的河姆渡遗址时发现杨梅属花粉，说明在 7000 多年以前该地区就有杨梅生长。杨梅果实营养丰富、风味独特，而且具有独特的保健功能。杨梅是我国南方重要的果树树种，在华东各省及湖南、广东、广西、贵州等地区均有分布。杨梅属有 50 多个种，中国已知的有杨梅、毛杨梅、青杨梅和矮杨梅等，经济栽培主要是杨梅。

　　该研究团队利用二代和三代基因组测序技术，对杨梅雌、雄两个品系的全基因组进行测序。研究人员发现，杨梅基因组大小为 320Mb，组装基因组大小 313Mb，占预测基因组大小的 97%，8 条染色体，预测出蛋白编码基因 32 493 个。

　　研究人员通过雌雄两个自然群体混合样重测序比较，发现杨梅性别控制区域在 59Kb 范围内，包含性别决定候选基因，推导出性别决定模式为 ZW 型，雌性为杂合 ZW 型，雄性为纯合 ZZ 型。开发的雌雄性别关联分子标记，可以直接应用于杨梅杂交苗的性别早期鉴定。这项研究成果，对于杨梅遗传育种以及分子生物学研究，具有非常重要的意义。

2. 发布首个高质量柿基因组序列图谱

2019 年 12 月，浙江大学殷学仁教授课题组，联合中国林业科学研究院亚热带林业研究所和西北农林科技大学等单位组成的研究团队，在《园艺研究》杂志上发表论文，首次公布二倍体油柿的基因组序列，并通过遗传图谱分析研究其进化关系。

柿是原产我国的落叶果树，属于柿科柿属。我国有 3000 多年的柿树栽培历史，有丰富的品种资源，是柿的分布中心和原产中心之一。目前在中国、日本、韩国、西班牙等国均有柿树种植，并受到越来越多的国家和人民的喜爱。近年来，基因组学研究取得长足发展，越来越多的植物基因组序列相继公布，极大地推动了相关研究的开展。柿科植物约有 500 种，但均未有基因组序列的公布，严重制约了相关研究工作。

该研究团队通过因美纳测序平台和第三代测序技术，共得到 86Gb 的原始数据，通过 Canu 软件去除杂合序列，并组装得到油柿全基因组序列，其大小为 849.53Mb，重叠群 N50 为 890.84kb，预测得到 32 516 个蛋白质编码基因。进一步通过高通量染色体构象捕获技术，把其中 799.71Mb（占全基因组序列的94.14%）的序列，定位到 15 条染色体上。

研究表明，共有 25 199 个基因可以分类到 13 406 个基因家族，与拟南芥、苹果和葡萄相比，共有 1251 个基因家族属于柿物种所特有。进化关系表明，首先是柿与猕猴桃亲缘关系最近，约在 7780 万年前发生分化，其次是番茄。在进化过程中，柿经历了一次全基因组复制事件，其基因组中存在 556.36Mb 的重复序列。同时在其进化过程中发生了大量基因家族的扩张和收缩，主要涉及淀粉、糖代谢过程及黄酮类物质生物合成等生物学过程。柿果实的独特之处，在于其果肉在发育过程中能积累大量单宁，其中的可溶性单宁导致柿果实呈现涩味。分析油柿基因组序列发现，单宁（即原花青素）生物学合成途径的基因，有 1/3 的基因形成基因簇并定位于第一条染色体上，这可能是导致柿果实涩味性状稳定遗传的原因。

基于柿基因组序列，通过 SLAF-seq 测序和遗传图谱共线性分析发现，油柿可能是栽培柿的祖先之一。课题组前期发表过多个柿果实采后脱涩保脆相关基因。该研究中，进一步通过全基因组水平上解析柿果实采后低氧脱涩机制发现，受高浓度二氧化碳处理诱导显著上调的基因启动子序列中，存在大量的低氧响应元件，并调控无氧呼吸代谢途径中乙醇脱氢酶、丙酮酸脱羧酶和丙酮酸激酶等基因的表达，进而促使涩柿果实产生乙醛，与可溶性单宁发生缩合反应，生成不溶性单宁，使柿果实完成脱涩。

（四）辣木科与壳斗科坚果栽培研究的新信息

1. 公布辣木及辣木籽的高质量参考基因组

2015 年 5 月，云南大学农学院郝淑美教授与云南农业大学盛军教授牵头，吉林大学等单位相关专家参与的研究团队，在《中国科学：生命科学》发表研究成果，公布了高质量的辣木及辣木籽的基因组谱草图。

一种原产于印度、巴基斯坦、尼泊尔的中小型常青树辣木，也称鼓槌树、油赖木，在农业和工业上越来越受到关注，辣木的各个部位可以作为食物、入药或者用于工业生产。辣木叶是中国国家新资源食品，其根也能食用，而它的种子可净化水，可压榨出食用油，也可用于油漆、化妆品和药品制造。由于其果实具有较高的蛋白、维他命、矿物质含量，而在发展中国家广泛种植。辣木可以在海拔 0~1800 米、年降雨量 500~1500 毫米的地区种植，适合干旱和半干旱地区，而这样的地区占地球陆地面积的 37%，发展中国家的干旱地区比重更大。许多地区正在大力推广种植辣木，但关于辣木的基础研究还有许多空白，这也限制了对辣木的进一步开发利用。

在这篇文章中，研究人员首次对辣木进行了全基因组测序，组装了高质量的基因组并且完成了注释工作，这些工作将有力地促进对多年生植物辣木的利用和研究。在这项研究中，研究人员注释出 19 465 个蛋白质编码基因，同时他们对辣木基因组和其他一些物种进行比较基因组分析，验证辣木的系统发生区域，这些基因可能帮助进一步鉴别与辣木的高蛋白、快速生长和抗逆相关的基因。这个参考基因组，将开拓对辣木的研究，促进应用基因组学手段对辣木的育种和改良。

至今为止，还没有辣木科的植物基因组相关文章的发表，使得辣木的基因组数据不仅对辣木的进一步研究很重要，也对辣木科其他植物的研究意义非凡。由于相关研究的匮乏，该研究在许多方面还不能得出确定性结论，只是对于未来研究辣木有价值的特性建议性地指出方向。基因家族分析显示，辣木拥有非常少的单拷贝基因家族和辣木特异基因家族，以及注释出来的基因数目比一般的高等植物基因数目少很多，许多基因家族收缩，还有辣木的基因组规模非常小，这暗示了辣木拥有非常精小的基因组，也可能是辣木生长速度比较快的原因。

这篇文章专注于辣木基因组的特征以及辣木的特征形状，找出了一些可能与高蛋白、耐热、耐旱、快速生长有关的基因，本研究提供的基因列表不仅对将来辣木的功能研究，也对未来辣木的育种、改良非常重要，这或许能帮助辣木尽快被世界上粮食短缺以及干旱的地方作为多年生作物种植，让辣木物尽其用。

2. 绘制壳斗科中国板栗的全基因组图谱

2019 年 9 月 13 日，北京农学院林木分子设计育种中心秦岭教授课题组，联合天津生物芯片技术公司、荷兰瓦赫宁根大学、河北省农业科学院昌黎果树研究所和中国科学院华南植物园等单位组成的研究团队，在 *Gigascience* 杂志网络版发表论文，公布他们研究组装及注释的中国板栗全基因组图谱，这使中国板栗成为栗属植物中第一个完成基因组测序的树种。

中国板栗为壳斗科栗属植物，是我国重要的干果之一，富有"木本粮食"之称。广泛栽培于我国 26 个省份，年产 193 万吨，约占世界栗总产量的 83.34%，是我国山区栗农脱贫增收的"铁杆庄稼"。中国板栗种质资源遗传多样性丰富、品质优良、抗栗疫病、耐瘠薄，已成为栗属植物种质创新的重要亲本资源。高质量的中国板栗基因组图谱，为栗属植物的起源进化、遗传改良和分子育种等研究，奠定重要基础。

该研究基于二代和三代测序技术，获得板栗高质量基因组序列，基因组大小为 78 553Mb，重叠群 N50 为 944kb，注释了 36 479 个基因。根据 BUSCO 分析，基因组完整性为 96.7%。与三个近缘物种栓皮栎、山毛榉和胡桃树的基因组相比，中国板栗具有 8884 个特有基因家族和 11 952 个特有基因。基因组进化分析表明中国板栗和栓皮栎的分化发生在 1362 万年前。

（五）胡桃科与银杏科坚果栽培研究的新信息

1. 成功绘制高质量核桃基因组图谱

2020 年 2 月 4 日，中国林科研究院林业研究所与上海师范大学、中国科学院计算技术研究所和西藏农牧科学院联合组成的研究团队，以裴东研究员为通讯作者，在《植物生物技术》杂志网络版发表论文称，他们开展核桃基因组的深入研究，已绘制出高质量的基因组图谱。

核桃是世界重要的木本油料和珍贵用材树种，核桃坚果位居世界"四大坚果"之首。我国是核桃资源大国，核桃种植面积和产量均居世界首位。研究人员称，他们利用最新测序技术，结合 Hi-C、遗传图谱和物理图谱等手段，获得高质量、染色体水平的核桃基因组序列，该基因组大小为 540Mb，重叠群 N50 为 3.34Mb，注释了 39 432 个基因。

同时，研究人员基于高质量基因组图谱，获得黑核桃、野核桃和核桃楸等 5

个种的染色体级别基因组序列。共线性分析发现，核桃两个亚基因组共同保留将近一万个旁系同源基因，对全基因组复制时间的估计（两千多万年前）发现，编码基因每百万年丢失频率为 0.56%~1.62%，在进化过程中亚基因组间同源区域中基因出现系统性丢失或移除现象。

研究人员认为，高质量的核桃基因组序列将为核桃遗传改良、核桃科植物的比较基因组学及演化研究，奠定重要的基础。

2. 公布孑遗物种银杏的高精度基因组

2021 年 6 月，南京林业大学与中国农业科学院农业基因组研究所共同组成的研究团队，以曹福亮院士和尹佟明教授为共同通讯作者，在《自然·植物》网络版发表了染色体级别的银杏参考基因组，它是目前已发表的组装质量最高的裸子植物参考基因组。

裸子植物作为一类独特的植物种系，主要由四个支系组成：银杏纲、苏铁纲、松杉纲和买麻藤纲。苏铁纲现在仅有 1 目 4 科 11 属约 124 种；松杉纲为现存裸子植物中种类最多、分类最广的一个类群，有 4 目 7 科 57 属约 600 种；买麻藤纲有 3 目 3 科 3 属约 80 种；而银杏纲仅存银杏 1 种。

研究人员称，银杏基因组是人基因组的 3 倍多，接近 100 亿个碱基。它有 12 对染色体，而 1 条染色体的长度平均约为人 6 条染色体的长度。在这项研究工作中，他们采用最新的基因组测序技术，获得了大小为 9.87G 的参考基因组图谱，并装配到银杏的 12 条染色体上。准确注释了 27 832 个银杏基因组蛋白编码基因，取代了原版本基因组草图的基因，是迄今发表的组装质量最高的裸子植物参考基因组。

研究人员表示，银杏为速生珍贵的用材树种，材质优良，木材可供建筑、家具、室内装饰、雕刻等用。种子供食用及药用。叶片提取的银杏黄酮有重要的药用和保健价值。同时，银杏树形优美，春夏季叶色嫩绿，秋季变成黄色，是重要的城市及园林绿化树种。因此，探索银杏，不仅具有重要的科学价值，而且还具有多种应用价值。

第五节　纤维作物栽培研究的新进展

一、研究棉花栽培的新成果

（一）探索转基因棉花的新信息

1. 研究"蛛丝"转基因棉花的新进展

开发含有"蛛丝"基因的棉花新品种。2004 年 9 月，有关媒体报道，巴西农业部农技研究机构生物学家埃里比奥·雷什领导的一个"蛛丝"转基因棉花研究小组，受到蜘蛛网结实而有韧劲的启发，开始研究把蜘蛛的"蛛丝"基因植入棉花，以求获得纤维更加结实、柔韧性更好的转基因棉花新品种。

蜘蛛是自然界公认的"织网能手"，蛛丝虽细但韧性十足。雷什介绍说，蜘蛛网之所以结实而且柔韧性好，是因为蜘蛛有一种特殊基因，因此这项研究的目的，是生产一种含这种基因的棉花。雷什表示，他们希望这种新型转基因棉花可用于纺织业，尤其用来制作运动服和包括防弹衣在内的防护服。他说，纺织厂的设备现在更新发展非常快，因此需要一种更结实的原材料，天然蜘蛛丝，比目前制造防弹衣的人工合成纤维强度还高出两倍。

2. 研究转基因抗虫棉花的新进展

（1）发现转基因抗虫棉使中国北方农作物免受虫害。2008 年 9 月 19 日，中国农业科学院和国家农业技术发展和服务中心陆宴辉、吴孔明和封洪强等专家组成的一个研究小组，在《科学》杂志上发表论文称，苏云金杆菌（简称 Bt）是一种微生物杀虫剂，经基因工程改造后能表达 Bt 的棉花被称为 Bt 棉。他们研究发现，过去 10 年间，中国北方大规模种植的 Bt 棉，不仅降低了棉花害虫的数量，而且还减少了周边没有进行 Bt 改良的农作物的虫害。

研究人员为了解中国 Bt 棉的种植对生态环境和农业经济的影响，收集并分析了 1997—2007 年间中国北方 6 个省份 Bt 棉的农业数据，范围涵盖 1000 万农户种植的 38 万平方千米农田，其中包括 3.8 万平方千米的 Bt 棉花田，22 万平方千米的其他非 Bt 作物。他们将焦点放在对中国农民来说非常严重的害虫棉铃虫身上。

他们的分析显示，随着 Bt 棉种植年份的增加，棉铃虫的数量显著下降，2002—2007 年间的下降幅度尤其大。他们同时也对多种影响棉铃虫发生的因素，如温度、降雨量和 Bt 棉等，进行了分析研究，结果发现，在被商业化引进的 10 年中，Bt 棉是棉花和其他许多非转基因作物中棉铃虫受到长期抑制的主要原因。这表明，Bt 棉可能是未来控制农作物病虫害、提高农作物产量的新途径。

（2）发现转基因抗虫棉顾此失彼面临新课题。2010 年 5 月 14 日，中国农业科学院植物保护研究所吴孔明研究员等人组成的研究小组，在《科学》杂志网络版发表题为 "Bt 棉花种植对盲蝽蟓种群区域性灾变影响机制" 的论文。这项研究成果，是全球首个涉及多种农作物和大时间尺度的，有关转基因农作物商业化种植的一个生态影响评价。

研究人员以我国华北地区商业化种植 Bt 棉花为案例，从 1997—2009 年，系统地研究了 Bt 棉花商业化种植，对非靶标害虫盲蝽蟓种群区域性演化的影响。研究表明，Bt 棉花大面积种植，有效控制了二代棉铃虫的危害，棉田化学农药使用量显著降低，但也给盲蝽蟓这一重要害虫的种群增长提供了场所，导致其在棉田暴发成灾，并随着种群生态叠加效应衍生，而成为区域性多种作物的主要害虫。

转基因技术，由于打破了物种之间遗传质转移的天然生殖隔离屏障，可以人为定向地改变生物性状、提高农作物对病虫害的抗性和产量，已成为实现传统农业向现代农业跨越的强大推动力，以及 21 世纪解决粮食、健康、资源、环境等重大社会经济问题的关键技术。

数据显示，自 1996 年首例转基因农作物商业化应用以来，全球已有 25 个国家批准了 24 种转基因作物的商业化种植。以抗除草剂和抗虫两类基因为主要方向，转基因大豆、棉花、玉米、油菜为代表的转基因作物产业化速度明显加快，种植面积由 1996 年的 1.7 万平方千米发展到 2009 年的 134 万平方千米。

随着转基因生物产业化的迅猛发展，转基因作物带来的环境生态影响，正引起世界范围内的广泛关注。而以前的研究，主要集中于转基因作物小规模种植下的短期影响评价，人类对转基因作物大规模商业化而产生的农业生态系统长期影响，尚缺乏科学认知。转基因植物的大量释放和扩散，有可能使得原先小范围内不太可能发生的生态变化得以表现。

吴孔明说："这一研究的科学意义在于使我们认识到，转基因作物对农业生态系统的影响是长期的和区域性的；Bt 作物生态系统需要建立新的害虫治理理论与技术体系，新的转基因棉花研发需要考虑盲蝽蟓问题。"

该论文揭示了我国商业化种植 Bt 棉花对非靶标害虫的生态效应，为阐明转基因抗虫作物对昆虫种群演化的影响机理提供了理论基础，对发展利用 Bt 植物可持续控制重大害虫区域性灾变的新理论、技术有重要指导意义。

3. 研究可食转基因棉籽的新进展

开发出可食用的转基因棉籽。2009 年 12 月，有关媒体报道，美国得克萨斯农工大学分子生物学家科瑞提·罗素领导的研究小组，使用 RNA 干扰技术，降低了棉籽中有毒的棉花酚的含量，让棉籽可以为人所食用，以补充人体蛋白质。

千百年来，棉花作物提供的棉纤维，一直是人类纺织品的重要原材料。然而，与棉纤维相伴的棉籽，虽然营养丰富，但由于含有有毒物质棉子酚，会让人体血液中的钾含量下降到危险水平，从而破坏人的肝脏和心脏，因此，棉籽始终没有得到人类的重用。多数情况下，从棉纤维中分离出来的带絮种子，只能作为牛的饲料，因为具有 4 个胃的牛能够忍受棉子酚的毒性，也有少量棉子在去掉酚后用来榨油。现在，该研究小组的成果，能让棉籽成为供人类享用的食物，从而可以解决全球许多地区的饥荒问题。

多数人并不知道，生产 1 千克棉花纤维的同时，就会产生 1.6 千克的棉籽。每年全球棉花作物要生产大约 4400 万吨棉籽，而棉籽中的蛋白质含量高达 22%，且蛋白质质量也很高。就是说，全球每年生产的棉籽，可提供 1000 万吨高质量的蛋白质。

20 世纪 50 年代，科学家首次通过关闭产生棉籽酚的基因，得到不含棉籽酚的棉花，但是棉籽酚具有抵抗病虫害的功能。所以，去除了棉籽酚的棉花，饱受病虫害的袭击。

为此，罗素小组使用 RNA 干扰技术，成功开发出能降低棉籽酚含量，而不降低产量的棉花品种。田间试验表明，棉花的产量非常稳定。而且，新得到的棉籽中棉籽酚的含量，也在安全水平之内，能够被人和家畜食用。

罗素认为，新的转基因棉花品种，可作为人的食物来源，这一点对发展中国家非常有用。另外，棉农也可以从中受益。他说，人们不太可能拒绝这种转基因棉籽，因为，该技术是关闭了一个化学过程，而不是增加了一个化学过程。

美国农业部棉花基因和保护研究部的遗传学家朱迪·舍夫勒表示，对于这种转基因棉花还需要很多安全方面的测试，也需要制定相应的监管守则，但是，他们对这项技术的前景持乐观态度。

（二）研究棉花栽培的其他新信息

1.研究棉花病害防治的新进展

率先揭示棉花"癌症"黄萎病病原的分子机理。2019年1月4日，中国农业科学院农产品加工所戴小枫研究员领导的研究团队，在《新植物学家》杂志网络版上发表论文称，他们在大丽轮枝菌寄主适应性进化研究方面取得重要进展，首次阐明大丽轮枝菌引起棉花等寄主落叶的分子机制。

戴小枫说，大丽轮枝菌是引起棉花"癌症"黄萎病的病原，他们的研究将为棉花等经济作物黄萎病病原的分子流行监测预报、抗病品种选育和新型生防药剂研发提供理论依据。

作为一种毁灭性的、可通过土壤传播的病原真菌，大丽轮枝菌能破坏植物的水分和养分运输系统，迅速造成植物黄化萎蔫枯死，曾与马铃薯晚疫病并列为世界头号检疫对象。20世纪60年代，在美国发现它能使棉花落叶而造成绝产。20世纪80年代，我国在棉花上也发现了引起棉花落叶的大丽轮枝菌菌系，该菌系的快速蔓延，直接导致了20世纪90年代至21世纪初黄萎病在我国的大面积爆发，给棉花生产造成重创。

半个多世纪以来，研究人员一直致力于解析大丽轮枝菌引起植物落叶的遗传机制，围绕落叶性状表型鉴定、致病力分化特征、分子进化与基因检测方法等开展了一系列研究，以期为落叶型大丽轮枝菌的流行监测和预防控制，提供理论依据与技术支撑，但一直未有突破。

该研究团队应用高通量测序技术解析了来自中国棉花的大丽轮枝菌基因组，通过与来自美国莴苣和荷兰番茄上大丽轮枝菌基因组比较，发现中国菌株相对于美国和荷兰的多出一个基因组片段，该片段系从与其长期混生的棉花枯萎病菌中"掠取"（基因水平转移）而来，从而获得了对棉花的超强侵染能力。进一步研究发现，该菌获得这个基因组片段后，编码的功能基因直接参与了引起落叶化合物（N-酰基乙醇胺）的合成和转运。这种化合物一方面干扰棉花体内的磷脂代谢通路，使棉花对一种叫作"脱落酸"的植物内生激素更加敏感；另一方面扮演着与脱落酸相似的作用，使棉的内源激素系统紊乱，脱落酸不正常地大量合成，最终导致棉花叶片脱落。

据介绍，该研究团队2017年在《新植物学家》报道了广谱寄生大丽轮枝菌，通过水平转移获得专化性侵染能力的关键遗传变异。这次，他们又发表了新成果，进一步阐明该遗传变异调控落叶性状的分子机制。同时，该研究团队依据鉴定的遗传变异，开发出大丽轮枝菌分子流行学检测技术，相关技术已获 9 件国家发明专利。

据论文第一作者张丹丹博士透露，经过多年努力，研究团队几年前已在棉花抗黄萎病分子标记辅助育种领域取得重要突破，选育出世界第一个抗病品种并大面积推广。近年来，在国家农业科技创新工程的支持下，他们在黄萎病为害机理与抗病分子机理研究等领域，已经从 5 年前的跟跑欧美到并跑，进而实现目前的领跑。

该研究团队表示，目前，他们正在牵头组织，由国内外 14 家优势单位发起"大丽轮枝菌基因组学研究国际大科学计划"。未来有望从全基因组学、代谢组学与合成生物学角度，较为系统地阐明全球黄萎病病原起源、群体结构及遗传演化等困扰国际学术界长达百年的重要科学问题。

2. 研究高品质棉花生理现象的新发现

发现高品质棉花的生长遗传机制。2019 年 3 月，浙江大学农学院张天真教授领导的一个国际研究团队，在《自然·遗传学》杂志发表论文称，他们发现了高品质海岛棉的生长遗传机制，将为在陆地上培育纤维更长、更强、更细的高品质棉花提供支持。

目前人工栽种的棉花主要是陆地棉和海岛棉。陆地棉产量高、纤维好、适应性广，产量占世界棉花总产的 90% 以上；海岛棉的特点是长、强、细，但产量低、价格贵。

该研究团队利用超高密度遗传图谱等技术，组装出了清晰度与完整性前所未有的陆地棉遗传标准系和海岛棉染色体水平基因组。张天真指出："这对未来培育高产、纤维优良、适应性强的棉花新品种，提供了有力的理论支持。"

研究人员称，虽然我国棉花产量位居世界前列，但我国棉花生产也面临不少问题，如棉花类型单一、纤维品质欠佳、纤维强度不高等。因此，充分研究棉花基因组功能，对加快选育优质的棉花品种、保证我国棉花产业可持续发展具有非常重要的意义。

二、研究桑蚕丝生产的新成果

（一）探索桑蚕基因技术的新信息

1. 开发转基因桑蚕的新进展

（1）培育出能生产人胶原蛋白的转基因桑蚕。2006 年 10 月，有关媒体报道，日本广岛县产业科学技术研究所与广岛大学合作，培育成功能分泌人胶原蛋白的转基因桑蚕。

研究人员是从 3 年前开始这项研究的。2006 年年初，他们开发了载体和基因植入方法，把生产人胶原蛋白的基因植入蚕的细胞里，这样培育出的转基因蚕，绢丝腺就能分泌人胶原蛋白。经过改良后，这种转基因蚕能同时分泌绢丝。

目前转基因蚕，分泌的人胶原蛋白长度，仅有真正的人胶原蛋白全长的 1/5 的。但研究人员称，一两年之后，即可培育出生产全长人胶原蛋白的转基因蚕，并建立大规模生产安全的人胶原蛋白的生产系统。

胶原蛋白是一种在医药和化妆品等领域用途极广的原料，大多是从牛皮中提取的。但疯牛病的发生，使胶原蛋白原料的供应面临紧缺。日本的这项研究成果，为寻找新的胶原蛋白来源开辟了途径。

（2）培育成能吐出蛛丝纤维的转基因桑蚕。2012 年 1 月，美国怀俄明大学教授唐·贾维斯等人组成的研究小组，美国《国家科学院学报》上发表研究报告称，他们培育出一种能够吐出含有蜘蛛丝蛋白合成纤维的新型转基因桑蚕。据测试，就各项性能平均而言，这种合成纤维比普通蚕丝坚韧得多，其强度和韧性与天然蛛丝大体相当。

一直以来，蛛丝都以其极好的韧性和强度闻名遐迩，但蜘蛛的领地意识和同类相食的习性，却使这种优质纤维难以大量生产，无法在医疗等领域获得广泛应用。

为了制造出具有蛛丝蛋白的纤维，科学家们想出了许多办法，在转基因细菌、酵母、植物、昆虫甚至哺乳动物细胞上，都进行过尝试，希望能找到替代蜘蛛制造蛛丝的方法。最终发现，能适应现有纺织技术并可快速量产的，转基因蚕技术最为理想。

为了做到这一点，研究人员找到控制蛛丝蛋白性能的一项关键基因，并把它加入到转基因蚕中。这种基因的表达，大幅提高了丝的弹性和抗张强度，于是，这些蚕便吐出了含有蛛丝蛋白的合成纤维。由于蚕可以通过作茧的方法，产生数千米长的纤维，这也大幅提高新型纤维的产量。

这项研究，或许可为这些纤维的大规模生产，以及它们在医疗等领域的应用打开大门。这种纤维首先有望在人工韧带、肌腱、组织支架、伤口敷料、缝合线等医用材料的制造上获得应用。此外，由于它们具有极好的强度，也将是制作防弹衣的理想材料。

此前也有不少类似的技术，但产量相对较低且嵌合蛋白与丝纤维的结合并不稳定。相比之下，贾维斯小组的报告称，他们的技术改善了这一点，能够让蚕成为制造蛛丝的工厂。

（3）用基因重组技术培育出绿光桑蚕宝宝。2014年12月，日本广岛大学山本卓教授等人组成的研究小组，在《自然·通讯》网络版上发表论文说，白胖胖的桑蚕宝宝惹人喜爱，如今，他们利用一种基因重组新技术，能让桑蚕宝宝发出绿光。

该研究小组开发的这种基因重组新技术，名为"PITCh法"，主要利用了能够切断基因组中特定基因的酶，以及生物机体修复受损DNA的机制。

利用"PITCh法"，把受特定波长光线照射时会发出绿光的绿色荧光蛋白基因，插入蚕以及蝌蚪的基因组，成功培育出了全身发绿光的蚕，以及鳃和鳍发绿光的蝌蚪。

据介绍，这种基因重组技术，能应用于从昆虫到哺乳动物的各种动物。它不仅比以前的方法更简便，而且能够准确地向目标位置插入基因，培育能够发光的生物以及拥有特定致病基因的细胞和动物，用于研究新的药物和疗法。

2. 研究桑蚕基因组测序的新进展

完成桑蚕大规模基因组重测序。2009年8月28日，由中国工程院向仲怀院士、西南大学夏庆友教授率领，成员来自深圳华大基因研究院与西南大学的研究团队，在《科学》杂志上发表题为"40个基因组的重测序揭示了蚕的驯化事件及驯化相关基因"的论文，这是科学家继2003年在家蚕基因组研究领域取得进展后的又一重要成果。

据悉，研究人员共获得40个家蚕突变品系和中国野桑蚕的全基因组序列，共测632.5亿对碱基序列，覆盖了99.8%的基因组区域，是多细胞真核生物大规模重测序研究的首次报道。同时，绘制完成世界上第一张基因组水平上的蚕类单碱基遗传变异图谱，这是世界上首次报道的昆虫基因组变异图。研究人员还发现驯化对家蚕生物学影响的基因组印记，从全基因组水平上揭示家蚕的起源进化。

中国是蚕丝生产的发源地，丝绸之路曾是中华民族智慧和文明的象征。2003年，中国科学家成功绘制了家蚕基因组框架图，成为继人类基因组计划"中国卷"、水稻基因组计划后在基因组研究领域获得的又一重大成果。

桑蚕大规模基因组重测序和遗传变异图谱构建的完成，有助于从全基因组范围研究驯化和人工选择对家蚕生物学的影响，阐释家蚕及野桑蚕之间生物学差异的遗传基础。

更为重要的是，鉴于与野桑蚕相比，家蚕具有更优良的经济性状，研究所发现的全基因组选择印记，特别是那些受到强烈选择的具体基因，对家蚕重要优势经济性状相关基因克隆及其形成机理的研究至关重要。

（二）探索抽取茧丝技术的新信息

1. 研究抽取蚕茧丝技术的新进展

开发出可避免杀死蚕蛹的抽丝新技术。2006 年 12 月，印度媒体报道，该国安得拉邦蚕茧开发组织技术师库苏马·拉贾伊推出一项新技术，抽出蚕丝而避免杀死蚕宝宝。

抽丝的传统方法，是把蚕茧放进开水中杀死蚕茧中的蚕蛹。与此不同，新技术是利用蚕蛾出茧之后的残留蚕茧生产新丝产品。100 千克蚕茧能生产 15 千克纱，残留蚕茧用像清洁剂一样的化学制品进行处理，将其溶解成团，然后纺成纱，织成用于生产纱丽的丝织面料。

这一新方法，可以避免杀死蚕蛹。据说，安得拉邦政府已保证为开发者提供财政支持，帮助其完善这项新发明。

2. 研究抽取野蛾茧丝技术的新进展

找到从野蛾茧中抽出长丝的技术。2011 年 5 月，英国牛津大学汤姆·盖桑领导的一个研究小组，在美国学术期刊《生物大分子》上发表研究报告称，他们找到能从一些野生蛾类所结的茧中较好地抽出长丝的方法。这样得到的丝，在质量上与家蚕丝接近。对于非洲和南美等一些不适合饲养家蚕的地区来说，这也许会为当地丝织业带来机会。

研究人员表示，一些野生蛾类所结的茧，之所以很难抽出丝来，是因为其表面覆有一层较硬的草酸钙。使用乙二胺四乙酸溶液就可以把这些茧软化，再从中抽出长丝。

盖桑说，实验显示这种方法，不仅可以帮助从野蛾茧中抽丝，还不影响这些丝的质量，从野蛾茧中获得的高质量丝可与家蚕丝媲美。

研究人员认为，对于那些不适合饲养家蚕但野生蛾类丰富的地区，如非洲和南美，本次研究成果具有带来一场"野生丝革命"的潜力。

（三）研究桑蚕丝生产的其他新信息

1. 探索蚕丝纤维特性的新进展

发现蚕丝纤维特性与氨基酸排列有关。2016 年 6 月，日本媒体报道，日本理化学研究所沼田圭司和增永启康率领的国际研究小组，发现蚕丝纤维不同氨基酸排列会影响其机械强度、热稳定性及结晶结构。

人类从古代开始，就利用蚕丝纤维制作出富有光泽的织物。近年来，科学家针对蚕丝质轻坚韧、生物相容性好和可生物降解的特性，开始研究将其用在结构材料和医疗材料等领域。另外，蚕丝也可加工成纤维、水凝胶、胶卷和海绵等，用在再生医疗和药物输送系统中。但科学家对丝绸的氨基酸排列如何影响其热性能和机械性能以及相关应用等，尚不十分了解。

为此，该研究小组挑选了 4 种家蚕和 10 种野蚕，共 14 个种类的蚕丝进行试验。他们在热重量分析和示差扫描热量分析中发现，野蚕丝比家蚕丝的热分解温度高 30℃。但在拉伸试验中研究人员观察到，野蚕丝比家蚕丝有明显的断裂点。研究小组对蚕丝进行 X 射线散射试验发现，野蚕丝比家蚕丝的结晶尺寸大了约 1 纳米。这是由于家蚕丝的结晶领域是由甘氨酸交互反复排列构成，而野蚕丝的结晶领域则是由丙氨酸连续排列而成。

研究人员在对氨基酸排列与热稳定性关系试验结果分析中发现，丙氨酸连续排列的比率越高，热稳定性越强；甘氨酸交互反复排列的情况越多，则机械强度越强；而具有更多大侧链氨基酸的蚕丝，其机械强度较弱。

在化石燃料逐渐枯竭、全球更加重视环保的大背景下，人们一直渴望能替代石化产品的材料出现，而蚕丝是较好的替代材料之一。该研究对人工制造可控其强度、吸湿性、伸展性等特性的人造蚕丝材料，具有重要意义。

2. 探索桑蚕生理功能及其决定因素的新进展

（1）揭示蚕破解桑叶防卫机制的妙招。2018 年 9 月，日本京都大学和东京大学、筑波大学等机构组成的一个研究团队，在《科学报告》杂志网络版上发表论文称，蚕吃桑叶，但桑叶有自己的防御机制，蚕是如何破解的呢？他们发现，蚕分泌的一种酶可以抑制桑叶的挥发物，防止自己的天敌被桑叶招引过来。

一些植物被虫吃的时候会释放出绿叶挥发物，其气味信息可以招引虫子的天敌来克制虫子，这被称为植物的间接防卫机制。寄生蝇这类寄生昆虫，就能够依靠植物释放的绿叶挥发物高效地找到宿主，蚕是它们的目标。

该研究团队发现，蚕在吃桑叶时，会从吐丝口分泌一种酶涂抹到吃过的地方，这种酶能够抑制绿叶挥发物生成。这样，桑树无法引诱寄生蝇前来，蚕就能安全进食桑叶。

研究人员称，这种酶尚属首次发现，目前也仅在鳞翅目昆虫体内发现。这是首次发现植食性昆虫能巧妙地克制植物的间接防卫机制。

（2）发现决定家蚕专食桑叶的苦味受体基因。2019 年 2 月 28 日，中国科学院植物生理生态研究所谭安江研究员主持的研究团队，在《公共科学图书馆·生物学》网络版发表论文称，栽桑养蚕在中国有着悠久的历史，在传统的蚕业生产链中，栽桑和养蚕密不可分，因为桑叶是家蚕的唯一食物来源。为什么"蚕宝宝"只爱吃桑叶？他们对此展开研究，发现一个苦味受体基因可以决定家蚕的桑叶专食性。

家蚕有 76 个"味觉受体"基因，分布在 16 条染色体上。研究人员根据前期的研究线索，针对位于三号染色体上的唯一"味觉受体"基因 GR66 开展功能分析，并利用转基因和 CRISPR/Cas9 等基因编辑手段获得其纯合突变体。

研究发现，苦味受体基因 GR66 在家蚕食物选择中起到的决定性作用。在正常饲养条件下，GR66 突变体的生长发育没有受到任何影响，但其食性发生了显著的变化。这些"蚕宝宝"开始出现"味盲"现象，除了桑叶以外，还爱吃苹果、梨、玉米、大豆、花生甚至面包等"零食"，而对照组野生型"蚕宝宝"只吃桑叶或含有桑叶成分的人工饲料。基于以上实验依据，研究人员判断，GR66 是"蚕宝宝"的一个取食抑制因子，突变后抑制作用消失，导致"蚕宝宝"可以无差别地取食桑叶及其他食物。

谭安江说："我们的研究或许能为传统产业升级提供新思路。冬季没有新鲜的桑叶，很多厂家用含有桑叶粉的人工饲料喂养，成本高。如果今后能去桑叶化养蚕，开发规模化的人工饲料，那么成本将会降低。"

三、开发利用其他纤维的新成果

（一）探索麻类作物栽培的新信息

1. 研究黄麻基因组测序的新进展

（1）完成一个黄麻品种的基因组测序。2010 年 6 月 16 日，有关媒体报道，孟加拉国总理谢赫·哈西娜当天在该国议会宣布，该国科学家已成功完成一个黄麻品种的基因组测序，这将促进孟加拉国黄麻产业的发展。

这次黄麻基因组测序是由孟加拉国科学家穆克素杜尔·阿拉姆领导的一个研究小组完成的。该小组由来自孟加拉国达卡大学、孟加拉国黄麻技术研究中心和美国夏威夷大学的研究人员组成。

哈西娜说："这项伟大的科技成就，使孟加拉国跻身于少数几个能够完成黄麻基因组测序的国家的行列，并成为继马来西亚之后第二个能完成这一工作的发展中国家。"哈西娜接着说，黄麻基因组测序的完成，将使孟加拉国能够生产出适应恶劣天气条件并抗病害的黄麻种子，进而生产出更好的黄麻纤维，促进黄麻产业的发展。不过，她同时指出，要把这项成果运用到实际生产中，还需要数百万黄麻种植者和相关产业人员的参与和支持。

（2）率先发布黄麻两个高质量参考基因组。2021年6月25日，福建农林大学麻类研究室与海峡联合研究院基因组、生物技术研究中心等共同组成的研究团队，在《植物生物技术》杂志网络版发表论文，首次公布黄麻两个栽培种的高质量参考基因组。

黄麻属有100多个种，生产上具有栽培价值的有圆果种和长果种，两者具有不同生长习性，存在生殖隔离，皆为二倍体，主要在孟加拉国、印度和中国等国家种植。在世界范围内，黄麻的产量和种植面积仅次于棉花，是麻纺工业的重要原料，其纤维产量占世界上麻类纤维总产量的80%。除了利用麻纤维，黄麻多功能用途还拓展到菜用、茶用、重金属吸附用、盐碱地修复用等。

该研究以黄麻区域试验对照品种圆果种"黄麻179"和长果种"宽叶长果"为材料，采用二代和三代测序方法，同时结合Hi-C染色体构象捕获技术，首次完成黄麻染色体水平全基因组测序和组装工作，其基因组大小分别为336Mb和361Mb，重叠群N50分别为46Mb和50Mb，分别鉴定到25 874个和28 479个蛋白编码基因。比较基因组学分析发现，黄麻和雷蒙德氏棉之间的物种分化发生在3800万年前。尽管黄麻两个栽培种表现出良好的共线性，但长果种黄麻基因组比圆果种多25Mb，包含有13个假定的倒位。这些倒位可能是两者具有不同生长习性和生殖隔离的重要原因。

为了更好地解析黄麻的起源与驯化，研究人员对来自世界各地的242份圆果种黄麻品种、57份长果种黄麻品种和1份近缘种假黄麻，共300份不同黄麻种质资源进行重测序。群体遗传学分析显示，黄麻在2万年前开始出现瓶颈事件。在末次盛冰期，圆果种黄麻仅存在于亚洲南部，而长果种黄麻存在于非洲东部和亚洲南部。暗示着长果种黄麻为起源于非洲东部并于亚洲南部经过第二次驯化，而圆果种黄麻为起源并驯化于亚洲南部。

研究人员表示，黄麻全基因组关联分析，鉴定出纤维细度、纤维素含量和木质素含量等数百个控制纤维品质相关性状的重要基因位点。结合选择性清除分析发现，纤维细度的微丝酶家族蛋白、蛋白质精氨酸甲基转移酶等候选基因位于选择性清除区域，推测这些基因受到了驯化选择。同时，利用竞争性等位基因特异性和转基因技术，验证了控制黄麻纤维品质的候选基因。这些基因的挖掘，将为黄麻纤维品质的遗传改良提供重要的基因位点。

2. 研究苎麻基因组演化特点的新进展

首次系统揭示苎麻驯化过程中基因组的演化特点。2021 年 5 月 16 日，中国农业科学院麻类研究所刘头明研究员课题组，联合上海欧易生物医学科技有限公司和上海辰山植物园等单位组成的研究团队，在《植物杂志》网络版上发表研究成果称，他们通过野生与栽培苎麻基因组比较及群体进化分析，首次系统揭示出苎麻驯化过程中基因组的演化特点，并发现多个纤维生长相关基因的驯化选择印迹。

苎麻是我国特有的纤维作物，在我国已有数千年的种植历史。近年来，在我国南方地区苎麻被用作优质饲草。但苎麻纤维含量高，会显著影响饲草加工效率和动物采食性能。因此，解析苎麻纤维形成机制，对于定向选育高纤维的纤用苎麻或低纤维的饲用苎麻，均具有重要的意义。分类学、遗传学等研究表明，栽培苎麻是从野生苎麻驯化而来，但野生苎麻纤维产量并不高。可见，在栽培苎麻驯化过程中，纤维发育相关基因受到了重点选择。然而，有关栽培苎麻的驯化分子机制，一直未被阐明。

研究人员测序组装了野生种"青叶苎麻"和栽培种"中饲苎 1 号"基因组，得到两个高质量的基因组。通过序列比较发现两个基因组存在大量序列变异。研究人员进一步对 14 个野生苎麻种质和 46 个栽培种进行重测序，并构建苎麻的基因组变异图谱。通过野生和栽培种苎麻基因组组装和比较，结合群体变异组分析，研究人员发现多个与纤维产量相关的基因组片段具有清晰的驯化选择印迹。

（二）探索香蕉纤维开发利用的新信息

1. 开发用香蕉纤维织布成衣的新技术

2007 年 4 月，有关媒体报道，印度南部泰米尔纳德邦的加伯莱镇，服装设计师谢卡尔开发出一种新技术，可以用香蕉纤维制成服装。这样，使得现有的服装面料，除了棉、麻、丝绸、化纤等材料外，还多了用植物纤维制成的布料。

手工纺织，是加伯莱镇的传统工艺。作为服装设计师，谢卡尔一直在寻找质优价廉的纺织原材料，在试过了干草、椰子纤维等材料后，她发现了香蕉纤维。

在加伯莱镇，每年采摘香蕉后都会产生大量的香蕉秆和茎，经过漂洗、提炼和脱胶等工序后，香蕉纤维被一根根提取出来，再经过染色后就可以用来织布了。与棉相比，香蕉纤维不仅光泽好，而且具有很高的吸水性，用它织成的纱丽穿着舒适、美观耐用。

2. 用香蕉植株废弃物生产纳米级纤维

2008 年 1 月，有关媒体报道，印度香蕉产量约占世界香蕉总量的 15%，每年留下大量废弃物。位于印度果塔延的巴塞柳斯学院化学系的一个科研小组发明了一项新技术，用香蕉种植园的废弃物生产纳米级纤维素纤维。

该技术所得的产品具有广阔的市场前景，可用于医药、电子材料、复合材料和模塑材料等。在很多场合，它可作为纸和塑料的替代品。同时，经营香蕉种植园的农民，可通过出售作物废弃物而获得额外收入。

几乎所有热带国家都种植香蕉和芭蕉，每年产生的废弃物约有 3 亿吨，由此可制成 1200 万吨不同形式的纤维。

（三）探索其他植物纤维开发利用的新信息

1. 研究木质纤维素降解利用的新进展

找到能够高效降解木质纤维素的新办法。2018 年 2 月 10 日，法国国家农学研究所和法国国家科学研究中心共同组成的一个研究小组，在《自然·化学生物学》杂志发表研究报告称，他们最新发现，木腐菌分泌的一类酶能够提升植物废料中木质纤维素的降解效率，有助于推动生物提炼技术创新，降低使用植物废料制取生物燃料的工业生产成本。

木质纤维素是植物细胞壁的主要组成部分，它是一种丰富、廉价的可再生资源，大量存在于秸秆、木屑等农业废弃物中，是制备生物燃料的重要原料。木质纤维素由纤维素、半纤维素和木质素构成，自身结构特点导致其难以被木质纤维素酶降解，造成现有技术水平下生物燃料制取成本高昂。

为寻找更高效的木质纤维素降解方法，该研究小组把目光集中在自然界中某些极为擅长加速木材腐烂的丝状真菌上，研究这些木腐菌分泌的酶在木材腐烂过程中发挥的作用。从 2014 年开始，研究人员对能够迅速引起木材白色腐朽的"血红密孔菌"进行了基因组测序，并研究其侵蚀木材后所分泌的各种酶的催化功能。

研究人员称，他们找到了一类此前未被发现的酶，能够高效降解木质纤维素中难以被水解的木聚糖，可被列为"多糖裂解单加氧酶"的第 4 个家族。针对松树和杨树进行的实验证明，与工业上通常使用的纤维素酶相比，新发现的这类酶，能够使木材转化为葡萄糖的效率翻倍，因此对研发高效生物燃料生产技术有重要意义。

2. 利用植物纤维研制塑料替代品的新进展

（1）拟用高纤维植物性材料替代家电用塑料。2019年8月，《日本经济新闻》报道，日本松下电器计划用数年时间，在冰箱等家电产品上，广泛采用高纤维植物性新材料来替代塑料。

该公司开发出被称为"纤维素纤维"的树脂材料，该树脂材料中的植物性纤维含量高达55%，能在保持强度的同时减少塑料的使用量，使用后还可作为可燃垃圾处理。这一技术将推动从日用品扩大至家电等领域的去塑料化趋势。

松下公司表示，由于纤维原料柔软，如果含量较高的话，难以像塑料那样成形，一直以来高纤维植物性材料的塑形技术没有找到突破口。该公司把具有优势的电池业务的经验，应用于植物性纤维的塑形技术上，成功研制出高纤维含量植物性材料。新材料将用于冰箱和吸尘器等塑料含量较高的家电产品。

目前，植物性新材料的生产成本大大高于普通塑料。松下公司拟与其他公司合作，把应用范围扩大至餐具等大量使用塑料的日用品，推进新材料的量产化，不断降低成本。

为了减少废塑料流入海洋，日本企业计划逐步停止使用塑料并积极开发替代材料。目前，替代材料的成本较高是尚未解决的课题。

（2）利用木质纤维与人造蜘蛛丝研制出塑料替代品。2019年9月，芬兰阿尔托大学材料专家领导的一个研究团队，在美国《科学进展》杂志上发表论文称，他们利用木质纤维与蜘蛛丝成分研发出一种新型生物基材料，未来有望用作塑料的替代品。

研究人员称，材料的强度和延展性通常此消彼长，不可兼得。然而，他们把木质纤维与人造蜘蛛丝中的丝蛋白黏合在一起，研制成功的一种新型生物基材料，既具有高强度和高刚度，又具有高柔韧性。

研究人员表示，未来这种合成材料可以替代塑料用于医疗用品的生产以及纺织业和包装业等。与塑料不同，木质纤维和蜘蛛丝这两种材料的优点，是它们可以生物降解比较环保。

据介绍，研究团队首先把桦树浆分解成细小纤维，并搭建成一个坚硬的纤维网络，然后再把蜘蛛丝丝蛋白黏合剂渗透到这个网络中，最终制成了这种新型材料。但研究中使用的蜘蛛丝并不是从蜘蛛网中提取的，而是人造蜘蛛丝，其中的丝蛋白分子化学性质与蜘蛛网中的丝蛋白分子相似。

第六节　油料作物栽培研究的新进展

一、研究草本油料作物栽培的新成果

（一）栽培花生探索的新信息

1. 研究花生基因组测序的新进展

（1）首次破译花生全基因组测序。2013 年 6 月 18 日，中国之声《央广新闻》报道，6 月 17 日由中国科学家牵头，美国、巴西等国科学家参与，联合完成了对花生的全球首次全基因组测序。

该项目是由山东省农业科学院、广东省农业科学院等和美国佐治亚大学共同合作的，花生全基因组测序是以二倍体野生花生为研究对象，其中花生基因组中 70% 的剪辑序列是重复的结果，这颠覆了之前国际一致认为的 50% 标准，也为大幅度提高花生产油率提供了强力支撑。

（2）花生二倍体野生种全基因组测序完成。2014 年 4 月 2 日，有关媒体报道，国际花生基因组计划研究团队，当天在美国弗吉尼亚州亚历山大市宣布，包括中方合作单位在内的多国研究人员已经成功完成花生基因组测序，将为选育更高产、适应性更广的花生品种提供帮助。

研究团队宣称，花生全基因组测序取得的重大进展，已经顺利完成分别代表花生属 A 基因组和 B 基因组的，两个二倍体野生种的全基因组测序。获得的两个二倍体野生种的序列，覆盖了花生基因组 96% 的基因。这一进展对于花生的基础和应用研究具有里程碑意义。

研究人员介绍道，中国是国际花生基因组测序计划的重要合作伙伴。此次参与基因组测序的中方合作单位，包括中国农业科学院油料作物研究所、河南省农业科学院经济作物研究所和山东省农科院生物技术研究中心，深圳华大基因股份有限公司参与了测序工作。

花生是世界上重要的油料和经济作物，分布在全球 100 多个国家和地区，其中中国是世界上最大的花生生产、消费和出口国，总产量、消费量和出口量均占全球 40% 以上。

（3）破译四倍体栽培种花生全基因组。2019年5月9日，福建农林大学庄伟建教授联合印度国际半干旱热带作物研究所、华北理工大学等23个研究机构组成的研究团队，在《自然·遗传学》杂志网络版发表研究成果，公布世界首个破译的四倍体栽培种花生全基因组图谱。它标志着我国在栽培种花生基因组、花生染色体起源、花生及豆科主要类群核型演化、花生基因组结构变异、花生物种起源与分子育种研究等方面，处于国际领先水平。

因异源四倍体栽培种花生基因组大、结构复杂，研究难度大，又因花生基础生物学研究、重要基因精细定位与功能鉴定、花生分子遗传育种和生物技术研究落后，已严重影响产业的发展。栽培种花生基因组是节段异源四倍体，由两个相近基因组演化而来，一直未能破译。

该成果在国际上率先完成并公布高质量栽培种花生全基因组序列，以及精细结构框架，并精确注释到无冗余等位基因水平。在此基础上，全面系统深入比较花生与其他豆科物种及双子叶植物葡萄的基因组，揭示花生与其他豆科物种染色体起源、核型演化和栽培种花生基因组结构变化，重构花生及豆科物种主要类群染色体数量和结构变化复杂历程，并发现花生核型是直接从豆科祖先染色体独立进化产生，从而为解释花生物种特有的生物学性状演化，提供遗传依据。

栽培花生四倍化后种子大小、抗病性、含油量等发生了极大变化，该成果在全基因组尺度上揭示栽培花生基因含量变化，解析种子大小、抗病性、油脂代谢和特殊固氮特性与基因含量及序列演化的关系。

这项研究系统揭示了栽培种花生的物种起源、演化和栽培驯化，证明已测序的野生种A.duranensis不是栽培种花生A亚基因供体，栽培花生起源于42万~47万年前，其两个变种和各亚种是独立演变和驯化形成的。同时，揭示现代花生育成品种的基因组结构，特别是提出全新的花生演化学说，这将为花生遗传改良提供理论指导。

该研究首次通过基因组精细定位，获得花生种子大小、种皮颜色的决定基因、花生抗晚斑病和锈病的R基因簇，通过基因组也证实诱变产生双基因隐性突变高油酸新材料。它使花生的全基因组选择育种、精准育种和大规模基因组编辑成为可能，有利于提高花生遗传改良效率，培育更高产、优质、抗病和安全的新品种。研究表明花生基因组也可作为双子叶植物的重要参考基因组，用于研究双子叶植物及豆科物种起源、演化和物种多样性。

2.研究花生过敏防治的新进展

（1）发现从小吃花生的过敏风险低。2016年3月，有关媒体报道，从小就开始吃含花生的食品会使人对花生过敏的风险大幅降低。这是美国国家过敏症和传染病研究所资助的研究得出的结论，该研究所据此提出，建议把婴儿摄取花生制品的内容写入新修改的《美国食品过敏诊断和管理指南》中。

最近几十年，花生过敏问题，因其潜在的危险性及全球不断增加的发病率，而日益受到关注。在美国国家过敏症和传染病研究所资助下，英国伦敦大学国王学院研究人员进行了一项试验，有 600 多名 4~11 个月大的花生过敏高风险婴儿参与，其中约一半婴儿定期食用少量花生制品，另一半婴儿的饮食完全不含花生。结果显示，那些定期吃花生制品的婴儿到 5 岁时，对花生过敏的风险降低了 81%。

在这项研究结束后，研究人员又对部分人进行后续跟踪研究，其中 274 名此前定期吃花生的孩子从 5 岁时停止食用花生一年，还有 282 名一直不吃花生的孩子作为对照。结果显示，对照组到 6 岁时对花生过敏的比例为 18.6%，而前者只有 4.8%，说明即便停止食用花生后防止过敏的效果仍然存在。

负责研究的伦敦大学国王学院的吉迪恩·拉克说："这一发现清楚地表明，绝大多数食用花生的婴儿，在他们停止食用花生 12 个月后依然受到保护，显示出这种保护效果具有长期和持久性。"

两项研究的结果发表在美国《新英格兰医学杂志》上。该杂志发表的另一项英国研究还显示，上述预防过敏策略还适用于鸡蛋。那些 3 个月大时就开始吃少量花生与鸡蛋的孩子，3 岁大时对花生与鸡蛋的过敏风险大幅降低。

美国国家过敏症和传染病研究所根据上述研究的结果，拟对《美国食品过敏诊断和管理指南》进行更新，其增加的内容是：建议婴儿在 4~6 个月大时，开始定期食用少量花生制品，以防止花生过敏。

（2）研发可准确检测花生过敏的新方法。2018 年 5 月，英国伦敦大学国王学院医学博士亚历山德拉·桑托斯负责的研究小组，在《过敏和临床免疫学杂志》上发表研究报告称，花生是最常见的食物过敏原，他们成功地研发出一种新型血液检测方法，判断花生过敏的准确率高达 98%，且不会引起过敏性休克等不良反应。

花生过敏可引发面部和喉咙肿胀，严重时可致死亡，因其潜在的危险性及全球不断增加的发病率，而日益受到关注。

目前常用于筛查食物过敏的方法是皮肤点刺试验和血清免疫球蛋白 E 检测，但可能出现假阳性或过度诊断。为进一步获得更加准确的结果，往往还须采取口服食物激发试验，存在引发严重过敏反应的风险。桑托斯认为，传统方法集中于检测抗体，效果并不理想。这种名为 MAT 的新型检测方法则重点观测与食物过敏密切相关的肥大细胞。

研究人员把花生蛋白添加到肥大细胞中，肥大细胞可以识别血液中的免疫球蛋白 E 并在其介导作用下活化，产生与过敏反应相关的生物标志物，从而被检测出来。

桑托斯介绍说，他们提取 174 名儿童的血样，其中 73 人对花生过敏。研究人员用新方法进行了测试，测试结果非常准确，一旦检测结果呈阳性，就可以确定过敏。活化的肥大细胞数量越多，过敏反应越严重。

研究报告显示，相比口服食物激发试验必须在过敏专科医护人员监测下进行，这种新型检测方法不仅安全准确，而且费用也更加低廉。

研究人员认为，这种新型检测方法还可应用于其他食物过敏的检测，比如牛奶、鸡蛋、芝麻和坚果等。此外，制药企业也可以利用这种方法，在临床试验中监测及评估患者对药物的过敏反应。

（二）栽培油菜探索的新信息

1. 油菜育种研究的新进展

（1）首次克隆油菜种子含油量调控基因。2019 年 1 月 28 日，中国农业科学院油料作物研究所王汉中院士率领的研究团队，在《分子植物》杂志网络版发表论文称，他们在国际上首次成功克隆了农作物种子性状的第一个细胞质调控基因 orf188，并揭示出该基因调控油菜种子高含油量的作用机制。该成果为油菜高含油量育种提供新途径，为育种过程中杂交母本的选择提供理论支撑，对于农作物不同类型细胞质的应用具有重要的指导意义。

含油量是油菜产油量最重要的构成因子之一，随着现代育种对含油量潜力的不断挖掘，提高品种的含油量越来越困难。该研究团队在油菜含油量遗传研究的基础上，从细胞质效应着手，对含油量母体调控新机制研究取得突破，筛选到两个对含油量具有极显著细胞质正负效应的品种，鉴定出特异基因 orf188 控制细胞质的含油量正效应，过量表达该基因可以大幅度提升含油量。研究表明，orf188 为 nap（nap-like）型油菜品种所特有基因，是一个新近进化形成的嵌合基因。

十余年来，该研究团队围绕油菜种子性状的母体调控进行系统研究，此次对细胞质基因调控种子含油量机理的揭示，是他们继发现角果皮发育调控种子粒重和含油量之后，发现的又一条母体调控新途径，进一步丰富和完善了种子性状的母体调控理论，也为其他农作物性状细胞质效应的解析提供借鉴。

（2）创制出油菜高产新株型优异种质。2019 年 8 月 21 日，中国农业科学院油料作物研究所华玮研究员、郑明助理研究员等组成的油菜分子改良理论与技术创新团队，在《植物生物技术》杂志网络版上发表论文称，他们利用新型基因编辑系统，敲除油菜 BnaMAX1s 基因，创制出新的优异株型种质，为油菜高产新品种培育提供了优异种质资源，油菜单株产量因此有望再提高约 30%。

华玮说，油菜的株高和分枝数是其株型的关键组成部分，也直接影响产量。降低株高、增加分枝数能够使植株维持一定的生物量，是实现油菜高产的有效途径之一，但目前缺乏可利用的育种资源。因此，改良油菜株型结构是油菜育种的一大挑战。

郑明接着说，他们通过设计特异的靶标利用 CRISPR/Cas9 基因编辑系统，在春油菜体内同时编辑油菜中 BnaMAX1 基因的两个同源拷贝，获得了表型为半矮秆、多分枝和多角果的编辑植株。与对照物相比，编辑植株株高降低，一次分枝数增多，单株角果数增加，单株产量提高约 30%。

2. 油菜基因组及其演变研究的新进展

揭开甘蓝型油菜"家族血统"之谜。2019 年 3 月 18 日，西南大学农学与生物科技学院、中国农业科学院蔬菜研究所和美国佐治亚大学等中美两国相关专家组成的研究团队，在《自然·通讯》网络版发表发表论文称，他们历时 4 年研究，通过全基因组重测序揭开甘蓝型油菜"家族血统"之谜，有助于通过基因选育提升甘蓝型油菜的产量和品质。

甘蓝型油菜是油菜的常见类型，也是人类食用植物油的重要来源。这种油菜，由白菜与甘蓝通过自然杂交进化而来，因产量高、抗病性强在全球得到广泛种植。但甘蓝型油菜起源于何时、"家族血统"如何，科学界仍在研究。

2015 年，该研究团队建立国际合作关系，共同开展甘蓝型油菜群体遗传学研究。研究人员从各地选取 588 份有代表性的甘蓝型油菜材料，进行全基因组重测序，同时结合中国农业科学院蔬菜研究所的 199 份白菜和 119 份甘蓝重测序数据，通过群体基因组分析追根溯源。

分析研究发现，约 7000 年前，甘蓝型油菜由地中海地区白菜品种里的欧洲芜菁和苤蓝、花菜、西兰花、中国芥蓝 4 种甘蓝的共同"祖先"杂交合成。经过多代繁衍，这些"祖先"先后杂交出适应不同生长条件、具有不同特点的多个甘蓝型油菜品种。

研究团队成员、西南大学农学与生物科技学院唐章林教授介绍道："掌握甘蓝型油菜的'家族血统'情况，有助于人们通过基因选育方式，有目的地选择有益基因类型、优化脂肪酸组成，从而提升油菜的产量和品质。"在这项研究中，获取的甘蓝型油菜全基因组重测序结果，还对开展油菜全基因组选择育种和基因工程改良具有重要意义。

（三）栽培与利用向日葵探索的新信息

1.研究向日葵基因组测序的新进展

通过测序获得高质量向日葵基因组。2017 年 5 月 21 日，法国卡斯塔内托洛桑国家农业研究院科学家尼古拉斯·朗拉德领导的研究团队，在《自然》杂志发表论文称，他们通过测序获得了高质量的向日葵参考基因组，这在此前是非常难以完成的。这一资源，将为未来的研究提供帮助，有助于人们在考虑到农业限制因素和人类营养需求的前提下，利用遗传多样性改善向日葵的抗逆性和产油量。

向日葵是一种全球性的油料作物。由于能在包括干旱在内的各种环境条件下保持稳定的产量，这一物种可以说显示出了适应气候变化的希望。然而直到此前，研究人员都难以完成向日葵基因组的组装，因为它主要是由高度相似的相关序列组成的。加拿大、美国、法国政府部门及机构，都曾经资助各自的研究团队对向日葵基因组进行测定和分析。

此次，朗拉德研究团队测序了向日葵的基因组，并进行了比较和全基因组分析，为这一类开花植物——菊类植物的演化史带来了新启示。同时，向日葵基因组将可以成为菊科植物的模式基因组。菊科是目前世界上最大的植物科，共有2.4 万种植物，其中包括多种作物、药用植物、园艺作物和有害杂草等，向日葵基因组序列，能够为了解整个"家族"提供一个非常有用的模板。该项研究中，研究人员还找到了新的候选基因，重构了花期和油脂代谢这两大育种性状的遗传网络，并发现花期的遗传网络是由最近的全基因组倍增塑造的。

这项研究意味着，在数千万年中，古老的横向同源基因（基因组中由于倍增产生的同源基因）都能在同一调控网络中保留下来。论文作者最后总结称，他们的研究强化了向日葵作为生物、演化和气候变化适应研究模型的地位，且有助于加快向日葵育种。

2.葵花籽油开发利用研究的新进展

试用葵花籽油作为摩托艇动力燃料。2005 年 11 月，有关媒体报道，意大利北部科莫湖畔的切尔诺比奥镇，举办了一届食品与农业国际展览会。会上，意大利农业联合会展示了一种以新型燃料为动力的摩托艇，并在科莫湖上进行试验。结果表明，这种摩托艇排放的烟雾及其他有害气体，要比柴油摩托艇低。尽管这种燃料不如柴油燃料的动力强，但受到环境保护主义者的欢迎。

这艘经过改装的摩托艇，是以葵花籽油作为动力燃料的，它也是当时世界上第一艘使用葵花籽油的摩托艇。环保专家指出，这一成果为人们在其他生产和生活领域寻找生态型、低污染的燃料来取代传统化石燃料开辟了道路。

专家指出，葵花籽油是一种植物油，用它作动力燃料产生的污染物，明显少于传统的化石燃料。从成本上说，它也具有竞争力。据意大利农业联合会估算，每千克葵花油的市场售价，与柴油的价格大致相当。

（四）其他草本油料作物栽培研究的新信息

1. 研究油用亚麻栽培的新进展

培育出含脂肪酸的转基因亚麻籽。2004年9月，德国汉堡大学植物学家恩斯特·海因茨领导的研究小组，在《植物细胞》杂志上发表论文称，鱼类富含对人体有益的多不饱和脂肪酸，但一些人却因鱼有腥味而不爱吃鱼。为此，他们利用转基因技术首次培育出含多不饱和脂肪酸的亚麻籽，使人们不用吃鱼也能摄入这类脂肪酸。

研究表明，DHA和EPA等多不饱和脂肪酸，能够降低人患心血管疾病的风险。鱼类中富含DHA和EPA，植物中却一种也不含。不过，亚麻籽、大豆和胡桃中，却含有可以转化为多不饱和脂肪酸的物质，人体可以在酶的作用下，将摄入的这些物质合成为DHA或EPA，只是合成效率不高。

由于各种原因，目前世界上大多数人多不饱和脂肪酸的摄入量，不能满足人体需求，同时鱼类资源却日渐匮乏，因此研究人员将目光转向了植物。他们试图通过转基因技术在植物中添加酶，以使植物能够合成这类脂肪酸。

研究人员说，他们在亚麻中引入了3种基因，结果成功培育出含多不饱和脂肪酸的亚麻籽。海因茨说，一汤勺这种转基因亚麻籽油，已差不多能够满足一天内人体对多不饱和脂肪酸的正常需求。有关专家评价道，这项新成果将该领域的研究向前推进了一大步。虽然现阶段转基因亚麻籽中的多不饱和脂肪酸含量并不高于鱼类，但通过改进技术可以进一步提高。

2. 研究芝麻基因组测序的新进展

完成芝麻全基因组关联分析。2015年10月28日，中国农业科学院油料作物所张秀荣研究员率领的研究团队，与中国科学院相关专家合作，在《自然·通讯》杂志网络版上发表研究成果，报告他们在国际上率先完成芝麻高密度单倍型图谱构建，以及主要农艺性状大规模的全基因组关联分析，发掘出一批关联位点和候选基因。

芝麻是重要的油料作物，含油量高，富含不饱和脂肪酸、芝麻素等人体有益物质。芝麻为二倍体，基因组较小，是油脂相关性状研究的理想作物。该研究团队在前期完成芝麻基因组测序的基础上，筛选来自世界 29 个国家的 705 份芝麻资源，进行全基因组测序，发掘出 500 多万个核苷酸变异（SNP），构建成高密度芝麻单倍型图谱。

分析表明，芝麻含油量不仅受油脂代谢酶类调控，还受到其他基因如种皮颜色控制基因和木质素合成基因的调控。这一发现，为油料作物含油量的遗传改良提供新思路。此外，研究还发现一系列与芝麻产量相关的基因，其优异等位基因的积累，是芝麻育成新品种产量比地方种高的重要因素。

3. 研究蓖麻基因组及其演化的新进展

揭示蓖麻从树木到草本作物的起源和驯化历史。2021 年 4 月 26 日，中国科学院昆明植物研究所徐伟和李德铢、西南林业大学刘爱忠，与中国西南野生生物种质库等专家组成的研究团队，在《基因组生物学》杂志网络版上，发表题为"蓖麻农艺性状起源、驯化和遗传基础的基因组学研究"的论文，揭示出蓖麻的栽培起源、居群分化、群体动态历史和驯化过程中重要农艺性状形成的分子基础，对蓖麻的遗传育种具有重要的指导意义。

蓖麻是重要的非食用油料作物之一。蓖麻种子富含蓖麻油酸，在高温下不易挥发、低温下不易凝固，是工业、航空和机械常用的高级润滑油，也是重要的生物柴油原料，具有重要的经济价值。由于蓖麻适应性强、种植范围广，利用农耕剩余的边角土地发展蓖麻产业，已引起广泛关注。

考古学研究发现，人类对蓖麻的利用可追溯到史前时期。从约 2.4 万年前的南非山洞，到 7000 年前苏丹古人类遗迹的考古研究发现，人类在史前时期就开始利用蓖麻种子。另外，在 4000 多年前的古代埃及法老古墓中，也发现了保存完好的蓖麻种子。

蓖麻种子富含油脂，一般认为人类早期利用蓖麻主要是为了照明。以往研究认为，蓖麻存在于 4 个多样性中心，即以埃塞俄比亚和肯尼亚为代表的东非，以及西亚、印度和中国。东非的蓖麻主要为多年生乔木，西亚的蓖麻主要是多年生灌木，印度和中国的蓖麻多为栽培的或逸生的灌木及草本植物。长期以来，对蓖麻等非粮作物的栽培起源、群体动态历史和重要农艺性状形成的遗传基础，缺乏系统的认识。基于分子标记的遗传多样性研究，发现栽培蓖麻的遗传多样性低，同时，由于人类利用蓖麻的历史悠久、世界不同地区对蓖麻的引种多次发生，栽培蓖麻的遗传多样性没有明显的地理结构。

　　该研究团队对东非乔木蓖麻野生性状，包括易于炸裂的果实和小的种子等开展系统的调查，明确东非乔木蓖麻为野生蓖麻种质。他们获得埃塞俄比亚野生蓖麻高质量的基因组图谱，通过比较蓖麻和近缘种的基因组发现，蓖麻和山靛所代表的支系，大约在4828万年就与大戟科的其他支系发生分化。

　　研究人员通过对收集的35个国家和地区的蓖麻种质，其中包括182个野生蓖麻种质和323个栽培蓖麻种质，进行基因组遗传变异分析发现，东非野生蓖麻居群遗传多样性，比其他地区栽培或逸生蓖麻的遗传多样性高，且和栽培蓖麻在遗传上发生明显的分化，而栽培蓖麻群体未表现出明显的地理结构。这些结果表明，东非可能是蓖麻的起源地，保留着现存的野生种质，而栽培蓖麻是从少数野生群体驯化而来，随后在世界多个地区广泛引种栽培。

　　研究人员通过对野生蓖麻群体的动态历史分析，发现蓖麻群体在4400~6000年前遇到问题，导致有效群体大小发生急剧减少。此后，有效群体大小发生了缓慢的增加，在200~400年前达到最大。野生蓖麻和栽培蓖麻的遗传分化，大约发生在3200年前，这与古埃及考古研究提出的栽培蓖麻起源时间大致相同。同时，研究人员发现埃塞俄比亚和肯尼亚野生蓖麻居群，在大约7000年前就发生了一次遗传上的分化。这次遗传分化，可能与图尔卡纳区域发生的环境变化有关。大量的证据表明，在大约6000年前，该区域遭受了频繁的极端干旱事件，导致该区域湖泊水面急剧下降、植被巨变和人类迁徙。

　　研究人员结合ROD和FST分析方法，鉴定出326个受人为选择的区域，包含1220基因，这些基因功能上主要涉及开花物候调控、茎木质化调控和适应性相关通路。他们发现，调控种子大小相关关键基因，受到明显的人工选择。他们还对植株高矮、茎粗、茎节数以及种子大小和油含量等性状，开展全基因组关联分析，鉴别出多个调控蓖麻重要农艺性状的关键功能基因。

　　这项研究，揭示蓖麻从多年生树木到单年生油料作物驯化过程中的演化规律，拓宽人类关于非粮作物的利用历史，以及人类活动影响非粮作物驯化的认识，有利于加深蓖麻生命特征的认识，为培育更优质的蓖麻品种拓宽思路。

二、研究木本油料作物栽培的新成果

（一）栽培油橄榄树探索的新信息

1. 研究橄榄油功能的新发现

　　发现橄榄油成分可能有助于预防脑癌。2017年6月，英国爱丁堡大学一个研究小组，在《分子生物学杂志》发表研究报告称，橄榄油长期以来被认为是一种更健康的食用油，而他们的研究进一步挖掘出它的药用价值，发现存在于橄榄油中的油酸有助一种抑制脑癌的细胞分子产生，这或许能为这类癌症的预防带来新思路。

油酸是一种单不饱和脂肪酸，存在于动植物体内，它也是橄榄油的一种主要成分。该研究小组，在实验室环境下深入分析了这种物质。据他们的报告介绍，油酸能让一种名为 MSI2 的蛋白持续产生 MiR-7 分子。这种分子在人的脑部非常活跃，并且能够抑制肿瘤的形成。

研究人员表示，这项发现展示了油酸对细胞中肿瘤抑制分子产生的助力作用。未来科学家可以深入研究橄榄油在脑部健康中的作用，但长期食用橄榄油是否确实有助预防脑癌，还需进一步研究。

2. 研究油橄榄林木病害防治的新进展

用"空中天眼"监控油橄榄林木病害。2018 年 7 月 5 日，位于意大利伊斯普拉的欧洲委员会联合研究中心，科学家帕波拉·扎克特加达领导的一个研究团队，在《自然》杂志网络版发表的一篇植物学研究报告称，他们利用一种新型机载遥感成像方法，扫描整个油橄榄树林，可以在树木出现可见症状之前，识别被有害细菌感染的油橄榄树。这种扫描方法，可以通过飞机或无人机部署，或有助于控制感染扩散，挽救欧洲南部标志性的油橄榄树。

研究人员称，叶缘焦枯病菌是一种极具破坏性的细菌，通过常见的刺吸式昆虫传播，会引发各种植物疾病。面对这种细菌，油橄榄树尤其脆弱，该病菌可导致油橄榄树枝干枯萎，树叶呈焦枯状。这种木质杆菌属微生物原本常见于美洲，近年来才在欧洲发现，目前正在地中海地区传播扩散。

意大利研究团队将一种特殊的摄像机安装在小型飞机上，对树林执行高光谱图像和热像分析，然后在地面对油橄榄树进行木质杆菌属感染检测。研究人员发现，利用这种监控方式，可以在被感染树木出现任何可见症状之前，就远程检测到细菌感染情况，从而做到快速准确地绘制出，目标树林里感染了木质杆菌属细菌的油橄榄树的位置。

油橄榄主要分布于意大利、希腊等地中海国家，是这一地区重要的经济林木。研究人员表示，在意大利产橄榄油的阿普利亚地区，许多树林已经被木质杆菌属摧毁，这种疾病无药可治，唯一可以阻止疾病进展的方法是砍掉被感染的树木，而早期诊断则是有效控制疾病的关键所在。利用无人机的"空中天眼"，将有助于控制这种病菌的感染扩散。

（二）开发利用油棕榈加工品的新信息

1. 研究棕榈油功能的新发现

发现棕榈油中脂肪酸能促进小鼠肿瘤转移。2021 年 11 月，西班牙巴塞罗那科学与技术研究院萨尔瓦多·贝尼塔赫主持的一个研究团队，在《自然》杂志发表论文称，他们研究发现，高浓度暴露在棕榈油包含的一种膳食脂肪酸中，会促进小鼠口腔癌和皮肤癌细胞的转移。这项研究结果或能帮助找到新的癌症疗法。

研究人员介绍，脂肪酸的摄入和代谢变化一直被认为与癌转移有关，癌转移是指癌细胞扩散至身体其他部位的过程。不过，哪些膳食脂肪酸可能会导致这种变化，以及其中的生物学机制一直有待研究。该研究团队先把人类口腔癌和皮肤癌细胞，分别暴露于棕榈酸（棕榈油中的主要饱和脂肪酸）、油酸或亚油酸三种膳食脂肪酸的一种当中，暴露时间为 4 天。再把这些细胞，移植到喂食标准饮食小鼠的相应组织中。他们发现，虽然研究中的所有脂肪酸都对肿瘤发生没有影响，但棕榈酸会让现有转移灶的侵袭性和大小都显著增加，而在油酸或亚油酸中并未观察到这类显著影响。

研究人员指出，促转移癌细胞还会保留对高浓度棕榈酸暴露的"记忆"。比如，喂食富含棕榈油饮食仅 10 天的小鼠的肿瘤，或是在实验室中短暂暴露在棕榈酸中 4 天的肿瘤细胞，即使之后再放回普通培养基，将其移植到喂食正常饮食的小鼠体内，仍具有很高的转移性。他们表示，这个过程与转移细胞内的表观遗传变化有关，其变化是指分子修饰在 DNA 本身不改变的情况下改变基因表达模式，被认为介导了对肿瘤细胞转移的长期刺激。

2. 开发利用棕榈油的新进展

利用棕榈油成功研制出航空燃油。2019 年 4 月 2 日，印度尼西亚媒体报道，该国能源矿产部部长伊格纳修斯·佐南当天在雅加达宣布，印度尼西亚目前已掌握了有关使用棕榈油加工成飞机燃油的技术，而且是环保性质的或绿色的飞机燃油。他说："我们很可能在近期生产这种绿色飞机燃油。"

众所周知，飞机的燃料主要有两种，即航空汽油和航空煤油。活塞式航空发动机或带着螺旋桨的发动机，靠着螺旋桨带来推力让小型飞机飞行的，需要沸点较高的燃油，却不需要太大的功率，一般都是使用航空汽油。而应用喷气发动机的民航大飞机，不大需要沸点较高的燃油，却又需要非常强大的推力，基本上都是采用航空煤油。

佐南指出，印度尼西亚已掌握把棕榈油提炼成为属于环保性质的绿色柴油，即发动机碳气排放率非常低的柴油。印度尼西亚制造的这种 D100 环保型柴油的辛烷值可达 70~80，比现在广泛采用的 B20（混合 20% 棕榈油的生物柴油）的辛烷值 48 高得多，而且也比北塔米纳国油公司的 Dexlite 柴油辛烷值 52 和 Dex CN 56 等都有更高沸点。他说："我们研制出的 D100 环保型柴油，与当前许多大型民航飞机使用的航空煤油具有许多相同的性质，包括辛烷值的含量，以及沸点不太高的特点。基于这些特点，飞机也可以节省燃料。如果我们的民航飞机能够使用这种 D100 环保型柴油，也能够大幅度调低机票价格。我们将来的飞机票价格会很低。"

（三）开发利用其他木本油料作物的新信息

1. 开发桉树桉叶油的新进展

利用桉叶油制造出飞机环保航油。2016 年 9 月，澳大利亚国立大学科学家卡斯滕·库尔海姆等人，与美国同行组成的一个研究小组，在美国学术刊物《生物技术前沿》上发表研究报告称，利用澳大利亚原生植物桉树的桉叶油，可制造出能够用于航空业的燃油，虽然可能会比传统燃油贵一些，但碳排放要低得多，更有利于环保。

研究人员表示，全球航空业主要使用源于化石燃料的燃油，碳排放量巨大，科学界正研究可用于商业航班的环保燃油，桉叶油在这方面有不错的前景。

库尔海姆介绍道，航空燃油需要很大的能量密度，目前可再生能源中的乙醇燃料和生物柴油虽然可用于汽车，但能量密度难以达到航油水平。桉叶油中含有单萜烯类化合物，可以转化成高能量密度的燃油。他说："不仅可用于喷气式飞机，甚至可用于战术导弹。这类化合物也存在于松树中，但松树的生长速度要比桉树慢很多。"

从成本来看，库尔海姆承认，用桉叶油制造航空燃油在初始阶段可能会比目前的传统燃油贵一些。但是随着技术进步，可以成倍地增加桉叶油的产量。

2. 研究阿甘树坚果油功能的新发现

发现阿甘果油具有保护葡萄酒酵母的功能。2018 年 8 月，西班牙巴伦西亚大学生物化学家艾米里亚·马塔拉纳领导的一个研究团队，在《创新食品科学与新兴技术》发表研究报告称，他们发现阿甘果油具有保护葡萄酒酵母的功能。阿甘果油由生长于摩洛哥阿甘树上的坚果榨取或低温萃取而成，摩洛哥人世世代代都在使用这种油料。

每一瓶好酒都是从轻微真菌感染开始的。历史上，酿酒师依靠天然酵母把葡萄糖转化为酒精，现代的葡萄酒商通常会购买实验室培育的一些菌株。现在，为了让自己的产品与众不同，一些酿酒师正在重新拜访大自然，寻找并培育合适的天然酵母。不过，新近研究表明，并不是所有这些菌株都能经受住工业生产过程并保持其功效，如何提供必要的保护措施成为一个值得研究的问题。

工业制造商会在氧气存在的情况下生产酵母，但氧化过程会破坏其细胞壁和其他重要蛋白质。当酿酒商恢复它们的活力时，这可能会让脱水运输的酵母更难发挥作用。多年来，马塔拉纳研究团队一直探索防止这种氧化作用的实用方法。他们在证明纯抗氧化剂有效之后，开始寻找价格更低廉的天然来源。这样，他们在类似于橄榄果的摩洛哥阿甘果中发现了这种物质。阿甘果可用于食物和化妆品，这些果树以经常有山羊出没而出名。

该研究团队用阿甘果油对 3 种葡萄酒酵母（酿酒酵母）进行了处理，使它们脱水，然后再为其补充水分。研究人员称，他们研究表明，这种油可以保护酵母中的重要蛋白质不被氧化，并促进葡萄酒发酵。

未参加这一研究的西班牙洛格林诺葡萄和葡萄酒科学研究所的拉蒙·冈萨雷斯说，微生物学家现在对研究每一种酵母菌如何以及为什么对摩洛哥阿甘果油有反应很感兴趣。这种油，有一天或能让酒商使用更广泛的专用酵母，使菜单上的葡萄酒更加多样化。

第七节　糖料作物栽培研究的新进展

一、研究甘蔗栽培与利用的新成果

（一）种植甘蔗探索的新信息

1.降低甘蔗种植成本研究的新发现

发现使用钼可降低甘蔗种植成本。2007 年 2 月，巴西农牧业研究所一项得到国家科技部支持的研究表明，使用一种通常合金中的物质钼元素，可以在甘蔗种植中减少 50% 的肥料，提高生产率，适应新的市场需求。

根据巴西农牧业研究所提供的资料，在巴西一些地区，使用钼可以提高甘蔗的单位面积产量，可以在甘蔗的 4 年生命期中不必使用肥料，同时，还可减少导致温室效应的气体排放。巴西是世界上使用甘蔗制造乙醇作燃料的主要国家，乙醇需求量的增加，促使农民提高甘蔗种植的生产率，该项研究将对巴西乙醇生产带来重要作用。

2. 实施甘蔗基因组测序研究的新进展

首次公布最重要糖原料甘蔗的基因组。2018 年 10 月 8 日，福建农林大学明瑞光教授领导的课题组，联合法国、巴西和泰国等国专家组成的研究团队，在《自然·遗传学》杂志网络版发表题为"甘蔗割手密种同源多倍体基因组"的论文，这是全球首次破译的甘蔗基因组。

据了解，甘蔗是全球第五大宗农作物，是世界上最重要的糖和生物燃料来源，目前全世界有 90 多个国家生产甘蔗，种植面积达 26 万平方千米。这篇论文，是该研究团队继 2015 年全球率先破译菠萝基因组之后，在甘蔗研究方面取得的又一重大成果，是全球第一个组装到染色体水平的同源多倍体基因组。这对全球甘蔗的遗传改良具有重大贡献，将大大促进甘蔗产业发展，产生显著的经济效益和社会效益。

研究人员称，他们攻克了同源多倍体基因组拼接组装的世界级技术难题，率先破译甘蔗割手密种基因组，同时还解析了甘蔗割手密种的系列生物学问题，特别是揭示了甘蔗属割手密种的基因组演化、抗逆性、高糖以及自然群体演化的遗传学基础。此次研究成果标志着全球农作物基础生物学研究取得重大突破，奠定了中国在甘蔗研究领域的国际领先地位。由于甘蔗广泛种植于全球热带地区和亚热带地区，研究成果的推广应用将推动热带地区和亚热带地区农民脱贫致富。

（二）利用甘蔗探索的新信息

以甘蔗为主要原料开发乙醇燃料。2007 年 12 月，巴西媒体报道，目前，在巴西乙醇燃料已成功确立替代石油产品的新型可再生能源地位。巴西作为世界乙醇原料甘蔗的最大种植国，30 多年来，持续开发乙醇燃料已取得显著成果。

巴西甘蔗业联盟新闻办主任阿德马尔·阿尔蒂埃利说，巴西开发乙醇燃料，是适合国情的选择。作为世界最大的甘蔗种植国，巴西因地制宜地利用甘蔗为原料生产乙醇。20 世纪 70 年代末，巴西政府开始扩大甘蔗种植面积，同时为建立乙醇加工厂提供贷款，鼓励汽车制造商生产和改装乙醇车，并颁布法令在全国推广混合乙醇汽油。目前，巴西汽油中的乙醇含量为 25%，该比例在世界各国混合汽油中居第一位。巴西是目前世界上唯一不使用纯汽油做汽车燃料的国家。

2003 年，大众、通用和菲亚特等设在巴西的汽车公司，相继推出可用乙醇与汽油，以任何比例混合的"灵活燃料"汽车。这种汽车带有燃料自动探测程序，能根据感应器测定的燃料类型及混合燃料中各种成分的比例，自动调节发动机的喷射系统，从而使不同燃料，都可最大限度地发挥效能。阿尔蒂埃利指出，经过 30 多年的不断改进，目前巴西乙醇车的整体生产技术，已相当成熟。巴西产的双燃料车在功率、动力和提速性能、行驶速度，以及装载量等方面，均可达到同类型传统汽油车的水平。

乙醇燃料作为一种清洁无污染燃料，已被众多专家学者认为，是未来能源使用的发展趋势之一。有关资料表明，乙醇车对环境的污染程度为汽油汽车的 1/3。随着世界传统能源储备资源的迅速消耗，特别是近几年石油价格持续攀升，巴西的替代能源产业，开始受到世界各国的重视，而乙醇燃料也逐渐成为能源开发领域的新星。

二、研究糖料作物开发的其他新成果

（一）栽培与利用甜菜研究的新信息

1. 种植甜菜研究的新进展

破解甜菜基因组的秘密。2013 年 12 月 18 日，德国比勒费尔德大学亨氏·希梅尔鲍尔领导，伯纳德·魏斯海尔为骨干，其他成员来自西班牙基因组调控中心与德国马克思普朗克分子遗传学研究所等机构的一个国际研究团队，在《自然》杂志上发表论文称，他们第一次测序并分析出甜菜的甜味基因，并阐明人工选择塑造这一基因组的机制。

制作松饼、面包或番茄酱一类的食品，通常都要加上一定比例的精制白糖。而令人惊讶之处或许是，这种糖有可能源自与菠菜或糖萝苣非常相似、但却更加甜美的一种植物：甜菜。事实上，根据联合国粮农组织的统计，这种植物生成的糖产量几乎占据了世界年度糖产量的 30%。在过去的 200 年里，由于甜菜具有强大的甜味剂特性，使其成为世界各地都在种植的一种常见农作物。

甜菜属于石竹目植物。石竹目由 11 500 个物种构成，其中还有菠菜、藜麦等一些重要的经济植物。甜菜是石竹目开花植物中，第一个完成基因组测序的代表性物种。研究人员在甜菜基因组中发现了 27 421 个蛋白质编码基因，多于人类基因组中的蛋白质编码基因。魏斯海尔说："相比于已知基因组的所有其他开花植物，甜菜具有较少数量的转录因子编码基因。"研究人员推测，甜菜有可能包含了一些迄今为止未知的、与转录控制相关的基因，且甜菜中的基因互作网络或许以不同于其他物种的方式进化。"

目前许多针对性分析新型基因组的测序计划，也描述记录了目的物种中的遗传变异。希梅尔鲍尔说："通常是通过高通量测序技术生成序列读值，然后将这些读值与参考基因组进行比对鉴别差异来做到这一点。"

该项研究，进一步生成了来自其他 4 个甜菜品系的基因组组装序列。这使得研究人员获得更好的甜菜种内变异图谱。总的来说，研究人员在整个基因组中发现 700 万个变异。然而，他们发现变异并非均匀分布，一些区域具有高遗传变异，而一些区域具有极低的遗传变异，反映出两个小种群构建出这一作物，以及人工选择塑造出这种植物的基因组。

研究人员表示，有了这种甜菜基因组序列以及相关资源，未来的研究预计将进一步对自然和人工选择、基因调控和基因或环境相互作用进行分子解析，采取生物技术方法培育出满足生成糖类和其他自然物质等不同用途的作物。研究人员称，由于甜菜的分类位置，它将为未来的植物基因组研究奠定重要的基石。

2. 利用甜菜研究的新进展

以甜菜为原料开发生物丁醇。2006 年 6 月，英国石油公司和英国联合食品有限公司，着手联合开发利用英格兰东部的甜菜，共同打造英国最大的"绿色"燃料工厂。

据报道，这家"绿色"工厂将耗资 2500 万英镑，计划年产 7000 万升以甜菜等植物为主原料的生物丁醇。这一产品可与传统汽油混合使用，不仅能够拓宽能源供应的种类，还可以减少车辆二氧化碳的排放。

英国联合食品公司首席执行官乔治·韦斯顿认为，英国建在诺福克郡的这座生物丁醇生产设施，将有助于利用农业剩余产品，并能为实现政府制定的"绿色"燃料目标作出贡献。

英国每年农产品的产量，比国内市场需求多出 200 万~300 万吨，其中主要是小麦。英国联合食品有限公司表示，如果相关试验进展顺利，希望能更多地利用这些过剩农产品。目前，部分传统燃料能与生物丁醇混合使用，而无需对汽车进行任何改造。

（二）研究开发植物糖料的其他新信息

1. 探索植物果糖开发的新进展

把植物果糖转化为新型生物燃料二甲基呋喃。2007 年 6 月 21 日，美国威斯康星大学麦迪逊分校化学和生物工程专家詹姆斯·杜梅斯克领导的一个研究小组，在《自然》杂志上发表研究报告称，他们利用常规的生物方法和新的化学方法相结合，先后运用两种催化剂，把植物中的果糖，高效快速地转化成一种新型的液体生物燃料——二甲基呋喃（DMF），为生物燃料研究开辟了新的天地。

二甲基呋喃含有的能量可比乙醇多40%，且没有乙醇燃料的缺点。乙醇是目前唯一一种大量用于汽车的生物燃料，但它还不是人们最终想要的理想燃料。在玉米、蔗糖及其他植物中均含有大量潜在能量，但它们是以长链的碳水化合物形式存在，必须降解成小分子后才能加以利用。目前通常采用酶来降解淀粉和纤维素，使其转化成糖，然后利用常见的发面酵母使其发酵，最终产生乙醇和二氧化碳，这个过程通常要花几天的时间。乙醇中氧的含量相对较高，使其能量密度下降。同时，乙醇易吸收空气中的潮气而使其含水量增加，因此，需要蒸馏才能将其和水分开，这无疑要消耗部分能源。

杜梅斯克研究小组找到了解决上述问题的方法。他们首先利用一种源自微生物的酶使生物原料降解，变成果糖。然后利用一种酸性催化剂，把果糖转化成中间体羟甲基糠醛，它要比果糖少3个氧原子。最后利用一种铜钌催化剂，把羟甲基糠醛转化成二甲基呋喃，而二甲基呋喃比羟甲基糠醛又少了2个氧原子。

二甲基呋喃与乙醇相比，有一系列优点。与同样体积的乙醇相比，它燃烧后产生的能量要高40%，和目前使用的汽油相当。二甲基呋喃不溶于水，因此不用担心吸潮问题。二甲基呋喃的沸点，要比乙醇高近20℃，这意味着它在常温下是更稳定的液体，在汽车引擎中则被加热挥发成气体。这些都是汽车燃料所要具备的特点。还有一点值得一提，二甲基呋喃的部分制造过程，与现在石油化工中使用的方法相似，因此容易推广生产。杜梅斯克相信，在经过安全和环境试验后，二甲基呋喃可以和汽油混合，作为交通运输工具的燃料使用。

2.探索植物木糖开发的新进展

（1）开发出把木糖高效转化为乙醇的新型发酵技术。2012年7月，新加坡义安理工学院的一个研究小组，在英国《生物燃料的生物技术》杂志发表研究报告称，生物燃料是当前新能源发展的一个重点方向，但是现在常用甘蔗和玉米等农作物中所含的葡萄糖来制造生物乙醇，这导致了生物燃料与人争粮的矛盾。现在，他们培育出一种新型酵母，从而开发出一种新型发酵技术，可以把植物废料中的木糖转换成乙醇，从而避免了研制生物燃料产生的矛盾。

木糖是许多植物中仅次于葡萄糖的含量第二丰富的糖类，并且大量存在于植物的枝干等通常不用作粮食、常被当作废料扔掉的部位。这一特点，促使许多科学家研究把木糖转换为乙醇的方法。

但是在把木糖转化为乙醇方面，过去使用的一些酵母性能不尽如人意，有的酵母能发酵分解木糖，却不能把它变为乙醇；有的酵母能最终生成乙醇，但发酵分解木糖的能力又不够。

该研究小组找到了这一问题的解决之道。他们在最新发表的研究报告中说，已经培育出一种新型酵母，它具有较强的把木糖转换为乙醇的能力，有望用于制造"不与人争粮"的生物燃料。研究人员称，他们通过基因手段把两种不同酵母的优势基因结合在一起，培育出一种代号为 ScF2 的新型酵母。实验显示，这种新型酵母不仅可以把木糖转化为乙醇，并且其转化效率也较高，超出以前所用的各种酵母，具有工业化应用的潜力。

不过，研究人员也表示，目前培育出的这种酵母还只能算是原型菌种，还需要进一步的改良，才能最终应用在生物燃料的大规模工业化生产中。

（2）利用细菌分解木糖提高生物燃料制造效率。2017 年 7 月，美国亚利桑那州立大学发布新闻公报称，该校一个研究小组，让大肠杆菌生活在特殊环境中，迫使它们发酵分解木糖才能生存。繁殖 150 多代之后，基因突变使这些细菌分解木糖的效率提高。将突变基因移植给用于发酵的菌种后，分解秸秆和木屑等效率显著上升。

用秸秆之类的农林业废弃物生产生物燃料，堪称一举两得，但生产效率尚需提高。这次，该研究小组求助于大自然的进化规则，让细菌在生存竞争中变得更擅长分解木糖，从而提升生物燃料的制取效率。

木糖是含有 5 个碳原子的糖，广泛存在于植物中，秸秆、稻壳、木屑和枯草等都含有大量木糖。用这些原料生产生物燃料，可以避免以玉米和甘蔗为原料影响粮食生产的问题，还消除了农业垃圾。但是，工业上用于发酵的大肠杆菌会优先利用葡萄糖，只要环境中有葡萄糖在，它们就会关闭分解木糖的功能。

植物原料通常也富含葡萄糖，因此细菌分解木糖的动力和效率不足。研究小组把大肠杆菌放在只含木糖的培养基中，不擅长分解木糖的细菌会在生存竞争中落败。细菌起初生长得非常缓慢，但经过 150 多代的进化，它们适应了新环境，欣欣向荣地生长起来。

分析显示，这样培养的 3 组大肠杆菌，针对同一批基因各自进行了不同的改造，但都获得了成功。其中最引人注目的改造，涉及一种名叫 X1yR 的调控蛋白质，仅仅两个氨基酸开关的调整，就能使细菌高效分解木糖，抑制对葡萄糖的利用。研究人员把这个变异基因移植到工业用的大肠杆菌中，发酵 4 天后，产量增幅最多达到 50%。

研究人员称，这一发现突破了生物燃料生产领域的一个重大瓶颈。他们希望与工业机构合作，进行大规模应用试验，验证其经济上的可行性。

第八节　饮料作物栽培研究的新进展

一、研究茶叶栽培的新成果

（一）茶叶种植与加工探索的新信息

1. 研究茶叶种植环境影响的新进展

认为气候变化会影响茶叶有益化学物质的含量。2015 年 6 月，有关媒体报道，美国蒙大拿州立大学波兹曼分校民族植物学家赛琳娜·艾哈迈德等人组成的一个研究小组，计划分析茶叶中的化学组分以及其他数据，寻找气候变化对中国西南地区云南省生产的驰名中外的茶叶的影响状况。

与艾哈迈德一起工作的美国马萨诸塞州塔夫斯大学应用经济学家肖恩·坎虚说："我们喝茶，是因为茶叶的品质，而不是因为它会产生抑制卡路里的能量。"代表茶叶味觉的植物素中的复杂化学物质，比其他经济作物更易受气候变化影响。研究茶叶与气候变化相关性的理想地方之一，是处于热带地区的中国云南省，这里因生产氧化和发酵的普洱茶而闻名，然而这种在中国最负盛名的茶叶已经遭受到气候变化的影响。

2015 年年初，坎虚、艾哈迈德等人在美国国家科学基金会支持下，启动了一项为期 4 年的科学项目，研究气候变化、茶叶品质以及农民生境之间的相关性。他们的研究结果也可以为气候变化对咖啡、巧克力、樱桃等数十种其他作物的影响提供参数，这些作物的味道和价值同样会受到当地气候的影响。

波士顿哈佛大学医学院流行病学家塞缪尔·梅尔斯说："农作物系统已经适应了各种特定的环境背景，然而现在这些环境因素正在变化。"他正在研究大气中二氧化碳浓度增加，对植物营养的影响。他指出："了解气候变化对作物产量和质量的影响具有重要意义。"

与艾哈迈德等人一起在西双版纳进行合作研究的塔夫斯大学生态化学家柯林·奥里恩斯说："降雨量对于茶叶十分关键。当季风雨季来临时，在 5 天内，茶叶的品质就会下降，可以查看到叶片中化学物质的巨大变化。"

夏季季风时节会带来 80% 的年降雨量，茶叶生长速度约是通常干季的两倍。这对茶农来说预兆着不好的年景，中国农业科学院茶叶研究所、浙江省茶叶研究院研究员韩文炎说："茶叶的品质和产量通常呈反相关。其中一个升高，另一个就会下降。"比如在西双版纳勐海县布朗山，春季的普洱茶在季风时节之前收获，口感更加丰富，而且价格更高。

艾哈迈德认为，不只是季风雨季会冲淡茶叶中的次生代谢物，高温、多云、更多害虫等也会对茶叶的品质产生影响。

现在，普洱茶中的化合物可能会发生改变。坎虚和同事发表于《气候变化》杂志评论栏目的文章称，在过去 50 年间，昆明市的温度已经升高了 1.5℃。同时，季风雨季到来的时间正在变得更晚（2011 年，季风雨季开始时间比 1980 年迟了约 22 天）。

艾哈迈德强调说："对于农民来说，气候变化带来的也不全都是坏消息。"如果像气候学家预测的那样，干季变得更加干旱、雨季变得更加湿润，干季的收获可能会更具价值，因为植物中含有的次生代谢物会更高，普洱茶的味道会更佳。但是旱季持续时间更长也会产生收益递减效应。"如果天气过于干旱，就会减少茶叶绿芽或是毁坏茶树。"

或许，爱茶的人只能希望气候变化不会影响普洱茶最精妙的苦涩味道及其红黑的色泽。

2. 探索茶叶加工产品的新进展

研制出不必泡、用口嚼的便携式茶丸。2005 年 3 月 22 日，法新社报道，印度科学家姆果拉尔·哈扎果卡领导的研究小组研制出一种便于携带的茶丸，当人们想饮茶却不方便泡茶的时候，口嚼这种茶丸，就能起到和喝茶一样的提神醒脑的功效。

哈扎果卡说，口嚼这种茶丸和饮用热茶具有同样的提神功效。这种茶丸的主要成分，是从茶叶中提取的茶精，又添加了符合国际食品标准的香料。

这个研究小组研制出了六七种味道的茶丸，以适应不同口味人群的需要。哈扎果卡说："这种茶丸对人体是绝对安全的，它可以嚼，也可以含在口内，还可以用传统的方式泡在热水里面饮用。"他还说："研制茶丸的想法，是为了满足那些赶时间人的需要。有了茶丸，他们就不需要找热水和杯子了。"研究小组已经将这种茶丸申报了专利，并决定将投入批量生产。哈扎果卡说，这种茶丸不会影响人们传统的饮茶习惯。

报道称，该研究小组的所在地，是在印度东北部阿萨姆邦乔哈特镇的托克赖实验站，该实验站创建于 1901 年，是现在世界上最大的茶研究机构。乔哈特镇就是印度著名的茶乡。

（二）茶叶特有功能探索的新信息

1. 研究茶叶防治癌症功能的新发现

（1）证实绿茶提取物能有效遏制癌症。2005 年 2 月，加利福尼亚大学洛杉矶分校副教授饶建宇领导的一个研究小组，在《临床癌症研究》杂志上发表研究报告称，他们通过对膀胱癌的研究，证实绿茶提取物，能有效遏制癌肿瘤发展，同时不损害健康细胞。研究人员认为，绿茶提取物可能成为一种有效的抗癌药物。

饶建宇说，他们的成果增进了对绿茶提取物作用机理的理解。如果人们对绿茶提取物遏制肿瘤的机理有所了解，就能确定哪种类型的癌症患者，能从绿茶提取物中受益。

研究人员在论文中写道，癌肿瘤的发展与癌细胞的扩散运动密切相关，癌细胞要运动，就必须启动一个被称为"肌动蛋白重塑"的细胞进程。一旦这一进程被激活，癌细胞就能够侵入健康的组织，导致肿瘤扩散。而绿茶提取物能破坏"肌动蛋白重塑"进程，使得癌细胞黏附在一起，其运动受到阻碍，此外它还能使癌细胞加快老化。

饶建宇说，癌细胞具有"侵略性"，而绿茶提取物打破了它"侵略"的路径，能限制癌细胞，使其"局部化"，使癌症治疗和预后工作都变得相对简单。

此前，已经有一些研究成果，揭示了绿茶提取物，对包括膀胱癌在内的许多癌症具有效果，它能够引起癌细胞过早凋亡，并阻断肿瘤组织的血液供应。研究小组的一些成员，正在验证绿茶提取物对胃癌等其他癌症的效力。

饶建宇说，与以前类似的研究不同，他们使用的绿茶提取物，其成分和饮用的绿茶非常相似，这意味着常饮绿茶可能有某种抗癌效果，至少可以增强人体对癌症的防御能力。不过研究人员也认为，目前他们只实验了有限的几个膀胱癌细胞系，要揭示绿茶的抗癌机理还有待进一步的研究。其他科学家评论说，这一研究成果进一步证实绿茶在预防和治疗癌症方面所具有的潜力。尤其在膀胱癌治疗方面，新成果有助于发现膀胱癌的易感者，降低发病率。

（2）发现绿茶提取物可治慢性淋巴白血病。2009 年 5 月，美国明尼苏达州梅奥诊所的研究人员，在《临床肿瘤学杂志》网络版上发表研究成果称，他们发现绿茶中的一种活性成分儿茶素酸酯，可有效控制慢性淋巴细胞性白血病病情，这为攻克该病带来了新希望。

在临床试验中，研究人员每天两次给 33 名慢性淋巴细胞性白血病患者，服用 8 种不同剂量的囊剂。这种囊剂的主要活性成分是儿茶素酸酯，剂量介于 400~2000 毫克。结果发现，病人的淋巴细胞数量降低了 1/3。此外，研究人员还发现，病人对该囊剂具有很强的耐受性，即使是每次高达 2000 毫克，还是没有达到病人的最大耐受剂量。

研究人员发现，病人不仅能够忍受这种高剂量绿茶提取物，而且许多人的慢性淋巴细胞白血病，呈现某种程度的好转，在患有淋巴结增大症状的病人中，大部分人的淋巴结，会缩小一半甚至更多。

这项临床研究是梅奥诊所多年来就绿茶提取物对癌细胞作用研究项目的最新举措。此前已在实验室研究中，证明儿茶素酸酯具有杀死白血病癌细胞的功能。目前，该研究已进入第二阶段，后续参与临床试验的病人数与第一阶段人数大致相同。所有人都将服用与原来试验中同样的最高剂量。

在美国，慢性淋巴细胞性白血病是一种常见的白血病。虽然在很多情况下，可以通过血液测试进行早期诊断，然而却没有有效的治疗方法。统计显示，大约一半的该病患者会过早死亡。研究人员希望儿茶素酸酯能够稳定早期慢性淋巴细胞性白血病患者的病情，或者与其他治疗手段结合，提高对该疾病的治疗效果。

（3）发现绿茶主要成分或许可用作抗癌蛋白载体。2014 年 10 月，学者朱恩颂等人组成的研究小组，在《自然·纳米技术》杂志网络版上发表文章称，绿茶中一种主要成分，能够作为抗癌蛋白载体，可用来合成一种稳定、有效的纳米复合药物。这项发现，或有助于建立更好的药物投递系统。

一些癌症治疗方法的效果，往往依赖于药剂中的治疗成分，以及把药物投递至肿瘤位置的载体。设计药物载体时，有几个因素必须考虑：一是必须具有特定性，这样才能针对肿瘤而不伤及其他组织；二是药物与载体的配比要合理，因为如果身体无法代谢载体的话，载体剂量过高可能导致中毒；三是载体有足够的停留时间，如果身体对药物的排斥、消耗过快，会让药物失效。

该研究小组利用绿茶成分中含量丰富的儿茶素酸酯，制成抗癌蛋白赫赛汀的载体。相比其他载体，它的优点在于其自身也具有抗癌作用。研究人员把这种绿茶成分与赫赛汀的纳米合成物注入小鼠体内后发现，与单独注射赫赛汀相比而言，这种合成物显示出了更好的肿瘤选择性和肿瘤生长减缓效果，其在血液内的留存时间也变长，同时也增强了其药效。

2. 研究茶叶防治艾滋病功能的新发现

发现绿茶成分可降低艾滋病病毒的传染性。2009 年 5 月 18 日，德国媒体报道，德国病毒学家证实，绿茶中的一种活性成分在高浓度状态下能明显降低Ⅰ型艾滋病病毒的传染性。研究人员对这种活性成分的防病毒机理提出了解释。

德国乌尔姆大学医院的研究人员发现男性精液中大量存在一种被称为淀粉样纤维的细小纤维，这种纤维能够捕捉到艾滋病病毒，并帮助它进入人体细胞，从而大大加快正常细胞感染艾滋病病毒的速度。

德国海因里希·佩特实验病毒学和免疫学研究所病毒学家测试了绿茶富含的一种活性成分儿茶素酸酯（表没食子儿茶素没食子酸酯）的作用。他们通过电子显微镜观察发现，这种成分不仅能阻止帮助艾滋病病毒传播的精液淀粉样纤维的形成，而且能在几小时内使这种小纤维分解，从而明显降低Ⅰ型艾滋病病毒感染人体正常细胞的风险。

不过，德国研究人员指出，这并不意味着大量喝茶就能预防艾滋病，因为上述研究显示，只有当儿茶素酸酯浓度高并与精液接触才能产生抑制艾滋病病毒传播的效果。研究人员由此推断，能杀死微生物的阴道软膏中如果含有高浓度的儿茶素酸酯，则可能有助于预防因性行为导致的艾滋病病毒传播。

现在研究表明，艾滋病病毒有两种类型：Ⅰ型艾滋病病毒传染性较强，目前已传播至世界各地；Ⅱ型艾滋病病毒目前主要在西非地区传播，其传染性较弱，症状发展相对缓慢。

3. 研究茶叶防治神经系统疾病功能的新发现

（1）发现绿茶能促进脊髓神经元复活。2005年2月，有关媒体报道，俄罗斯医学科学院脑研究所和俄罗斯库班国立大学联合组成的一个研究小组，通过实验发现，绿茶的酒精浸剂能促进脊髓神经元的复活，常饮绿茶可预防神经变性疾病。

据介绍，研究人员在老鼠的脊髓神经节组织中，加入了不同浓度的绿茶酒精浸剂。研究人员通过神经细胞突起的长度和状态，来分析研究脊髓神经元的复活情况。

实验发现，浓度在0.004%~0.006%的绿茶酒精浸剂，对老鼠的脊髓神经元最具有刺激效应。实验第2天，老鼠脊髓神经突起的数量开始增多，随后开始变长；实验第4天，这种效应达到最高点，但第5天后刺激效应消失。实验还发现，浓度比较低的绿茶酒精浸剂虽然也能改变脊髓神经的特征，但改变是微乎其微的。成倍增加绿茶酒精浸剂的浓度也无效应。当绿茶酒精浸剂浓度增加9倍后，85%的脊髓神经细胞死亡，没有发生突起。

研究人员认为，绿茶中含有聚酚、维生素和独特的氨基酸等抗氧化成分，是产生这种效应的重要原因。

（2）揭示绿茶可解除与老年痴呆症有关蛋白质异常沉积的毒性。2010年4月14日，德国马克斯·德尔布吕克分子医学中心在一份研究报告中称，绿茶中的活性物质，可解除与老年痴呆症等疾病有关的蛋白质异常沉积带来的毒性。

研究人员称，β淀粉样蛋白是由蛋白质的错误折叠导致的。它的异常沉积对神经细胞有致命毒性，可导致细胞死亡。β淀粉样蛋白异常沉积是老年痴呆症和帕金森氏症等疾病的重要病因。

研究人员在试管和细胞培养基实验中发现，植入这种有毒蛋白沉积会导致神经细胞新陈代谢水平下降，细胞膜也会变得不稳定。而一旦有绿茶的活性物质介入，这些细胞受损的现象会消失。绿茶活性物质解毒作用的机理，是其首先与纤维状β淀粉样蛋白结合，将患者转变成对神经细胞无害、又会被细胞分解的球状蛋白聚集体。

绿茶活性物质不仅能解毒，还能防毒。研究人员此前的一项研究已经发现，它有防患于未然的作用：它能够与还没有折叠的蛋白质结合，阻止其错误折叠，从而阻止与老年痴呆症、帕金森氏症和亨廷顿舞蹈病等相关的有毒蛋白沉积的形成。

4. 研究茶叶防治免疫系统疾病功能的新发现

发现绿茶具有预防自身免疫性疾病的作用。2005年7月，美国佐治亚州医科大学生物学家斯蒂芬·许博士，在亚特兰大举行的第五届免疫疾病研讨会上，宣布的一项研究结果认为，绿茶具有预防自身免疫性疾病的作用，常喝绿茶应该对Ⅰ型糖尿病、类风湿性关节炎、狼疮和干燥综合征等免疫系统疾病的防治有效果。

许博士一直关注中国人经常喝绿茶的生活习惯。这个习惯给中美两国人群在健康方面造成了许多差异，这成为他探究这一问题的新思路。经研究，他分析出绿茶当中一种称为儿茶素酸酯的多酚类物质，能够抑制人体的自身免疫反应，从而得出结论：绿茶对自身免疫性疾病具有良好的预防作用。

许博士收集了各方面有关绿茶的研究资料，包括从预防口腔癌到皮肤抗皱等各种保健功能。绿茶对人体的保护作用来源于其中一种叫作茶多酚的化合物，这种成分可以抵抗自由基对人体的危害。此外，绿茶诱导人体产生一种特殊的蛋白质，它可以保护健康细胞，同时破坏癌细胞。

许博士极力推崇中国传统的茶多酚类产品。他表示，西方人应该让绿茶像口香糖一样进入他们的日常生活。他希望自己的研究成果能够帮助人们更多地了解绿茶的益处，同时也有利于研究人员们更好地认识自身免疫性疾病。

（三）茶叶基因组测序及相关研究的新信息

1. 启动世界首个茶树基因组测序计划

2010 年 2 月 3 日，有关媒体报道，在中国科学院昆明植物研究所吴征镒、周俊、孙汉董 3 位院士的大力推动下，正式启动了世界上第一个茶树基因组测序计划，这对促进世界茶学界科研创新，特别是推动普洱茶产业发展，具有重大的现实意义和经济价值。

据介绍，开展对云南大叶茶的全基因组测序，是由我国科学家独立启动的一项首次对树木开展的全基因组测序。同时也是迄今为止世界上首次最大的一次树木基因组测序项目。

据承担此项测序计划任务的首席科学家、中国科学院昆明植物研究所高立志研究员介绍：通过开展云南大叶茶基因的测序和组学研究，将揭示其各种农艺的基因组学基础，解析与鉴别次生代谢成分，揭示生物合成相关功能基因，研究基因组功能乃至代谢途径，进而破解遗传密码，发掘出一批拥有自主知识产权和产业化前景的重要功能基因，构建出以比较功能基因组学为基础的分子育种平台，为筛选更加优质高产、更有生态适应性和更能满足深加工发展的茶树优良品种，奠定坚实的科学基础和开辟广阔的产业化发展途径。

2. 以龙井茶为材料绘出栽培茶树进化路线图

2020 年 9 月 7 日，以中国农业科学院的茶叶研究所和深圳农业基因组研究所为主导，联合中国科学院昆明动物研究所和云南省农业科学院茶叶研究所等组成的研究团队，在《自然·通讯》网络版发表的研究成果显示，他们揭示了茶树群体的系统发生关系，描绘了栽培茶树的进化历史。该成果为茶树基因组学研究和育种研究，以及茶树遗传和进化探索提供了丰富素材。

茶是世界性饮料。茶树起源于中国，在我国分布广泛，种质资源丰富，红茶、绿茶、乌龙茶、黄茶、黑茶和白茶 6 大茶类各具特色，但有关茶树进化的研究却很少。

研究人员先以我国著名的优良茶树品种"龙井 43"为材料，克服其基因组高度杂合、重复序列比例高等难题，完成了"龙井 43"染色体级别的基因组的组装。在此基础上，研究人员发现了决定"龙井 43"发芽早、产量高以及抗逆性强等优异经济性状的基因"密码"。

据中国农业科学院茶叶研究所杨亚军研究员介绍，2020 年适逢"龙井 43"这一全国绿茶主产区推广面积居于前列的茶树品种育成 60 周年，该研究结果解释了"龙井 43"品质优异和抗逆性强等特点的分子本质，具有重要的纪念意义。

基于对"龙井 43"进行组装的高质量基因组，研究人员又对来自世界不同国家和地区的 139 份有代表性的茶树材料进行了基因组的变异分析，揭示了茶树群体的系统发生关系，描绘了栽培茶树的进化历史。

这项研究发现，茶树野生近缘种群是栽培的中小叶茶品种（植物分类上多属于茶变种）和大叶茶品种（植物分类上多属于阿萨姆茶变种）的祖先，驯化过程中两者的选择方向存在差异。中国中小叶种茶树中的萜烯类代谢基因在芽和叶中表达量较高，这意味着其风味特性更明显、更丰富。

二、研究咖啡栽培的新成果

（一）咖啡种植与资源保护研究的新信息

1. 探索气候对咖啡种植影响的新发现

发现气候变化会严重威胁咖啡种植。2017 年 6 月 26 日，英国伦敦基尤皇家植物园植物学家贾斯汀·莫特主持的一个研究团队，在《自然·植物》杂志网络版发表论文称，到 21 世纪末，气候变化可能会导致埃塞俄比亚约一半的咖啡产区不再适合种植咖啡，但如果通过咖啡产区转移、造林和森林保护，咖啡种植总面积有望扩大 4 倍。

源于埃塞俄比亚的小果咖啡其通俗名字叫阿拉比卡咖啡，贡献了全球主要的咖啡豆产量，也占埃塞俄比亚出口收益的 1/4。人们一直希望了解气候变化对咖啡产量的影响，但要在局部层面上预测气候变化的影响并非易事。

此次，该研究团队设计了不同的转移场景，并使用世界气候研究计划机构开发的高分辨率气候数据，以及最新卫星影像数据，生成 4 个时间段的咖啡适宜性预测结果，跨度从 20 世纪 60 年代到 21 世纪。

随后，他们根据适合种植咖啡的程度，将埃塞俄比亚每平方千米的土地划分为 5 类：不适合、勉强适合、适合、良好和最优。研究人员为验证该模型的准确性，2013—2016 年，驱车和步行约 3 万千米，实地考察了 1800 多个地点。

他们发现，到 21 世纪末，目前的咖啡产区可能有 39%~59% 不再适合种植咖啡，清楚表明了气候变化带来的威胁程度。但研究团队也认为，与气候变化相关的温度上升，或许会在未来 20 年增加埃塞俄比亚的咖啡种植区域。

2. 探索野生咖啡资源保护的新发现

发现野生咖啡面临灭绝的风险。2019 年 1 月 16 日，英国伦敦皇家植物园裘园咖啡专家安龙·戴维斯、裘园植物科学家尼克·卢格哈达，以及埃塞俄比亚环境生态学家塔德斯·戈尔等人组成的一个国际研究团队，在《科学进展》杂志发表研究报告称，在未来几十年中，由于更频繁、更漫长的干旱，森林的消失和致命害虫的扩散，世界上大多数野生咖啡物种极有可能走向灭绝。

该研究表明，价值数十亿美元的咖啡产业正面临着潜在威胁。目前，这个产业主要由两种咖啡豆主导，一种是阿拉比卡咖啡豆，另一种是罗布斯塔咖啡豆。阿拉比卡咖啡易受高温影响，而罗布斯塔咖啡则对干旱的土壤更加敏感。然而，124种野生咖啡物种中某些物种的遗传多样性，可以帮助育种者在面对气候变化的时候，提高商业植物的生存能力。

戴维斯说："许多咖啡品种的特性，使得它们能够在恶劣干燥的环境中生长。但如果开始失去这些物种，也就开始失去了选择。"

在过去数年时间里，研究团队对世界各地保存的以及野生的咖啡植物标本进行分类，其中包括来自非洲大陆、马达加斯加和毛里求斯偏远森林的标本。他们花了20年时间，收集到足够多的关于野生物种分布及其面临威胁的信息，从而对每个物种的灭绝风险进行了评估。研究团队还在这些植物中寻找了潜在的有用特性，包括抗病性、咖啡因含量和耐旱性。

根据国际自然保护联盟的标准，研究人员发现，60%的咖啡品种面临着高度的灭绝风险。

巴西农业研究公司农业植物科学家艾伦·安德拉德表示，这些数字是对整个咖啡产业的一个警告。他说："想象一下，还有多少味道和芳香有待发掘。想象一下，还有多少依然未知的基因特征，可能是未来问题的解决方案。"

包括野生阿拉比卡咖啡在内，大约72%的咖啡品种生长在保护区内。但卢格哈达说，其中许多地方被视为执法不严的"纸上公园"。保护区的地位不足以拯救这些物种免于灭绝，因为森林砍伐和气候变化能够破坏它们的种群。

在自然栖息地之外，维持咖啡的遗传多样性是一项挑战。与许多农作物不同的是，利用传统方法无法储存咖啡种子，因为这些种子必须在低湿度和低温度条件下才能保持产量。一些最先进的技术由于成本太高而无法对野生物种使用，例如使种子保持在冻结温度或使用化合物减缓植物生长。

尝试以种子或植物库的形式，保护野生咖啡品种的活植物收藏，也面临着一系列威胁。最完整的咖啡遗传多样性收藏，位于由成熟树木组成的4个基因库中。但是，根据致力于保护农作物多样性的德国波恩"作物信托"组织于2018年发布的一份报告，这些保护区资金不足，缺乏熟练的人员，或者受到森林砍伐和虫害的威胁。

不过，像埃塞俄比亚这样的地方，大约 1/4 的人口依靠与咖啡相关的工作维持生计，正在探索解决其中一些问题的可能方法。其中包括把野生阿拉比卡森林分割成受到严密监控的保护区，以及人们可以种植和生产咖啡、蜂蜜和香料的区域。

戈尔说："咖啡是生产它的非洲国家的主要大宗商品作物，并且当地社区和政府有充分的理由去保护它。"该研究预测，到 2088 年，由于气候变化，阿拉比卡咖啡的野生种群可能减少 50%。

戴维斯指出，保护咖啡物种的责任不应该仅仅由非洲国家承担。如果全世界都能从中受益，那么每个人都应该为之作出贡献。他说："如果没有这些野生植物，我们就不会喝到咖啡。如果我们现在停止保护它们，未来几代人可能就不会像我们今天这样享受咖啡。"

（二）咖啡特有功能探索的新信息

1. 研究咖啡防治癌症功能的新发现

（1）发现每天喝咖啡或可降低患肠癌概率。2016 年 4 月，英国《独立报》报道，美国南加州大学斯蒂芬妮·施密特主持的研究小组发表研究报告称，他们最新研究表明，每天喝少量咖啡，或能大大降低罹患肠癌的风险，比如，一天只需要饮用 1~2 杯咖啡就能把罹患肠癌的风险降低 26%。而且，如果饮用的是黑咖啡，抗癌效果可能更显著。

施密特说："尽管每份咖啡提供的有益化合物因咖啡豆、烘焙方法以及冲调方法的不同而有所不同，但我们的最新数据表明，不管咖啡是何种味道，成分是什么，都能降低饮用者罹患肠癌的风险。"

在这项研究中，研究人员对 5100 多名已被诊断罹患肠癌的病人，与 4000 名没有此种疾病病史的研究对象，饮用咖啡的习惯进行了记录。同时，研究人员也详细记录了这些研究对象，日常饮用其他饮料的细节和其他影响因素，比如家族疾病史、饮食习惯、锻炼习惯以及是否抽烟喝酒等，从而得出最新研究结论。而且，研究还表明，并非只有咖啡内含的咖啡因给人提供保护，有咖啡因和去咖啡因的咖啡都产生了同样的效果。科学家们认为，抗氧化剂和其他化学物质，有些甚至来自烘焙过程，可能是"幕后功臣"。

（2）适量喝咖啡有助于降低肝癌风险。2017 年 6 月，南安普敦大学学者奥利弗·肯尼迪，与爱丁堡大学同行组成的研究团队，在《英国医学杂志·公开》上发表研究报告称，每天摄入一定量的咖啡有助于降低肝癌风险，并且随着摄入量增加，风险也会降低更多。这一观点支持了之前一些关于喝咖啡可减少患肝癌风险的研究结果。

该研究团队对饮用咖啡和肝癌间的关系进行探索，他们对此前已有的 26 项研究所收集数据进行综合分析，其中涉及超过 225 万名参与者。此前美国和日本的一些研究认为，喝咖啡可减少患肝癌风险。新研究的结果显示，每天饮用一杯咖啡对应肝癌风险下降 20%；饮用两杯咖啡对应的下降幅度达 35%；如果饮用多达 5 杯，对应的下降幅度甚至会达到 50%。

据研究人员介绍，相关效果对有没有喝咖啡习惯的人都一样，尽管已有数据显示喝咖啡越多，风险下降越大，但对每天喝 5 杯以上的量，目前还没有太多数据来证实其效果。此外，即便是无咖啡因的咖啡也能带来一定益处，只不过效果不是那么明显。

咖啡对人体健康的影响，在学术界一直没有定论。此前，世界卫生组织下属国际癌症研究机构，把饮用高温热饮的习惯列为"致癌可能性较高"因素，认为常喝温度在 65℃以上的咖啡、茶等热饮有可能引发食道癌。

肯尼迪说，这项研究结果，并不是要鼓励每个人每天喝 5 杯咖啡。同时，还需要更深入的研究来分析大量摄入咖啡因是否有一些潜在害处，并且已有证据表明某些人群，比如怀孕妇女，应该避免过量摄入这类饮品。

2. 研究咖啡防治心血管疾病功能的新发现

发现喝咖啡和吃素可以远离心脏病。2017 年 11 月 13 日，在加州阿纳海姆举行的美国心脏协会会议上，美国纽约西奈山医院的凯拉·腊拉团队，与科罗拉多大学的劳拉·史蒂文斯团队分别作了学术报告。两项新研究表明，多喝咖啡，少吃肉，是降低心脏病风险的秘诀。

心力衰竭是一种渐进性的疾病，它是指心脏不能泵出身体所需要的足够血液。这会导致向身体其他部位传递的氧气和营养更少，从而导致死亡。

腊拉团队分析了，1.5 万多名年龄在 45 岁以上的人的饮食和心脏健康数据。他们发现，以前被诊断出心脏病或心功能衰竭的人，如果坚持食用由水果、蔬菜、豆类、全麦和鱼类等构成的大部分食物，那么他们因心力衰竭而住院的风险，比那些以吃肉类和加工食品为主的患者低 28%。不过，该结果来自于观察，并未表现出因果效应，但腊拉表示，它与其他的研究结果相一致。她说："吃更多素食和更少加工食品的人会摄入更少的钠，该元素据认为会增加高血压和心脏病风险。"

会议报告还认为，喝咖啡与降低心脏病风险相关。史蒂文斯团队在对 1.7 万名年龄在 44 岁及以上的人进行分析后，他们发现，与不喝咖啡的人相比，每周喝一杯咖啡的人患心力衰竭的风险低 7%。史蒂文斯表示，现在尚不明确咖啡为什么会降低心脏病风险。她说："我们还不知道是咖啡摄取本身还是其他行为在起作用。"例如，喝咖啡的人可能有着更加健康的生活方式。

这些发现还与 2017 年早些时候另外两项研究结果相一致，此前的两项研究发现，喝咖啡似乎会明显降低心脏病致死的风险。

3. 研究咖啡防治消化与代谢性疾病功能的新发现

（1）研究显示咖啡能促进肠道蠕动。2019 年 5 月，国外媒体报道，爱喝咖啡的人也许知道咖啡有利于排便。美国的一项动物实验显示，喝咖啡确实能促进肠道蠕动，还能改变肠道菌群，但这些都与咖啡因的含量无关。咖啡产生此类功效的具体机制还有待研究。

美国得克萨斯大学医学分部一个研究小组，用大鼠进行动物实验，并在 2019 年美国"消化疾病周"活动上发布了最新研究成果。研究显示，当把大鼠粪便暴露在咖啡含量为 1.5% 的溶液中，粪便中的细菌和其他微生物的生长会受到抑制；在咖啡含量为 3% 的溶液中，这种抑制效果更加明显。研究人员还发现，脱咖啡因的咖啡对微生物也具有类似的作用。

随后，研究人员又让大鼠连续 3 天摄入不同浓度的咖啡，结果发现，大鼠粪便中的细菌数量整体下降。不过研究人员称，还需要更多研究来确定这些变化总体上是否有利于肠道中的菌群。

研究小组还发现，在摄取咖啡一段时间后，大鼠小肠和结肠的肌肉表现出更强的收缩能力；在实验室环境中让咖啡直接接触肌肉组织，也能发现这种刺激作用。研究人员表示，虽然他们并未揭示哪种成分让咖啡具备了上述作用，但研究结果至少表明，要确定喝咖啡能否用于治疗腹部手术后的便秘或肠梗阻，还需要进行更多的临床研究。

（2）发现咖啡可成为减肥的好帮手。2019 年 7 月，英国诺丁汉大学迈克尔·西蒙兹教授负责的一个研究团队，在《科学报告》杂志上发表论文称，他们研究发现，咖啡可以增强人体内棕色脂肪的活跃度，这有助于人们控制体重。

人体内的脂肪分为白色和棕色两种。白色脂肪主要用于储存能量，与肥胖有关；棕色脂肪可以促进机体消耗糖和白色脂肪而产生热量，以应对寒冷等情况。增强棕色脂肪的活跃度，有助于控制血糖和血脂水平，也有助于减肥。

研究人员介绍道，他们在相关的干细胞研究中发现，咖啡因能对棕色脂肪产生刺激作用。然后，想到可以分析受试者喝过咖啡后体内的棕色脂肪变化。

据悉，人体颈部有较多的棕色脂肪。研究人员请受试者先喝一杯咖啡，然后利用热成像技术扫描他们的颈部，结果发现棕色脂肪区域确实变得更热，活跃度增强。西蒙兹说，这是首次通过人体试验证明，喝一杯咖啡会对人体棕色脂肪的功能产生直接影响。

他表示，还需要进一步研究咖啡中哪些成分对棕色脂肪有影响，除了咖啡因外是否还有其他有效成分。由于肥胖是现代社会中一个日趋严重的健康问题，相关研究成果可用于体重管理和血糖调控，帮助人们对抗肥胖及糖尿病等相关疾病。

（三）咖啡饮用能力与偏好探索的新信息

1. 咖啡饮用能力决定因素研究的新发现

发现能喝多少咖啡或是由基因决定。2016 年 8 月 25 日，英国爱丁堡大学科学家尼古拉·皮拉斯图领导的一个研究小组，在《科学报告》杂志网络版上发表论文称，他们在对两个意大利人群的基因组进行分析后，发现了一个可能与咖啡消耗量相关的基因。研究人员认为，该基因或许能调节与咖啡因代谢有关的基因表达。

咖啡因是一种生物碱化合物，是一种中枢神经兴奋剂，能够在短时间内阻绝睡意、兴奋精神、提升活力。但在不同人身上，反应并不相同。以咖啡为例，有些人极为敏感，饮用少许便能起效，而另一些人喝起来和白开水无异。

为了弄清这一问题，该研究小组在两个意大利人群中，开展了全基因组关联分析。一组有 370 人，来自意大利南部一个小村庄；另一组有 843 人，来自意大利东北部的 6 个村庄。在研究中，研究人员询问了来自意大利被试者每天的咖啡消耗量，并在来自荷兰的 1731 位独立被试者身上重复了实验。他们发现，一种名为 PDSS2 的基因的表达，与咖啡消耗量有关，两者呈负相关关系。如果 PDSS2 基因表达的蛋白质水平较高，与咖啡因代谢通路有关的基因的表达便会受到抑制，从而阻碍咖啡因的降解。

研究人员称，新研究识别出了 PDSS2 基因，并将其与咖啡的消耗量联系了起来，但要最终确认这一结果，还需进一步的研究和数量更多的被试者。

2. 咖啡饮用偏好影响因素研究的新发现

指出苦味感知会影响咖啡饮用偏好。2018 年 11 月，澳大利亚昆士兰医学研究所专家王珏生、梁达煌主持的一个研究小组，在《科学报告》发表论文指出，人们对苦味物质的感知与拥有某组特定基因有关，这种感知会影响他们对咖啡、茶或酒精的偏好。

　　该研究小组，运用英国生物样本库中 40 多万名参与者的样本，通过分析与丙硫氧嘧啶、奎宁和咖啡因这 3 种苦味物质的感知有关的基因变异，评估了苦味感知对咖啡、茶和酒精摄入的影响。

　　研究人员发现，由特定基因决定对咖啡因苦味敏感度较高，与咖啡摄入较多有关；而对丙硫氧嘧啶和奎宁味道敏感度较高，则与咖啡摄入较少有关。对咖啡因苦味敏感度较高的人，更有可能成为重度咖啡饮用者。

　　对茶的摄入则相反，对丙硫氧嘧啶和奎宁敏感度越高，茶摄入越多；而对咖啡因敏感度越高，茶摄入越少。对酒精来说，对丙硫氧嘧啶的感知较强会导致酒精摄入减少，而对其他两类化合物的感知较强不具有明显影响。

　　这些研究结果显示，基因差异导致的苦味感知差异，或许能解释为何有些人喜欢喝咖啡，而有些人喜欢喝茶。

（四）咖啡基因研究的新信息

1. 找到决定咖啡品质的基因

　　2007 年 2 月，有关媒体报道，法国农业发展研究中心，与巴西农科院稻豆研究中心的科学家组成一个国际研究小组，从 6 年前开始联合研究咖啡豆的成熟过程。他们发现了一种蔗糖代谢的决定性酶，在巴西坎皮纳斯大学支持下，研究人员用分子生物学和生物化学技术进行研究。结果显示，这种蔗糖合成酶，决定了咖啡豆中蔗糖的沉积。蔗糖合成酶有至少两种存在形式，分别由两种不同基因编译得到 SUS1 和 SUS2。

　　研究人员表示，为了获得更多收入，咖啡种植者一直在致力于生产更高质量的产品。但是要得到高质量的咖啡豆，就意味着需要更好了解生物过程，如开花、成熟等，这些决定了产品的最终品质。很多化合物（糖、脂肪、咖啡因等）决定了咖啡质量。它们在咖啡豆中的含量是决定性因素。其中蔗糖在咖啡的感官品质方面起着最重要作用，因为蔗糖在烘焙过程中的分解，会产生多种芳香及其他味觉。

　　研究人员分析了成长中咖啡豆的多种组织里这些基因的表达。结果显示，SUS2 决定了在成熟过程中的蔗糖沉积。而 SUS2 则和蔗糖分解以及能量产生相关。研究的另一部分则是基因的多样性，这能解释不同的咖啡种类之间为什么会存在差异。这有利于确认蔗糖的含量，最终影响咖啡的品质。

　　目前，以上研究结果已经得到应用。研究人员发现，生长在阴影中的咖啡的蔗糖合成酶及蔗糖磷酸盐合成酶活性更高。而这些咖啡的最终品质还可能和其他因素有关，例如脂类物质等。

2.绘制完成首份咖啡基因组草图

2014 年 9 月 4 日，美国布法罗大学基因组学家维克多·艾伯特参与的一个国际研究小组，在《科学》杂志上发表了咖啡的基因组测序结果。这项研究揭示了咖啡树利用一套与茶、可可豆以及其他让人兴奋植物基因完全不同的机制，合成出咖啡因。研究人员指出，咖啡的第一份基因组草图，揭示了咖啡因在咖啡中的演化历史，它有助于培育风味更佳、可抵抗气候变化与害虫的咖啡新品种。

全球大约有 11 万平方千米的土地种植咖啡树，而全世界每天大约要消耗超过 20 亿杯咖啡饮料。全世界的咖啡，基本上都是罗布斯塔咖啡豆，与阿拉伯咖啡豆这两种咖啡豆，经过研磨、烘烤和发酵而最终制造得来的。

该研究小组在罗布斯塔咖啡基因组中，鉴别出 2.5 万多种蛋白质合成基因。罗布斯塔咖啡约占全球咖啡总产量的 1/3，大部分用于速溶咖啡品牌的生产，例如雀巢咖啡。阿拉伯咖啡则包含有较少的咖啡因，但较低的酸性和苦味，使这种饮品在咖啡爱好者中大受青睐。而研究人员之所以选择罗布斯塔咖啡进行测序，是因为这种咖啡的基因组比阿拉伯咖啡的基因组更为简单。

咖啡因的进化，远远早于缺乏睡眠的人们沉迷于咖啡之前。这或许是为了帮助咖啡树免遭天敌的侵袭以及获得其他益处。例如，咖啡叶中包含的咖啡因，比咖啡树中其他部位的咖啡因含量都高，而当这些叶子掉落到地面上时，能够阻止其他植物在咖啡树附近生长。

艾伯特表示：“咖啡因还能使传粉者上瘾，从而使得它们想要回来传播更多的花粉，就像我们人类对咖啡上瘾一样。”

在这项研究中，科学家还找到了使咖啡与其他植物区分开来的基因家族，正是这些基因让咖啡因的含量在咖啡树中名列榜首。研究人员发现，这些基因编码了甲基转移酶。这种酶能够通过在 3 个步骤中增加甲基团，从而把一种黄嘌呤核苷分子转化为咖啡因。相比之下，茶和可可豆，则利用与罗布斯塔咖啡中鉴别出的甲基转移酶不同的酶，合成咖啡因。

艾伯特认为，这一发现表明，植物制造咖啡因的能力至少进化了两次，一次发生在咖啡树的祖先那里，另一次则出现在茶与可可豆的共同祖先之中。

研究人员说，与葡萄、西红柿等其他植物相比，咖啡的基因更易生成生物碱和类黄酮，这两种物质与咖啡的香味和苦味等密切相关。咖啡还有更多的 N- 甲基转移酶，这是涉及咖啡因合成的物质。

研究人员表示，这一基因测序结果将能够用来鉴别帮助咖啡树战胜疾病，同时应对气候变化。

三、研究可可栽培的新成果

（一）可可豆质量与功能研究的新信息

1. 探索可可豆质量的新进展

开发出辨析可可豆质量优劣的新技术。2014 年 1 月 16 日，一个可可豆专家组成的研究小组，在《农业与食品化学》杂志上发表研究报告称，为了防止巧克力制造商使用劣质原料，他们开发出一种基因测试技术，可以分辨骗子制造的溢价可可豆。

研究人员称，用于制作巧克力的可可油和可可粉都来自于可可豆，不同的可可豆外观存在很大差异，甚至来自相同豆荚的也不一样。因此，通过视觉识别优质品种和平庸品种的可可豆非常困难。这给负责把控质量的人们带来了难题，因为可可豆商人有足够的机会在优质产品中混入更便宜的可可豆。

通过分析从 30 毫克的可可豆种皮中提取的 DNA，人们可以验证该可可豆是否属于一个特定品种。研究人员使用这种可以识别 48 种不同遗传标记的测试，能够从 5 种生长在秘鲁和附近地区的可可豆，以及 18 种生长在地球其他地区的可可豆中，找出一种被称为 Fortunato 4 号的高价可可品种。

研究人员称，虽然 DNA 分析可以相对迅速执行，但是从豆荚中剥出可可豆非常耗时。未来的研究将集中在简化测试，以及开发出一种可以用来分析可可粉的技术上。

2. 探索可可豆功能的新进展

发现可可豆所制巧克力的保健功能。2017 年 5 月，丹麦研究人员参加，美国哈佛大学公共卫生学院及波士顿贝斯以色列女执事医疗中心的伊丽莎白·莫斯托夫斯基领导的一个研究小组，在《心脏》期刊发表文章称，他们根据对丹麦人的一项研究显示，每周吃少量用可可豆为主料制作的巧克力，能够减少常见及严重心律失常的风险。

研究人员发现，每个月吃 1~3 次巧克力的人，比每月吃巧克力不到 1 次的人，诊断出心房颤动的概率更低。不过，这项研究并不能确定是巧克力阻止心房颤动。

研究人员称："作为健康饮食的一部分，适量摄取巧克力是一种健康的零食选择。"食用可可及含有可可的食品有助心脏健康，因为它们中含有高水平的黄烷醇，它被认为是一种具有消炎、放松血管以及抗氧化性等特征的混合物。他们补充说，过往研究发现，食用巧克力，尤其是含有更多黄烷醇的黑巧克力与保护心脏健康、减少诸如心脏病和心力衰竭等疾病风险存在关联。

但此前尚未有研究表明，巧克力还与心房颤动风险更低存在关联，当上心房出现不规律跳动时，就会出现心房颤动。

美国至少有 270 万人存在心房颤动，美国心脏病学会称，这增加了血凝块以及由此导致的中风、心力衰竭和其他病症的发病率。

在此次新研究中，研究人员采集了丹麦 55 502 人的长期研究数据。研究开始时，男性和女性的年龄在 50~64 岁，他们在 1993—1997 年参与到研究中时，提供了自己的饮食信息。研究人员随后把这些饮食数据，与丹麦国家健康注册资料进行对比，以了解有哪些人存在心房震颤。

从总体看，在平均 13.5 年内，出现了 3346 例心房震颤病例。基于研究一开始的饮食，那些每周吃 1 盎司（约 28.35 克）巧克力的人，比那些报告称每一个月左右吃一次巧克力的人，在研究末期被诊断出心房震颤的风险低 17%。与此类似，那些每周吃 56.7~170 克巧克力的人，被诊断出心房震颤的概率低 20%。

在女性中，风险降低程度最大的是每周吃 1 盎司巧克力。而在男性中，风险程度降低最大的则是每周吃 56.7~170 克。研究人员说："我们要传达的信息是，适量摄取巧克力是一种健康饮食的选择。"

（二）可可基因研究的新信息

1. 可可脂相关基因探索的新进展

发现能决定可可脂入口即化的基因。2015 年 4 月，美国宾夕法尼亚州立大学农业科学学院植物分子生物学家马克·吉蒂南教授领导的一个研究团队，在《植物科学前沿》杂志网络版植物遗传学和基因组栏目发表论文称，他们发现一个能决定可可脂熔点的基因，而可可脂熔点正是广泛存在于食品、药品等物质中的关键属性。这一重要发现，可能会引领一场新的产品技术进步。

研究人员称，植物遗传学家的这一发现也会导致可可新品种的增加。新的可可品种能够扩大植物生长对气候和土壤养分的适应范围，并提高其产量，为全球范围内可可种植地区的农民增收提供一种可能性。

可可是在亚马孙盆地驯化的林下热带树种，如今在西非、中美和南美洲以及东南亚地区广泛种植。根据世界可可基金会的数据显示，在世界各地有超过 500 万种植可可的农民，总数超过 4000 万的人依赖可可谋生。他们每年在全球不同的地方生产出 380 万吨可可，总价值 1180 亿美元。

每个可可豆荚含有 40 粒左右的种子，在授粉后约 20 周便可以收获。这些种子里含有超过 50% 的总脂（可可脂）。就是这些可可脂为巧克力生产提供了最主要的原料，同时也是药物、化妆品等产品的组成要素。

从事可可树研究 30 多年的吉蒂南介绍道，改变了熔点的可可脂可能在特制巧克力、药物、化妆品中找到新的用途。比如，一种具有较高或较低熔点的巧克力，可能会有助于具有特殊纹理和专业应用的巧克力生产。

吉蒂南解释说："'折断'和'融化'是巧克力所具有的两个非常重要的结构特征，其决定了巧克力对消费者的吸引程度。如果新品种可可树能够生产出不同熔点的可可脂，那控制这些特质将会是一种宝贵的资源。医疗应用包括，相较于基于现有的可可脂系统制出的产品，或许可生产出更缓慢释放药性的产品。"

在以往的研究中，吉蒂南的实验室团队与国际可可基因组协会人员合作，第一次在巧克力树上，测绘出来一个硬脂酰 - 酰基载体蛋白脱氢酶（SAD）基因家族，也是该类植物的全基因组测序。

在后续的研究中，研究人员解析了蛋白脱氢酶基因家族更细节的部分，探索了每一个蛋白脱氢酶基因在不同可可组织中的表达模式，并伴随着对其进行功能分析，来研究酶是如何工作的。研究人员发现，TcSAD1 这个单一的基因主要参与了可可脂的合成，并负责其熔点。

研究人员称："我们使用当下最先进的植物科学技术，以获得 SAD1 基因在可可脂生物合成中所发挥作用的证据。其他蛋白脱氢酶基因，似乎在巧克力树生长过程中，也发挥了其他作用。如花和叶的发育中，这些脂肪酸就作为各种膜系统的关键成分扮演了重要角色。这一信息可用于开发生物标记物，以便对具有脂肪酸组合物的新的可可品种进行筛选和培育。"

值得注意的是，可可脂由含量几乎相等的棕榈酸、硬脂酸和油酸构成。其精确的成分决定了自身的熔化温度，非常接近人体的温度，从而提供巧克力在口中的丝滑感以及化妆品对皮肤的乳状质地。

研究人员表示，在可可种子的发育过程中，大量富含饱和与单不饱和的脂类进行脂肪酸合成。此过程中的一个重要部分是，SAD1 基因所产生的酶的活性，可以创造出一个特殊的双键。这种双键对于非常接近人体体温的巧克力熔点起着关键作用，从而让可可脂变得独特。

2. 可可树基因组及其相关研究的新进展

（1）绘制出可可树的基因组图谱。2010 年 12 月 26 日，美国物理学家组织网报道，在当天出版的《自然·遗传学》杂志上，法国科学家表示，他们解开了克里奥洛可可树的基因密码，新发现有助于育种专家培育出品质更高的可可树品种。

法国科研小组表示，他们绘制出了克里奥洛可可树 76% 的基因组图，并鉴定出了这种可可树基因组中的 2.9 万个基因，科学家可以据此从遗传学角度改进可可树作物。人类大约于 3000 多年前培育出了克里奥洛可可树，现在每年会生产约 370 万吨可可豆。

可可、咖啡和茶并称当今世界的三大无酒精饮料，刺激兴奋的可可，浪漫浓郁的咖啡，自然清新的茶香，不同文化背景的国家在饮品选择方面有着各具特色的偏好。

非洲是世界上最大的可可生产区，多销往西欧和美国。发展中国家占世界咖啡栽培面积的 99.9% 和产量的 99.4%，其中，拉丁美洲的总栽培面积和产量最高；消费则集中在发达国家，以美国、西欧各国和日本为多。亚洲是世界著名茶叶产区，亚洲茶文化源于中国，现以中国和日本最为发达。

（2）通过可可树基因组分析发现关于植物多样性线索。2021 年 8 月 16 日，美国宾夕法尼亚州立大学农业科学学院马克·吉蒂南教授领导的研究团队，在美国《国家科学院学报》上发表论文称，可可树是巧克力的来源，是长寿树种。在 31 个可可品系中，他们发现 16 万多个结构变体。大多数结构变体是有害的，因此限制了可可植物的适应性。他们指出，这些有害影响可能是基因功能受损的直接结果，也是长期以来基因重组受到抑制的间接结果。

大约 10 年前分子遗传学家就已经知道，基因组结构变异在植物和动物的适应和标本化过程中可以发挥重要作用，但他们对植物种群的适应性的总体影响却不甚了解。这部分是因为准确的群体级结构变异的识别，需要分析多个高质量的基因组组合，而这些组合并不广泛可用。在这项研究中，研究人员通过分析和比较可可树的 31 个自然发生的种群的染色体尺度的基因组组合，调查了自然种群中基因组结构变异的适应性后果。

研究人员称，尽管结构变体就整体来说不利于可可植物的适应性，但也发现个别结构变异带有地方适应性的特征，其中几个与不同种群之间表达的基因有关。参与病原体抵抗的基因是这些候选基因之一，突出了结构变异对这一重要的地方适应性状的贡献。

该研究团队对可可树的多个品系的基因组，进行详尽和艰苦的比较，使人们深入了解基因组结构变异，在基因表达和染色体进化的调控中所发挥的作用，引起了植物种群内的差异。

吉蒂南表示，这项对植物遗传学具有普遍意义的研究，在强大的计算机使高分辨率的基因组测序成为可能、负担得起和相对快速之前是不可能的。他说："不同种群的可可树的基因组有 99.9% 是相同的，但正是其基因组中比例很小的结构变异，决定了该植物在不同地区的多样性，及其对气候和各种疾病的适应性。这项研究，在结构变异与植物适应当地环境的能力之间建立了联系。"

研究人员指出，总的来说，他们的研究结果，为了解自然种群中结构变异体的适应性效应的基本过程提供了重要启示。他们认为，结构变异体影响了基因的表达，这很可能损害了基因的功能并促成了其有害影响。他们还为一个理论预测提供了经验上的支持，即结构变异导致基因重组的抑制，使植物更不可能适应压力源。

吉蒂南指出，除了揭示所有植物中结构变异的进化重要性的新经验证据外，记录 31 个可可品系中的基因组差异和结构变异，为正在进行的这种珍贵植物的遗传和育种研究提供了宝贵的资源。

他表示："所有的可可都来自亚马孙盆地，这种植物是很久以前由采集者从野外采集的，它们被克隆了，所以我们有一个永久的收藏。它们的基因组已经被测序，这代表了大量的工作和数据。作为这项研究的结果，我们知道结构变异对植物的生存，对植物的进化，特别是对植物适应当地条件非常重要。"

第九节　药用作物栽培研究的新进展

一、药用作物栽培与加工研究的新成果

（一）药用作物功能特性探索的新进展

1. 延胡索镇痛特性研究的新发现

发现延胡索含有新的镇痛活性成分。2014 年 1 月，中国科学院大连化学物理研究所梁鑫淼研究员作为中方负责人，与美国加州大学欧文分校联合形成的一个研究小组，在美国《当代生物学》杂志上发表研究成果称，他们从传统中药材延胡索（又名元胡）中，找到并确认一个新的镇痛活性成分，以此为基础或许可研制出副作用小、无成瘾性的止痛药。

延胡索是主产于中国浙江和江苏等地的一味传统中药材,是一味比较优良的止痛药,传承至今已有1000多年历史,药用部分是其植物的干燥块茎。研究人员新发现了延胡索中的镇痛活性成分去氢紫堇球碱(DHCB)。动物实验显示,它对慢性疼痛可能有很好疗效,并且没有耐药性。而吗啡等阿片类镇痛药,虽然开始药效很强,但很快就会产生耐受,需要不停加大剂量才能达到相同治疗效果,耐药性与作用持续时间不及去氢紫堇球碱。

梁鑫淼说,去氢紫堇球碱不光是对慢性疼痛有效,对急性疼痛也有一定效果,只是效果不如吗啡这种强效止痛药,所以用于急性疼痛的治疗没有优势。他接着说,疼痛治疗中,成瘾性和耐药性等副作用,很大程度上限制了吗啡等止痛药的临床使用。去氢紫堇球碱的镇痛方式与阿片类镇痛药物有很大不同,它不是通过刺激阿片受体来起作用,而是通过对多巴胺D2受体的拮抗起作用,因而为镇痛治疗提供了另一种可能。

梁鑫淼表示,下一步他们将对去氢紫堇球碱进行毒理学测试,因为这个天然成分在延胡索中虽已服用了上千年,但并不能排除其潜在毒性。以去氢紫堇球碱为基础开发止痛药目前为时尚早,"不过去氢紫堇球碱作为一个天然成分,通过中药的摄入实践其实已超过千年,相对于其他未经人体实践的活性化合物来说,成功的概率要大得多"。

2. 常山抗疟功能研究的新发现

揭示中药常山的抗疟作用机理。2015年5月20日,美国哈佛大学助理教授拉尔夫·马齐切克领导的一个国际研究小组,在《科学·转化医学》杂志上发表论文称,他们破解了传统中药常山的抗疟作用机理,在此基础上有望开发出安全、有效的新一代抗疟药物。

中药常山是虎耳草科植物常山的根,在中国用于治疗疟疾可追溯至2000多年前,但其毒性较大,临床应用受限。马齐切克说,常山可能是最古老的抗疟药,基于常山活性成分常山碱开发的一些合成化合物,如常山酮的抗疟效果,与青蒿素一样好,但人们并不清楚其作用原理,也不了解怎样减轻它的毒副作用,限制了对其进一步利用。

为此,马齐切克研究小组分析了两种对常山碱有着高度耐药性的疟原虫基因组序列。结果发现,这两种疟原虫中唯一的共同变异是一个编码脯氨酰tRNA合成酶的基因。进一步研究显示,这个合成酶就是常山碱的药物标靶,是常山碱遏制疟原虫感染的关键所在。

研究人员就此开发出一种化合物,并利用它治疗感染疟疾的小鼠。结果显示，该化合物有效减少了疟原虫感染，接受治疗的小鼠没有出现严重副作用。马齐切克说："这证明，可以研发出耐受性更好的常山碱类似物。如果一切顺利，我们预计 10 年内，将有一种相关药物进入临床应用。"

（二）药用作物基因组测序探索的新信息

1. 研究青蒿基因组测序的新进展

绘制出青蒿基因组图谱。2010 年 1 月，英国约克大学以及 IDna 遗传公司研究人员组成的一个研究小组，在《科学》杂志上发表研究报告称，他们已经绘制出青蒿的基因组图谱。青蒿中提取的青蒿素是重要的抗疟疾物质，因此将来通过基因改良有望大大提高青蒿素产量，生产更多抗疟药物。

青蒿学名黄花蒿，其中的天然成分青蒿素可提取用于抗疟疾。目前，以青蒿素为基础的药剂，已成为全球治疗疟疾的首选药物。来自英国约克大学以及 IDna 遗传公司的研究人员报告称，他们对青蒿植物所有的 mRNA（信使核糖核酸）分子进行了测序，并绘制出了有关基因组图谱。RNA 是由 DNA 经转录而来的，带着相应的遗传信息。

研究人员从图谱中识别出，与青蒿繁殖有关的特定基因和标记分子，对它们进行改良，可用来提高青蒿产量，降低青蒿素的生产成本。

研究人员随后在实验室中培育了数代青蒿，以验证他们的研究成果。他们证实，青蒿这种在中国已经栽种了 1000 多年的药用植物，可以改良成为一种种植范围更广的全球性植物。

2. 研究人参基因组测序的新进展

成功绘制人参基因组图谱。2011 年 3 月 4 日，新华网报道，中国科学院北京基因组研究所副所长、基因组学专家于军，在钓鱼台国宾馆中国人参基因组图谱新闻发布会上向媒体公布，经过吉林省通化市政府、中国科学院北京基因组研究所、吉林紫鑫药业的共同努力，于 2011 年 2 月底成功绘制出人参基因组图谱，揭开了人参的神秘面纱，为人参的种植、防病、开发与人参产业发展振兴提供了强大的科技支撑。

据了解，人参基因组图谱测序，是破解人参产业精细化、科学化发展瓶颈的前瞻性和战略性的基础工作。此次发布的人参基因组图谱，以中国种植最广的人参品种"大马牙"为研究对象，用第二代为主结合第一代测序技术为研究手段，采取新的研究策略，测定超过 100 倍覆盖率的高质量数据，从而获得人参全基因组图谱。

于军说："人参基因组图谱的测定，将获得人参的最基本的生物学信息，为基因组多样性、基因组起源以及基因组进化等研究，提供数据。同时，通过人参基因组图谱的分析，以及功能基因组的研究，将在人参的遗传与农艺性状、代谢与药用性状、化学与工艺性状方面展开研究，将为人参的育种、加工、产品开发等整个产业提供技术保障。"

中国科学院长春分院副院长李冰在发布会上说，中国科学院将以市场需求为导向，发挥科技资源优势，组织集成全院相关力量，以人参基因测序合作为切入点，为人参上下游产业发展提供科技支撑，解决人参产业发展中的关键技术问题，提高人参产品的高科技含量、高安全使用性、高附加值，并在创新岗位配置、智力与技术支持、平台建立等方面给予支持，把中科院创新资源与区域创新体系建设有机结合，有助于提升吉林省在世界人参产业中的地位。

3. 研究铁皮石斛基因组测序的新进展

绘就铁皮石斛全基因组图谱。2016年1月12日，全国兰科植物种质资源保护中心刘仲健教授领导的国际研究团队，在《科学报告》杂志发表论文，公布药用铁皮石斛高质量全基因组基因图谱。这是世界兰科植物基因组学研究的重要成果，把兰科植物药用开发研究向前推进了一大步。

铁皮石斛是兰科植物的重要类群，是国家一级重点保护植物，在我国已有2000多年的药用历史，被誉为中华"九大仙草"之首，它含有多糖、生物碱类等成分，被认为具有极高的药用和科研以及生态价值。

铁皮石斛全基因组测序研究，有助于解决多个重大科学问题，能够揭开铁皮石斛广泛的生态适应性的基因调控机制，剖析铁皮石斛产生大量的石斛多糖和茎干变得肥大的分子机制，了解产生药用多糖的基因调控机理。同时，为人工合成药用多糖提供分子基础，并揭示石斛属植物形态具有高度多样性的分子调控机理。

利用测序的分子数据，研究人员还可开展铁皮石斛的分子育种研究，建立保护开发利用的友好型栽培生产模式，并制订全国《石斛质量等级标准》。在研究过程中，研究人员发现铁皮石斛对模型动物具有维持胰岛素平衡，对糖尿病、肝纤维化等具有明显效果，并具有抗忧郁症，提高免疫力的功能。研究人员发现铁皮石斛小分子化合物，对老年痴呆症具有非常显著的治疗效果，为一类新药开发提供分子基础，进而利用其有效成分开发出提高记忆力的保健产品。

刘仲健表示，铁皮石斛全基因组图谱的完成，不仅解决了兰科植物进化的重大科学问题，还为遗传工程育种和药用成分的开发利用，规范产业发展研究提供重要的资源基础。

4.研究甘草基因组测序的新进展

完成甘草全基因组测序。2016年10月，日本媒体报道，日本理化学研究所、千叶大学、高知大学和大阪大学等组成的一个研究小组宣布，他们对中药材甘草进行了全基因组测序，成功取得全部基因94.5%的基因信息。

甘草是一种豆科植物，广泛应用于各种中药中，是重要的中药原料。它具有改善肝功能、治疗消化性溃疡、抗炎症及止疼止咳等多种功效。甘草根部富含的主要成分甘草甜素的甜度是砂糖的150倍，可用作非糖基甜味料，具有预防代谢综合征的作用。同时甘草也是医药、化妆品、天然甜味料的重要原料，需求量极大。

对甘草进行基因组测序，不但可根据其基因组信息高效育种，还可对有效药用成分甘草甜素遗传基因进行深入研究，以期实现生物合成。

研究小组选择甘草中质量最好的"乌拉尔甘草"进行全基因组测序。通过对获得的基因信息进行分析，发现了34 445个蛋白质遗传基因代码。研究小组用甘草的基因组信息，与其他豆科植物的基因组信息及全基因组进行了分析比较，结果发现了药效成分之一、异黄酮的生物合成相关基因群的一部分形成基因簇。研究小组进一步对生物合成相关的含有酶基因的基因家族深入分析，发现了其遗传结构和遗传表达。

目前，日本90%的医生使用中药来治疗疾病，使用量逐年增加。现日本甘草等中药材85%从中国进口，为了满足不断扩大的市场需求，该研究对日本甘草的分子育种栽培、改进中药材功效，以及深入研究生产药效成分所必需的有用遗传基因，具有重要意义。

5.研究白肉灵芝基因组测序的新进展

完成白肉灵芝基因组测序。2021年11月，广东省科学院微生物研究所名誉所长吴清平院士率领的研究团队，在《G3：基因，基因组，遗传学》杂志上发表论文称，他们完成了第一个白肉灵芝全基因组测序。据悉，这是世界上首次对白肉灵芝的基因组进行组装和注释。

白肉灵芝作为我国具有鲜明地域特色的野生资源，首次被广东省科学院微生物研究所研究人员采集并进行命名，目前已成为科技扶贫的典型案例和带动一方经济发展的重要资源，在中国西南地区广泛种植。白肉灵芝是在中国发现的灵芝科一个新种，具有多种药理活性。但由于缺乏参考基因组而阻碍了系统的遗传研究。

研究人员从一个单核菌株中，提取了高质量的DNA，并基于因美纳测序平台和第三代测序技术，组装完成第一个白肉灵芝全基因组。组装的基因组大小为 50.05Mb，N50 为 3.06Mb，预测到 78 206 条编码序列和 13 390 个基因。使用组装质量评估工具评估基因组完整性，该工具鉴定了 280 个真菌基因中的 96.55%。此外还分析了白肉灵芝和灵芝之间次级代谢产物（萜类化合物）的功能基因的差异。研究发现，与灵芝相比，白肉灵芝具有更多与萜类化合物合成相关的基因，这可能是它们表现出不同生物活性的原因之一。

据团队成员胡惠萍介绍，白肉灵芝基因组是目前组装质量最好的灵芝属物种，该成果对丰富白肉灵芝生物和遗传研究的基础具有引导作用，为今后特定物种的高原适应性深层研究，奠定基础。

（三）药用作物转基因技术探索的新信息

1. 用转基因技术培育万寿菊的新进展

通过改变万寿菊基因组增强其药用功效。2006 年 11 月，墨西哥媒体报道，墨西哥科学家奥克塔维奥·洛佩斯领导的一个研究小组，发现并成功改变了万寿菊作为药用主要色素和类胡萝卜素方面的基因组，从而增强了它的药用功效，这将有助于墨西哥对万寿菊在药用领域的开发利用。

洛佩斯研究小组找到了使万寿菊拥有其独特颜色的主要色素的基因组，它们正是万寿菊类胡萝卜素的主要来源。洛佩斯介绍道，产生类胡萝卜素的色素，是人和动物用以合成维生素 A 的主要成分。万寿菊本身拥有丰富的叶黄素，但改善后的万寿菊叶黄素比例大大增加。叶黄素能够延缓老年人因黄斑退化而引起的视力退化和失明症，推迟因机体衰老引发的心血管硬化、冠心病和肿瘤的发生。此外，叶黄素还被用于饲料业，如用作鸡饲料的添加剂以提高鸡蛋的营养价值。

据英国广播公司市场调查，2006 年类胡萝卜素的国际市场需求规模达 10 亿美元，并将以每年 3% 的速度增长。

万寿菊原产于墨西哥，全球已知的 55 种万寿菊中墨西哥拥有 32 种。但在墨西哥万寿菊以前主要用于装饰，商业方面的开发利用仅限于提取叶黄素制造鸡饲料添加剂。

2. 用转基因技术生产青蒿素的新进展

借助转基因烟草生产青蒿素。2016 年 6 月 14 日，国外媒体报道，德国马克斯·普朗克分子植物生理学研究所一个研究团队，通过基因改造技术，已成功借助烟草，生产出青蒿素的前体青蒿酸。这一方法将有助于提高青蒿素产量，降低抗疟疾药物成本。目前，制药企业大多从黄花蒿中提取青蒿素，但黄花蒿种植面积有限，导致青蒿素产量难以满足全球疟疾患者的需求。

对此，德国研究人员尝试利用转基因技术，把黄花蒿中合成青蒿酸相关的基因，转移到烟草叶绿体的基因组中，使烟草叶绿体获得合成青蒿酸的能力。由于烟草的叶片大，叶绿体遍布叶面，可以提取出更多青蒿酸，然后用简单的化学方法就可以合成青蒿素。

植物叶绿体拥有相对独立的基因组，对叶绿体进行转基因操作称为质体转基因。质体转基因植物能生产更大量的人类所需化合物，是目前转基因研究的热点之一。

德国研究人员透露，黄花蒿中合成青蒿酸的通道主要在腺毛组织，这使青蒿酸的产量较低，而烟草叶片合成青蒿酸效率更高。他们共培育了 600 多个质体转基因烟草株系，其中最好的能达到每 1 千克烟草叶片生产 120 毫克青蒿酸。

（四）药用作物加工技术研究的新信息

1. 从青蒿中提取青蒿素技术研究的新进展

（1）利用药渣再次合成青蒿素。2012 年 1 月 17 日，德国马克斯·普朗克胶体与界面研究所、柏林自由大学等机构专家组成的研究小组宣布，他们推出一种抗疟药物合成法，即利用青蒿素提取后剩余的废料化学合成青蒿素。这种方法既可节约制药成本，又可实现大量生产。

疟疾是一种由疟原虫引起的疾病，通过蚊子叮咬传播，其症状包括发热、头痛、呕吐等，如不及时治疗可危及生命。

实际上，人类抵抗疟疾的战斗由来已久，中国早在 2000 多年前就开始使用中草药治疗疟疾。1972 年，屠呦呦等中国研究人员成功地从中草药青蒿中提取抗疟药物青蒿素，拯救了数以百万计患者的生命，并因此于 2011 年获得美国拉斯克临床医学研究奖。

现阶段，各国制药企业多采取直接从植物中提取青蒿素的方法，但这种方法成本较高，且产量有限。由于全球仅有中国、越南等少数国家种植青蒿，这种一年生草本植物产量又不固定，药品青蒿素的价格波动较为明显。

对此，德国研究小组发现，从植物中提取青蒿素时，通常会产生大量废料，而废料中含有的青蒿酸与青蒿素在分子结构上已较为接近。利用光照、加氧等手段，研究人员可以在实验室中利用青蒿酸快速合成青蒿素，其合成过程总共耗时不到 5 分钟。

这种利用实验室光反应器合成青蒿素的方法不仅节约成本，还简单便捷。据测算，从植物中提取 1 克青蒿素所剩的废料可用于合成 10 克青蒿素。

（2）找到快速合成青蒿素的新方法。2018 年 2 月，国外媒体报道，德国马克斯·普朗克协会一个研究团队宣布，他们开发出一种快速合成青蒿素的新方法，能够更廉价、更高效、更环保地制备这种抗疟疾药物。

早在 2012 年，马克斯·普朗克协会研究人员就找到了从植物"废料"中提取青蒿酸，进而合成青蒿素的方法。如今，他们进一步完善工艺，不仅不再需要花大力气清理植物"废料"，还摒弃了昂贵且对环境有害的化学色素，转而"就地取材"，把植物叶绿素作为催化剂。

新方法大大降低成本，提高了产量，生产过程也得到简化，从植物"废料"到制成青蒿素仅需不到 15 分钟。研究人员介绍，这种"更廉价、更高效、更环保"的方法，还可用于植物中天然物质的提取或制备其他药物。目前，他们已在美国肯塔基州开设工厂，准备应用上述方法大规模生产青蒿素。

2. 从红豆杉中提取紫杉醇技术研究的新进展

开发出可大幅度降低成本的紫杉醇生产新方法。2010 年 10 月，英国爱丁堡大学生物科学学院加里·洛克教授领导，他的同事参与的一个研究小组，在《自然·生物技术》杂志上发表研究成果称，他们开发出一种廉价的、不破坏生态平衡的新技术，可利用植物干细胞来生产紫杉醇，从而大幅度降低紫杉醇等植物药用成分的提取成本。

据了解，紫杉醇是从红豆杉（又名紫杉）树皮中，分离的一种二萜类化合物，具有天然的抗癌功效，能有效治疗卵巢癌和乳腺癌，对肺癌、大肠癌、恶性黑色素瘤、头颈部癌、淋巴瘤、脑瘤以及类风湿性关节炎也有一定作用，于1992 年被美国食品和药物管理局，正式批准为抗癌新药。

但是，由于紫杉醇在红豆杉树皮中的含量极低，每生产 1 千克紫杉醇，需红豆杉树皮 30 吨，而且必须以成年树木为原料，因此传统生产方法不但周期长、效率低，还会破坏大量的森林资源。随着国际市场对紫杉醇需求数量的日益增长，资源量本来就十分有限的红豆杉，远远不能满足市场需求，在利益的驱使下，不少红豆杉惨遭剥皮，野生紫杉醇资源濒临灭绝。

该研究小组，从红豆杉树皮中，提取了一种用于生产紫杉醇的植物干细胞。研究人员称，利用这种能够自我更新的植物干细胞，可以制成大量具有活性的化合物，这将为紫杉醇等药物的萃取，提供充足的原料，其成本比传统制造方法要低得多，而且不会产生有害副产品。此外，借助该方法，研究人员在其他具有药用价值的植物上的实验也获得初步成功。这表明，植物干细胞法同样也适用于紫杉醇之外的其他药物的生产。

洛克说，植物是人类的一个重要的医药宝库，我们今天所使用的药物中有1/4以上都来自植物。这项新发现，为植物类药物的提取，提供了一条低成本、清洁、安全的途径，这也将在一定程度上，对癌症以及其他疾病的治疗带来更多的希望。

二、植物治病功效开发研究的新成果

（一）药用植物治病功效探索的新信息

1. 药用植物防治癌症功效研究的新进展

（1）发现小白菊提取物可治白血病。2005 年 3 月，纽约罗切斯特大学医学院的克雷格·乔丹及其同事组成的一个研究小组，在《血液》杂志上发表研究报告说，他们发现，菊科茼蒿属植物小白菊的一种提取物，能够摧毁急性骨髓性白血病细胞，对研制白血病新药大有帮助。

研究人员在实验中发现，这种称为"白菊精"的化学物质，在基本不损伤正常骨髓细胞的情况下，对消灭急性和慢性骨髓性白血病细胞，表现出很强的能力。

研究人员称，他们进一步的研究表明，小白菊的这种提取物，还能够有针对性地消灭引发急性和慢性骨髓性白血病的干细胞，从根本上遏制疾病的发生。研究人员认为，这项成果，对于开发直接作用于引发白血病的干细胞新药，有重要意义。

（2）发现青蒿素能预防乳腺癌。2005 年 12 月，美国华盛顿大学两位生物学家，在《癌症》杂志上发表研究结果称，他们在一项实验研究中，对服用致癌剂的实验鼠进行研究后发现，青蒿素可以明显抑制乳腺癌的发生。

在中国古代，艾蒿或青蒿这种植物很早就被用来治疗疟疾。现在，美国研究人员发现，对疟疾治疗十分有效的青蒿素，在杀伤癌细胞方面，也显示出较强的作用。

研究人员指出，当青蒿素与铁离子接触时就会诱发一系列的化学反应，使细胞内形成高活性的化学物质作用于细胞膜使其结构改变，从而杀伤细胞。疟原虫吞噬这种储存变性铁离子的血细胞后就会死亡。同样的作用在癌细胞中也存在。癌细胞的复制增殖速度很快，因此它们需要摄取大量的铁。癌细胞表面存在许多铁离子的转运受体，这就使青蒿素可以选择性地作用于高铁含量的癌细胞。

在这项研究中，研究人员给实验鼠口服致癌剂，然后将其分为两组：一组正常喂养作为对照组，一组同时给予一定剂量青蒿素作为实验组。40周后，观察发现对照组96%的大鼠产生肿瘤，而实验组只有57%的大鼠产生肿瘤，并且产生肿瘤的数量和体积均明显小于对照组。

研究人员指出，青蒿素预防肿瘤发生的作用机制可能有两方面：一是青蒿素在肿瘤形成前，就可以杀伤需要消耗更多铁离子的癌症前期细胞；二是阻止癌细胞血管网的形成，抑制其进一步增长。青蒿素作为一种抗疟疾药物，在亚洲和非洲已经使用相当长的时间，并没有发现明显的副作用。目前，研究证明，它也可以有效预防乳腺癌的发生。在以后的研究中，还需要进一步了解青蒿素，对于其他类型的癌症是否同样有效。

（3）发现射干根茎提取物或有助于治疗前列腺癌。2009年6月17日，德国癌症援助协会人员称，德国一项研究初步表明，从中药常用的射干根茎中提取的一种活性物质，可能有助于治疗前列腺癌。

德国哥廷根大学医院研究人员，经过实验室研究证实，从鸢尾科植物射干的根茎中，提取的活性物质鸢尾黄素，可抑制前列腺癌细胞的生长。在动物实验中，鸢尾黄素也能起到减缓前列腺癌细胞扩散的作用。

研究人员分析称，前列腺癌细胞生长，绝大多数情况下受性激素影响，特别是雄性激素对癌细胞生长起着刺激作用。而睾丸和脂肪组织中分泌的少量雌性激素，在前列腺中则能抑制癌细胞生长。当前列腺出现恶性肿瘤时，雌性激素这种抑制作用常常会受到干扰。在发生基因变异的情况下，雌性激素也会像雄性激素一样刺激癌细胞生长，而鸢尾黄素能附着在癌细胞表面，并能恢复雌性激素抑制肿瘤生长的信号通道。

研究人员同时强调，鸢尾黄素虽然在实验室和动物实验中，能起到抑制前列腺癌细胞生长或扩散的作用，但它是否能真正用于临床治疗还需要进一步研究。

（4）发现姜黄素能够杀死食管癌细胞。2009年10月，爱尔兰科克癌症研究中心科学家麦克纳主持的一个研究小组，在英国《癌症》杂志上发表研究报告称，他们在杀灭食管癌细胞的药物实验中，发现咖喱中的姜黄素分子能够产生药用效果，这项成果有可能开发出治疗癌症的新方法。

研究人员在实验室用咖喱处理食管癌细胞，结果发现，这些癌细胞在24小时后开始被杀死。接着，经过测试分析得知，这是咖喱中姜黄素分子发挥作用的结果。姜黄素属于多酚类化合物，是来自姜黄里的一种化学物质。姜黄属于芭蕉目姜科植物，其干燥成品是一种重要的食品色素，能让咖喱呈现出特别的黄色。

姜黄也是一味常用中药,《本草纲目》中记载其有治风痹臂痛的功能。

研究人员表示,他们看到,接触了姜黄素的癌细胞也能自己消融掉。麦克纳说,他们的发现说明,姜黄素或可作为治疗食管癌的药物。

(5)发现剑叶金鸡菊含抗白血病细胞的物质。2016 年 1 月,日本媒体报道,日本岐阜大学一个研究小组发现,剑叶金鸡菊的花朵中含有一种类黄酮,它能对抗并杀死一定比例的白血病细胞。剑叶金鸡菊是原产北美的一种菊科多年生植物,在春天时会绽放鲜艳的黄花。

研究人员把剑叶金鸡菊的花朵浸泡在酒精中,提取并分析其中的成分,最终确认出 6 种类黄酮。类黄酮是一种多酚类化合物,广泛存在于水果、蔬菜和谷物中。有研究表明,类黄酮具有保护心脏、降低患癌风险等健康益处。研究人员发现,与用作饮食材料的"食用菊"相比,剑叶金鸡菊花朵中的类黄酮含量是其 5~6 倍,也高于观赏菊的类黄酮含量。

为验证这些类黄酮的功效,研究人员让实验室中培养的人体白血病细胞分别接触这 6 种类黄酮,结果发现,一种被称为"4- 甲氧基剑叶金鸡菊酮"的类黄酮效果最佳,投放该类黄酮两天后,白血病细胞可减少约 20%。研究人员推断,这种类黄酮或许能切断白血病细胞中的脱氧核糖核酸(DNA)链条,从而导致其死亡。

研究人员认为,这一研究成果显示,剑叶金鸡菊有望成为有价值且较稀少的某些类黄酮的来源。研究者准备在进一步确认 4- 甲氧基剑叶金鸡菊酮的安全性后,尝试提高其对抗白血病细胞的效果,探索其药用可能。

(6)开展用阿育吠陀草药治疗癌症的研究。2017 年 5 月,国外媒体报道,全印度医学院与阿育吠陀科学研究中央委员会的专家们合作启动了对阿育吠陀草药医治癌症功效的研究项目。这项研究计划的目的是要验证阿育吠陀草药作为替代性疗法对癌症的功效,将有助于医疗界规范和利用这些疗法。

此前,研究人员发现乳癌患者服用阿育吠陀草药后,能减少化疗和放射线治疗后的掉发、恶心、血液各种生命指数下降等的副作用。研究计划将延续使用阿育吠陀草药改善接受化疗、放射治疗乳癌患者生活的相关研究成果。

全印度医学院希望透过科学验证证明阿育吠陀药物在乳腺癌、子宫颈癌、口腔癌等癌症上的疗效。实验表明,抗病毒疗法有一定局限性,经常发生副作用,而替代性疗法被认为更加安全。印度传统阿育吠陀疗法主张透过服用特定草药,搭配特殊饮食、按摩、冥想、瑜伽、呼吸法和放松技巧,以及肠道清洁来改善人们的健康。据介绍,位于英国的慈善基金正筹募资金开展有关阿育吠陀疗法的研究,并希望这种疗法可改善癌症症状,提高患者生活质量。

2. 药用植物防治艾滋病功效研究的新进展

研究表明天竺葵提取物或成抗艾滋病良药。2014 年 1 月 31 日，英国《每日邮报》网站报道，艾滋病病毒分为两种类型——HIV-1 型和 HIV-2 型。绝大多数艾滋病患者感染的都是 HIV-1 型病毒。慕尼黑的德国环境卫生研究中心布拉克·维尔纳教授领导的研究小组认为，天竺葵属植物的提取物，可能成为一种新型的治疗 HIV-1 型艾滋病的药物。

研究人员发现，天竺葵植物的根部提取物，含有一种可抗击 HIV-1 型病毒并阻止其在人体内复制的化合物。他们发现，这种提取物，还能保护血液和免疫细胞免遭艾滋病病毒感染。

研究人员说，提取物可阻止 HIV 病毒颗粒与人体细胞结合，从而有效防止病毒侵入细胞。一些临床试验已经证实，天竺葵提取物对人体无害，而且在德国，使用天竺葵提取物制造草药已获得批准。

维尔纳教授说："（天竺葵）提取物，为研制第一种经科学验证的治疗 HIV-1 型艾滋病的植物药，指明了一条希望之路。这种提取物，抗击 HIV-1 型病毒的方式，与目前临床使用的所有治疗 HIV-1 型艾滋病的药物都不同。因此，它们可能是对既有的艾滋病治疗方法的重要补充。"他接着说，"此外，在资源有限的情况下，该提取物很有可能成为一种治疗 HIV-1 型艾滋病的药物，因为它们容易生产，且不需要冷藏。"

研究人员认为，既然研究已得出结果，提取物的安全性也得到证实，下一步将是在感染 HIV-1 型病毒的患者身上进行测试。根据世界卫生组织的数据，全球艾滋病患者数量超过 3500 万，其中绝大多数感染的是 HIV-1 型病毒。

3. 药用植物防治其他疾病功效研究的新进展

（1）尝试用有毒的藏红花色水芹开发抗皱妙方。2009 年 6 月，有关媒体报道，古籍记载，在数千年前，腓尼基人在地中海撒丁岛遭遇过神秘而可怕的死亡。他们死亡时唯一的共同点是面部都呈现强迫的笑容。实际上，这是中毒死亡留下的一种表征。目前，意大利莫利泽大学和卡利亚里大学联合组成的研究小组，已成功破解出这种毒药的具体成分，它是从一种天然植物提取的毒液制成的。

查阅史料发现，2800 年前，古代撒丁岛上失去自理能力的老年人和犯人，喝下一种神秘药物后，会变得失声大笑，最终从高山悬崖跌落致死，这可能是"死亡微笑"毒药的起源。但是，数千年来，它的配方一直是个谜团。

为了破解这个谜团，研究小组详细调查了有关这种毒药的蛛丝马迹。了解到在几十年前，撒丁岛一位牧羊人临终时面部呈现可怕的"死亡微笑"，深究其死亡的原因，得知他死亡前喝下了"藏红花色水芹"的汁液。藏红花色水芹，是一种长着像芹菜一样叶茎的野草，主要分布在撒丁岛的池塘和河流旁，是唯一在撒丁岛上生长的植物。

研究人员通过提炼藏红花色水芹汁液，对它的有机结构进行分析，确定这种植物含有较高的毒素，人们饮用后会出现可怕的面部笑容症状，同时伴随着面瘫现象。研究者推断，正是藏红花色水芹汁液会对人体产生神秘反应，最终导致饮用者面带笑容而死，它也是古代撒丁岛人使用的死亡微笑毒药的主要成分。藏红花色水芹与一般略带苦味的有毒植物不同，它具有芳香气味，根部嚼起来是甜甜的，所以容易让人误食。

研究人员认为，这项最新发现，不仅破解了数千年前留下的一个谜团，而且人们对这种植物有了更深刻的认识，更重要的是可以充分利用这种植物的汁液，让它派上大用场。当然，不再是利用它来制造毒药，而是用它来制造护肤液和抗皱美容品。因为它可以释放面部肌肉，通过科学配方可以移除人们脸上的皱纹。

（2）试用中草药治疗尿路感染。2016年5月25日，英国南安普顿大学官网报道，该校科学家安德鲁·弗劳尔主持的研究小组，将测试中草药在治疗复发性尿路感染中的作用，以研究能否用中草药替代抗生素来治疗此类症状。这是英国首次批准对中草药进行临床试验研究。

该临床试验采用双盲方法，也就是研究对象和研究者都不了解试验分组情况，由研究设计者来安排和控制全部试验，也属于随机实验，由英国国家健康研究所资助。据介绍，有80位女性参与这一实验，她们在过去一年内都出现过至少3次尿路感染症状。这些研究对象或将接受由中医开具的"个性化"中草药药方，或将接受初级保健医生开具的"标准化"草药药方，治疗周期16周。

弗劳尔表示，据记载，中草药在治疗复发性尿路感染上有2000多年的历史，中国的临床研究提供了很多初步证据说明，中草药可以缓解复发性尿路感染症状，而且可以降低感染的频率。他说："不过，还需要进行更为严格的研究，如果这次实验成功，实验数据将有助于进行规模更大、目的更明确的试验。"

在英国，尿路感染是女性最常见的细菌感染症状之一，40%~50%英国女性经历过尿路感染的"小插曲"。而在这些女性当中，又有20%~30%会出现复发性尿路感染。

抗生素是治疗急性和复发性尿路感染的传统药物，尽管它可以缩短严重症状的持续时间，但据估计，20%用甲氧苄氨嘧啶和头孢菌素进行治疗的病例，及

50%用阿莫西林进行治疗的病例，均出现了细菌抗药性现象。

英国中草药注册局主席艾玛·费伦特表示，细菌抗药性问题越来越严重，而中草药在替代抗生素治疗某些疾病，如复发性尿路感染、急性咳嗽、喉咙肿痛等方面可能会扮演重要角色。费伦特认为，对中草药进行更严格临床试验十分关键，它有助于将中草药推广到初级保健前线，减少英国人对抗生素的依赖，并防止更广泛的抗生素抗药性出现。

（二）药食兼用作物治病功效探索的新信息

1. 药食兼用作物防治癌症功效研究的新进展

发现蓝莓中的抗氧化剂可抵御结肠癌。2007年3月，在芝加哥举行的美国化学学会年会上，科学家报告称，在蓝莓中发现一种抗氧化剂，可以保护人体免受结肠癌的侵袭。有关研究显示，蓝莓这种看上去普普通通的浆果，应该列入"超级抗癌食品"之列。

在老鼠身上进行的小规模试验发现，蓝莓可以给老鼠提供保护，抵抗此种类型的恶性疾病。研究人员给18只实验鼠注射一种化合物，诱使其患上结肠癌，其方式类似于人类患结肠癌的过程。接着，其中9只老鼠只吃营养均衡的食物，其余老鼠除了吃同样的食物外，还加上从蓝莓中提取的一种抗氧化剂紫檀芪。8周之后，与对照组实验鼠相比，食用紫檀芪的老鼠结肠中的癌症前期病变情况减轻了57%。

研究人员指出，紫檀芪减少了结肠癌细胞的扩散，而且能够抑制引发炎症的某些确定的基因，这两者都被认为是结肠癌的风险因素。

根据上述研究，专家强调，我们的饮食结构中需要加入更多的浆果。他们分析认为，浆果能够降低胆固醇，而西方饮食中高含量的饱和脂肪以及高热量会导致结肠癌，浆果起到平衡饮食的作用。

另外，俄亥俄州立大学的研究人员称，他们已经开始进行人体临床试验，看看蓝莓是否能够阻止食道癌和结肠癌侵害人体。

2. 药食兼用作物防治心血管疾病功效研究的新进展

从可食用植物中提取治愈心脏病的特效药。2006年1月，印度媒体报道，印度著名心脏外科专家巴鲁哈·德哈尼拉姆宣称，他已经发明了一种新特效药，可以在不开刀的情况下彻底治愈心脏病。由于他的新药提取自一种印度部落的食用植物，因此不仅疗效显著，而且没有任何副作用。

鉴于无论多么完美的手术都会给病人带来不同程度的创伤，德哈尼拉姆后来转而研究起治疗心脏病的药物。不久前，他宣称已经找到了一种可以彻底治愈冠状动脉阻塞的心脏特效药。他说，自从在 2002 年首次发现这种新药后，到目前为止，已经有 302 位冠状动脉阻塞患者在使用这种新药后被彻底治愈，其中有几位还是印度阿萨姆邦的知名新闻记者。

1996 年，德哈尼拉姆曾在阿萨姆邦首府古瓦哈提附近的索纳普地区，建立了一个约 4 平方千米的研究基地，基地内有一个很大的动物实验室，里面养了300 多头大型动物，供其进行研究。为了在当地寻找几名心脏病患者进行研究，他跑遍了基地附近的几个部落，想不到在当地竟然没发现一个心脏病患者，他马上意识到这可能和该部落居民的饮食习惯有关系，于是他将目光转移到当地部落人通常吃的食物上，最后他在当地部落居民既当蔬菜又当药的一种植物中找到了答案。

据悉，这种新药，是从可食用植物中提取出来的有机化合物，虽然原料在当地部落中并不稀罕，但制药过程却费时费力，每 50 千克这种植物的叶子，只能提取出 0.1 毫克的有机化合物。目前，德哈尼拉姆已经把新发现的两种有机化合物冠以自己的姓氏命名，分别为"巴鲁哈·阿尔法 DH"和"巴鲁哈·贝塔DH"。

在德哈尼拉姆的鼓励下，当地部落居民，如今开发种植了约 12 平方千米这种神奇植物。不过，对于究竟是何种植物具有如此奇妙的功效，德哈尼拉姆却显得讳莫如深。

他对记者说："我不想透露这个秘密，否则我的发明很快就会被一些别有用心的人窃为己有。"同时他也不想申请什么专利权，因为"一旦申请专利，就必须向有关专家公开信息，这样他的新发明还是有被泄密的可能"。

3. 药食兼用作物防治神经系统疾病功效研究的新进展

发现香菜可有效延缓癫痫的分子机制。2019 年 7 月 22 日，美国加州大学欧文分校一个研究团队，在《美国实验生物学联合会会刊》上发表题为"芫荽叶含有一种有效的钾通道激活抗惊厥剂"的论文，发现了香菜叶有效延缓癫痫和其他疾病引起癫痫发作的分子机制。

香菜是一种家喻户晓的烹饪食材，因其嫩茎和鲜叶有种特殊的香味，常被用作菜肴的点缀、提味之品。其实，香菜作为中药又名"芫荽"，在癫痫病的治疗上有着悠久的历史。《本草纲目》中记载："芫荽性味辛温香窜，内通心脾，外达四肢。"香菜具有发汗透疹、消食下气、醒脾和中之功效，在民间也有用来治疗癫痫的记载。

该论文阐述了香菜中富含的长链脂肪醛（E）-2-十二碳烯醛，可作为一种高效的电压门控型钾离子通道激活剂，与钾通道的特定部分结合开放，包括神经元同种型和心脏同种型，主要负责调节大脑和心脏的电活动。已知电压门控型钾离子通道功能障碍，可导致严重的癫痫性脑病，对现行的抗癫痫药物具有耐药性。因此，E-2-十二碳烯醛可通过降低细胞的兴奋性，进而延缓戊二烯四唑诱导的癫痫发作。

除了抗癫痫特性外，据此前的研究报道称香菜还具有抗癌、抗炎、抗真菌、抗细菌、保护心脏和胃健康，以及镇痛作用。该研究结果，阐释了长期以来使用香菜治疗癫痫可能的分子机制，其更重要的意义在于，可以通过修饰十二烯醛进一步开发更安全、更有效的抗癫痫药物。

4.药食兼用作物防治呼吸系统疾病功效研究的新进展

发现一种食用蘑蛋白质能够抑制流感。2016年8月，日本媒体报道，日本理化学研究所主任研究员小林俊秀领导的一个国际研究小组发现，食用蘑舞茸的一种蛋白质，能够抑制流感病毒的增殖。这一发现，对于开发设计抗流感药物有重要意义。

细胞膜上的脂质筏，是一些直径20~200纳米的微小区域，富含鞘磷脂和胆固醇，起到信号转导和跨膜运输作用，且在病毒和细菌感染的过程中扮演非常重要的角色。但由于缺乏对脂质筏的标记手段，研究人员对其实际情况并不了解。

此次，研究小组首先利用动物细胞的鞘磷脂和胆固醇，制作出人工脂质筏，然后使用各种细胞提取液筛选结合蛋白质。结果发现，舞茸提取液中由202个氨基酸合成的一种蛋白质，只与鞘磷脂和胆固醇的复合体结合，而不与其他蛋白质结合。由于鞘磷脂和胆固醇的复合体是脂质筏的基本结构，研究小组将该蛋白质命名为"纳卡诺里"，意为乘坐木筏。

脂质筏也是流感病毒和艾滋病病毒的感染场所。研究小组在培养的犬肾细胞中观察到，流感病毒在"纳卡诺里"标记的脂质筏边缘出芽。实验表明，在该蛋白质高浓度状态下，流感病毒感染犬肾细胞被抑制；而改变在感染细胞中加入该蛋白质的时间，显示其在病毒感染后期，即病毒出芽阶段阻碍了病毒发展。

第十节 其他经济作物栽培研究的新进展

一、藻类及鳗草栽培研究的新成果

（一）藻类生理性状研究的新信息

1. 藻类生理特性探索的新进展

（1）发现蓝藻能适应不同环境的生理特性。2018 年 2 月，法国塔拉海洋科考队与英国华威大学等机构，联合组成的一个国际研究团队，在美国《国家科学院学报》上发表论文称，他们新近发现，作为海洋生态系统基石的蓝藻，由于拥有"变色龙"特性的基因，可根据环境中的光照情况调节体内色素，更好地利用阳光能量，所以能够适应不同的生存环境。

蓝藻是一类能进行光合作用的单细胞原核生物，它是地球上历史最悠久、分布最广泛的生物之一，也是海洋食物链的第一环。

蓝藻拥有多种参与光合作用的色素。为了研究色素类型与地理分布的关系，由法国塔拉海洋科考队负责从全球各海域收集聚球藻样本，这些样本属于蓝藻的代表性类群。接着，英国华威大学等机构研究人员这些蓝藻样本进行了详细分析。

分析显示，对环境光照条件的适应是影响聚球藻色素类型分布的主要因素，这种影响通过一批"变色龙"基因来实现。在蓝光充足的开阔海域，适合吸收蓝光的色素特别丰富；在温暖的赤道海域和沿海，色素类型适合吸收环境中占主导地位的绿光；而在光线偏红的河口，色素类型比较适应红光。

研究人员称，这一成果加深了对蓝藻生物学机制的理解，并有助于预测气候变化对海洋生态系统的影响。

（2）发现珊瑚藻能产叶绿素但无光合作用。2019 年 4 月，加拿大不列颠哥伦比亚大学研究员沃尔丹·邝为第一作者，该校植物学家帕特里克·基林等人参与的研究团队，在《自然》杂志上发表论文称，他们首次发现了一种可产生叶绿素但不参与光合作用的生物体："珊瑚藻"，其存在于全球 70% 的珊瑚中。这项研究成果，有望为人类更好地保护珊瑚礁提供新线索。

基林介绍说："这是地球上第二丰富的珊瑚寄居者，直到现在才现身。这种有机体，带来全新的生物化学问题。它看起来像一种寄生虫，绝不进行光合作用，但它仍然会产生叶绿素。"叶绿素是植物和藻类中存在的绿色色素，可以在光合作用过程中吸收来自太阳光的能量。

基林解释说："拥有叶绿素却不进行光合作用，实际上非常危险，因为叶绿素非常擅长捕获能量，但没有光合作用来缓慢释放能量，就像细胞中生活着一颗炸弹一样。"

据悉，该生物体生活于各种珊瑚的胃腔中，负责建造珊瑚礁、黑珊瑚、扇形珊瑚、蘑菇珊瑚和海葵。它们是一种顶复体，是大量寄生虫的组成部分。这些寄生虫拥有被称为质体（植物和藻类细胞发生光合作用的部分）的细胞区室。最著名的顶复体，就是引起疟疾的寄生虫。

10多年前，科学家们在健康珊瑚中发现了与顶复体相关的光合藻类，这表明，它们可能是从附着在珊瑚上的光合作用生物进化而来，然后变成我们今天所知的寄生虫。

生态学数据显示，珊瑚礁中含有几种顶复合体，但珊瑚藻至今尚未被研究过。这一有机体揭示了一个新难题：它不仅含有质体，而且含有叶绿素生产中使用的所有四种质体基因。

沃尔丹·邝说："我们不知道为什么这些生物会坚持保留这些光合作用基因，这里也许存在一些我们以前从未知晓的生物学机理。"研究人员希望进一步研究这种新奇的生物体，了解它们的生活习性、栖息地，从而更好地保护它们。

2. 藻类生理功能探索的新进展

（1）发现隐芽海藻具有快速捕捉光子的能力。2016年12月，美国普林斯顿大学格雷戈里·斯科尔斯等学者组成的研究小组，在《化学》杂志发表论文称，在一个海藻吃海藻的世界里，一种单细胞的光合作用生物体位于海洋的顶层，并能吸收到最多的阳光。在亚层则生活着竞相追逐光子的隐芽藻类，而它们生存下来的关键是快速捕捉光能以及将其转化为食物。作者认为，这项发现将有助于制造新一代光捕捉系统仿生设计。

研究人员通过使用超短激光脉冲发现，海藻光捕捉能力的飙升，归因于能量如何从一种光吸收分子转移到另一个分子。在1纳秒里，能量能越过数千个分子，分子间的能量交换能引起分子振动。而这种振动的增加能触发连锁反应，使得隐芽藻类能更快地吸收额外的光能。

斯科尔斯："即便在大晴天，海洋中的阳光也是微弱的光子来源，并不足以形成光合作用的酶化学反应，所以隐芽藻类必须广撒网面，以便更快地捕捉更多光子。由于它们吸收的光比陆地植物少得多，因此快速收割光量子就更重要了。"

目前的光捕捉技术，也是用类似策略提高无机分子的光吸收量，但远未达到隐芽藻类的能力。受启发研制一种能在小面积内吸收大量光子的有机材料将十分有用。研究人员说，毫无疑问，目前分子振动的效果无法媲美隐芽藻类，因此必须弄清藻类振动机理，这将有助于理解这种生物体是如何向最优光吸收能力进化的。

（2）破解藻类水下光合作用的蛋白结构和功能。2020年4月，有关媒体报道，中国科学院植物研究所沈建仁研究员和匡廷云院士率领的研究团队，率先破解了硅藻、绿藻在水下进行光合作用的蛋白结构和功能之谜，入选2019年中国科学十大进展。

光合作用为生物的生存提供了能量和氧气，为利用不同环境下的光能，光合生物进化出不同的色素分子和色素结合蛋白。硅藻是一种丰富和重要的水生光合真核生物，占地球总原初生产力的20%。硅藻含有岩藻黄素与叶绿素结合膜蛋白（FCPs），该色素蛋白使硅藻具有独特的光捕获和光保护，以及快速适应光强度变化的能力。

该研究团队解析了海洋硅藻：三角褐指藻FCP的高分辨率晶体结构，揭示出蛋白支架内的7个叶绿素a、2个叶绿素c、7个岩藻黄素，以及可能的1个硅甲藻黄素的详细结合位点，从而揭示出叶绿素a和c之间的高效能量传递途径。

这项研究首次揭开藻类光合膜蛋白超分子结构及其功能，不仅对探索自然界光合作用的光能高效转化机理具有重要意义，也为人工模拟光合作用、指导设计新型作物、打造智能化植物工厂提供新思路和新策略。

（二）藻类与鳗草基因组测序及相关研究的新信息

1.藻类基因组测序探索的新进展

完成古老绿藻的基因组测序。2009年4月10日，美国能源部联合基因组研究所与美国蒙特雷湾水族馆研究所领导的国际研究团队，在《科学》杂志上刊登论文称，他们对两株被认为属于同一种藻类的古老绿藻进行基因组测序，结果发现两者的基因存在较大差异。由于研究所用的绿藻位于真核生物生命树底部，科学家认为，这一发现为研究藻类以及陆地植物的进化提供了新线索。

研究人员称，他们研究所用的两株绿藻是一种寄生藻，分别取自南太平洋和英吉利海峡。他们用全基因组鸟枪测序法对它们测序后发现,取自南太平洋的寄生藻具有 10 056 个基因、2090 万个碱基对,另一株有 10 575 个基因、2190 万个碱基对,但两者的基因只有 90% 相同。

蒙特雷湾水族馆研究所科学家亚历山德拉·沃登表示,研究所用的寄生藻虽然地理分布差异很大,但一直被认为属于同种藻类,它们的基因差异如此之大实在令人诧异,因为人类与某些灵长类动物的基因相似度还高达 98%。她认为,这种差异可能是由于两者所处自然环境的不同造成的。

寄生藻直径不足 2 微米,只有人类头发直径的 1/50,是为数不多的在全球范围内分布的海洋绿藻,从极地到热带的海洋都能发现其踪迹。寄生藻可以捕获二氧化碳,并生产出碳水化合物和氧气,这一"捕碳"技能在全球变暖的今天引起科学界广泛关注。

2. 鳗草基因组测序探索的新进展

绘制出鳗草的全基因组序列。2016 年 2 月 18 日,《自然》杂志封面刊登了一幅受损的鳗草草场边缘照片,显示出暴露的根茎和根。鳗草俗称大叶藻,属于鳗草科植物,其作用是固碳和稳定底土,并为地球上生产力最高、生物多样性最大的生态系统之一提供基本支持。

报道称,这张照片是在芬兰西南"群岛海"的科拉维奇附近拍摄的。鳗草分布于北半球温带的浅水海域如海湾、潟湖和河流入海口。生活在越过低潮线的浅水水下。每株鳗草都有根、茎、叶,这和一般海草不同,更像陆上的草类。但它与其他海草一样,在生态上相当重要,其所在的沿海生境也属于世界上最为濒危的生态系统。

芬兰学者珍妮·奥尔森及其同事组成的一个研究小组,报告了鳗草的全基因组序列。他们的分析有助于认识与"回到大海"逆向演化轨迹相关的演化变化,后者发生在被子植物的这个分支,其中包括全部气孔基因的丢失和硫酸化的细胞壁多糖的存在,它们与巨藻的相似度大于与植物的相似度。

3. 藻类基因组测序相关探索的新进展

(1)通过基因分析发现褐藻酚类化合物的合成机制。2013 年 9 月,法国巴黎第六大学海洋植物与生物分子实验室,跟布雷斯特海洋环境科学实验室合作组成的研究小组,在《植物细胞》的网站上发表论文称,他们通过对长囊水母的研究,发现了利用酶,合成特有化学物质——鼠尾藻多酚的新机制及其关键步骤。这项工作,大大简化了商业制备鼠尾藻多酚的生产过程。

鼠尾藻多酚是海洋褐藻所特有的一种酚类化合物,这种芳香化合物具有天然抗氧化功能，可用于生产各类化妆品，并能防治癌症、心血管疾病、神经退行性疾病及消除炎症。

一直以来，人们都未能探明鼠尾藻多酚的生物合成途径，从褐藻中提取这类天然化合物的工业过程也十分复杂。研究人员在罗斯科夫生物研究站对褐藻进行基因组破译工作，并在长囊水母的研究过程中，识别出其与陆生植物合成酚类化合物同源的有关基因。

在此基础上，研究人员又进一步确定了直接参与合成鼠尾藻多酚的褐藻基因。而后，通过把这些基因引入细菌，制得了大量可合成酚类化合物的蛋白质酶。他们转向后基因组学（侧重蛋白质的功能研究），对其中的Ⅲ型聚酮合酶（PKS Ⅲ）进行观察，最终发现了其酚类化合物的合成机制。

除了揭示合成机制外，这一研究还发现，褐藻酚类化合物有适应盐胁迫的生物学功能。这些对生物合成的新认识也有助于人们探索植物调节新陈代谢的生物信号机制。

（2）发现水藻"上岸"因有基因基础。2018 年 7 月，德国维尔茨堡大学发布新闻公报称，由该校人员及多国同行共同组成的一个研究团队，在《细胞》杂志上发表论文，公布了新近绘制的一种淡水藻类的基因组图谱。他们发现，其中有些特征与陆生植物相似，可能正是类似的基因，最终使水生植物得以进化成陆生植物。

最早的植物和动物都生活在水里。大约 5 亿年前，第一批植物在陆地上扎根，使地球面貌发生巨大变化，并为动物上岸打下基础。目前学术界一般认为，陆生植物起源于绿藻中的轮藻。它们属于高等藻类，体型较大，结构复杂，有着类似根、茎和叶的分化，以及专门的有性生殖器官。

该研究团队对布氏轮藻进行了基因组测序，并与陆生植物基因组进行了比较。他们在布氏轮藻基因组中发现了一些适应陆地生活的特征，例如生成细胞壁的机制与陆生植物相似，基因表达的调控过程比其他藻类更加精细复杂，还有许多其他藻类没有的植物激素。

研究人员称，布氏轮藻基因组包含了合成脱落酸的部分机制。脱落酸是一种压力激素，能使陆生植物在环境干燥时进入节水模式。这种功能对水生植物来说是多余的。此外，布氏轮藻的细胞能够产生电信号，并在植株内部进行远距离传导。研究人员希望找到与此有关的基因，与陆生植物进行比较，追溯植物细胞生物电现象的进化起源。

（三）藻类病虫害防治研究的新信息

1. 藻类病害防治研究的新进展

揭示蓝绿藻被病毒杀死的机制。2019 年 10 月，香港科技大学海洋科学系曾庆璐副教授领导的研究团队，在美国《国家科学院学报》上发表论文称，他们揭示了环保细菌蓝绿藻被一种名为噬藻体的病毒杀死的机制，这项新发现有望提升蓝绿藻吸收二氧化碳的能力，未来将有助于减缓全球变暖。

研究人员介绍道，蓝绿藻在海洋中进行光合作用为海洋生物供氧，地球逾 20% 的二氧化碳经由蓝绿藻吸收。然而，全球每天有近一半的蓝绿藻因被捕食或受病毒感染而死亡，其中噬藻体病毒每天杀死全球总量约 1/5 的蓝绿藻。

该研究团队花费 5 年时间，利用实验室培植的噬藻体进行研究。结果发现，蓝绿藻通过光合作用生产的能量成为噬藻体感染蓝绿藻的燃料，让噬藻体在日间完成所有足以破坏蓝绿藻细胞结构的感染过程，导致蓝绿藻在晚间分崩离析。这是科学家首次发现，这种病毒具有昼夜节律。

曾庆璐表示，通过了解日夜循环如何控制噬菌藻的感染过程，能帮助降低蓝绿藻被感染的风险，增加其吸收二氧化碳的能力，从而有助于减缓全球变暖速度。他还说，很多人类疾病都是由病毒引起的，现在发现了病毒感染受生理节律和昼夜循环影响，相信能为对抗人类病毒药物的研究带来新启示。

2. 藻类虫害防治研究的新进展

研究表明甲藻发光是抵御食草动物的防御机制。2019 年 6 月，瑞典哥德堡大学生物学家安德鲁·普雷维特领导的一个研究团队，在《当代生物学》杂志上发表文章指出，有些甲藻具有非凡的发光能力，可使自己和周围的水发亮。他们认为，对于这种浮游生物来说，生物发光主要是一种防御机制，能帮助它们抵御桡足类食草动物的"魔掌"。

普雷维特说："这种生物发光现象，在海洋中除了是一种美丽景象外，还是一种防御机制，一些浮游生物利用它抵御敌人。这些发光细胞能感觉到食草动物，并在需要的时候打开'灯'，这对于单细胞生物来说，是令人印象相当深刻的。"

该研究团队通过结合高速和低光敏视频发现，这些生物发光细胞，在与桡足类食草动物接触时就会闪光。桡足动物的反应是迅速排斥闪烁的细胞，并似乎不会使其受到伤害。研究人员指出，来自瑞典西海岸的观测数据支持了他们的预测，即桡足类食草动物的存在，对发光甲藻的丰度产生影响。单细胞甲藻通常不是很好的竞争对手，因为其生长速度只有其他浮游生物的 1/3。而桡足类动物似乎不喜欢它们，而喜欢吃防御较差但生长较快的浮游生物。

研究人员原本预计生物发光会导致桡足类动物减少接触，但令他们惊讶的是，这一降幅竟然如此之大。普雷维特说："我们研究中的甲藻丰度较低，尽管如此，防御的有效性仍让人感到惊讶。"

然而，目前还不清楚这种光辉是如何保护甲藻的。研究人员称，无论它们是如何工作的，利用生物发光抵御捕食者的能力，似乎是甲藻打败其他竞争对手的关键。

研究人员计划进行更多研究，探索被吃掉的"恐惧"如何驱动生态系统结构。他们还计划研究桡足类产生的化合物如何作为一般的报警信号，以及它们对复杂浮游生物组合的影响。

（四）藻类用途与加工研究的新信息

1. 藻类具体用途探索的新进展

（1）发现转基因蓝藻可用于制造燃料原料丁二醇。2013 年 1 月 7 日，美国加州大学戴维斯分校化学副教授渥美翔太领导的一个研究小组，在美国《国家科学院学报》上发表论文称，他们通过基因工程对蓝藻进行改造，使其能生产出丁二醇，这是一种用于制造燃料和塑料的前化学品，也是生产生物化工原料以替代化石燃料的第一步。

渥美翔太说："大部分化学原材料都是来自石油和天然气，我们需要其他资源。"美国能源部已经定下目标，到 2025 年要有 1/4 的工业化学品由生物过程产生。

生物反应都会形成碳—碳键，以二氧化碳为原料，利用阳光供给能量来反应，这就是光合作用。蓝藻以这种方式在地球上已经生存了 30 多亿年。用蓝藻来生产化学品有很多好处，比如不与人类争夺粮食，克服了用玉米生产乙醇的缺点。但要用蓝藻作为化学原料也面临一个难题，就是产量太低不易转化。

研究小组利用网上数据库发现了几种酶，恰好能执行他们正在寻找的化学反应。他们把能合成这些酶的 DNA（脱氧核糖核酸）引入了蓝藻细胞，随后逐步地构建出了一条"三步骤"的反应路径，能使蓝藻把二氧化碳转化为 2,3 丁二醇，这是一种用于制造涂料、溶剂、塑料和燃料的化学品。

研究人员说，由于这些酶在不同生物体内可能有不同的工作方式，因此，在实验测试之前，无法预测化学路径的运行情况。经过 3 个星期的生长后，每升这种蓝藻的培养介质，能产出 2.4 克 2,3 丁二醇。这是迄今把蓝藻用于化学生产所达到的最高产量，对商业开发而言也很有潜力。

渥美翔太的实验室，正在与日本化学制造商旭化成公司合作，希望能继续优化系统，进一步提高产量，并对其他产品进行实验，同时探索该技术的放大途径。

（2）研究发现藻类有助于白化珊瑚获得恢复。2020 年 12 月 9 日，加拿大维多利亚大学朱莉娅·鲍姆博士主持的一个研究小组，在《自然·通讯》发表论文称，珊瑚与共生藻类的关系，可以帮助白化珊瑚在持续温暖的水域中恢复过来，但只有在当地没有强烈的人类干扰的情况下才可以。这项研究可能对管理珊瑚和预测它们对未来气候变化的反应产生影响。

该论文指出，气候变化造成的海洋热浪越来越频繁，对世界上的珊瑚礁构成严重威胁。气候变暖导致珊瑚将生活在其组织内提供营养的共生藻类排出，这将导致白化，使珊瑚更容易受到饥饿、疾病和死亡的影响。虽然有些藻类跟其他藻类相比能让珊瑚更耐高温，但此前的研究表明，白化珊瑚需要水温恢复正常才能重新获得藻类并恢复。

2015—2016 年，该研究小组在热带海洋热浪期间，研究了太平洋基里蒂马蒂环礁的珊瑚。该环礁受到的人类干扰呈现出一定的梯度，一端是村庄和基础设施，另一端则几乎没有人类干扰。热浪来临前，环礁"受干扰"一端的珊瑚寄居着耐高温的藻类，而受干扰较少地区的珊瑚则含有对热敏感的共生体。热浪持续两个月后，以耐热藻类为主的珊瑚，如预期的那样，白化的可能性较小。一些包含对热敏感藻类的珊瑚白化了，但在海水仍然温暖的时候又意外地恢复了。

这种效果以前未曾有记录，而且只在没有强烈本地干扰的地区观察到，这似乎是因为珊瑚将热敏藻类排出，以更耐高温的物种取而代之。

研究人员认为，这项成果表明，珊瑚可能有多种途径在长期热浪中生存下来：它们有可能能够抵御白化或从白化中恢复过来，这些途径受其共生关系的影响。测试这些途径如何受到珊瑚–共生体组合和人类干扰模式的影响，有助于在未来的长期热浪中管理珊瑚礁。

2. 藻类产品加工探索的新进展

实验室里一小时内就可把水藻变成原油。2013 年 12 月，美国能源部西北太平洋国家实验室，道格拉斯·埃利奥特领导的一个研究小组，在《藻类研究》杂志上网络版上发表论文称，他们开发出一种可持续化学反应，在加入海藻后很快就能产出有用的原油。犹他州生物燃料公司已获该技术许可，正在用该技术建实验工厂。

埃利奥特说："从某种意义上说，我们'复制'了自然界用百万年把水藻转化为原油的过程，而我们转化得更多、更快。"研究小组保持了水藻高效能优势，并结合多种方法来降低成本。他们把几个化学步骤合并到一个可持续反应中，简化了从水藻到原油的生产过程。用湿水藻代替干水藻参加反应，而当前大部分工艺都要求把水藻晒干。新工艺用的是含水量达 80%~90% 的藻浆。

在新工艺中，像泥浆似的湿水藻被泵入化学反应器的前端。系统开始运行后，不到一小时就能向外流出原油、水和含磷副产品。再通过传统工艺提纯，就可以把"原藻油"转变成航空燃料、汽油或柴油。在实验中，通常超过 50% 的水藻中的碳转化为原油能量，有时可高达 70%；废水经过处理能产出可燃气体和钾、氮气等物质。可燃气体可以燃烧发电，或净化后制造压缩天然气作汽车燃料；氮磷钾等可作养料种植更多水藻。埃利奥特说，这不仅大大降低成本，而且能从水中提取有用气体，用剩下的水来种藻，进一步降低成本。

他们还取消了溶剂处理步骤，把全部水藻加入高温高压的水中分离物质，结合一种水热液化与催化水热气化反应，把大部分生物质转化为液体和气体燃料。埃利奥特指出，要建造这种高压系统并非易事，造价较高，这是该技术的一个缺点，但后期节约的成本会超过前期投资。

其他团体也有研究用湿水藻的，但一次只能生产一批，而新反应系统能持续运行。在实验室，反应器每小时能处理约 1.5 升藻浆。这虽然不多，但这种持续系统更接近大规模商业化生产。犹他州生物燃料公司总裁詹姆斯·奥伊勒也表示："造出成本能和石油燃料竞争的生物燃料是一个很大挑战，我们朝着正确方向迈出了一大步。"

二、牧草与竹子栽培研究的新成果

（一）牧草栽培研究的新信息

1. 苜蓿基因组测序及相关探索的新进展

（1）首次破译同源四倍体紫花苜蓿基因组。2020 年 5 月 19 日，西北工业大学、中国科学院西双版纳植物园、中国科学院昆明动物研究所等单位组成的研究团队，在《自然·通讯》杂志网络版发表研究成果，公布我国地方特有品种新疆大叶紫花苜蓿的四倍体基因组，并成功把四倍体基因组组装到 32 条染色体上。

紫花苜蓿有"牧草之王"之美誉，是世界上最重要的牧草作物。但由于紫花苜蓿是同源四倍体，异花授粉。这极大阻碍了其基因密码的破译和新品种培育。

随着我国城乡居民生活水平不断提高，对牛羊等草食动物的畜产品消费需求不断增长。而激增的家畜养殖对优质牧草，特别是紫花苜蓿的需求极大增加。然而，我国每年仅能生产200多万吨优质紫花苜蓿，与500万吨的消费需求相比，存在巨大缺口。长期以来，紫花苜蓿高度依赖进口，其中优质苜蓿占牧草进口总量的80%以上。此外，国内尚缺乏自主知识产权的优质紫花苜蓿品种资源，优质苜蓿种子大量依靠进口。

此次通过联合国内数家单位组成集体攻关团队，获得高质量的同源四倍体紫花苜蓿基因组图谱，将让实施紫花苜蓿分子育种策略成为可能，从而为加快我国优质高产苜蓿品种培育和牧草产业发展，提供重要的理论基础和技术支撑。需要指出的是，参与该项研究的广东三杰牧草生物科技有限公司，多年来致力于从源头解决我国紫花苜蓿优良新品种培育和种业安全问题，布局了牧草种质"育—繁—推"一体化，以及牧草产品"种植—加工—销售"产学研结合的完整草业产业链。

在此基础上，该研究团队进一步开发出基于CRISPR/Cas9的高效的基因编辑技术体系，成功培育出一批多叶型紫花苜蓿新种质，其杂交后代表现出稳定的多叶型性状且不含转基因标记。该编辑技术在不导入外源基因的情况下，能精准地定点获得作物突变体，大大加快紫花苜蓿的育种速度。据悉，该成果的相关关键技术已申报发明专利；多叶型紫花苜蓿新种质已获得我国农业农村部中间试验批文，后续将根据法律法规逐步申报新品种与商品化推广。

（2）推进花苜蓿基因组及抗逆机制研究。2021年5月6日，中国科学院植物研究所张文浩研究员课题组，与诺禾基因生物信息研究所等国内外单位联合组成的研究团队，在《BMC生物学》杂志上发表研究成果，表明他们在花苜蓿基因组及抗逆机制研究中取得进展。

花苜蓿又名野苜蓿，是主要分布于我国干旱半干旱地区的野生豆科牧草，具有极强的抗旱、耐寒、耐贫瘠等抗逆特性。由于花苜蓿与生产上大规模种植的紫花苜蓿亲缘关系较近，可利用其优异的抗逆性状改良高产苜蓿的抗性，使之成为苜蓿育种的优质基因资源。然而，由于缺乏花苜蓿的遗传信息，限制了对其抗逆机制的研究以及在苜蓿育种中的应用。

该研究团队通过整合二代、三代和Hi-C测序数据，克服花苜蓿基因组高杂合度的困难，拼接出高质量的花苜蓿基因组904.13Mb，长序列片段N50为99.39Mb，研究人员通过进一步分析基因家族扩张、转录因子、驯化过程基因保留或丢失、抗逆相关 SNP 以及逆境响应基因等揭示出花苜蓿的抗逆机制。

2. 羊草基因组测序探索的新进展

构建首张羊草全基因组图谱。2021 年 6 月 30 日,《内蒙古日报》报道,时任内蒙古自治区党委副书记、自治区主席布小林来到中国农业科学院草原研究所沙尔沁农牧交错区试验示范基地,调研草原草业科技创新工作。在羊草新品种筛选区,布小林仔细询问牧草种质资源保存、改良等方面情况,深入了解羊草新品种繁育情况,与研究人员亲切交谈。得知草原研究所已建成全球羊草种质遗传多样性信息涵盖量最大、种质资源最丰富的基因库,构建了全球首张羊草全基因组图谱。

布小林对研究所的这一成绩给予肯定,并勉励大家进一步做好草种质资源保护和创新利用工作,做大做强国家牧草种质资源库,切实提高育种创新、良种繁育能力,推动实现重要牧草种源自主可控。

羊草是禾本科赖草属多年生根茎型草本植物,是一种重要的优良牧草。羊草主要分布于欧亚大陆温带草原地区,在我国境内的分布约占总分布面积的 50%,在维持中国北方草原生态系统稳定、生物多样性、草地生产力等方面扮演着重要角色。羊草全基因组测序计划启动于 2014 年。该计划填补了草原植物基因组研究的空白,有力推动草原生态系统、生物多样性、草地改良、草地畜牧业等方面的健康发展。

据此项测序计划的主要推动者之一、时任中国农业科学院草原研究所所长侯向阳介绍,羊草的基因组来源、系统发育关系与地位、物种起源至今缺乏有力证据;与草原退化相关的羊草结实率低、发芽率低、繁殖率低等"三低"问题、生态可塑性、放牧退化等问题,长期困扰其合理开发与利用,而从全基因组序列中提取的生物学信息,可为解决以上诸多问题提供有力证据。同时,通过羊草全基因组测序后,其蕴含的海量生态功能信息,将极大地促进牧草基因组和草原生态基因组学的发展。

(二)竹子栽培研究的新信息

1. 竹类种质资源与竹子加工研究的新进展

(1)发现世界唯一分布的竹类植物新品种。2021 年 11 月 27 日,央视新闻报道,云南昭通市林草局披露,该市彝良县境内发现了世界上唯一分布的竹类植物新品种,目前暂时命名为"罗汉方竹"。此次发现的"罗汉方竹"兼具方竹和筇竹的特性,一年可产两季笋,而且竹笋品质好、产量高,具有极其重要的保护意义、科研价值和开发潜力。

原彝良县林业局早在 2010 年就发现了这一新品种，随后开始指导当地群众进行引种栽培、人工扩繁和检测试验。2019 年，西南林业大学在彝良县开展竹类资源调查时，对该竹种进行样地调查和发笋生物学的观测。经过多方的调查、观测和系列检测后，最终确定该竹种为秆形兼具箣竹和方竹特征的新品种，并具有其他产笋竹类不可比拟的优势：抗病能力强，成活能力强，适宜种植区域广，性状较稳定，繁育能力强，产笋周期短，采笋周期长达一个半月至两个月。

目前，彝良县正在为这种竹类新品种的命名进行申报，下一步，县政府将出台相关措施，对该竹类新品种进行野生种质资源保护，建立相关种源基因库，深入挖掘其经济价值和生态效益，尽快推进这一竹资源的培育和开发利用。

（2）开发出从竹子中炼取生物乙醇的新技术。2008 年 12 月，日本媒体报道，静冈大学教授中崎清彦领导的研究小组，利用高效率的技术，从竹子中炼取生物乙醇，既不用担心和人类竞争粮食，而且成长得比木材还快，是极具魅力的生物燃料。

由竹子炼取乙醇，须把纤维质主要成分的纤维素，转变成葡萄糖后加以发酵，由于纤维素极难分解，刚开始研究时，将纤维素转变成葡萄糖的效率只有 2%。

研究小组开发成功新技术，把竹子磨成 50 微米的超细粉末，大小只相当以往原料的 1/10，接着利用激光，除去细胞壁内含有的高分子木质素，再加上使用分解率高的微生物，使得纤维素的糖化效率提高至 75%。

研究小组今后的目标，是 3 年内把纤维素转成葡萄糖的糖化效率，进一步提高至 80%，并使得生产成本每升控制在 1 美元以内。

2. 竹子基因组测序探索的新进展

用高通量测序技术完成毛竹的基因组测序。2013 年 2 月 24 日，中国林业科学研究院林业研究所、国际竹藤中心和中国科学院国家基因研究中心等组成的研究团队，在《自然·遗传学》杂志网络版上发表毛竹基因组测序方面的研究论文，项目科学顾问李家洋指出，这一研究为毛竹及其他竹类作物的生物学研究奠定重要的数据基础，具有巨大的科学价值和现实意义。

毛竹是具有最高生态和经济价值的禾本科竹亚科植物，具有非常独特的生物学特点。我国有毛竹林面积 3.86 万平方千米，占全国森林面积的 2%。在科技部、财政部等的支持下，从 2008 年开始，我国启动毛竹基因组测序和相关研究。

研究发现，毛竹基因组包含超过 20 亿个碱基对，是水稻的 4.5 倍，高粱的

3 倍，与玉米相当。该项目采用第二代高通量测序技术对毛竹进行全基因组随机测序，获得相当于毛竹基因组 150 倍覆盖率的原始序列，组装出覆盖基因组 95% 以上区域的高质量序列草图，揭示 60% 的毛竹基因组为重复序列所覆盖。

同时，研究人员还对毛竹主要组织进行深度的转录组测序，注释出近 32000 个高度可靠的毛竹基因，约占毛竹基因总数的 90%。由此建立的基因表达谱，覆盖毛竹大部分的自然生长阶段，其中包括非常少见的毛竹开花时期的基因表达数据。

该论文审稿人认为："毛竹基因组测序的完成必将引起科学界的广泛兴趣，对包括竹类植物在内的一系列重要物种的基因功能、分子育种、物种进化及其他相关领域的研究产生巨大的推动作用。"

三、木本经济作物栽培研究的新成果

（一）木本经济作物育种与植保研究的新信息

1. 木本经济作物育种探索的新进展

发明阳光收集器解决柚木育种缓慢问题。2008 年 11 月，巴西媒体报道，柚木是一种珍贵木材，可用于造船、家具及建筑等，被称为"万木之王"，但长期以来，由于其生长速度缓慢，其种子嵌在有坚硬皮层的果实中，育种也相应缓慢，影响了柚木种植的发展。为解决这个问题，巴西农牧业研究院发明了一种阳光收集器，进行柚木育种，收到较好效果。

该收集器也可称作日晒器，可收集阳光能量，并将光能转换成热能，一般情况下，这种技术用于消除土地中的病害。为将这一技术用于柚木育种，研究人员首先对气候条件进行研究。实验表明，将柚木种子置于日光收集器内干热环境中时，出现种子发育速度加快和出齐的现象。这种日晒器成本低，制作方便，家庭农户可很容易掌握。

这种日晒器为 1 米 × 1.5 米的木箱，制作日晒器的木料应当质地良好，用清漆漆成黑色，以利于吸收热量。内置由塑料或玻璃等透明物质包裹的 6 条金融管，以使阳光透入，其温度可达到 80℃以上。对巴西北方地区来说，考虑到多雨气候，研究人员建议采用玻璃包裹金属管。同时，玻璃不应太厚。在木箱的底部应有 5 厘米厚的绝缘层，上置一块金属板，以保持热量。6 根金属管为直径 15 厘米的电镀铁管，铁管内外漆成黑色。日晒器的制作成本约 110 美元，小农户可以接受。实验结果显示，育种速度在第二周即可达到 80% 的出芽率。其优势主要体现在出芽率高和出芽时间一致，有利于集中栽培。

2. 木本经济作物植保探索的新进展

发现危害冷杉的植物病原真菌新物种。2020 年 5 月，俄罗斯科学院西伯利亚分院网站报道，该分院林业所与瑞典、捷克的联合组成的国际研究团队，在《科学报告》杂志发表论文称，他们发现了危害冷杉的植物病原真菌新物种，最初的病灶于 2006 年在东萨彦岭发现，而此次发现的冷杉溃疡症状出现在其西部几百千米之外。为避免冷杉林的大面积枯死，研究人员呼吁尽快开展病原真菌新物种的研究，研究其传播状况，评估对其他针叶树种的风险。

冷杉广泛分布在欧亚地区，是重要的经济树种。在中西伯利亚地区发现的冷杉新病种，其症状是树干变形、纤管形成层坏死及枝杈枯死，该病种首次产生于东萨彦岭，10 年后在其西部 450 千米再次出现，有关其病原体、物种属性及来源至今未知。

该研究团队从冷杉树干和枝杈中，成功分离出形态学完全相同的真菌株，将其分离到纯净的培养液中，由此形成了一组西伯利亚菌株。通过分子研究发现，西伯利亚冷杉溃疡处存在基因相近的两种子囊真菌物种，族谱上属于 Corinectria 种，但与此前在智利、奥地利、新西兰、捷克、斯洛伐克、苏格兰及加拿大所发现的菌株存在着基因上差异。通过测试真菌的代谢产物和活菌培养物证明，新菌株不仅对冷杉以及白松的细胞和活组织产生致病影响，而且致病性非常高。

研究人员认为，需要尽可能多地收集西伯利亚菌株的病原学信息，分析出其起源及生态特征，并评估对其他树种的潜在风险。

（二）木本经济作物基因组测序研究的新信息

1. 杨树基因组测序探索的新进展

（1）合力成功破译杨树基因组序列。2004 年 9 月，法国国家农业研究所表示，他们与来自全球的多个科研小组合作，成功破译了杨树的 4 万个基因，从而完成了全球第一例树木的基因组排序。据介绍，此次破译的是一种名为美洲黑杨的杨树品种，之所以选中该树种，是因为其基因组结构紧凑、微小，比松树的基因组要小约 50 倍，是一种理想的树木实验标本。而且，它具有相当广泛的经济使用价值和环境保护作用。

该杨树的基因组包含 19 对染色体。大约有 200 名来自世界各地的科研人员参与研究。其中，法国国家农业研究所有 4 个小组参与了此次破译基因组序列的工作。

参与研究的专家表示，利用此次研究的成果，再结合植物生理学、生物学和生态环境学的研究，有助于人类更好地了解认识树木，能更好地促进生物技术和造林业的发展。

法国国家农业研究所专家称，该所在此次研究成果的基础上，已经并将继续多项相关的科研项目，其中主要包括对树木成长、树木营养、抗干旱，以及共生真菌机制等相关的基因研究项目。

（2）绘制出三叶杨的基因组图。2006 年 9 月 15 日，英国《泰晤士报》报道，美国科学家绘制出一种杨树的全基因组图。这一成果，使利用树木生产生物燃料的前景变得更加光明。

报道称，美国研究人员应用最新基因技术，绘制出三叶杨的基因组图。他们从这种树的 4.5 万个基因中鉴定出 93 个基因，这些基因与纤维素、木质素和半纤维素的生成有关，而这些物质经过发酵，可用来生产乙醇和其他液体燃料。

科学家认为，这种树的基因组图的绘制成功，将有助于利用生物技术，开发生长快且容易加工的新树种，用来生产乙醇等生物燃料。这一研究成果，使开发替代汽油等化石燃料的生物燃料事业向前迈出了重要一步。

2. 楝树基因组测序探索的新进展

完成楝树整个基因组的全部测序。2011 年 10 月，印度媒体报道，位于印度班加罗尔的甘尼特实验室，是一家综合基因组学实验室，由生物信息学和应用生物技术研究所与生物信息学公司以公私合作伙伴关系在 2011 年初建立，实验室负责人为潘达。该实验室 10 名成员组成研究小组，成功地对已知有药用价值的楝树进行了基因组测序。

潘达说："这是印度第一次对较高级的生物体完成基因组测序。"虽然美国等国家的研究人员，做过一些复杂有机体的基因组测序，但楝树还没有人做过。

潘达说："我们在传统上了解楝树的药性，知道其遗传的复杂性，有助于开发对农业和药品有用的重要化合物。例如，复合农药印楝素，就是在对印楝种子不同程度的提炼中发现的。随着对遗传的理解和工程进步，印楝素含量可能会增加和规范化。"

这家不以营利为目的的实验室，正在建立一个网上开放的存取数据库，公布有关基因组结构、编码部分和印楝植物分子进化的信息。

参与这项工作的前沿生命科学公司董事长兼首席执行官查德鲁说这只是一个开始："随着第二代测序设备变得更便宜和体积更小，印度开始实现其对基因组学的目标。预计到 2025 年，印度的生物技术产业，应该与信息技术产业一样强大。公私伙伴关系将有助于吸引急需的人才。"

3. 火炬松基因组测序探索的新进展

完成碱基对最多的火炬松基因组测序。2014 年 3 月，美国媒体报道，生长在美国奥古斯塔国家高尔夫俱乐部第 17 号洞附近的火炬松，曾挡住了美国前总统艾森豪威尔的很多杆球。1956 年，他曾试图砍掉这棵树。如今，火炬松正在书写一段与众不同的历史：火炬松的基因组有 221.8 亿个碱基对，为人类基因组的 7 倍多，是目前已完成测序的最大基因组。

火炬松原产于美国东南部，是美国南方松中重要的速生针叶用材树种。在基因测序工作伊始，火炬松就被确定为研究对象。然而，火炬松基因组的庞大规模给传统的全基因组"鸟枪法"测序（只能对短的基因组片段进行测序）出了一道难题。

新研究中，研究人员改进了原有的"鸟枪法"，他们利用基因克隆方法，对单独的 DNA 片段进行预处理，因而能够更容易地拼装出一个完整的基因组。该研究团队发现，82% 的火炬松基因组由重复的基因片段组成，而人类基因组中重复的基因片段只占 25%。研究人员把这一结果，发表于出版的《基因组生物学》和《遗传学》杂志上。研究人员还确定了能解释火炬松重要特性，如抗病性、木材形成、应激反应的基因。

4. 棕榈藤基因组测序探索的新进展

成功破解两种棕榈藤全基因组数据。2018 年 12 月 29 日，国际在线报道，我国竹藤基因组学项目研究团队，在北京召开成果发布会，宣布已成功破解 2 种棕榈藤全基因组数据，并发布最新毛竹高精度基因组数据。这是继 2013 年绘制出毛竹全基因组草图，成功破解世界首个竹子全基因组信息之后，再一次在竹藤分子生物学基础研究方面取得的进一步重大突破，意义深远。

竹子和棕榈藤是两类最重要的非木质森林植物资源，具有生长快、产量高、用途广等优势，以及绿色环保、可降解、可再生等天然特性。热带和南亚热带森林宝库中的多用途非木本植物资源，原藤是仅次于木材和竹材的重要林产品，具有重要的生态功能和经济价值。

这项研究历经 5 年刻苦攻关，终于取得全球竹藤基因组计划的初期成果。本次棕榈藤基因组测序，一次完成两个棕榈藤藤种，即单叶省藤和黄藤的基因组测序、组装和注释工作，组装质量高，注释结果全面。同时，研究人员把最新毛竹基因组完善至高精度的染色体水平，主要指标全面优于第一版本，特别是一些衡量组装质量的重要指标，更是高于第一版本 200 多倍。在毛竹基因组注释方面，相比第一版本新发现约 2 万个基因。

　　报道称，我国竹藤品种、资源储量、产业发展和科研水平均居国际领先地位，是世界竹藤产业的主要技术研发国。本次发布会成果为基于生物技术等的竹藤植物的生命科学研究奠定坚实基础，为挖掘调控竹藤植物速生、高强高温等主要性状相关功能基因研究、开展分子育种开辟新路径。

参考文献和资料来源

一、主要参考文献

［1］郭梁，Andreas Wilkes，于海英，许建初．中国主要农作物产量波动影响因素分析［J］．植物分类与资源学报，2013（4）：513-521.

［2］孟祥海，周海川，杜丽永，沈贵银．中国农业环境技术效率与绿色全要素生产率增长变迁——基于种养结合视角的再考察［J］．农业经济问题，2019（6）：9-22.

［3］王娅，窦学诚．中国农作物品种安全问题分析［J］．农业现代化研究，2015（4）：553-560.

［4］陈俊红，杨巍，米成源，等．农作物品种权综合价值评估指标体系构建［J］．科技管理研究，2018（4）：64-70.

［5］王凤格，赵久然，田红丽，等．农作物品种DNA指纹库构建研究进展［J］．分子植物育种，2015（9）：2118-2126.

［6］曹永生，方沩．国家农作物种质资源平台的建立和应用［J］．生物多样性，2010（5）：454-460.

［7］陈丽娜，方沩，司海平，等．农作物种质资源本体构建研究［J］．作物学报，2016（3）：407-414.

［8］黄宏文，张征．中国植物引种栽培及迁地保护的现状与展望［J］．生物多样性，2012（5）：559-571.

［9］李燕敏，祁显涛，刘昌林，等．除草剂抗性农作物育种研究进展［J］．作物杂志，2017（2）：1-6.

［10］刘毅，余新桥，张安宁，等．高通量基因组测序在农作物基因定位与发掘中的应用［J］．上海农业学报，2016（6）：171-175.

［11］胡杰，何予卿．农业发展对作物功能基因组研究需求［J］．生命科学，2016（10）：1101-1102.

［12］郭新年，周恒瑞，张国良，等 . 基于激光视觉的农作物株高测量系统
　　　［J］. 农业机械学报，2018（2）：22-27.

［13］黄文辉，王会，梅德圣 . 农作物抗倒性研究进展［J］. 作物杂志，2018
　　　（4）：13-19.

［14］李群，何祖华 . 主要农作物抗病虫抗逆性状形成的分子基础［J］. 植物
　　　生理学报，2016（12）：1758-1760.

［15］刘万才，刘振东，黄冲，等 . 近 10 年农作物主要病虫害发生危害情况
　　　的统计和分析［J］. 植物保护，2016（5）：1-9.

［16］张艳，孟庆龙，尚静，等 . 新型图像技术在农作物病害监测预警中的
　　　应用与展望［J］. 激光杂志，2017（12）：7-13.

［17］张礼生，刘文德，李方方，等 . 农作物有害生物防控：成就与展望
　　　［J］. 中国科学：生命科学，2019（12）：1664-1678.

［18］邓一文，刘裕强，王静，等 . 农作物抗病虫研究的战略思考［J］. 中国
　　　科学：生命科学，2021（10）：1435-1446.

［19］刘学英，李姗，吴昆，等 . 提高农作物氮肥利用效率的关键基因发掘
　　　与应用［J］. 科学通报，2019（25）：2633-2640.

［20］雒新萍，刘晓洁 . 中国典型农作物需水量及生产水足迹区域差异［J］.
　　　节水灌溉，2020（1）：88-93.

［21］刘忠，万炜，黄晋宇，等 . 基于无人机遥感的农作物长势关键参数反
　　　演研究进展［J］. 农业工程学报，2018（24）：60-71.

［22］王猛，隋学艳，梁守真，等 . 利用无人机遥感技术提取农作物植被覆
　　　盖度方法研究［J］. 作物杂志，2020（3）：177-183.

［23］李翠娜，石广玉，余正泓，等 . 农作物实景监测中的图像数据质量控
　　　制方法研究［J］. 气象，2020（1）：119-128.

［24］韩衍欣，蒙继华 . 面向地块的农作物遥感分类研究进展［J］. 国土资源
　　　遥感，2019（2）：1-9.

［25］刘珍环，杨鹏，吴文斌，等 . 近 30 年中国农作物种植结构时空变化分
　　　析［J］. 地理学报，2016（5）：840-851.

［26］汪海波，秦元萍，余康 . 我国农作物秸秆资源的分布、利用与开发策
　　　略［J］. 国土与自然资源研究，2008（2）：92-93.

［27］梁武，聂英 . 农作物秸秆综合利用——国外经验与中国对策［J］. 世界
　　　农业，2017（9）：34-38.

［28］沃森.双螺旋［M］.刘望夷，译.北京：化学工业出版社，2009.

［29］李德山.基因工程制药［M］.北京：化学工业出版社，2010.

［30］特怀曼.蛋白质组学原理［M］.王恒梁等，译.北京：化学工业出版社，2007.

［31］惠特福德.蛋白质结构与功能［M］.魏群，译.北京：科学出版社，2008.

［32］翟中和，王喜忠，丁明孝.细胞生物学［M］.三版.北京：高等教育出版社，2007.

［33］李志勇.细胞工程学［M］.北京：高等教育出版社，2008.

［34］王三根.植物生理学［M］.北京：科学出版社，2016.

［35］钱凯先.基础生命科学导论［M］.北京：工业出版社，2008.

［36］曹凯鸣.现代生物科学导论［M］.北京：高等教育出版社，2011.

［37］张明龙，张琼妮.国外能源领域创新信息［M］.北京：知识产权出版社，2016.

［38］张明龙，张琼妮.国外环境保护领域的创新进展［M］.北京：知识产权出版社，2014.

［39］张明龙，张琼妮.国外生命基础领域的创新信息［M］.北京：知识产权出版社，2016.

［40］张明龙，张琼妮.国外生命体领域的创新信息［M］.北京：知识产权出版社，2016.

［41］张明龙，张琼妮.美国生命科学领域创新信息概述［M］.北京：企业管理出版社，2017.

［42］张明龙，张琼妮.美国环境保护领域的创新进展［M］.北京：企业管理出版社，2019.

［43］张明龙，张琼妮.英国创新信息概述［M］.北京：企业管理出版社，2015.

［44］张明龙，张琼妮.德国创新信息概述［M］.北京：企业管理出版社，2016.

［45］张明龙，张琼妮.日本创新信息概述［M］.北京：企业管理出版社，2017.

［46］张明龙，张琼妮.俄罗斯创新信息概述［M］.北京：企业管理出版社，2018.

［47］张明龙，张琼妮．法国创新信息概述［M］．北京：企业管理出版社，2019.

［48］张明龙，张琼妮．澳大利亚创新信息概述［M］．北京：企业管理出版社，2020.

［49］张明龙，张琼妮．加拿大创新信息概述［M］．北京：企业管理出版社，2020.

［50］张琼妮，张明龙．意大利创新信息概述［M］．北京：企业管理出版社，2021.

［51］张明龙，张琼妮．北欧五国创新信息概述［M］．北京：企业管理出版社，2021.

［52］张明龙．企业产权的演进与交易［M］．北京：企业管理出版社，2012.

［53］张明龙．区域政策与自主创新［M］．北京：中国经济出版社，2009.

［54］张明龙．区域发展与创新［M］．北京：中国经济出版社，2010.

［55］张明龙，等．区域产业发展前沿研究［M］．北京：企业管理出版社，2015.

［56］张琼妮，张明龙．新中国经济与科技政策演变研究［M］．北京：中国社会科学出版社，2017.

［57］张琼妮，张明龙．产业发展与创新研究——从政府管理机制视角分析［M］．北京：中国社会科学出版社，2019.

［58］张明龙，张琼妮．国外交通运输领域的创新进展［M］．北京：知识产权出版社，2019.

［59］张明龙，张琼妮．国外纳米技术领域的创新进展［M］．北京：知识产权出版社，2020.

二、主要报刊资料来源

［1］《自然》（Nature）。

［2］《自然·通讯》（Nature Communication）。

［3］《自然·纳米技术》（Nature Nanotechnology）。

［4］《自然·化学生物学》（Nature Chemical Biology）。

［5］《自然·材料学》（Nature Materials）。

［6］《自然·生物技术》（Nature Biotechnology）。

［7］《自然·细胞生物学》（Nature Cell Biology）。

［8］《自然·植物》（Nature Plants）。

［9］《自然·食品》（Nature Food）。

［10］《自然·人类行为》（Nature Human Behavior）。

［11］《自然·遗传学》（Nature Genetics）。

［12］《自然·气候变化》（Nature Climate Change）。

［13］《自然·地球科学》（Nature Geoscience）。

［14］《自然·生态与进化》（Nature Ecology and Evolution）。

［15］《科学》（Science Magazine）。

［16］《科学报告》（Scientific Report）。

［17］《中国科学：生命科学》（Scientia Sinica Vitae）。

［18］《科学·信号》（Science Signal）。

［19］《科学时报》（Science Times）。

［20］《科学数据》（Scientific Data）。

［21］《科学·转化医学》（Science Translational Medicine）。

［22］《科学进展》（Scientific Progress）。

［23］《科学进步》（Scientific Progress）。

［24］《新科学家》（New Scientist）。

［25］美国《国家科学院学报》（Proceedings of the National Academy of Sciences）。

［26］《英国皇家学会学报 B》（Proceedings of the Royal Society B）。

［27］《皇家学会生物学分会学报·哲学汇刊》（Journal of biology branch of Royal Society Philosophical Transactions）。

［28］《公共科学图书馆·生物学》（Public Science Library Biology）。

［29］《公共科学图书馆·综合》（Public Science Library Comprehensive）。

［30］《国际第四纪》（International Quaternary）。

［31］《科学美国人》（Scientific American）。

［32］《美国博物学家》（American Naturalist）。

［33］《西伯利亚科学报》（Siberian Science）。

［34］《植物杂志》（Journal of Plants）。

［35］《植物通信》（Plant Communication）。

［36］《植物学年鉴》（Annals of Botany）。

［37］《植物科学前沿》（Frontier of Plant Science）。

［38］《实验植物学期刊》（Journal of Experimental Botany）。

［39］《植物分类学》（Plant Taxonomy）。

［40］《新植物学家》（New Botanist）。

［41］《植物学趋势》（Botany Trends）。

［42］《植物生物学》（Plant Biology）。

［43］《植物细胞》（Plant Cells）。

［44］《植物细胞报告》（Plant Cell Report）。

［45］《植物和细胞生理学》（Plant and Cell Physiology）。

［46］《植物生理学》（Plant Physiology）。

［47］《植物生理学报》（Plant Physiology Journal）。

［48］《植物生物技术》（Plant Biotechnology）。

［49］《植物化学通讯》（Phytochemical Communication）。

［50］《分子植物》（Molecular Plant）。

［51］《植物病害》（Plant Diseases）。

［52］《经济昆虫学杂志》（Journal of Economic Entomology）。

［53］《作物学报》（Journal of Crops）。

［54］《果树学报》（Journal of Fruit Trees）。

［55］《园艺研究》（Horticultural Research）。

［56］《环境园艺学报》（Journal of Environmental Horticulture）。

［57］《美国园艺学学会会刊》（Proceedings of the American Horticultural Society）。

［58］《DNA 研究》（DNA research）。

［59］《基因组学》（Genomics）。

［60］《基因组研究》（Genome Research）。

［61］《基因组生物学》（Genomic Biology）。

［62］《基因组蛋白质组与生物信息学报》（Journal of Genomic Proteome and Bioinformatics）。

［63］《G3：基因，基因组，遗传学》（G3-Genes Genomes Genetics）。

［64］《遗传学》（Genetics）。

［65］《核酸研究》（Nucleic Acid Research）。

［66］《细胞》（Cells）。

［67］《细胞研究》（Cell Research）。

［68］《细胞报告》（Cell Report）。

［69］《细胞发育》（Cell Development）。

［70］《发育细胞杂志》（Journal of Developmental Cells）。

［71］《生物学杂志》（Journal of Biology）。

［72］《生物学快报》（Biology Express）。

［73］《当代生物学》（Contemporary Biology）。

［74］《现代生物学》（Modern Biology）。

［75］《天体生物学》（Astrobiology）。

［76］《全球变化生物学》（Biology of Global Change）。

［77］《BMC 生物学》（BMC Biology）。

［78］《BMC 生物信息学》（BMC Bioinformatics）。

［79］《生物化学期刊》（Journal of Biochemistry）。

［80］《生物技术前沿》（Frontier of Biotechnology）。

［81］《生物技术与生物工程》（Biotechnology and Bioengineering）。

［82］《生物燃料的生物技术》（Biotechnology for Biofuels）。

［83］《生物大分子》（Biomacromolecules）。

［84］《分子生物学杂志》（Journal of Molecular Biology）。

［85］《分子生物学与进化》（Molecular Biology and Evolution）。

［86］《分子生物技术》（Molecular Biotechnology）。

［87］《生物技术进展》（Advances in Biotechnology）。

［88］《进化论快报》（Evolution Express）。

［89］《生态学》（Ecology）。

［90］《生态学专论》（Monograph on Ecology）。

［91］《进化生态学》（Evolutionary Ecology）。

［92］《分子生态学资源》（Molecular Ecological Resources）。

［93］《生态圈》（Ecosystem）。

［94］《气候变化》（Climate Change）。

［95］《水资源研究》（Water Resources Research）。

［96］《色谱 A》（Chromatography A）。

［97］《化学》（Chemistry）。

［98］《先进材料》（Advanced Materials）。

［99］《危险材料杂志》（Journal of Hazardous Materials）。

［100］《植物类食品与人类营养》（Plant Food and Human Nutrition）。

［101］《分子营养与食品研究》（Molecular Nutrition and Food Research）。

［102］《功能性食品杂志》（Journal of Functional Foods）。

［103］《食品凝胶》（Food Gel）。

［104］《食品化学》（Food Chemistry）。

［105］《创新食品科学与新兴技术》（Innovative Food Science and Emerging Technologies）。

［106］《农业与食品化学》（Agricultural and Food Chemistry）。

［107］《聚合物和环境杂志》（Journal of Polymers and Environment）。

［108］《环境与健康展望》（Environment and Health Outlook）。

［109］《药理学前沿》（Frontiers of Pharmacology）。

［110］《柳叶刀》（The Lancet）。

［111］《柳叶刀·精神病学》（Lancet Psychiatry）。

［112］《柳叶刀·星球健康》（Lancet Planet Health）。

［113］《新英格兰医学杂志》（New England Journal of Medicine）。

［114］《英国医学杂志·公开》（British Medical Journal Public）。

［115］《过敏和临床免疫学杂志》（Journal of allergy and Clinical Immunology）。

［116］《传染和免疫学报》（Journal of Infection and Immunity）。

［117］《血栓形成研究》（Thrombosis Research）。

［118］《心脏》（Heart）。

［119］《欧洲呼吸学杂志》（European Journal of Respiration）。

［120］《糖尿病》（Diabetes Mellitus）。

［121］《癌症》（Cancer）。

［122］《癌症预防研究》（Cancer Prevention Research）。

［123］《临床癌症研究》（Clinical Cancer Research）。

［124］《癌症流行病学期刊》（Journal of Cancer Epidemiology）。

［125］《临床肿瘤学杂志》（Journal of Clinical Oncology）。

［126］《乳腺癌研究与治疗》（Breast Cancer Research and Treatment）。

［127］《科技日报》2006年1月1日至2021年12月31日。

［128］《中国科学报》2006年1月1日至2021年12月31日。

三、主要网络资料来源

［1］科技部网：http://www.most.gov.cn/

［2］中国科学院科学数据库网：http:// www.csdb.cn

［3］中国科技网：http://www.stdaily.com/

［4］科学网：http://www.sciencenet.cn/

［5］科技世界网：http://www.twwtn.com/

［6］科技工作者之家网：https://www.scimall.org.cn/

［7］新华网：http://www.xinhuanet.com/

［8］中国新闻网 https://www.chinanews.com.cn/

［9］人民网：http://www.people.com.cn/

［10］央视网：https://www.cctv.com/

［11］央广网：http://www.cnr.cn/

［12］生物通网：http://www.ebiotrade.com/

［13］光明网：https://www.gmw.cn/

［14］环球网：https://m.huanqiu.com/

［15］国际在线：https://www.cri.cn/

［16］中国日报网：http://cn.chinadaily.com.cn/

［17］中国网：http://www.china.com.cn/

［18］中国国际科技合作网：http://www.cistc.gov.cn/

［19］中国科技创新网：http://www.geceo.com/

［20］中青网：https://www.youth.cn/

［21］新浪网：https://www.sina.com.cn/

［22］搜狐网：https://www.sohu.com/

［23］凤凰网：https://www.ifeng.com/

［24］澎湃新闻网：https://www.thepaper.cn/

［25］自然杂志网：http://www.nature.com/

［26］科学杂志网：http://www.sciencemag.org/

［27］每日科学网：http://www.sciencedaily.com/

［28］科学美国人网：https://www.scientificamerican.com/

［29］中国农网：http://www.farmer.com.cn/

［30］药品资讯网：https://www.chemdrug.com/

［31］中国高校之窗网：https://www.gx211.cn/

［32］清华大学网：https://www.tsinghua.edu.cn/

［33］浙江大学网：https://www.zju.edu.cn/

［34］云南大学网：http://www.ynu.edu.cn/

［35］中国农业大学网：http://www.cau.edu.cn/

［36］北京林业大学网：http://www.bjfu.edu.cn/

［37］华中农业大学网：http://www.hzau.edu.cn/

［38］华南农业大学网：https://www.scau.edu.cn/

［39］西北农林科技大学网：https://www.nwsuaf.edu.cn/

［40］西南林业大学网：http://www.swfu.edu.cn/

［41］河北农业大学网：https://www.hebau.edu.cn/

［42］河南农业大学网：https://www.henau.edu.cn/

［43］山东农业大学网：http://www.sdau.edu.cn/

［44］福建农林大学网：https://www.fafu.edu.cn/

［45］华中师范大学网：https://www.ccnu.edu.cn/

［46］陕西师范大学网：http://www.snnu.edu.cn/

［47］中科院植物研究所网：http://www.ibcas.ac.cn/

［48］中国农科院作物科学研究所网：http://icscaas.com.cn/

［49］浙江省农科院网：http://www.zaas.ac.cn/

［50］云南日报网：https://www.yndaily.com/

［51］昆明植物研究所网：http://www.kib.ac.cn/

［52］华大基因网：https://www.bgi.com/

后　记

　　多少年过去了，我们一直牢记着著名经济学家宋涛教授的叮嘱：研究经济问题特别是研究产业问题，首先必须搞清楚科技发展趋势，因为许多前沿产业都是由于科技成果转化而形成的。21世纪以来，我们在推进省级重点学科和名家工作室建设过程中，先后主持或参与了10多项国家及省部级重要课题研究，并把创新作为重点内容，研究过企业创新、产业创新、区域创新与科技管理创新等问题。在此过程中，广泛搜集整理各国创新材料，密切跟踪世界科技发展轨迹，及时了解科技创新的前沿信息。

　　我们在完成课题研究任务之后，也考虑充分利用这些辛苦搜集到的创新信息。于是，通过分门别类加以整理，经过精心提炼和分层次系统化，形成两类书稿：一是按照创新信息学科分类的书稿，已出版过有关国外电子信息、纳米技术、光学、宇宙与航天、新材料、新能源、环境保护、交通运输、生命科学、医疗与健康等领域创新信息的著作；二是按照创新信息来源国家分类的书稿，已出版过有关美国、日本、德国、英国、法国、俄罗斯、加拿大、意大利、澳大利亚等国家创新信息概述的著作。

　　以往出版的学科分类书稿，主要反映国外的创新信息，很少涉及国内的有关成果。本书与它们不同，把国内外的创新信息集中在一起，既反映国内农作物栽培领域研究的新业绩，又反映国外这方面研究的新进展，从而全面展现整个世界在农作物栽培领域的创新盛况。本书所选材料限于21世纪以来的创新成果，其中95%以上集中在2007年1月至2021年12月的15年期间。

　　本书写作过程中，得到了有关高校和科研机构的支持和帮助。这部专著的基本素材和典型案例，吸收了报纸、杂志和网络等众多媒体的有关报道。这部专著的各种知识要素，吸收了学术界的研究成果，不少方面还直接得益于师长、同事和朋友的赐教。为此，向所有提供过帮助的人，表示衷心的感谢！

　　这里，要感谢名家工作室成员的团队协作精神和艰辛的研究付出。感谢浙江省哲学社会科学规划重点课题基金、浙江省科技计划重点软科学研究项目基金、台州市宣传文化名家工作室建设基金、台州市优秀人才培养资助基金等对本书出版的资助。感谢台州学院办公室、临海校区管委会、宣传部、科研处、教务处、学生处、学科建设处、后勤处、信息中心、图书馆、经济研究所和商学院,浙江师范大学经济与管理学院,浙江财经大学东方学院等单位诸多同志的帮助。感谢知识产权出版社诸位同志,特别是王辉先生,他们为提高本书质量倾注了大量时间和精力。

　　由于我们水平有限,书中难免存在一些错误和不妥之处,敬请广大读者不吝指教。

张明龙　　张琼妮

2022 年 3 月于台州学院湘山斋张明龙名家工作室